Rethinking Quality – Wandel des Qualitätsmanagements durch Digitalisierung und Künstliche Intelligenz

Roland Jochem · Maurice Meyer
Hrsg.

Rethinking Quality – Wandel des Qualitätsmanagements durch Digitalisierung und Künstliche Intelligenz

Bericht zur GQW-Jahrestagung 2024 in Berlin

Springer Vieweg

Hrsg.
Roland Jochem
Institut für Werkzeugmaschinen und Fabrikbetrieb
Technische Universität Berlin
Berlin, Deutschland

Maurice Meyer
Institut für Werkzeugmaschinen und Fabrikbetrieb
Technische Universität Berlin
Berlin, Deutschland

ISBN 978-3-658-47212-2 ISBN 978-3-658-47213-9 (eBook)
https://doi.org/10.1007/978-3-658-47213-9

Die Deutsche Nationalbibliothek verzeichnet diese Publikation in der Deutschen Nationalbibliografie; detaillierte bibliografische Daten sind im Internet über https://portal.dnb.de abrufbar.

Springer Vieweg

Springer Vieweg ist ein Imprint der eingetragenen Gesellschaft Springer Fachmedien Wiesbaden GmbH und ist ein Teil von Springer Nature.
Die Anschrift der Gesellschaft ist: Abraham-Lincoln-Str. 46, 65189 Wiesbaden, Germany

Vorwort

In einer Zeit des technologischen Fortschritts, globaler Krisen sowie sich verändernder Kundenerwartungen muss Qualität neu gedacht werden. Das traditionelle Qualitätsmanagement, welches jahrzehntelang auf bewährten Prozessen und Methoden basierte, unterliegt einer fundamentalen Transformation. Der alleinige Fokus auf Produkte ist längst unzureichend, um die Vielfältigkeit des Qualitätsmanagements in Unternehmen abzubilden. Vielmehr muss Qualität ganzheitlich im Wertschöpfungsnetzwerk verankert werden. Zentraler Treiber der Vernetzung ist die umfassende Digitalisierung der industriellen Produktion mit ihrer zunehmenden Datenverfügbarkeit über die verschiedenen Wertschöpfungsstufen und Lebenszyklusphasen hinweg. In diesem Zusammenhang eröffnet Künstliche Intelligenz völlig neue Möglichkeiten, die Art und Weise, wie Qualität gemessen, überwacht und verbessert wird, zu revolutionieren. Der Wandel des Qualitätsmanagements durch Digitalisierung und Künstliche Intelligenz geht jedoch über die bloße Implementierung neuer Technologien hinaus. Digitalisierung, Datenanalytik und Künstliche Intelligenz erweitern die Potenziale des Qualitätsmanagers und erfordern die umfassende Entwicklung neuer Kompetenzen. Alles in allem bedarf es daher neuer Leitbilder, Strategien und Abläufe im Qualitätsmanagement, um auch in Zukunft erfolgreich und wettbewerbsfähig zu bleiben.

Die diesjährige Tagung der Gesellschaft für Qualitätswissenschaft e. V. (GQW) fand folgerichtig unter dem Motto „Rethinking Quality – Wandel des Qualitätsmanagements durch Digitalisierung und Künstliche Intelligenz“ statt und wurde in Kooperation mit dem Fachgebiet Qualitätswissenschaft der Technischen Universität Berlin ausgerichtet. Die Auseinandersetzung mit aktuellen Handlungsfeldern, Trends und Herausforderungen im Qualitätsmanagement sowie der Austausch von Erfahrungen und Best Practices waren zentrale Bestandteile der zweitägigen Tagung im Oktober 2024 in Berlin.

Im vorliegenden Tagungsband sind die im Rahmen der Tagung eingereichten und begutachteten Beiträge zusammengestellt. Auch in diesem Jahr gelang es erneut, eine große Bandbreite an Themen abzudecken, mit besonderem Fokus auf die Digitalisierung sowie den Wandel des Qualitätsmanagements. So fokussieren gleich mehrere Beiträge den Einsatz von Künstlicher Intelligenz in der Automobilindustrie, u. a. im Bereich der akustischen Qualitätsprüfung, der Ursachenanalyse und der intelligenten Entscheidungsunterstützung. Weiterhin wird aufgezeigt, wie sich KI-Algorithmen im Zuge von Reklamationen zur automatisierten Klassifizierung oder zur Klärung von Haftungsfragen nutzen lassen. Zudem wird die Anwendung von Künstlicher Intelligenz zur Segmentierung von Schweißnähten erläutert und es wird dargelegt, wie ein smartes Fehlermanagementsystem für kleine und mittlere Unternehmen systematisch entwickelt werden kann. Unter umwelttechnischen Gesichtspunkten werden die konventionelle und additive Fertigung verglichen. Ebenso werden die Digitalisierung der Agrar- und Ernährungswirtschaft als auch die Pflanzenvitalität im Thüringer Wald aufgegriffen. Nicht zuletzt werden die Substitution konventioneller Aktorik durch intelligente Werkstoffe, die Untersuchung von Degradationsfaktoren in der Wasserstoffproduktion und neue gesetzliche Anforderungen im Bereich KI-basierter Medizinprodukte thematisiert. Abgerundet wird dieser Tagungsband schließlich durch Beiträge aus den Bereichen der Produktentwicklung und Remote-Arbeit.

Unser Dank gilt allen Teilnehmerinnen und Teilnehmern sowie insbesondere den Autorinnen und Autoren, welche die vorliegenden Beiträge erarbeitet und präsentiert haben. Einen besonderen Dank möchten wir darüber hinaus allen Gutachterinnen und Gutachtern aussprechen, die durch ihre sorgfältige und kritische Bewertung der Beiträge maßgeblich zur Qualität dieses Tagungsbandes beigetragen haben.

Berlin
Oktober 2024

Prof. Dr.-Ing. Roland Jochem
Maurice Meyer, M. Sc.

Fachgebiet Qualitätswissenschaft
Technische Universität Berlin

Inhaltsverzeichnis

Quality Intelligence – Wege zur Entwicklung eines intelligenten Qualitätsmanagements in der Produktion

Marcos Padrón Hinrichs[1(✉)], Nils Klasen[1], Tobias Schulze[1], Felix Sohnius[1], und Robert H. Schmitt[1,2]

[1] Werkzeugmaschinenlabor WZL der RWTH Aachen University, Aachen, Deutschland
marcos.padron@wzl-iqs.rwth-aachen.de
[2] Fraunhofer Institut für Produktionstechnologie IPT, Aachen, Deutschland

Zusammenfassung. Die zunehmende Verfügbarkeit von Daten und die fortschreitende Entwicklung von Technologien ebnen den Weg für fortschrittliche Methoden der Datenanalyse, mitunter der künstlichen Intelligenz (KI). Welche neuen Möglichkeiten bieten diese Entwicklungen für das Qualitätsmanagement und das vollumfängliche Ausschöpfen des vorliegenden Datenpotentials? Ziel dieses Beitrags ist es, die historische Entwicklung des Qualitätsmanagements darzustellen und zukünftige Entwicklungsrichtungen aufzuzeigen. Basierend auf dem Aachener Qualitätsmanagement-Modell (ACQMM) als Rahmenwerk und der Infrastruktur des Internet of Production (IoP) werden neue Wege für ein intelligentes und handlungsorientiertes Qualitätsmanagement vorgeschlagen, die durch strukturiertes Fehlerdatenmanagement entlang des Produktlebenszyklus unterstützt werden. Es wird ein Einblick in das Potential eines prädiktiven Qualitätsmanagements zur Steigerung der Resilienz in produzierenden Unternehmen gegeben. Hierzu gehören Methoden der prädiktiven Qualität in Kombination mit erklärbarer KI für eine kosteneffiziente und verbesserte Prozesssteuerung. Des Weiteren wird ein Ansatz vorgestellt, um den Aufwand der Datenbereitstellung, -aufbereitung und der Modellbildung zu reduzieren. Das ACQMM bietet dabei einen Rahmen zur Definition, Steuerung und Umsetzung dieser Anwendungen, unter Berücksichtigung der Anforderungen relevanter Interessengruppen.

Schlüsselwörter: Quality Intelligence · Aachener Qualitätsmanagement-Modell · Internet of Production · Künstliche Intelligenz · Predictive Quality · Quality Diagnosis · Quality Transfer

R. Jochem und M. Meyer (Hrsg.), *Rethinking Quality – Wandel des Qualitätsmanagements durch Digitalisierung und Künstliche Intelligenz*,
https://doi.org/10.1007/978-3-658-47213-9_1

1 Einleitung

Die durch die technologische Entwicklung vorangetriebene Digitalisierung und die Entwicklungen auf dem Gebiet der künstlichen Intelligenz (KI) haben neue Möglichkeiten für industrielle Anwendungen eröffnet. Mit dem Aufkommen von Industrie 4.0 und der Entwicklung hin zu einer resilienteren Industrie 5.0, rücken neue Paradigmen für die Produktion stärker in den Mittelpunkt dieser dynamischen Veränderungen [1]. Angesichts dessen positioniert sich das Qualitätsmanagement als zentrale Funktion zur Sicherstellung der Erfüllung von Anforderungen bestehender und neuer Interessengruppen in Unternehmen [2]. Um die zukünftige Entwicklung des Qualitätsmanagements im Kontext von KI und digital getriebenen Datenmodellen zu beleuchten, wird ein Rückblick auf die historische Entwicklung des Qualitätsmanagements gegeben. Die Bedeutung eines Ordnungsrahmens für qualitätsrelevanten Aktivitäten in Unternehmen zur Anpassung an dynamische Bedingungen und zukünftige Entwicklungen wird anschließend anhand des *Aachener Qualitätsmanagement-Modells* (ACQMM) dargestellt. Die Vision des *Internet of Production* (IoP) ergänzt diesen Rahmen als Dateninfrastruktur für die Entwicklung fortschrittlicher Datenanwendungen. Auf dieser Basis werden Entwicklungsmöglichkeiten für ein intelligentes Qualitätsmanagement aus einer methodischen Perspektive anhand eines Beispiels für eine Datenanalyseanwendung in der Produktion aufgezeigt. Abschließend werden mögliche zukünftige Entwicklungsrichtungen für qualitätsbezogenen KI-Anwendungen dargelegt.

2 Historische Entwicklung des Qualitätsmanagements in produzierenden Unternehmen

Im Laufe der Zeit hat sich das Qualitätsmanagement kontinuierlich weiterentwickelt, um den Anforderungen des sich wandelnden Produktionsumfelds gerecht zu werden. In diesem Zusammenhang ist die Entwicklung des Qualitätsmanagements eng mit dem stetigen Fortschreiten der Industrialisierung verbunden [3, 4]. Mit der Mechanisierung der Produktion und dem Aufkommen der Massen- und Fließbandfertigung zu Beginn des 20. Jahrhunderts prägten reaktive Ansätze zur Prüfung und Aussortierung von fehlerhaften Bauteilen das industrielle Qualitätsverständnis [3]. Die Einführung der Qualitätssteuerung basierend auf statistischen Modellen in den 1920er Jahren unterstreicht die Bedeutung von Daten für das Qualitätsmanagement in den frühen industriellen Phasen. Diese Entwicklung hat den Wechsel von einem rein reaktiven zu einem steuernden Qualitätsansatz vorangetrieben. [5, 6]

Zu Beginn der 1950er Jahre gewannen präventive Ansätze des Qualitätsmanagements an Bedeutung, die auf die Vermeidung von Kosten in den früheren Phasen der Produktentstehung abzielten [3]. Parallel dazu wurde ein systematisches Vorgehen als Basiswerkzeug zur kontinuierlichen Verbesserung in Prozessen entwickelt, welches als Deming- oder *Plan-Do-Check-Act*-Zyklus (PDCA) bekannt ist [5]. Der Begriff Total Quality Management (TQM) prägte in den 1980er Jahren das Verständnis eines ganzheitlichen und integrativen Qualitätsmanagementkonzeptes als Aufgabe aller Bereiche und Mitarbeitenden im Unternehmen [7]. Jahre später führte Motorola die Six Sigma-Methode und den ihr zugrunde liegenden systematischen Ansatz *Define-Measure-Analyse-Improve-Control* (DMAIC) ein, um die Produkt- und Servicequalität zu verbessern und die Kundenzufriedenheit zu erhöhen [8].

Unter dem Begriff *Industrie 4.0* wurde erstmals im Jahre 2011 eine digitalisierungsgetriebene Vision der Bundesregierung für den Industriestandort Deutschland vorgestellt [7]. Durch die Vernetzung eingebetteter Systeme in der Produktion ergeben sich für das Qualitätsmanagement neue Herausforderungen und Potenziale [3]. Der technologische Fortschritt erfordert und ermöglicht die Erweiterung bestehender Qualitätsmanagementmethoden in produzierenden Unternehmen, um Daten mit fortschrittlichen Ansätzen, mitunter aus dem Bereich der KI, zu analysieren. Prädiktive Analysen ermöglichen es, Ereignisse oder Werte mit einer Eintrittswahrscheinlichkeiten vorherzusagen, während präskriptive Analysen es ermöglichen, auf der Grundlage der der daraus folgenden Erkenntnisse automatisch Entscheidungen und Maßnahmen abzuleiten. [9] Letzteres ermöglicht die autonome Reaktion auf Veränderungen und Störungen im Produktionsumfeld und kann somit maßgeblich zur Entwicklung einer höheren Resilienz beitragen. Die Entwicklung der Qualität im Laufe der Zeit hin zu einem zukunftsorientierten und resilienten Qualitätsmanagement ist in Abb. 1 zusammengefasst.

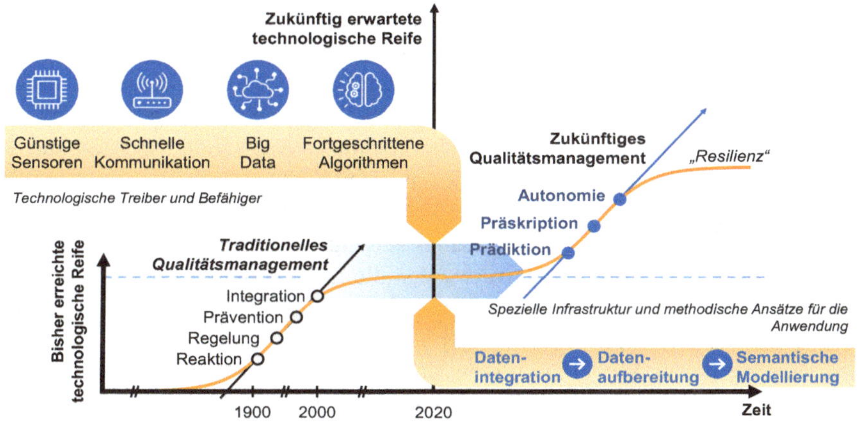

Abb. 1. Evolution der Qualität in produzierenden Unternehmen [10].

3 Das Aachener Qualitätsmanagement-Modell zur Ausrichtung der qualitätsrelevanten Informationsflüsse und Aktivitäten in Unternehmen

Die historische Entwicklung des Qualitätsmanagements hat die Notwendigkeit aufgezeigt, einen ganzheitlichen und datenbasierten Ansatz zur Sicherung der Qualität in Unternehmen zu verfolgen. Zur systematischen Ausrichtung der organisatorischen Strukturen anhand eines Ordnungsrahmens wurde das *Aachener Qualitätsmanagement-Modell*

(ACQMM) entwickelt. Das Modell verfolgt das Ziel, die qualitätsbezogenen Aufgaben in einem Unternehmen aus den drei Perspektiven des Marktes, des operativen Betriebes und der Unternehmensführung darzustellen. Die hieraus hervorgehende Definition der unternehmerischen Qualität beschreibt diese als den „Überdeckungsgrad von Marktanforderungen (Marktperspektive), Unternehmensausrichtung (Führungsperspektive) und Unternehmensfähigkeiten (Betriebsperspektive)". [3]

Angesichts der zunehmenden Digitalisierung und der damit verbundenen Datenverfügbarkeit kann das ACQMM zur ganzheitlichen und wettbewerbsorientierten Erfassung, Verwaltung und Nutzung von qualitätsrelevanten Informationen sowie zur Anpassung der Aktivitäten bei sich ändernden Anforderungen und Rahmenbedingungen genutzt werden. Im multidimensionalen Qualitätsverständnis reichen diese Anforderungen von der reinen Erfüllung funktionaler Produktspezifikationen über die die subjektive Kundenwahrnehmung bis hin zu Kriterien der Nachhaltigkeit. [2]

Aus der zuerst genannten Perspektive wird der Markt als der Ausgangspunkt aller qualitätsbezogenen Aktivitäten betrachtet. Der Markt unterliegt dem Wandel der Zeit, sodass an Ausgangs- und Endpunkt der Unternehmensleistung unterschiedliche Märkte vorliegen. In diesem Kontext wird unter dem Begriff des Markts die Gesamtheit aller Interessengruppen verstanden, die an einer Leistungserbringung des Unternehmens interessiert sind. Die Marktperspektive fokussiert daher auf die Produktqualität als den Grad, in dem die Spezifikationen der Unternehmensleistung und die Marktanforderungen abgedeckt werden. Aus dieser Perspektive sind die unternehmensinternen Abläufe auf die Schnittstellen zum Markt möglichst effektiv und effizient abzustimmen. Die Gestaltung und Weiterentwicklung dieser Abläufe, der Unternehmensausrichtung und der Unternehmensfähigkeiten erfordert die Einnahme der Führungsperspektive. Die Führungsperspektive stellt die Systemqualität in den Mittelpunkt. Zur Unterstützung und Umsetzung der qualitätsschöpfenden Prozesse und Abläufe bedarf es Unterstützungsleistungen in Form von Ressourcen und Diensten. Aus der Betriebsperspektive werden die Umsetzung der von der Führungsperspektive definierten Ziele und die dazu erforderlichen Prozesse adressiert. Dabei liegt der Fokus auf der Prozessqualität. [3]

Im Verständnis des Modells wird die Aufnahme von am Markt gebildeten Forderungen an Produkte oder Leistungen durch alle qualitätsschöpfenden Prozesse und Aktivitäten der Leistungserbringung eines Unternehmens bewirkt. Dieses Element wird mit dem Begriff *Quality Stream,* in dem die Gesamtheit aller unmittelbar qualitätsschöpfenden Aktivitäten und Qualitätsbeiträge gebündelt werden, bezeichnet. Die Aktivitäten, denen das Qualitätsmanagement Rechnung tragen muss, reichen von der Produktentwicklung über die Fertigung, und die Auftragsabwicklung bis hin zu allen nachgelagerten Vertriebsaktivitäten eines Unternehmens. Innerhalb des *Quality Streams* umfasst eine *Quality Forward Chain* sämtliche unmittelbar qualitätsschöpfenden Prozesse zur Erbringung einer materiellen oder immateriellen Leistung sowie alle Aktivitäten, Werkzeuge und Methoden zur präventiven und reaktiven Gestaltung der Qualität einer Unternehmensleistung. Diese Leistungen werden nicht als Materialfluss verstanden, sondern als Träger von Eigenschaften, die auf die Kundenzufriedenheit und damit auf die Qualitätswahrnehmung abzielen. Als Element der Informationsrückkopplung im *Quality Stream* dient die *Quality Backward Chain* als ständiges Überwachungselement zwischen dem gewünschten Zustand einer Unternehmensleistung in Bezug auf Anforderungsänderungen entlang der Lebenszyklen. Die *Quality Backward Chain* beinhaltet rückwärtsgerichtete Qualitätsdaten und -informationen, einschließlich Bewertungen der am Markt abgesetzten Leistungen sowie Erkenntnisse über Fehler und Risiken in Produktions- oder Nutzungsphasen. [3] Das ACQMM und seine Elemente sind in Abb. 2 dargestellt.

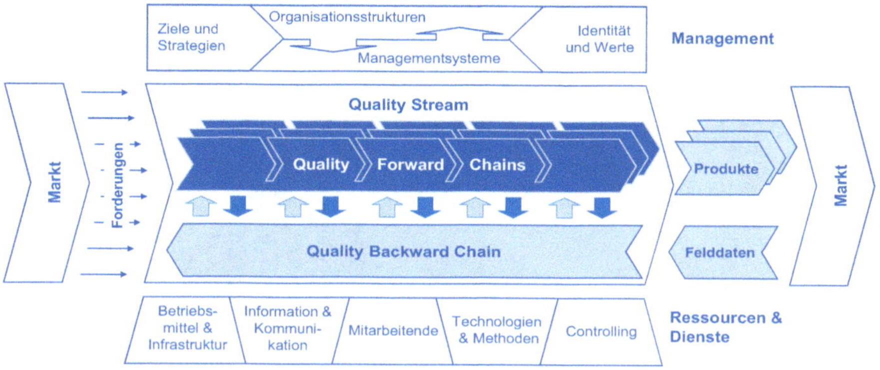

Abb. 2. Das Aachener Qualitätsmanagement-Modell (ACQMM) [3].

4 Das Internet of Production als Befähiger eines intelligenten Qualitätsmanagements

Moderne Produktionsprozesse zeichnen sich durch ein erhöhtes Ausmaß an Datenverfügbarkeit und Informationsflüssen aus. Gleichzeitig liegen diese Daten vielerorts in voneinander isolierten Datensilos vor. Innerhalb der Domänen der einzelnen Silos werden spezialisierte Datenmodelle entwickelt und zur Anwendung gebracht. Aus diesen Gegebenheiten resultiert die Notwendigkeit, eine uneingeschränkte domänenübergreifende Zugänglichkeit, Interpretierbarkeit und Vernetzung von Daten und Modellen zu ermöglichen. Die Vision des *Internet of Production*[1] (IoP) beschreibt einen technischen Implementierungsansatz zur Erschließung und Verwertung lebenszyklusübergreifender Daten produzierender Unternehmen zur Befähigung der domänenübergreifenden Kollaboration. [12]

Das IoP umfasst in horizontaler Richtung den Produktlebenszyklus von dem Entwicklungszyklus über den Produktionszyklus bis hin zum Nutzungszyklus. In vertikaler Richtung besteht das IoP aus vier Ebenen: *Rohdaten* und *Applikationssoftware* für

[1] Das Exzellenzcluster Internet of Production (IoP) wird durch die Deutsche Forschungsgemeinschaft (DFG) im Rahmen der Exzellenzstrategie des Bundes und der Länder gefördert – EXC-2023 Internet of Production – 390.621.612 [11].

die Datenbereitstellung und den Datenzugriff, *Middleware+* für das Management des Datenzugriffs, *Smart Data* für die datenbefähigte Wissensgenerierung, und *Smart Expert* für die anschließende Nutzung des gewonnenen Wissens. [12] Die Infrastruktur des IoP ist in Abb. 3 dargestellt.

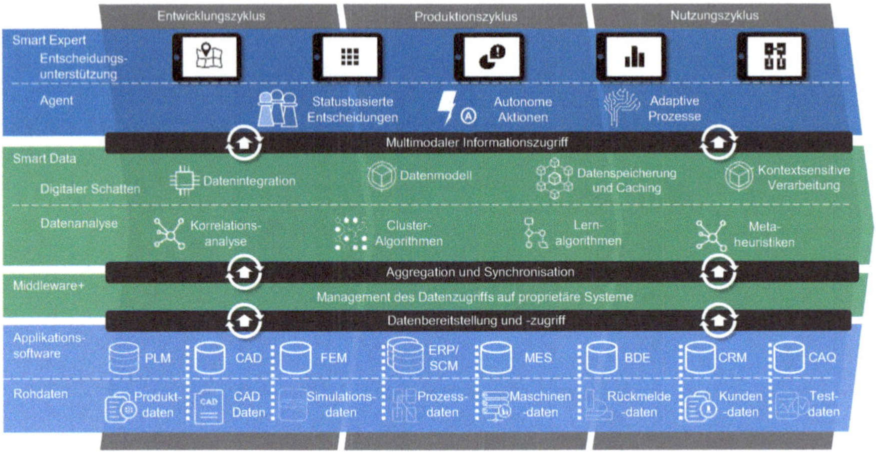

Abb. 3. Infrastruktur des Internet of Production (IoP) [12].

Die Infrastruktur des IoP schafft eine Datendurchgängigkeit entlang des *Quality Streams,* die kürzere Rückkopplungsschleifen innerhalb der *Quality Forward* und *Backward Chains* ermöglicht. Die kürzeren Rückkopplungsschleifen resultieren aus der Anwendung prädiktiver Analysen, befähigt durch die verbesserte Datenverfügbarkeit. Diese Datenverfügbarkeit unterstützt die Datenanalyse auf der *Smart Data* Ebene, welche als Entscheidungsunterstützung für die *Smart Expert* Ebene dienen.

Die Aufgabe eines zukunftsfähigen und intelligenten Qualitätsmanagements ist es, die Anforderungen und Kriterien der Interessengruppen eines Unternehmens in quantifizierbare Ziele und Indikatoren zu übersetzen, um diese mit datengetriebenen Methoden zu verknüpfen [2]. Vernetzte Ressourcen erzeugen Daten, die durch Aggregation, Auswertung, Interpretation und Kontextualisierung in Informationen und Wissen zu Handlungsoptionen und konkreten Maßnahmen umgewandelt werden. Diese Verknüpfung unter dem Begriff der Intelligenz, sowohl im Sinne von Aufklärung als auch ähnlich den menschlichen Fähigkeiten, fördert den Wandel von Qualitätssicherungs- und -verbesserungsaktivitäten in der Produktion hin zu *Quality Intelligence.* Darunter wird die Schaffung von Transparenz über alle qualitätsrelevanten Zusammenhänge durch intelligente Werkzeuge verstanden. Auf technologischer Ebene werden intelligente Werkzeuge durch Methoden der KI gestützt.

5 Potenziale der künstlichen Intelligenz für effizientere Qualitätsschleifen in der Produktion

Historisch gesehen folgt das Qualitätsmanagement einem Prozess der systematischen kontinuierlichen Verbesserung, in dessen Verlauf zahlreiche Methoden entwickelt wurden. Einige dieser Methoden stoßen an ihre Grenzen, wenn es darum geht, die Komplexität moderner Produktionsprozesse abzubilden und effizientere Qualitätsschleifen zu unterstützen. Insbesondere in den frühen Phasen eines Produktionssystems stehen weniger empirische Daten über das Systemverhalten eines Produktionssystems zur Verfügung, die für die Qualitätssicherung und -verbesserung genutzt werden können. [13] Eine Auswahl an klassischen Methoden zur Unterstützung des Qualitätsmanagements von der Entwicklung bis zur Serienproduktion sowie mögliche Qualitätsschleifen entlang der Produkt- und Produktionssystemlebensphasen sind in Abb. 4 dargestellt.

Die dargestellten Qualitätsschleifen können durch Methoden aus dem Bereich der KI unterstützt und verkürzt werden, um genauere Vorhersagemodelle zu erstellen, die eine Antizipation von Maßnahmen sowie Ursachenanalysen ermöglichen. Mit zunehmender Datenverfügbarkeit, befähigt durch das IoP, bieten datenbasierte Modelle das Potenzial, Ereignissen systematisch vorzugreifen und prädiktiv und präskriptiv zu steuern. Zudem bieten KI-Methoden Möglichkeiten, die begrenzte Datenverfügbarkeit in frühen Phasen, aber auch in späteren Phasen eines Produktionsprozesses zu nutzen [14].

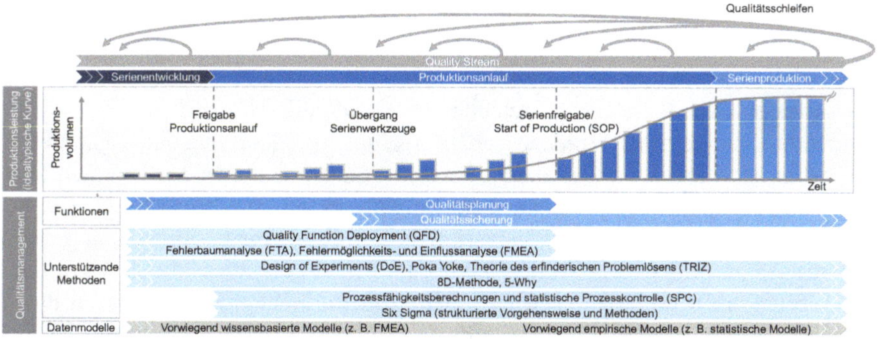

Abb. 4. Auswahl an klassischen Methoden des Qualitätsmanagements entlang der Produkt- und Produktionssystemlebensphasen in Anlehnung an [13].

Trotz der Vorteile fortschrittlicher Datenanalysemethoden in der Produktionsumgebung wird ihr volles Potenzial häufig nicht ausgeschöpft. Besonders bei der Unterstützung der Entscheidungsfindung zur Ableitung von Maßnahmen gibt es noch ungenutzte Möglichkeiten. [15] Das Fehlermanagement als systematischer Ansatz, der eine Reihe von Aufgaben zur Identifizierung, Korrektur und Maßnahmen zur nachhaltigen Verhinderung und Vermeidung sowie Minderung von internen und externen Fehlern im Produktionsumfeld verstanden wird, kann als Rahmen für die gezielte Nutzung von KI zur Verbesserung von Prozessen dienen [16]. Der folgende Anwendungsfall veranschaulicht die Verwendung von prädiktiven Modellen zur Vorhersage der Qualität in einem Produktionsprozess. Anschließend werden Analysen durchgeführt, um die Ursachen auftretender Produktfehler auf der Grundlage des Modells zu ermitteln. Das gezeigte Beispiel soll verdeutlichen, wie lokale Qualitätsschliefen entlang des *Quality Streams* die Prozessqualität vorausschauend und diagnostisch verbessern können.

6 Predictive Quality und Quality Diagnosis am Beispiel eines Blisterverpackungsprozesses

In dem folgenden Beispiel wird ein realer Prozess für die Verpackung von Haushaltsartikeln mittels einer Blistermaschine betrachtet. Der Prozess beginnt mit dem Erhitzen eines Kunststoffs, der anschließend über eine produktabhängige Form gestreckt wird. Im abgekühlten Zustand dient diese Kunststoffhaube als Träger für den Artikel. Das zu verpackendes Produkt wird eingelegt und durch einen Blister versiegelt. Die fertige Blisterpackung wird ausgeschnitten und für den Versand vorbereitet. Die Maschine hat eine Taktung von etwa 20 Blistern pro Minute. Um sicherzustellen, dass keine unvollständig verschlossenen Verpackungen in den Versand gehen, unterliegen alle Produkte im Anschluss an die Verblisterung einer Sichtprüfung. Hierbei beobachtet ein Mitarbeiter die von der Maschine ausgegebenen Produkte und greift im Falle einer Qualitätsabweichung ein. Historische Daten zeigen, dass etwa 2 % der Produkte den Verpackungsprozess fehlerbehaftet verlassen und nachgearbeitet werden müssen. Die häufigsten Fehlerbilder sind eine unvollständige Versiegelung des oberen Materials sowie fehlerhaft positionierte Produkte im Blister. Bisher konnten keine prozessseitigen Gründe für die auftretenden Fehler identifiziert werden.

Im Rahmen eines Pilotprojekts werden verfügbare Maschinendaten genutzt, um die bestehenden händische Qualitätskontrollen durch präventive Maßnahmen zu ersetzen. Hierbei kommen Modelle aus dem Bereich der KI zum Einsatz, die es ermöglichen, Aussagen über die Qualitätsmerkmale der Produkte basierend auf Prozessinformationen zu treffen. Des Weiteren wird untersucht, inwiefern durch Algorithmen aus dem Bereich der erklärbaren KI (engl. *Explainable AI*) Fehlerursachen im Prozess aufgedeckt werden können. Die ermittelten Ursachen sollen genutzt werden, um den Prozess dauerhaft zu optimieren und den initialen Ausschuss von 2 % zu reduzieren.

Vorgelagert an die Modellbildung wurden die Maschinendaten aufgenommen und aufbereitet. Über eine OPC-UA Schnittstelle werden die zeitlich aufgelösten Informationen zu Position und Geschwindigkeit der Stanze (Trennvorgang des fertig verschlossenen Blisters), das Drehmoment des Stanzmotors, ein Zählwert der bei jedem Stanzzyklus inkrementiert wird sowie ein dazugehöriger Zeitstempel empfangen (siehe Abb. 5). Des Weiteren ist für historische Produkte die Information vorhanden, ob die Blisterverpackungen in der Sichtkontrolle des zuständigen Mitarbeitenden einen Fehler aufgewiesen haben oder nicht. Beide dieser Informationsquellen (Maschinendaten sowie Qualitätsdaten) können über den jeweiligen Zeitstempel produktbezogen miteinander verknüpft werden.

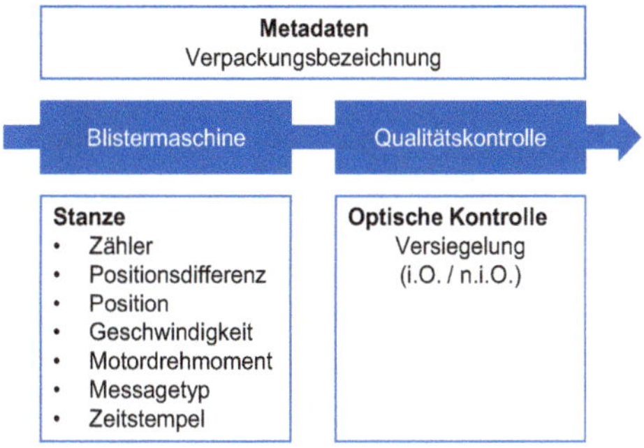

Abb. 5. Übersicht der Daten des Blisterverpackungsprozesses.

Insgesamt stehen zur Analyse 20.159 Datenpunkte von 994 Produkten zur Verfügung von denen 20 Produkte fehlerhaft verschlossen sind. Abb. 6a und Abb. 6b zeigen beispielhaft die zeitlichen Verläufe des Motordrehmoments und der Stanzgeschwindigkeit. Während das Drehmoment den Maximalwert beim Verschluss des Blisters aufweist, ist zu diesem Zeitpunkt die Geschwindigkeit der Stanze minimal. In Abb. 6c ist die Stanzposition (Winkel) über die Zeit dargestellt. Es ist erkennbar, dass sich die Stanze konstant mit der Zeit bewegt. Die Einfärbung der Punkte illustriert das steigendes und anschließend fallendes Motordrehmoment aus Abb. 6a.

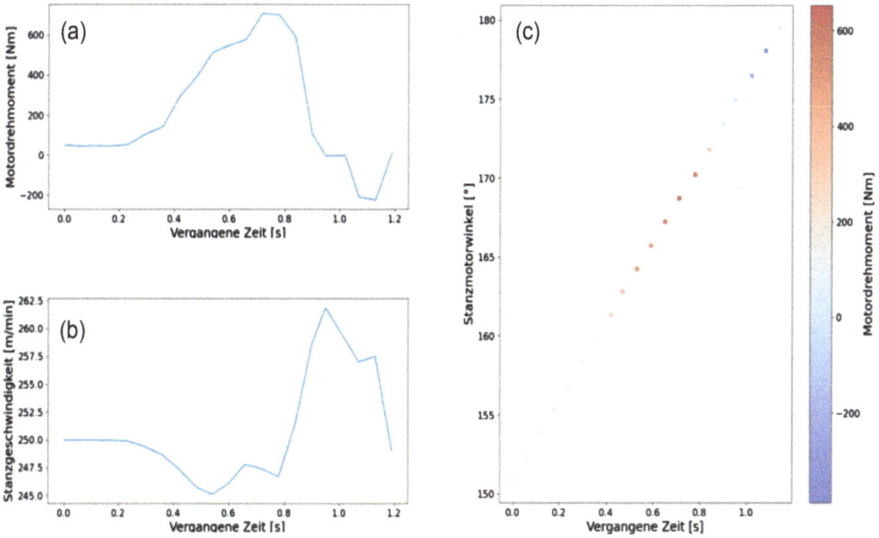

Abb. 6. Explorative Datenanalyse des Motordrehmoments und Stanzgeschwindigkeit der Blistermaschine.

6.1 Predictive Quality: Datenbasierte Vorhersagen zur Produkt- und Prozessqualität

Die gesammelten Daten der Blistermaschine wurden durch verschiedene Vorverarbeitungsprozesse gefiltert und bereinigt, um die Qualität der Datengrundlage sicherzustellen. Dazu gehört das Entfernen von Ausreißern und die Imputation fehlender Werte. Die Schritte sind entscheidend, um die Genauigkeit und Zuverlässigkeit der nachfolgenden Analyse und Modellbildung zu gewährleisten [17]. Um die Zeitreihendaten für das Training des Vorhersagemodells nutzbar zu machen, werden im Vorhinein Merkmale aus den Messreihen extrahiert [18]. Hierzu wird die öffentlich verfügbare Bibliothek *tsfresh*[2] genutzt, die Mittelwerte, Maximalwerte, Minimalwerte, Quantile und viele weitere Kennzahlen zu Verfügung stellt. Sowohl die Bereinigung des Datensatzes als auch die Extraktion von Merkmalen für das Modelltraining finden in der Schnittstelle von *Middleware+* zu der *Smart Data* Ebene des IoP statt (siehe Abb. 3).

Der vorbereitete Datensatz wird für das Training mehrerer Modelle des maschinellen Lernens innerhalb der *Smart Data* Ebene des IoP verwendet, um den Algorithmus mit der höchsten prädiktiven Genauigkeit zu bestimmen. Für die Vorhersage der Bauteilqualität wurden verschiedene Modelle trainiert: *Regression, K-Nearest Neighbors (KNN), Entscheidungsbaum, Random Forests, Extremely Randomized Tree, Support Vector Machines (SVM)* und *Multilayer Perceptron (MLP). Regression* modelliert Beziehungen zwischen abhängigen und unabhängigen Variablen und eignet sich hauptsächlich für lineare Zusammenhänge. *KNN* basiert auf Ähnlichkeitsmessungen, wobei die *K* nächsten Nachbarn zur Vorhersage herangezogen werden. *Entscheidungsbäume* teilen die Daten rekursiv basierend auf Attributwerten, sind jedoch anfällig für Überanpassung. *Random Forests* kombinieren mehrere Entscheidungsbäume und bieten Robustheit gegen Überanpassung durch Mittelung der Ergebnisse. Die *Extremely Randomized Trees* sind eine spezifische Variante der *Random Forests,* mit zusätzlicher Zufälligkeit in der Vernetzungsstruktur einzelner Bäume zur weiteren Stärke der Modellrobustheit. *SVMs* finden die optimale Trennlinie zwischen Klassen und sind effektiv bei hohen Dimensionalitäten und nicht-linearen Trennungen. *MLPs,* eine Art künstlicher neuronaler Netze, modellieren komplexe nicht-lineare Zusammenhänge und sind leistungsfähig bei Aufgaben mit hoher Datenkomplexität. [19]

Nach der Implementierung, dem Training und der Evaluierung dieser Modelle mit der Python-Bibliothek *scikit-learn*[3] (sklearn) zeigt sich, dass die Modelle eine vergleichbare Güte bezüglich der Vorhersagegenauigkeit der Bauteilqualität aufweisen. Im Folgenden wird der trainierte Entscheidungsbaum genutzt, um auf Basis der verfügbaren Prozessinformationen Prognosen über die Bauteilqualität zu generieren.

Um das Modell in der laufenden Produktion anwendbar zu machen, wird eine Schnittstelle für den Maschinenbedienenden in Form eines Unterstützungssystems ge-

[2] https://tsfresh.readthedocs.io.

[3] https://scikit-learn.org/

schaffen (*Smart Expert,* IoP). Das System (z. B. ein Dashboard) ist über eine API mit dem Backend *(Flask*[4]*)* verknüpft, das beim Eintreffen neuer Prozessdaten automatisch Prognosen für die Bauteilqualität durchführt. Bei Abweichungen der Qualitätsmerkmale vom Sollwert wird der Maschinenbedienende über ein Alarmsystem über die Abweichung informiert.

Im Vergleich zur herkömmlichen Qualitätskontrolle lässt sich anhand der Konfusionsmatrix (siehe Abb. 7) erkennen, dass das Vorhersagemodell keine Einbußen hinsichtlich der Qualitätsbewertung aufweist. Eine Verpackung wurde fälschlicherweise als nicht richtig verschlossen prädiziert. Diese Fälle können in der Realanwendung einer händischen Bewertung durch einen Mitarbeitenden unterzogen werden, sodass sie nicht zwangsläufig als Ausschuss deklariert werden. Übergeordnet ist festzustellen, dass die Anwendung des Vorhersagemodells im dargestellten Beispiel zielführend ist. Besonders bedeutend ist hierbei die Reduktion der manuellen Prüfaufwände.

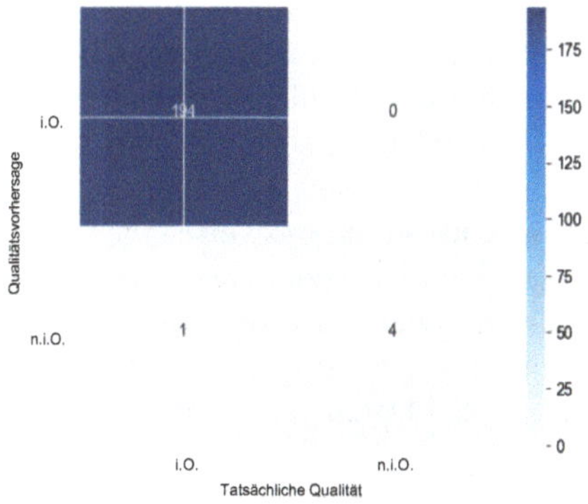

Abb. 7. Konfusionsmatrix des trainierten Vorhersagemodells (Entscheidungsbaum).

Die virtuelle Qualitätskontrolle ermöglicht die Verkürzung der Qualitätsschleifen entlang des *Quality Streams.* Da die Qualitätskontrollen nicht mehr an Mitarbeitende gebunden sind, sondern automatisiert auf Basis vorhandener Maschinendaten durchgeführt werden können, kann die Anzahl der Qualitätsschleifen signifikant erhöht werden. Dies führt zu einer schnelleren und kontinuierlicheren Überwachung der Produktionsqualität, wodurch Unregelmäßigkeiten schneller erkannt und behoben werden können.

4 https://flask.palletsprojects.com/

6.2 Quality Diagnosis: Ableitung diagnostischer Erkenntnisse aus Daten und Prozessmodellen

Die reine Vorhersage der Qualität ermöglicht ebenso wie physische Qualitätskontrollen kein Verständnis über die Ursache von Fehlern. Dieses ist allerdings essenziell, um Fehler abzustellen und somit die resultierende Qualität zu erhöhen. [20] Bisher geschieht dies im Rahmen der *Quality Backward Chain* mit traditionellen Methoden zur Ermittlung von Fehlerursachen wie beispielsweise dem 8D-Report. Diese Methoden unterstützen Fachexperten bei der systematischen Ursachenanalyse und Ableitung von Korrekturmaßnahmen. Gegebenenfalls ist hierfür eine gezielte Datenaufnahme erforderlich, die ebenso wie die Analyse selbst mit hohen personellen und zeitlichen Aufwänden verbunden ist.

Moderne Methoden der Datenanalyse für die Fehlerursachenanalyse zielen darauf ab, diese Aufwände durch die Strukturierung und Auswertung bestehender Daten zu reduzieren und Experten durch zusätzliche datenbasierte Erkenntnisse zu unterstützen. Ein Beispiel ist die Auswertung der für die Qualitätsvorhersage trainierten Modelle mit Methoden der erklärbaren KI. Von besonderem Interesse für die Qualitätsvorhersage sind die modell-agnostischen Methoden, da sie für verschiedene Arten von Modellen des maschinellen Lernens gleichartige Informationen liefern. Diese Methodeneigenschaft ist von besonderer Bedeutung, um verschiedene Modelle miteinander zu vergleichen und somit den besten Modelltyp für den vorliegenden Prozess auszuwählen. [21] Die grundlegende Funktionsweise eines Großteils dieser Methoden ist die Folgende: Dem Modell werden gezielt modifizierte Eingangsdaten zur Verfügung gestellt, für die dieses anschließend Prognosen erstellt. Durch die statistische Auswertung dieser Prognosen können Aussagen über die vom Modell gelernten Zusammenhänge in den ursprünglichen Daten getätigt werden. Neben der Ermittlung der Stärke des generellen Einflusses jedes Prozessparameters auf die Qualitätsvorhersage ist es möglich aufzuzeigen, wie eine Veränderung seines Wertes die Vorhersage beeinflusst. [21, 22, 23, 24]

Der Entscheidungsbaum, der für die Analyse verwendet wurde, stützt sich hauptsächlich auf das maximale Motordrehmoment, um Vorhersagen zu treffen. In Abb. 8a ist der Einfluss der Eingangsgrößen auf die Prognose des Modells abgebildet. Längere Balken entsprechen einem größeren Einfluss. Die genauen Werte der Wichtigkeit sind dabei nicht entscheidend.

Wenn das Motordrehmoment über etwa 540 Nm liegt, geht das Modell davon aus, dass die Verpackung korrekt verschlossen ist. Liegt es jedoch unter diesem Wert, nimmt das Modell an, dass es ein Problem mit der Versiegelung gibt (siehe Abb. 8b).

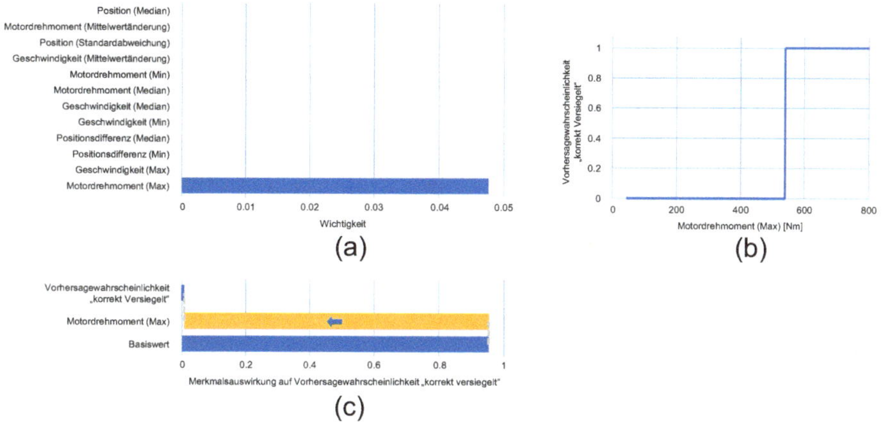

Abb. 8. Anwendung der erklärbaren KI auf den Entscheidungsbaum.

Die lokalen Methoden der erklärbaren KI helfen dabei zu verstehen, wie das Modell in einem bestimmten Fall zu seiner Vorhersage kommt [23, 24]. In diesem Fall geht es darum vorherzusagen, ob die Versiegelung einer einzelnen Verpackung korrekt ist.

Bei einer beispielhaften Verpackung, die fehlerhaft versigelt ist und bei der das Qualitätsvorhersagemodell eine Wahrscheinlichkeit von 0 für eine korrekte Versiegelung angibt, zeigt sich, dass das maximal gemessene Motordrehmoment von 513 Nm ausschlaggebend für die Vorhersage war. Die Werte der anderen Eingangsgrößen hatten keinen Einfluss auf die Vorhersage (Abb. 8c). Der Einfluss der einzelnen Eingangsgrößen wird dabei vom Basiswert ausgehend dargestellt, der den Mittelwert der Wahrscheinlichkeit für eine korrekt versiegelte Packung über alle Verpackungen hinweg repräsentiert. Anschließend werden vorzeichenbehaftet die Auswirkungen der einzelnen Merkmale addiert. So ergibt sich abschließend die Prognose des Modells.

In einfachen Anwendungsfällen wie dem vorliegenden Beispiel können Entscheidungsbäume leicht ausgewertet werden, ohne dass die Verwendung erklärbarer KI erforderlich ist. Wird das Problem jedoch komplexer, kann der Entscheidungsbaum schnell unübersichtlich werden und ist dann nicht mehr ohne weiteres interpretierbar. [24]

Zu Demonstrationszwecken wurde mit dem Extremely Randomized Tree ein weiteres Vorhersagemodell auf dem gleichen Datensatz trainiert. Dieses Modell weist im vorliegenden Anwendungsfall dieselbe Modellgüte wie der Entscheidungsbaum auf. Die Anwendung von erklärbarer KI zeigt jedoch, dass dieses Modell grundlegend andere Charakteristika der Daten für seine Prognosen heranzieht.

Konkret sind das Minimum der Positionsdifferenz und in geringerem Maße das Minimum des Motordrehmoments (Abb. 9a). Laut der Auswertung des Modells trägt eine minimale Positionsdifferenz von unter −0,122 mm stark zu einer Vorhersage als ein korrekt verschlossener Blister bei (Abb. 9c). Ein minimales Motordrehmoment von über 31 Nm hat ebenfalls einen Einfluss, aber dieser ist deutlich schwächer (Abb. 9d).

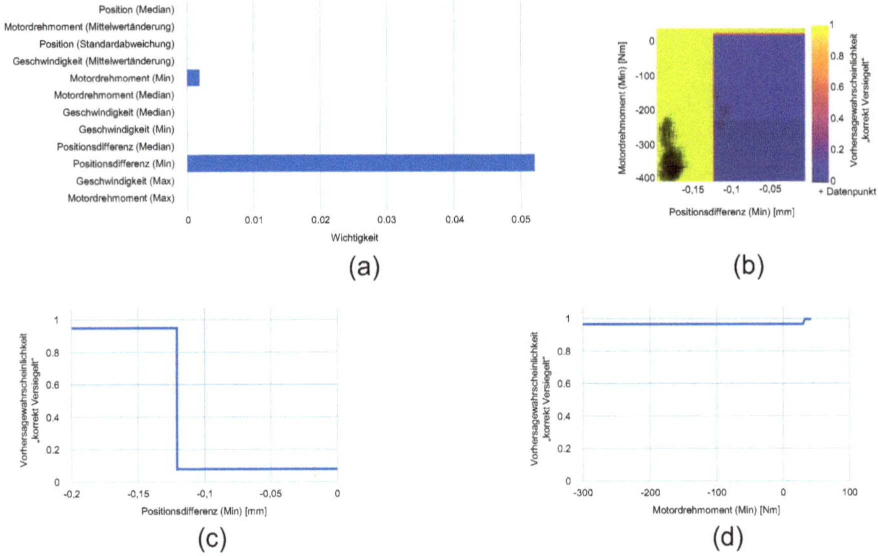

Abb. 9. Anwendung der erklärbaren KI auf das trainierte Extremely Randomized Tree Vorhersagemodell.

Einige Methoden der erklärbaren KI wie beispielsweise die *Accumulated Local Effects* ermöglichen es, den Einfluss von Wechselwirkungen zwischen mehreren Eingangsgrößen auf die Modellvorhersage zu betrachten [22, 24]. Bei dem auf *Extremely Randomized Trees* basierten Vorhersagemodell zeigt sich, dass für niedrige Minima der Positionsdifferenz die Vorhersage generell auf einen korrekt versiegelten Blister hinausläuft. Das gilt auch, wenn der Wert des minimalen Motordrehmoments nicht negativ ist. In allen anderen Fällen prognostiziert das Qualitätsvorhersagemodell einen fehlerhaft verschlossenen Blister (siehe Abb. 9b). Auf Grundlage von Expertenwissen über den untersuchten Prozess kann das aus physikalischer Sicht passendste Modell ausgewählt werden.

Die Informationen, die durch erklärbare KI gewonnen werden, sind besonders hilfreich für eine effizientere Fehlerursachenanalyse, wenn bisher unbekannte Zusammenhänge zwischen den Prozessparametern und dem vorhergesagten Qualitätsmerkmal identifiziert werden. Dadurch können aufwendige Datenerhebungen teilweise entfallen. Sobald die Fehlerursachen gefunden sind, können Maßnahmen abgeleitet werden, um den Prozess nachhaltig zu verbessern.

6.3 Quality Transfer: Übertragung qualitätsrelevanter Erkenntnisse auf andere Produkte und Prozesse

In den vorherigen Kapiteln wurde im Rahmen des Anwendungsbeispiels gezeigt, wie physische Qualitätskontrollen durch KI-Modelle unterstützt werden. Des Weiteren wurde das darauf aufbauende Potential von Methoden der erklärbaren KI dargestellt.

Aus betriebswirtschaftlicher Sicht eines Unternehmens ist der Einsatz solcher Methoden nur dann gewinnbringend, wenn der Aufwand der Datenbereitstellung, -aufbereitung und der Modellbildung den der physischen Qualitätskontrollen unterschreitet. Dies ist besonders bei variantenvielfältiger Produktion häufig nicht der Fall. Da ein trainiertes Vorhersagemodell ausschließlich innerhalb der Datendomäne, in der es trainiert wurde, aussagekräftig ist, führen bereits leichte Anpassungen an dem Produkt oder Prozess zur Ungültigkeit. In diesem Falle ist ein Neutraining des Modelles nötig. Die hierfür benötigten Trainingsdaten müssen dem Prozess durch physische Qualitätskontrollen entnommen werden.

Um den Aufwand der physischen Qualitätskontrollen bei wechselnder Produkt- oder Prozessdomäne zu senken, kommen Methoden des Transfer Learning zum Einsatz. Transfer Learning ermöglicht die Wiederverwendung eines vortrainierten Modells für eine neue, aber verwandte Aufgabe. Dies reduziert den Datenbedarf und die Zeit für das Nachtrainierens der Modelles erheblich, da bereits vorhandenes Prozess- bzw. Produktwissen genutzt wird [25]. Im Fall einer variantenreichen Produktion können vortrainierte Modelle auf ähnliche Prozesse oder Produkte angewendet und durch spezifisches Fine-Tuning an die neuen Anforderungen angepasst werden. Die Notwendigkeit bei wechselnder Domäne Modelle von Grund auf neu zu erstellen entfällt. Dieser Aspekt bietet ein großes Einsparungspotential bei der Datenbeschaffung und -aufbereitung. Durch die Wiederverwendung eines vortrainierten Modells und das Anwendungsfallabhängige Fine-Tuning kann die Zeit zur prozessübergreifenden Entwicklung eines neuen prädiktiven Modells erheblich verkürzt werden [26]. Zudem steigert bereits bei Verwendung trivialer Transfermethoden die Wiederverwendung erlernter Zusammenhänge aus vergleichbaren Anwendungsfällen die Modellgenauigkeit [27]. Modelle, die durch Transfer Learning entwickelt wurden, profitieren von den generalisierten Merkmalen des ursprünglichen Modells, was zu einer höheren Genauigkeit und Zuverlässigkeit bei der Vorhersage der Bauteilqualität führt [28]. Durch die Reduktion des Datenbedarfs und die Beschleunigung der Modellentwicklung werden die Kosten für die Implementierung und Wartung von Modellen des maschinellen Lernens erheblich reduziert.

7 Zusammenfassung und Ausblick

Das Qualitätsmanagement ist von jeher an die industrielle und technologische Entwicklung gebunden. Mit dem Aufkommen von KI-gestützten Technologien eröffnen sich neue Möglichkeiten für das Qualitätsmanagement. Die zunehmende Datenverfügbarkeit unterstützt fortgeschrittene Analyse zur Vorhersage von Qualitätsmerkmalen und zur Definition von Handlungsmaßnahmen auf der Grundlage von Modellen.

Das *Aachener Qualitätsmanagement-Modell* kann als Ordnungsrahmen zur Ausrichtung von Unternehmenseinheiten und qualitätsrelevanten Aktivitäten auf die Anforderungen von Interessengruppen von Unternehmen instrumentalisiert werden. Es kann als Leitfaden für die Umstrukturierung von Aktivitäten und relevanten Informationsflüssen verwendet werden. Die Infrastruktur des *Internet of Production* schafft eine Datendurchgängigkeit, die den Einsatz von prädiktiven und präskriptiven

Analysen und damit kürzere Rückkopplungsschleifen entlang des *Quality Streams* befähigt.

Der Begriff *Quality Intelligence* wird als Schaffung von Transparenz über alle qualitätsrelevanten Zusammenhänge mit Hilfe von KI-Methoden zur Qualitätssicherung und -verbesserung in der Produktion definiert. *Predictive Quality* ermöglicht die datenbasierte Vorhersage von Produkt- und Prozesseigenschaften, um Prüfumfänge zu reduzieren und Qualitätsverbesserungsmaßnahmen zu antizipieren. Darauf aufbauend können Methoden der erklärenden KI unterstützen, die Einflüsse von Prozessparametern besser zu verstehen. *Quality Diagnosis* ermöglicht es, aus Daten- und Prozessmodellen diagnostische Erkenntnisse zu gewinnen.

Der Einsatz von *Predictive Quality* und *Quality Diagnosis* wurde am Beispiel eines Blisterverpackungsprozesses dargestellt. Beide Ansätze bieten Möglichkeiten, datenbasierte Erkenntnisse abzuleiten, um den Produktionsprozess dauerhaft zu verbessern. Darüber hinaus können bereits entwickelte Datenmodelle mittels Transfer Learning Methoden auf andere Produkte und Prozesse übertragen werden. Auf diese Weise kann *Quality Transfer* den Aufwand für physikalische Qualitätsprüfungen bei einem Wechsel der Produkt- oder Prozessdomäne reduzieren.

Die aufgezeigten Ansätze unterstützen die Bildung von lokalen Qualitätsschleifen entlang des Produktlebenszyklus. Es besteht weiterer Forschungsbedarf für die Anwendung von Methoden, die den Einsatz von *Predictive Quality* und *Quality Diagnosis* in erweiterten Qualitätsschleifen ermöglichen, beispielsweise die Rückführung von Daten aus dem Feld über die *Quality Backward Chain* in die Entwicklung und die Produktion. Hierfür muss die notwendige Datenbasis geschaffen werden. Ein strukturiertes Fehlermanagement kann einen Ansatz bieten, um die Schnittstellen entlang des Produktlebenszyklus zu verbinden. Darüber hinaus kann dies den gezielten und effizienten Einsatz von KI-Methoden unterstützen. In diesem Zusammenhang nimmt die Bedeutung der Definition und Quantifizierung von Qualitätsmerkmalen am Markt, die als Qualitätsschleifen in den Produktionsprozess zurückgeführt werden, zu. Innerhalb dieser Qualitätsschleifen kann der Verlust von Informationen oder eine Übertragung auf Indikatoren zur Weiterverarbeitung durch KI-Methoden in der Produktion eine Herausforderung darstellen. Der Einsatz von KI-Anwendungen erfordert zudem Methoden zur messbaren Ermittlung des monetären Nutzens im Vergleich zu klassischeren Methoden oder Ansätze, die eine Integration in Managementsysteme ermöglichen.

Aus technologischer Sicht besteht die Notwendigkeit, Methoden und Infrastrukturen zu erforschen, die die Varianz innerhalb der Modellgenauigkeit ausgleichen können. Die Erhöhung der Robustheit der Modelle gegenüber Schwankungen und Störungen kann eine Voraussetzung für die Entwicklung von Qualitätsschleifen auf Basis präskriptiver Modelle darstellen.

Danksagungen. Gefördert durch die Deutsche Forschungsgemeinschaft (DFG) im Rahmen der Exzellenzstrategie des Bundes und der Länder – EXC-2023 Internet of Production – 390621612

Literatur

1. Breque, M., De Nul, L., Petridis, A.: Industry 5.0: towards a sustainable, human centric and resilient European industry. European Commission Directorate-General for Research and Innovation, Brussels (2021)
2. Schmitt, R.H., Sohnius, F., Padrón, M., Günther, R., Keens, J., Buschmann, D., Trappmann, R., Hauptvogel, A., Jatzkowski, P., Lesmeister, F., Mertens, Y., Quito, F., Rauchenberger, J., Stinner, S.: Neues Qualitätsparadigma für eine nachhaltige Produktion. Empower Green Production. In: Schmitt, R.H. et al. (Hrsg.) Empower Green Production. Tagungsband zum Aachener Werkzeugmaschinen-Kolloquium AWK. Fraunhofer-Gesellschaft (2023)
3. Schmitt, R., Pfeifer, T.: Qualitätsmanagement: Strategien – Methoden – Techniken. Carl Hanser Verlag GmbH Co KG, München (2015)
4. Haardt, O.F.R., Altmaier, P.: Industrielle Revolution 4.0: eine historische Navigationshilfe. wbg Paperback, Darmstadt (2022)
5. Zollondz, H.-D.: Grundlagen Qualitätsmanagement: Einführung in Geschichte, Begriffe, Systeme und Konzepte. Wissenschaftsverlag, München: Oldenbourg (2011). https://doi.org/10.1524/9783486712025
6. Sommerhoff, B.: Die Entwicklung des Qualitätsmanagements im 20. und 21. Jahrhundert. In: T. Pfeifer et al. (Hrsg.) Handbuch Qualitätsmanagement. S. 15–37. Hanser, München (2021)
7. Hummel, T., Malorny, C.: Total Quality Management (TQM). In: Kamiske, G.F. (Hrsg.) Handbuch QM-Methoden: Die richtige Methode auswählen und erfolgreich umsetzen. S. 1–48. Hanser, München (2015)
8. Koch, S.: Einführung in das Management von Geschäftsprozessen: Six Sigma. Kaizen und TQM. Springer, Heidelberg (2011)
9. Schmitt, R.H., Kurzhals, R., Ellerich, M., Nilgen, G., Schlegel, P.: Predictive Quality – Data Analytics in produzierenden Unternehmen. In: Bergs, T. et al. (Hrsg.) Internet of Production – Turning Data into Value. Tagungsband zum Aachener Werkzeugmaschinen-Kolloquium AWK. Fraunhofer-Gesellschaft (2020)
10. Beckschulte, S., Klasen, N., Huebser, L., Schmitt, R.H.: Prädiktive Qualität in der Prozesslenkung: Neuronales Netz als SPC 4.0. Z. Wirtschaft. Fabrik. **116**(10), 662–666 (2021). https://doi.org/10.1515/zwf-2021-0134
11. EXC 2023: Internet of Production (IoP). https://gepris.dfg.de/gepris/projekt/390621612
12. Brecher, C., Klocke, F., Schmitt, R., Schuh, G.: Internet of Production für agile Unternehmen: AWK Aachener Werkzeugmaschinen-Kolloquium 2017, 18. bis 19. Mai. Werkzeugmaschinenlabor WZL der RWTH Aachen (2017)
13. Padrón Hinrichs, M., Schmitt, R.H.: Qualitätssicherung für die Serienfreigabe im Produktionsanlauf: Ein modellgestützter Ansatz zur Risikobewertung von validierungsrelevanten Produktionswechselwirkungen am Beispiel der Automobilindustrie. Z. Wirtschaft. Fabrik. **119**(4), 205–209 (2024). https://doi.org/10.1515/zwf-2024-1045
14. Klasen, N., Kumbhare, R., Joseph, D.A., Schönekehs, C., Witt, R., Schmitt, R.H.: Transfer learning for enabling quality predictions in small batch production, 18th CIRP International Conference on Intelligent Computation in Manufacturing Engineering (2024). (im Druck)
15. Beckschulte, S., Padrón Hinrichs, M., Pirrone, L., Grothkopp, M., Sohnius, F., Schmitt, R.H., Friedli, T.: Manufacturing Data Analytics Study 2023: Empirical Industry Study. Apprimus, Aachen (2023)
16. Wachter, C., Beckschulte, S., Padrón Hinrichs, M., Sohnius, F., Schmitt, R.H.: Strategies for Resilient Manufacturing: A Systematic Literature Review of Failure Management in Production. Procedia CIRP. 130 (2024) 1393–1402

17. Fan, C., Chen, M., Wang, X., Wang, J., Huang, B.: A Review on Data Preprocessing Techniques Toward Efficient and Reliable Knowledge Discovery from Building Operational Data. Front. Energy Res. **9** (2021). https://doi.org/10.3389/fenrg.2021.652801
18. Christ, M., Braun, N., Neuffer, J., Kempa-Liehr, A.W.: Time Series Feature Extraction on basis of Scalable Hypothesis tests (tsfresh – A Python package), Neurocomputing. 307–77 (2018), ISSN 0925–2312, https://doi.org/10.1016/j.neucom.2018.03.067
19. Boateng, E.Y., Otoo, J., Abaye, D.A.: Basic Tenets of Classification Algorithms K-Nearest-Neighbor, Support Vector Machine, Random Forest and Neural Network: A Review. Journal of Data Analysis and Information Processing. **8**(4), 341–357 (2020)
20. Buschmann, D., Schulze, T., Beckschulte, S., Schmitt, R.H.: Information requirements analysis for process-oriented decision support via predictive quality models in production, 57th CIRP Conference on Manufacturing Systems (2024)
21. Buschmann, D., Schulze, T., Beckschulte, S., Schmitt, R.H.: Information requirements analysis for process-oriented decision support via predictive quality models in production. Procedia CIRP. 130, 1428–1434 (2024)
22. Friedman, J.H.: Greedy Function Approximation: A Gradient Boosting Machine. Ann. Stat. **5**, 1189–1232 (2001)
23. Lundberg, S. M., Lee, S.-I.: A Unified Approach to Interpreting Model Predictions. In: Guyon, I. et al. (Hrsg.) Advances in Neural Information Processing Systems. S. 4768–4777 Curran Associates, Inc. (2017)
24. Molnar, C.: Interpretable Machine Learning: A Guide for Making Black Box Models Explainable (2022)
25. Tsung, F., Zhang, K., Cheng, L., Song, Z.: Statistical transfer learning: A review and some extensions to statistical process control. Qual. Eng. **30**(1), 115–128 (2018). https://doi.org/10.1080/08982112.2017.1373810
26. Pan, S.J., Yang, Q.: A Survey on Transfer Learning. IEEE Trans. Knowl. Data Eng. **22**(10), 1345–1359 (2010). https://doi.org/10.1109/TKDE.2009.191
27. J. Wang, Y. Chen, H. Yu, M. Huang and Q. Yang, „Easy Transfer Learning By Exploiting Intra-Domain Structures," 2019 IEEE International Conference on Multimedia and Expo (ICME), Shanghai, China. 1210–1215 (2019). https://doi.org/10.1109/ICME.2019.00211
28. Li, X., Hu, Y., Li, M., Zheng, J.: Fault diagnostics between different type of components: A transfer learning approach. Appl. Soft Comput. **86**, 105950 (2020). https://doi.org/10.1016/j.asoc.2019.105950

Potenziale und Herausforderungen von KI-basierten akustischen Qualitätsprüfungen in der Automobilproduktion

Roman Strasser[1,2(✉)] und Robert Refflinghaus[2]

[1] Abteilung für Operative KI in der Produktion, BMW Group, München, Deutschland
roman.strasser@bmw.de

[2] Fachgebiet Qualitäts- und Prozessmanagement, Universität Kassel, Kassel, Deutschland
refflinghaus@uni-kassel.de

Zusammenfassung. Die Anwendung von Künstlicher Intelligenz (KI) in der Qualitätsprüfung ermöglicht die Automatisierung von bisher manuell durchgeführten Prüftätigkeiten. Damit entwickelt sich KI zur Schlüsseltechnologie und verspricht signifikante Verbesserungen bezüglich Zeit, Kosten und Qualität. Während sich der Einsatz von Computer Vision (KI-basiertes Sehen) in der visuellen Qualitätsprüfung bereits in produzierenden Unternehmen etabliert hat, ist die Anwendung von Computer Audition (KI-basiertes Hören) in der akustischen Qualitätsprüfung weitestgehend unerforscht. Ein ausschlaggebender Faktor dafür ist die hohe Sensibilität von Audioaufnahmen aus dem industriellen Umfeld und die damit einhergehende geringe öffentliche Datenverfügbarkeit. Im Gegensatz dazu demonstrieren Anwendungsfälle aus dem Alltag wie z. B. die Shazam App zur Musikerkennung oder die BirdNet App zur Erkennung von Vogelstimmen die Potenziale von KI in der Akustik. Vor diesem Hintergrund hat folgender Forschungsbeitrag das Ziel, Potenziale und Herausforderungen für KI-basierte akustische Qualitätsprüfungen in der Automobilproduktion aufzuzeigen. Dafür werden im ersten Schritt mögliche Anwendungsfälle identifiziert. Anschließend wird ein Vorgehensmodell zur KI-Entwicklung vorgestellt. Dabei werden Audioaufnahmen in Spektrogramme umgewandelt und ein KI-Modell zur Erkennung prägnanter Muster und somit zur Qualitätsprüfung antrainiert. Auf Basis der identifizierten Anwendungsfälle und dem aufgezeigten Vorgehensmodell werden Erkenntnisse zur Erreichung des Forschungsziels abgeleitet.

Schlüsselwörter: Künstliche Intelligenz · Akustische Qualitätsprüfung · Computer Audition · Automobilproduktion

R. Jochem und M. Meyer (Hrsg.), *Rethinking Quality – Wandel des Qualitätsmanagements durch Digitalisierung und Künstliche Intelligenz*,
https://doi.org/10.1007/978-3-658-47213-9_2

1 Motivation und Zielsetzung

Mit der Elektrifizierung der Antriebssysteme, der steigenden Bedeutung von Softwarekompetenz und neuen Wettbewerbern steht die europäische Automobilindustrie vor einer großen Transformation. Um auch in Zukunft erfolgreich zu sein, wird es den Automobilherstellern empfohlen, ihre Stärken in der Entwicklung und der Produktion weiter auszubauen [1]. Qualität spielt dabei eine entscheidende Rolle und ist ein Differenzierungsmerkmal im Wettbewerb. Zur Sicherstellung der Qualitätsanforderungen sind Qualitätsprüfungen ein fundamentaler Bestandteil in der Produktion [2]. Mit steigendem Wettbewerbs- und Kostendruck ist es das Ziel, diese Prüfungen zu optimieren und zu automatisieren. Dabei kommen zunehmend KI-basierte Qualitätskontrollen zur Anwendung. Der Forschungsschwerpunkt lag in den vergangenen Jahren insbesondere auf KI-basierten visuellen Qualitätskontrollen, sodass diese heute bereits verbreitete Anwendung finden. Dabei werden bisher manuelle Prüfungen automatisiert, indem mit einer Kamera an der Montagelinie ein Bild von einem Prüfmerkmal aufgenommen und anschließend mittels KI bewertet wird, inwieweit die Anforderungen erfüllt werden [3]. Die Qualität eines Fahrzeugs bestimmt sich jedoch aus mehreren Dimensionen, wie z. B. die Akustik eines Fahrzeugs. Insbesondere im Premiumsegment hat die Akustik einen hohen Stellenwert. Qualitätsmängel wie Störgeräusche werden vom Kunden nicht toleriert und sind daher gänzlich zu vermeiden [4].

Entwicklungen wie z. B. die Smartphone Apps Shazam oder BirdNet zeigen das grundsätzliche Potenzial von KI in der Akustik [5, 6]. Die BirdNet-App ermöglicht es mit dem Smartphone eine Audioaufnahme von Vogelstimmen aufzunehmen und mittels KI zu erkennen, von welcher Vogelart diese stammen. Des weiteren belegen Studien, dass KI bei spezifischen Aufgabenstellungen wie der Klassifizierung von akustischen Szenen (z. B. Büroumgebung, vorbeifahrender Bus) den Menschen übertrifft [7].

Angesichts des technologischen Fortschritts von KI im Bereich der Akustik und dem potenziellen Bedarf in der Automobilproduktion, zielt diese Studie darauf ab, zu untersuchen, inwieweit die Automobilproduktion von dieser Technologie profitieren kann. Diese Zielsetzung wird mit folgenden Forschungsfragen verfolgt:

1. Welche *Trends und Entwicklungen beeinflussen den Bedarf* von KI-basierten akustischen Qualitätsprüfungen in der Produktion?
2. Welche konkreten *Anwendungsfälle* gibt es für eine solche Technologie?
3. Mit welcher *Vorgehensweise* kann eine KI-basierte akustische Qualitätsprüfung entwickelt werden?
4. Welche *Potenziale und Herausforderungen* lassen sich aus den vorgehenden Untersuchungen ableiten?

2 Theoretischer Hintergrund

2.1 Akustik mit Fokus Zeit-Frequenz-Darstellung

Das Forschungsgebiet der Akustik behandelt die Lehre von Schall, beginnend bei der Entstehung über die Ausbreitung bis zur Wahrnehmung und Wirkung bei einem Empfänger [8]. Der Begriff Schall wird dabei als mechanische Schwingung bezeichnet, die sich in einem elastischen Medium ausbreitet [8]. Je nach Medium, in dem sich der Schall ausbreitet, wird zwischen Luft-, Flüssigkeits- und Körperschall unterschieden. Die Schallart, die für den Menschen wahrnehmbar und somit am vertrautesten ist, wird als Luftschall bezeichnet. Dabei erzeugt eine Schallquelle Schwingungen durch Druck- und Dichteschwankungen in der Luft, die sich als Schallwellen ausbreiten und schließlich vom menschlichen Gehör aufgenommen werden [9]. Zur Charakterisierung von Schall können die Kenngrößen Schalldruckpegel (Lautstärke) und Frequenz (Klangfarbe) herangezogen werden. Der Schalldruckpegel gibt somit die empfundene Lautstärke eines Schallereignisses an und wird in Dezibel (dB) angegeben. Die Frequenz hingegen gibt die Anzahl der Schwingungen einer Schallwelle pro Sekunde an und wird in der Einheit Hertz (Hz) gemessen [10]. Mit diesen Parametern lässt sich wie in Abb. 1 dargestellt die menschliche Hörwahrnehmung eingrenzen. Der Hörbereich befindet sich im Frequenzbereich von 20 Hz bis 20 kHz und im Schalldruckpegelbereich von 0 bis 140 dB [10]. Das Gebiet, welches zwischen Hör- und Schmerzgrenze liegt, wird die Hörfläche genannt. Innerhalb der Hörfläche sind beispielsweise die Frequenzen und Schalldrücke verortet, die der Sprach- und Musikwahrnehmung des Menschen zuzuordnen sind.

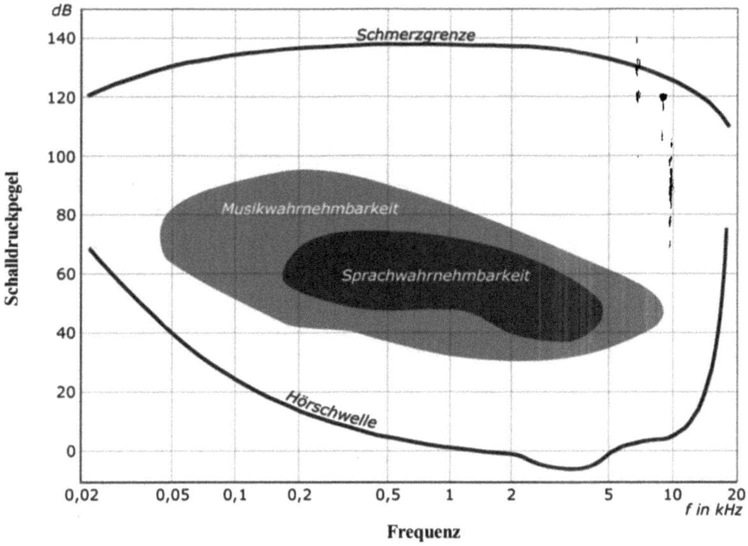

Abb. 1. Menschliches Hörfeld [10].

Visualisierung der menschlichen Hörwahrnehmung durch Log-Mel-Spektrogramme

Um akustische Signale zu visualisieren, werden Spektrogramme verwendet. Ein Spektrogramm ist eine zweidimensionale visuelle Darstellung von Audiosignalen, bei der die horizontale x-Achse die Zeit (Sekunden) und die vertikale y-Achse die Frequenz (Hz) angibt. Über eine Farbcodierung wird der Schalldruckpegel (dB) eines Signals wiedergegeben. Um die menschliche Hörwahrnehmung bestmöglich zu visualisieren, kommen Log-Mel-Spektrogramme zum Einsatz. Die Besonderheit dieser Spektrogrammart ist, dass die Frequenzachse durch eine Mel-Skala ersetzt wird. Durch diese logarithmische Skala wird die menschliche Wahrnehmung von Tonhöhen besser dargestellt als mit einer linearen Skala, weil höhere Frequenzen im Vergleich zu niedrigeren Frequenzen komprimierter dargestellt werden [11]. Ein Beispiel für ein Log-Mel-Spektrogramm einer Hupe ist in Abb. 2 abgebildet. Dabei stellt das prägnante Muster mit helleren horizontalen Linien bei Sekunde 1,5 das laute Hupsignal dar. Umgebungsgeräusche sind sichtbar, jedoch grenzt sich das Muster der Hupe deutlich ab.

Für die Erstellung eines Log-Mel-Spektrogramms wird wie folgt vorgegangen: Zunächst wird das Audiosignal in einzelne Zeitabschnitte unterteilt und mittels Kurzzeit-Fourier-Transformation (STFT) in ein Spektrogramm umgewandelt. Anschließend wird das resultierende Spektrogramm durch Anwendung einer Mel-Filterbank und Logarithmieren in ein Log-Mel-Spektrogramm umgerechnet [12].

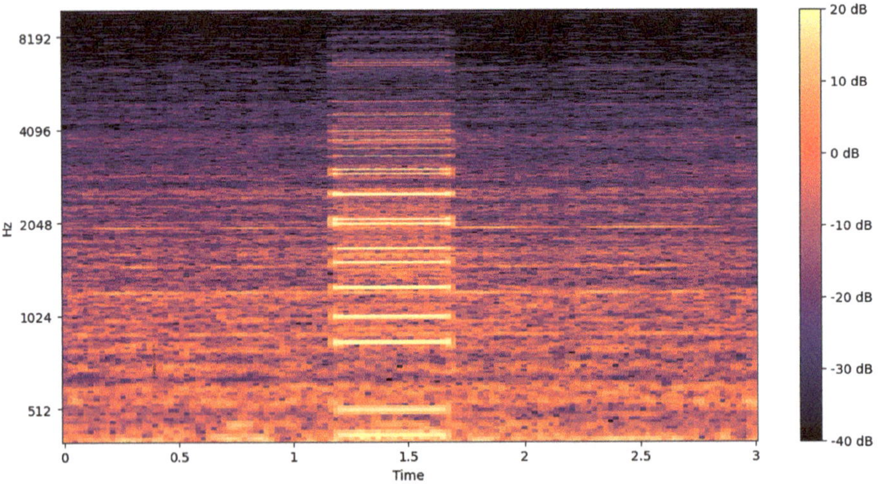

Abb. 2. Log-Mel-Spektrogramm eines Hupsignals in einer Produktionsumgebung.

2.2 Qualität mit Fokus auf akustische Qualitätsprüfung

Qualität ist der Grad, zu dem ein Produkt, eine Dienstleistung oder ein Prozess die vorgegebenen Anforderungen oder Erwartungen erfüllt. Als Qualitätsanforderung wird dabei eine Erwartung oder Verpflichtung in Bezug auf die erforderliche Qualität verstanden.

Zur Erreichung dieser Qualitätsanforderungen ist das Qualitätsmanagement ein zentraler Bestandteil von produzierenden Unternehmen. Als Qualitätsmanagement bezeichnet man jenen Teil des Unternehmensmanagements, der versucht, die qualitätsbezogenen Ziele eines Unternehmens zu erreichen. Das Qualitätsmanagement umfasst dabei die folgenden Aktivitäten: Qualitätsplanung, Qualitätssteuerung, Qualitätsverbesserung und Qualitätssicherung. Wichtig für die vorliegende Studie ist die Qualitätssicherung, die darauf abzielt, sämtliche Unternehmensprozesse hinsichtlich der Einhaltung der Qualitätsstandards zu überprüfen und kontinuierlich zu verbessern [13].

Als Teil der Qualitätssicherung ist die Qualitätsprüfung ein Vorgang, mit dem festgestellt wird, inwieweit die Produktqualität den vorgegebenen Anforderungen entspricht [13]. Reinhart et al. unterscheiden zwischen zwei Prüfarten: qualitativ und quantitativ [14]. Qualitative Prüfungen werden durch allgemeine Beschreibungskriterien bewertet, die nicht oder nur schwer messbar sind. Die Bewertung erfolgt über einen qualitativen Vergleich verschiedener Zustände. Diese Form des Prüfens wird als Attributprüfung bezeichnet. Quantitative Prüfungen hingegen basieren auf Mess- oder Zählwerten mit technischen Hilfsmitteln. Das heißt, die Bewertung geschieht über eine quantitative Bewertung mit einem Messwert. Diese Form des Prüfens wird als Variablenprüfung definiert [14]. Eine weitere Unterscheidung kann hinsichtlich der Art des Prüfvorgangs getroffen werden – zwischen subjektiven und objektiven Prüfungen. Eine Prüfung ist subjektiv, wenn ein Prüfmerkmal durch menschliche Sinneswahrnehmungen bewertet wird, wobei beispielsweise Gedächtniswerte und Sinneseindrücke als Vergleichswerte dienen. Im Gegensatz dazu ist eine Prüfung objektiv, wenn zur Bewertung Messmittel eingesetzt werden. Qualitätsprüfungen können in unterschiedlichen Ausprägungsformen durchgeführt werden wie z. B. als Stichprobenprüfung oder 100 %-Prüfung. Bei einer 100 %-Prüfung wird die Qualität jedes einzelnen Bauteils kontrolliert [15]. Diese Unterscheidung ist insofern wichtig, da sich je nach Prüfumfang unterschiedliche Anforderungen ergeben. Bei einer 100 %-Prüfung sind Faktoren wie die Taktzeit in der Produktion oder der benötigte Hardwareeinsatz klare Restriktionen, die beachtet werden müssen.

In der Produktion können zur akustischen Qualitätsprüfung sowohl objektive als auch subjektive Verfahren eingesetzt werden. Objektive Verfahren basieren auf der technischen Auswertung von akustischen Signalen und Sensordaten. Die Entscheidungsfindung kann dabei regelbasiert auf Basis von Grenzwerten erfolgen, die von Experten für den speziellen Anwendungsfall definiert werden [16]. Eine Grundvoraussetzung für solche technischen Systeme ist die Erfüllung der LTI-Bedingungen (Linear Time-Invariant). Das bedeutet, dass ein Messsystem unter robusten Umgebungsbedingungen eingesetzt werden muss [17]. Doch gerade diese Grundvoraussetzung kann in einer Produktionsumgebung nicht gewährleistet werden. Umgebungsgeräusche von anderen Maschinen, Mitarbeitern oder Fahrzeugen und das Verhalten von Störgeräuschen führen dazu, dass die LTI-Bedingungen nicht erfüllt werden können [18]. Als eine mögliche Gegenmaßnahme könnten Abschirmungen installiert werden, die jedoch aufgrund komplexer Installation oder aus Kostengründen nicht praktikabel sind.

Angesichts dieser Limitierungen werden akustische Qualitätsprüfungen in der Produktion gegenwärtig primär subjektiv durch Mitarbeiter durchgeführt. Der Mensch als Prüfer ist aufgrund der hohen Kostenintensität und insbesondere aufgrund der begrenzten Zuverlässigkeit nicht ideal. Die Genauigkeit der Ergebnisse einer menschlichen

Prüfung ist stark von der Erfahrung des Prüfers mit dem jeweiligen zu prüfenden Merkmal abhängig [19]. Damit ist es nur begrenzt möglich einen einheitlichen Qualitätsstandard zu etablieren. Zusätzlich haben externe Bedingungen, wie z. B. der Zeitpunkt einer Arbeitsschicht einen Einfluss auf die Zuverlässigkeit der Prüfung [20]. Somit stellt auch die subjektive Prüfung keine optimale Lösung dar.

Zusammenfassend ist festzuhalten, dass das vorliegende Forschungsprojekt zur akustischen Qualitätskontrolle sich auf attributive 100 %-Prüfungen in der Produktion fokussiert. Bisher konnten derartige Prüfungen ausschließlich subjektiv durch Menschen und ohne den Einsatz technischer Hilfsmittel zur objektiven Bewertung durchgeführt werden. Die Entwicklung von KI ermöglicht es jedoch, menschliche Sinneswahrnehmungen zu simulieren. Dadurch eröffnet sich die Möglichkeit subjektive Prüfungen mittels KI zu objektivieren.

2.3 Künstliche Intelligenz mit Fokus Computer Audition

KI beschreibt die Fähigkeit von Computersystemen, Aufgaben auszuführen, die typischerweise menschliche Intelligenz erfordern. Dabei besteht das Ziel der KI darin, menschliche Intelligenz durch Algorithmen und Computersysteme zu simulieren [21]. Eine Unterkategorie von KI bildet Maschinelles Lernen (ML). ML bezeichnet das Anlernen von Systemen durch Trainingsdaten mit dem Ziel, dieses künstlich generierte Wissen anschließend auf neue, ungesehene Daten anwenden zu können [21, 22]. Deep Learning (DL) ist eine Teildisziplin von ML, bei der künstliche Neuronale Netze eingesetzt werden, um einen Input in mehreren „tiefen" Schichten zu verarbeiten. Die Struktur und Funktion eines solchen künstlichen Neuronalen Netzes orientieren sich dabei am menschlichen Gehirn [22]. Für das Anlernen eines KI-Modells kann in überwachtes und unüberwachtes Lernen unterschieden werden. Beim überwachten Lernen wird ein KI-Modell mit vom Menschen beschrifteten Daten (eng. Label) angelernt. Beim unüberwachten Lernen hingegen werden dem KI-Modell nicht-gelabelte Daten zur Verfügung gestellt und das Modell ist in der Lage, Muster selbstständig zu erlernen [21, 22].

Abhängig vom Anwendungsgebiet und der Datenform werden verschiedene Fachterminologien verwendet. Für die automatisierte Verarbeitung und Analyse von akustischen Daten mittels KI wird der Begriff Computer Audition (CA) herangezogen. Dabei ist es das Ziel, die menschliche Hörwahrnehmung zu simulieren [23]. Die Anwendungsfelder für CA sind vielfältig. Von der Musikerkennung über die Verarbeitung von Vogelstimmen bis hin zur Erkennung von COVID-19 anhand von Hustengeräuschen gibt es ein breites Spektrum an Forschungsaktivitäten [5, 24]. Forschungen für die industrielle Anwendung sind hingegen dünn. Grollmisch et al. begründen dies mit geringer Verfügbarkeit öffentlicher Daten, da Audioaufnahmen für Unternehmen oft sensibel sind [25]. Ähnliches gilt auch für Anwendung für Qualitätsprüfungen. Lediglich Roy skizziert, wie Störgeräusche in Fahrzeugen erkannt werden können, geht dabei jedoch nicht auf den Einsatz im Produktionsumfeld zur Qualitätsprüfung ein [26].

Allgemein kann CA in verschiedene Disziplinen unterteilt werden, wobei die Ansätze der akustischen Szenenklassifikation (engl. Acoustic Scene Classification –

ASC) und die akustische Ereignisdetektion (engl. Acoustic Event Detection – AED) am relevantesten sind. Bei der ASC wird eine akustische Szene einer vordefinierten Szenenklasse zugeordnet. Die Audioaufnahme wird dabei als Gesamtheit betrachtet und hat eine vorher definierte Zeitdauer. AED zielt darauf ab, innerhalb einer Audioaufnahme bestimmte Ereignisse zu erkennen. AED konzentriert sich dabei auf die detaillierte Untersuchung und zeitliche Einordnung einzelner akustischer Ereignisse innerhalb einer Aufnahme. Es wird also neben der Vergabe eines Datenlabels auch eine Anfangs- und eine Endzeit des Ereignisses festgehalten [27, 28]. Die beiden Ansätze ASC und AED werden in Abb. 3 gegenübergestellt.

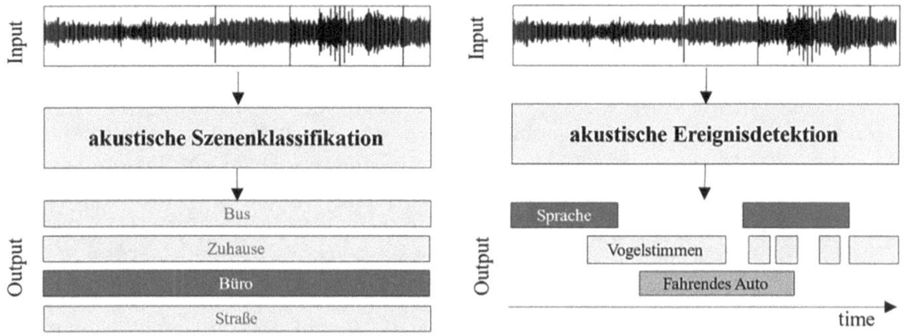

Abb. 3. Gegenüberstellung ASC und AED. (In Anlehnung an [27]).

Je nach Anwendungsfall und Zielsetzung können unterschiedliche Netzarchitekturen verwendet werden. Zur Umsetzung von ASC ist der Einsatz von Convolutional Neural Networks (CNN) mit vorheriger Umwandlung der Audiosignale in Log-Mel-Spektrogramme üblich [29]. CNN sind eine besondere Art von neuronalen Netzen, die speziell für die Bilderkennung optimiert sind. Im Gegensatz zu vollständig verbundenen Netzwerken (Fully Connected Networks) verwenden CNN Faltungsoperationen (Convolution), die dazu beitragen, die Komplexität zu reduzieren, ohne die Leistung zu beeinträchtigen. Dadurch können die charakteristischen Merkmale von Bilddaten in CNN schrittweise abstrahiert und mit zunehmender Schichttiefe feiner herausgearbeitet werden [21]. Bei Anwendungsfällen zur akustischen Ereignisdetektion, in denen zusätzlich zeitliche Informationen eine Rolle spielen, werden CNN häufig durch Recurrent Neural Networks (RNN) ergänzt, zu sog. Convolutional Recurrent Neural Networks (CRNN) [28]. RNN sind neuronale Netze, die sich besonders gut zur Verarbeitung sequenzieller Daten eignen, wie beispielsweise in der Spracherkennung. Im Gegensatz zu klassischen neuronalen Netzen, die davon ausgehen, dass die Eingabevektoren zeitlich unabhängig voneinander sind, berücksichtigen RNN die Reihenfolge der Eingabedaten. Dies ermöglicht es RNN, Informationen aus vergangenen Zeitschriften zu speichern und für die Verarbeitung nachfolgender Schritte zu nutzen [28]. CRNN kombinieren also die Vorteile von CNN und RNN, indem sie die visuelle und zeitliche Datenverarbeitung in einem Modellansatz kombinieren.

3 Methodische Vorgehensweise

Das Ziel der vorliegenden Forschungsstudie ist es, Potenziale und Herausforderungen von KI-basierten akustischen Qualitätsprüfungen zu untersuchen. Um dieses Ziel zu erreichen, werden theoretische Untersuchungen durch Analysen aus der Praxis bei der BMW Group komplementiert. Somit ist die Herangehensweise als empirisch-induktiv zu bewerten. Die Vorgehensweise kann in vier Schritte unterteilt werden, wobei jeder Schritt eine Forschungsfrage adressiert (vgl. Abb. 4.): Im ersten Schritt werden aktuelle Trends in der Automobilindustrie mit einem möglichen Einfluss auf den Bedarf von KI-basierten akustischen Qualitätsprüfungen identifiziert. Hierzu werden Literaturanalysen und Feldbeobachtungen bei der BMW Group herangezogen. Darauf aufbauend erfolgt im zweiten Schritt die Identifikation konkreter Anwendungsfälle. Hierfür werden Expertenbefragungen in den Bereichen Produktion und Qualitätsmanagement durchgeführt. Darüber hinaus werden Erkenntnisse aus Studien von Marktforschungsunternehmen und zusätzliche Literaturrecherchen genutzt, um vergleichbare Anwendungsfälle bei anderen Automobilherstellern, Zulieferern, Forschungsinstituten und Start-ups zu identifizieren. Im dritten Schritt wird ein Vorgehensmodell zur KI-Entwicklung aufgezeigt. Dabei wird sich auf die Erkenntnisse aus Abschn. 2 gestützt. Im vierten Schritt werden mögliche Potenziale und Herausforderungen abgeleitet. Diese Ableitung ist möglich, weil durch die vorherigen Schritte sowohl die Anwendungsfälle als auch die technische Umsetzung verstanden wurden.

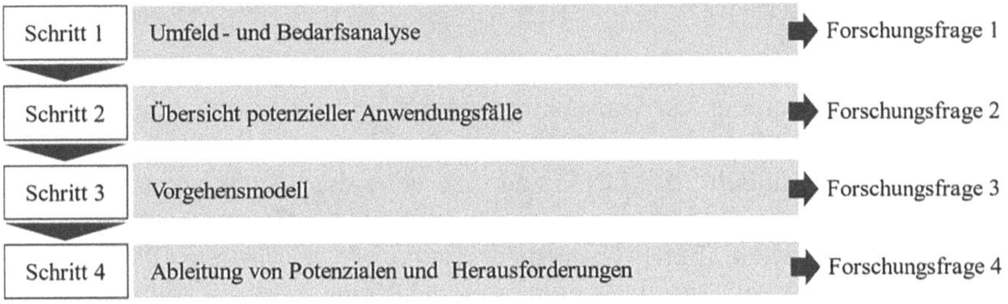

Abb. 4. Überblick der methodischen Vorgehensweise.

4 Ergebnisse

4.1 Schritt 1 – Umfeldanalyse: Bedarf von KI-basierten akustischen Qualitätsprüfungen

Die zukünftig prägenden Trends in der Automobilindustrie können mit dem Akronym ACES (Autonomes Fahren, Connectivity, E-Mobilität, Shared Mobility) charakterisiert werden [30]. Aus diesen Trends leiten sich neue Anforderungen an die Fahrzeugakustik ab, welche wiederum zu neuen Herausforderungen in der Automobilproduktion und Qualitätssicherung führen. Mit der vorliegenden Studie wurden sechs Einflussbereiche identifiziert, die den Bedarf nach einer KI-basierten akustischen Qualitätsprüfung untermauern (vgl. Abb. 5):

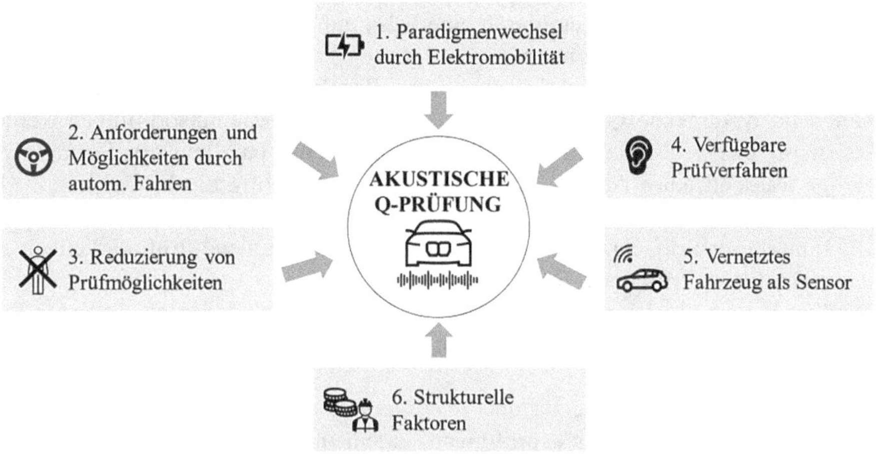

Abb. 5. Umfeldanalyse mit Einfluss auf den Bedarf von KI-basierten akustischen Qualitätsprüfungen.

1. Der Wandel der Automobilindustrie von Verbrennungsmotoren zu Elektrofahrzeugen stellt einen Paradigmenwechsel in der Fahrzeugakustik dar. Durch den Entfall des Verbrennungsmotors sind die „Grundgeräusche" im Fahrzeuginnenraum leiser geworden, wodurch mögliche Störgeräusche für die Kunden wahrnehmbarer sind [10]. Insbesondere im Premiumfahrzeugsegment werden Qualitätsmängel wie Störgeräusche von Kunden nicht toleriert und müssen daher in der Produktion vermieden werden [4]. Zusätzlich zu diesen erhöhten Kundenanforderungen ergeben sich durch die Elektromobilität neue gesetzliche Vorschriften, wie z. B. der akustische Fußgängerschutz (engl. Acoustic Vehicle Alerting System – AVAS). Für den akustischen Fußgängerschutz wird über einen Lautsprecher ein künstliches Geräusch bei einer Geschwindigkeit von bis zu 20 km/h abgespielt. Dies ist notwendig, damit die geräuscharmen Elektrofahrzeuge von Fußgängern und insbesondere sehbehinderten Personen wahrgenommen werden können [31]. Die Verfehlung solcher gesetzlichen Anforderungen aufgrund von Software- oder Elektronikproblemen kann zu umfassenden Rückrufen und erheblichem wirtschaftlichen Schaden für Automobilhersteller führen.
2. Im Kontext der Akustik beeinflusst das automatisierte Fahren die Kundenerwartungen und eröffnet neue Möglichkeiten im Produktionsumfeld. Mit zunehmender Kontrollübernahme der Fahrzeuge steigen die Anforderungen an die Fahrzeugakustik, da Kunden einem Fahrzeug, dessen Bremsen ungewöhnliche Geräusche von sich geben, wahrscheinlich nicht die Kontrolle überlassen. Doch nicht nur aus Kundensicht, sondern auch im Produktionsumfeld bringt das automatisierte

Fahren neue Möglichkeiten. Fahrzeuge können sich innerhalb der Montage selbständig bewegen und navigieren, wodurch die Notwendigkeit eines Fahrers entfällt [32]. Von diesem technologischen Fortschritt könnten auch akustische Prüfverfahren profitieren, indem beispielsweise die für die Störgeräuscherkennung erforderliche Geräuschanregung durch eine Fahrt auf einer Schlechtwegstrecke nicht mehr manuell, sondern automatisiert erfolgt.
3. Die Reduzierung und Automatisierung manueller Prozesse verringern die Möglichkeiten für begleitende Qualitätsprüfungen. Akustische Qualitätsprüfungen werden bisher oft in bestehende Arbeitsabläufe integriert und parallelisiert. So kann ein Prüfer während eines Abgastests im Fahrzeug gleichzeitig die Funktionalität der Hupe überprüfen. Da ein Abgastest bei Elektrofahrzeugen nicht mehr notwendig ist, kann dieser Prüfschritt entfallen. Folglich muss eine neue Prüfmöglichkeit für diese akustische Prüfungen gefunden werden.
4. Darüber hinaus werden in der akustischen Qualitätsprüfung derzeit manuelle Prüfungen eingesetzt, die nicht optimal sind. Für weitere Details wird auf Abschn. 2.2 verwiesen.
5. Perspektivisch bieten vernetzte und intelligente Fahrzeugsysteme neue Möglichkeiten für akustische Qualitätsprüfungen, indem interne Sensoren und Mikrofone des Fahrzeugs genutzt werden können. Dies hätte insbesondere den Vorteil, dass die vorhandenen Ressourcen eines Fahrzeugs verwendet und somit die Kosten für die Qualitätsprüfung deutlich reduziert werden.
6. Schließlich erhöhen strukturelle Faktoren den Bedarf nach automatisierten Prüfungen. Europäische Automobilhersteller sehen sich durch neue Wettbewerber aus China mit einem erhöhten Kostendruck konfrontiert [2]. Um wettbewerbsfähig zu bleiben, zwingt diese Entwicklung die Automobilhersteller dazu, die Produktionskosten, einschließlich der Kosten für Qualitätsprüfungen, zu reduzieren. Manuelle akustische Prüfungen sind personal- und damit kostenintensiv, sodass hier eine Automatisierung großes Kosteneinsparungspotenzial verspricht. Diese Kostenpotenziale werden aufgrund steigender Personalkosten weiter verstärkt, wie aktuelle Geschäftsberichte der Automobilhersteller zeigen [33]. Der zunehmende Fachkräftemangel, insbesondere bei Experten für Störgeräuschanalysen, mit einer langjährigen Ausbildung und Berufserfahrung erfordern, verstärkt den Bedarf an automatisierten Prüfverfahren zusätzlich.

4.2 Schritt 2 – Übersicht konkreter Anwendungsfälle

Der folgende Abschnitt liefert eine systematische Übersicht über die Anwendungsfälle, die im Rahmen der Literaturrecherche und der Analysen im Feld ermittelt wurden [26, 34–38]. Für eine übersichtliche Darstellung wird grundsätzlich zwischen Anwendungsfällen in der Endkontrolle und der Prozessüberwachung unterteilt.

Endkontrolle. Endkontrollen erfolgen am Ende des Montageprozesses und sind ein essenzieller Bestandteil der Qualitätssicherung [14]. Diese Prüfungen können sowohl am Gesamtfahrzeug (fertige Erzeugnisse) als auch an Komponenten (unfertige Erzeugnisse) durchgeführt werden. Während die Überprüfung des fertigen Produkts die Qualität aus der Perspektive des Endkunden sicherstellt, dient die Kontrolle einzelner Komponenten der frühzeitigen Detektion und der Eliminierung potenzieller Fehler. Der Fokus liegt dabei auf Anwendungsfällen, in denen sowohl die Geräusch- bzw. Klangerzeugung als auch die Geräuscherfassung durch Mikrofone automatisiert werden können. Das heißt, nur wenn beispielsweise ein Sitz elektrisch verstellt werden kann, kann die Prüfung vollständig automatisiert werden. Falls die Prüfung einen Eingriff eines Mitarbeiters erfordert, gilt es zu untersuchen, inwiefern dieser haptische Eingriff anderweitig automatisiert oder getestet werden kann. Ein Gesamtüberblick der Anwendungsfälle für Endkontrollen ist in Abb. 6 grafisch dargestellt und wird im Folgenden erläutert.

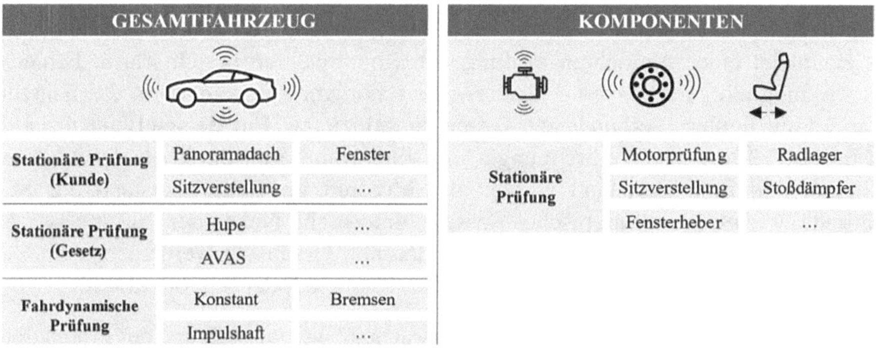

Abb. 6. Übersicht möglicher Anwendungsfälle in der Endkontrolle.

Gesamtfahrzeug

Mit stationären Prüfungen werden im stehenden Zustand des Fahrzeugs Kundenfunktionen auf Funktionalität und mögliche Störgeräusche überprüft. Dadurch wird sichergestellt, dass erstens alle interaktiven Funktionen verfügbar sind und zweitens keine Störgeräusche vorhanden sind. Ein konkretes Beispiel hierfür ist die Prüfung des Panoramadachs, welches automatisiert über das Fahrzeugsystem geöffnet und geschlossen werden kann, während gleichzeitig eine Audioaufnahme mit einem Mikrofon im Fahrzeuginnenraum aufgenommen wird. Anhand der auditiven Wahrnehmung lässt sich überprüfen, ob das Dach wie erwartet öffnet und schließt, und ob die Funktionalität somit gewährleistet ist. Auch heute bestätigt der Prüfer die Funktion primär über den Hörsinn. Zudem kann festgestellt werden, ob Störgeräusche, wie beispielsweise Klappern aufgrund einer fehlerhaften Montage, vorhanden sind. In ähnlicher Weise können weitere Funktions- und Geräuschprüfungen für die Fenster und Türen, den Kofferraum, die Sitzverstellung oder die Belüftungssysteme durchgeführt werden.

Neben diesen kundenrelevanten Prüfungen müssen gesetzliche Vorschriften erfüllt und überprüft werden, wie z. B. eine funktionierende Hupe oder AVAS. Aufgrund der Kritikalität ist hier eine technische Absicherung von funktionalen Klängen mit einer Endkontrolle sinnvoll.

Am Ende des Montageprozesses werden Fahrzeuge in fahrdynamischen Prüfungen von Mitarbeitern auf verschiedenen Teststrecken gefahren, um mögliche Störgeräusche im Fahrzeuginnenraum während des Fahrens zu detektieren. Beispielsweise könnte bei der Fahrt auf eine Schlechtwegstrecke ein Klappern auftreten und damit detektiert werden. Diese bisher manuell durchgeführten Prüfungen können durch die Kombination mit automatisiertem Fahren vollständig automatisiert werden. Dafür muss am Ende der Montage ein Mikrofon über der Kopfstütze befestigt, während der Fahrt eine Audioaufnahme aufgenommen und anschließend mittels KI bewertet werden. Je nach Anregungsprofil der Schlechtwegstrecke können unterschiedliche Störgeräusche identifiziert werden (konstant, impulshaft, bremsen). Ähnlich dazu können Störgeräusche bei hohen Geschwindigkeiten, wie zum Beispiel ein Pfeifen aufgrund einer Undichtigkeit, durch eine automatisierte Fahrt erfasst werden.

Komponenten
Das Hauptziel einer stationären Prüfung von Komponenten besteht darin, Fehler so früh wie möglich zu erkennen – idealerweise schon vor dem Einbau in das Fahrzeug – um die mit Fehlern verbundenen Kosten zu reduzieren. Ein Beispiel hierfür ist die akustische Prüfung von Verbrennungs- und Elektromotoren direkt in der Motorenfertigung. Auf dem Prüfstand werden die Motoren im Betriebszustand auf Störgeräusche, wie etwa ein untypisches Rasseln, untersucht. Neben der Prüfung von Antriebskomponenten können auch Bauteile störende Geräusche verursachen und vor dem Verbau geprüft werden z. B. Stoßdämpfer, Radlager oder Servomotoren.

Prozessüberwachung. Bei einer Prozessüberwachung werden während des Produktionsprozesses Fehler anhand spezifischer Geräusche erkannt. Diese Prozessüberwachung kann sowohl bei manuellen Montageprozessen als auch bei hochautomatisierten Fertigungsprozessen zum Einsatz kommen. Eine Übersicht der Anwendungsfälle, die durch die Literaturrecherche und eigene Beobachtungen identifiziert wurden, ist in Abb. 7 gegeben [35–38].

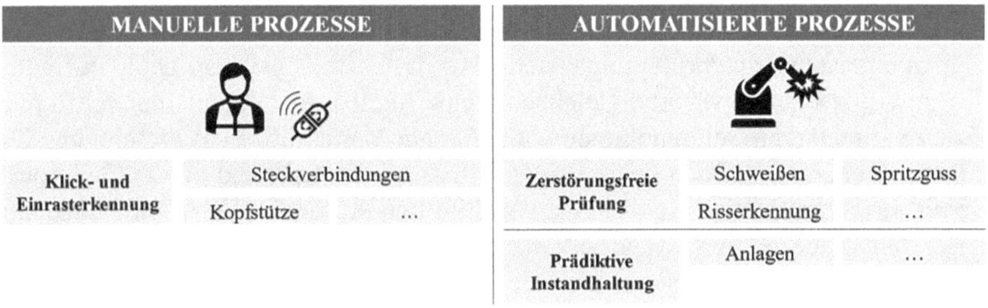

Abb. 7. Übersicht möglicher Anwendungsfälle in der Prozessüberwachung.

Manuelle Prozesse
Mit der Klick- oder Einrasterkennung wird ein bestimmtes akustisches Ereignis während der manuellen Montage detektiert und somit der korrekte Verbau sichergestellt. Ein Beispiel für eine Klickerkennung ist der korrekte Verbau einer Steckverbindung, der durch ein Klickgeräusch bestätigt wird. Ein weiterer Anwendungsfall wäre das korrekte Einrasten einer Kopfstütze. Da es sich hierbei oft um kritische Fehler handelt, die entweder aufwendige Nacharbeit erfordern oder für die Zulassung relevant sind, wird heute häufig das Vier-Augen-Prinzip angewendet, um die Qualität zu sichern. Der Mehrwert der KI-basierten akustischen Qualitätsprüfung ergibt sich daraus, dass das Klickgeräusch mit einem Mikrofon, z. B. integriert in einer Smartwatch, aufgenommen und mittels KI analysiert wird. Das Vier-Augen-Prinzip kann ersetzt und eine höhere Zuverlässigkeit bei der Prozessabsicherung geboten werden.

Automatisierte Prozesse
Bei automatisierten Prozessen liegt der Fokus auf der Erkennung von Fehlern anhand unerwünschter Geräusche, wie z. B. beim Schweißprozess. Verläuft der Fügeprozess nicht optimal, äußert sich dies durch ein verändertes Geräusch und kann somit akustisch erkannt werden. Dieses Verfahren kann auch für weitere Fertigungsprozesse wie das Fräsen oder den Spritzguss angewendet werden. In der automatisierten Montage kann die Technologie ebenfalls hilfreich sein, wenn das Reißen einer Verbindung bei der Achsmontage detektiert und die Produktion gestoppt wird.

Darüber hinaus können Mikrofone als Sensoren im Bereich der prädiktiven Instandhaltung eingesetzt werden. Anhand veränderter Geräusche lässt sich Verschleiß einer Anlage frühzeitig erkennen, wodurch vorbeugende Wartungsmaßnahmen eingeleitet werden können.

4.3 Schritt 3 – Vorgehensweise zu Entwicklung eines KI-Modells für die akustische Qualitätsprüfung

Um die Vorgehensweise zur Entwicklung einer KI-basierten akustischen Qualitätsprüfung aufzuzeigen, wird sich am Rahmenwerk CRISP-DM orientiert. Dieses etablierte Rahmenwerk wurde für die Anwendung im industriellen Umfeld entwickelt und für das spezifische Einsatzgebiet angewandt (vgl. Abb. 8) [39].

In der ersten Phase, dem Problemverständnis, werden die Ausgangssituation und die Zielsetzung des Projektes aus anwendungsorientierter Perspektive festgelegt. Hier wird entschieden, ob es sich im spezifischen Anwendungsfall um eine binäre Prüfung handelt oder ob mehrere Varianten zu berücksichtigen sind. Aus diesen Anforderungen resultieren die zu erkennende Zustände (in Ordnung = IO; nicht in Ordnung = NIO). In der darauffolgenden Phase, dem Datenverständnis, werden zunächst die für das Vorhaben erforderlichen Daten gesammelt und analysiert. Im vorliegenden Anwendungsbereich bedeutet dies, dass Daten zunächst in Form von Audioaufnahmen für jeden Zustand (IO/NIO) erhoben werden. Anschließend wird diese Aufnahme für die weitere Verarbeitung in ein geeignetes Spektrogramm umgewandelt (vgl. Abschn. 2.1). Darauf aufbauend wird die Datenaufbereitung durchgeführt. Kerninhalt ist hierbei das Labeling, mit dem auf Basis der Audioaufnahme und der

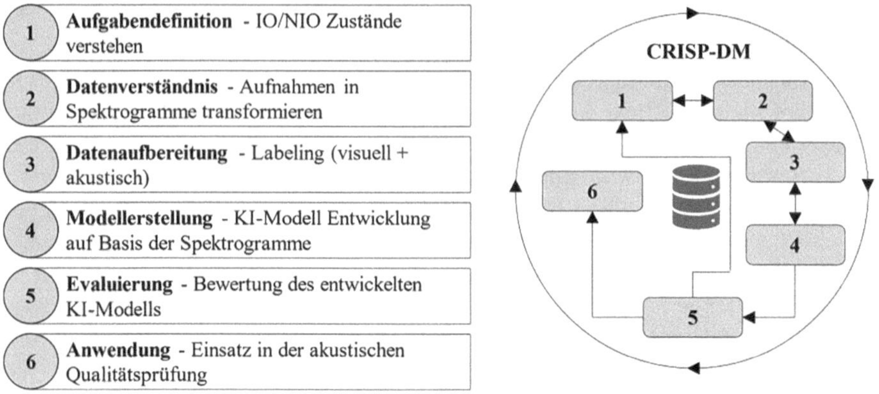

Abb. 8. Vorgehensweise nach CRISP-DM. (In Anlehnung an [39]).

Spektrogramme die zu erkennende Merkmale bzw. Zustände markiert werden. Dafür können Open-Source-Tools wie z. B. Audacity eingesetzt werden. In der Phase der Modellerstellung wird der zur Lösung des spezifischen Problems notwendige KI-Modellansatz ausgewählt und entwickelt. Hierfür wird, wie in Abschn. 2.3 dargestellt, ein geeignetes KI-Modell auf Basis der Spektrogramme trainiert. Ziel ist es hierbei, das KI-Modell auf die Erkennung prägnanter Muster im Spektrogramm zu trainieren und somit entscheiden zu können, ob eine Aufnahme die definierten Anforderungen erfüllt (IO) oder nicht erfüllt (NIO). Im Anschluss erfolgt die Evaluation der Ergebnisse. Die Performanz wird anhand eines Testdatensatzes, der nicht zum Training verwendet wird, überprüft. Standardmetriken wie die Konfusionsmatrix, Genauigkeit (Accuracy) und der F1-Score werden zur Bewertung herangezogen [40]. In Strasser et al. wird exemplarisch aufgezeigt, wie ein KI-Modell für die Erkennung einer Hupe und die Überprüfung der AVAS-Funktion als Endkontrolle entwickelt wird [41].

4.4 Schritt 4 – Potenziale und Herausforderungen

Potenziale von KI-basierten akustischen Qualitätsprüfungen

Für die Darstellung der identifizierten Potenziale der Technologie wird zwischen Haupt- und Nebenpotenzialen unterschieden. Als Hauptpotenziale werden jene bezeichnet, die einen direkten Einfluss auf den Prüfprozess und die Zielgrößen des magischen Dreiecks (Zeit, Kosten und Qualität) haben. Nebenpotenziale haben einen indirekten Einfluss z. B. durch längerfristige Maßnahmen. Eine Übersicht ist in Abb. 9 visualisiert und wird weiter erläutert.

1. Die Qualität kann signifikant verbessert werden, indem die bisher subjektiven Prüfungen objektiviert werden. Ein KI-Modell zeigt im Gegensatz zum Menschen stets gleiche Entscheidungen. Dies ermöglicht die Entwicklung und Anwendung eines einheitlichen Qualitätsstandards, sowohl lokal zwischen unterschiedlichen Prüfern, als auch global zwischen unterschiedlichen Produktionsstandorten. Zudem

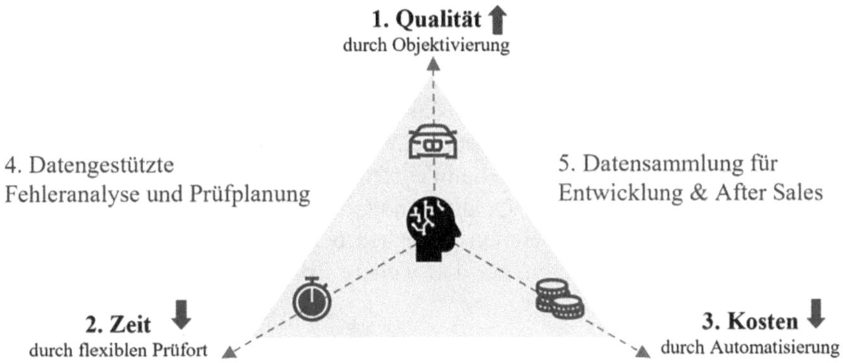

Abb. 9. Potenziale der Technologie.

ist es durch die Automatisierung möglich zusätzliche Merkmale zu prüfen, die bisher aus Kostengründen nicht manuell kontrolliert werden.

2. Die Zeit für Qualitätsprüfungen und Fehlerbehebung kann reduziert werden, indem die Prüfungen an einem flexiblen Ort ohne zusätzliche Abschirmung oder festgelegte Taktzeiten durchgeführt werden. Ausschlagend dafür ist, dass KI auch in einer herausfordernden Geräuschumgebung wie in einer Produktion robuste Ergebnisse erzielen kann. Zudem entfällt die Notwendigkeit, neue Mitarbeiter anzulernen. Obwohl die Datensammlung und das Training eines KI-Modells anfänglich Zeit in Anspruch nehmen, kann das fertiggestellte Modell gleichzeitig in verschiedenen Fahrzeugen eingesetzt werden. Im Gegensatz dazu kann ein Mitarbeiter Qualitätsprüfungen nur sequenziell durchführen, was einen erhöhten Personalbedarf zur Folge hat. Zusätzlich hat die Technologie perspektivisch das Potenzial, die Zeit für Nacharbeiten zu reduzieren, indem sie auf Basis von Geräuschmustern mögliche Fehlerursachen vorschlägt.
3. Die Kosten für Qualitätsprüfungen können reduziert werden, wenn die bisher manuelle Prüfung automatisiert wird. Während die manuelle Prüfung mit hohem Personalaufwand und entsprechenden Kosten verbunden ist, ermöglicht der Einsatz von KI eine kosteneffiziente Prüfung pro Einheit. Die anfänglichen Investitionen für Infrastruktur und KI-Modellentwicklung amortisieren sich schnell, insbesondere wenn durch mehrere Anwendungsfälle Skaleneffekte erzielt werden können. Darüber hinaus können durch die Dokumentation der Prüfergebnisse mögliche Rückrufaktionen verhindert und somit Kosten weiter reduziert werden.
4. Neben den positiven Effekten auf die Hauptzielgrößen können weitere Anwendungen von der Technologie und der Datenerhebung profitieren: Die Planung von akustischen Qualitätsprüfungen stützt sich gegenwärtig auf subjektive Erfahrungen oder geringe Stichproben. Demgegenüber wird eine datengestützte Prüfplanung durch die automatisierte Sammlung von Audioaufnahmen und Spektrogrammen auf Basis einer großen Stichprobengröße möglich. Beispielsweise kann untersucht werden, ob für die Detektion von Störgeräuschen die Fahrt über unterschiedliche Fahrbahnbeläge zwingend notwendig ist, oder ob bereits ein Fahrbahnbelag zur Zielerreichung ausreicht. Damit kann die Prüfstrategie optimal gestaltet und weitere Nutzenpotenziale erschlossen werden.

5. Des Weiteren können die gesammelten Spektrogramme als neues Werkzeug für Akustikexperten und Nacharbeitern genutzt werden, um Fehlerbilder zu verstehen und zu analysieren. Gegenwärtig ist es oft schwierig, sporadisch auftretende Störgeräusche aufgrund der fehlenden Diskussionsgrundlage zu analysieren. Ein entscheidender Vorteil im Produktionsumfeld ist die Möglichkeit, für jedes produzierte Fahrzeug eine Audioaufnahme in einer konstanten Umgebung zu generieren. Dadurch stehen Daten in hoher Qualität und Quantität zur Verfügung. Diese Daten können auch anderen Unternehmensbereichen bereitgestellt werden, wie der Entwicklung oder den Werkstätten, um dort weitere Erkenntnisse zur Fehleranalyse zu gewinnen.

Herausforderungen für den Einsatz von KI-basierten akustischen Qualitätsprüfungen
Eine Übersicht der Herausforderungen ist in Abb. 10. dargestellt und wird im Folgenden detailliert erläutert.

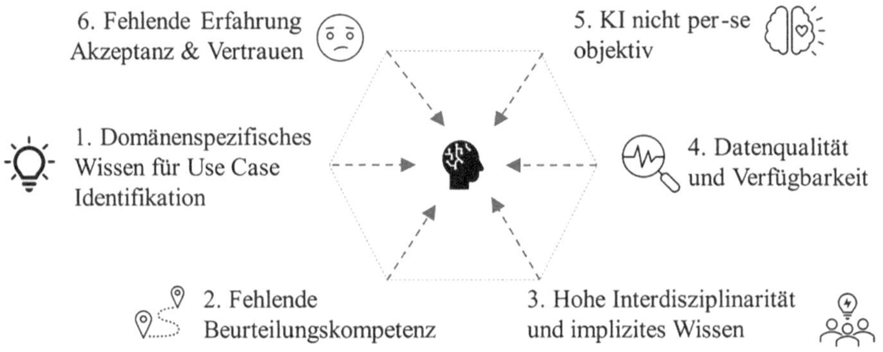

Abb. 10. Herausforderungen der Technologie.

1. Die Identifikation von KI-basierten Anwendungsfällen in der akustischen Qualitätsprüfung erfordert ein domänenspezifisches Wissen und eine vorausschauende Planung. Diese Experten sind essenziell, da sie nicht nur historische Probleme kennen, sondern auch das Potenzial der Technologie für zukünftige Anwendungsfälle einschätzen können.
2. Da die Forschungsaktivitäten für die industrielle Anwendung u. a. aufgrund der geringen Datenverfügbarkeit gering sind, kann auf keine Erfahrungswerte und Best-Practices zurückgegriffen werden. Eine weitere Herausforderung für die Implementierung von KI ist die Auswahl der richtigen Anwendungsfälle. Häufig scheitern KI-Projekte aufgrund eines unzureichenden Verständnisses über die Eignung eines Anwendungsfalls [42]. Insbesondere im Produktionsumfeld ist die Bewertung der Eignung herausfordernd, da viele Rahmenbedingungen, wie beispielsweise Umgebungsgeräusche, zu Projektbeginn erkannt und bewertet werden müssen. Aufgrund der Neuheit dieser Technologie im Produktionskontext sind keine Erfahrungen vorhanden, was zu einer fehlenden Beurteilungskompetenz führen

kann. Dadurch besteht die Gefahr, dass die Machbarkeit eines Anwendungsfalls falsch eingesetzt wird.

3. Nach Ermakova et al. ist es entscheidend, Anforderungen aus dem Fachbereich in präzise Aufgabenstellungen für das KI-Modell zu übersetzen [42]. Im betrachteten Anwendungsbereich ist diese Übersetzung aufgrund der hohen Interdisziplinarität besonders herausfordernd. Es müssen Experten aus den Bereichen KI, Akustik und Qualität zusammenarbeiten und implizites Wissen (z. B. subjektive Beschreibung eines Störgeräusches) in explizites Wissen (z. B. Muster mit vertikalen Linien in einem bestimmten Frequenzbereich) übersetzen. Die Verwendung von Spektrogrammen ist sowohl für Qualitätsspezialisten als auch für Data Scientisten neu und erfordert Lernbereitschaft.
4. Des Weiteren ist für KI-Projekte die Verfügbarkeit und Qualität der Daten erfolgskritisch [43]. Es gilt die Regel „Garbage in, garbage out“ – eine KI ist nur so gut wie die Daten, mit denen sie trainiert wurde. Das Problem im vorliegenden Anwendungsbereich ist, dass die Sicherstellung der Datenqualität im Bereich der wahrgenommenen Qualität nicht trivial ist. Aufgrund der hohen Subjektivität könnten verschiedene Personen dieselben Audioaufnahmen unterschiedlich beurteilen. Hier ist es notwendig, einen einheitlichen Standard zu entwickeln.
5. Abgeleitet daraus ist KI nicht per se objektiv. Die Zielsetzung einer objektivierten Prüfung kann also auch nur dann erreicht werden, wenn das Training der KI objektiv ist. Herm et al. zeigen auf, in welchen Projektphasen KI durch kognitive Verzerrungen beeinflusst wird [44]. Deshalb ist es das Ziel, diesen kognitiven Bias systematisch zu reduzieren und damit sukzessive zur Objektivierung beizutragen.
6. Studien belegen, dass Methoden die Erfolgswahrscheinlichkeit, Vertrauen und Akzeptanz bei komplexen Themen erhöhen [45]. Deshalb wäre insbesondere für das vorliegende Forschungsgebiet eine Methode essenziell. Aufgrund der Neuheit des Forschungsgebiets ist derzeit allerdings keine Methode vorhanden, die bei der Umsetzung von KI-basierten akustischen Qualitätsprüfungen in der Produktion eine ganzheitliche Hilfestellung bietet.

5 Zusammenfassung & Ausblick

Die identifizierten Trends führen zu einer steigenden Bedeutung von akustischen Qualitätsprüfungen in der Produktion. Es gibt ein breites Anwendungsspektrum für KI-basierte akustische Qualitätsprüfungen. Insbesondere die Prüfungen des Gesamtfahrzeugs aus Kundenperspektive versprechen einen hohen Mehrwert (vgl. Abschn. 4.1.). Mit dem vorgestellten Vorgehensmodell wurde aufgezeigt, welche Schritte nötig sind, um eine KI-basierte akustische Qualitätsprüfung in der Produktion zu ermöglichen. Kern der Technologie bildet dabei die Umwandlung einer Audioaufnahme in Spektrogramme und die Anwendung von CNN/CRNN zur Detektion von prägnanten Mustern im Spektrogramm. Die Technologie hat einen positiven Effekt auf alle Zielgrößen des magischen Dreiecks. Darüber hinaus können weitere Anwendungen von der Datensammlung und den Analysen profitieren. Um die aufgezeigten Potenziale vollständig abzuschöpfen, ist eine gezielte Adressierung der identifizierten Herausforderungen notwendig.

Weitere Forschungsaktivitäten sind notwendig, insbesondere im Bereich der wahrgenommenen Qualität. Aus diesem Grund wird am Lehrstuhl für Prozess- und Qualitätswissenschaften der Universität Kassel in Kooperation mit der BMW Group eine Methode zur Objektivierung von KI-basierten Qualitätsprüfungen entwickelt. Darüber hinaus könnten sich weitere Forschungsaktivitäten auf die Identifikation neuer Anwendungsfälle konzentrieren wie z. B. bei Zulieferern oder in anderen Industrien. Beispielsweise könnten auch bei Haushaltsgeräten wie einer Spülmaschine eine KI-basierte akustische Qualitätsprüfung Anwendung finden, um die Qualität während der Produktion sicherzustellen und somit die Kundenzufriedenheit zu erhöhen.

Literatur

1. McKinsey & Company: Automotive Masterplan. https://www.mckinsey.de/news/presse/2023-30-08-automotive-masterplan. Zugegriffen: 23. Juni 2024
2. Brüggemann, H., Bremer, P.: Grundlagen Qualitätsmanagement. Springer Fachmedien Wiesbaden, Wiesbaden (2020)
3. Gillhuber, A., Kauermann, G., Hauner, W.: Künstliche Intelligenz und Data Science in Theorie und Praxis. Springer, Berlin (2023)
4. Stylidis, K., Wickman, C., Söderberg, R.: Defining Perceived Quality in the Automotive Industry: An Engineering Approach. Procedia CIRP **36**, 165–170 (2015)
5. K. Lisa Yang Center for Conservation Bioacoustics: BirdNet. https://birdnet.cornell.edu. Zugegriffen: 23. Juni 2024
6. Kaminskas, M., Ricci, F.: Contextual music information retrieval and recommendation: State of the art and challenges. Computer Science Review **6**(2–3), 89–119 (2012)
7. Mesaros, A., Heittola, T., Virtanen, T.: Assessment of human and machine performance in acoustic scene classification: DCASE 2016 case study. In: 2017 IEEE Workshop on Applications of Signal Processing to Audio and Acoustics (WASPAA), S. 319–323. IEEE (2017)
8. Lerch, R., Sessler, G.M., Wolf, D.: Technische Akustik. Grundlagen und Anwendungen. Springer, Berlin (2009)
9. Möser, M.: Technische Akustik. Springer, Berlin (2015)
10. Zeller, P.: Handbuch Fahrzeugakustik. Springer Fachmedien Wiesbaden, Wiesbaden (2018)
11. Paaß, G., Hecker, D.: Künstliche Intelligenz. Springer Fachmedien Wiesbaden, Wiesbaden (2020)
12. Horner, A.B., Beauchamp, J.W., So, R.H.: Evaluation of mel-band and MFCC-based error metrics for correspondence to discrimination of spectrally altered musical instrument sounds. J. Audio Eng. Soc. **59**(5), 290–303 (2011)
13. Deutsches Institut für Normung e.V.: Qualitätsmanagementsysteme – Grundlagen und Begriffe (ISO 9000:2015); Deutsche und Englische Fassung EN ISO 9000:2015. Beuth Verlag GmbH, Berlin (2015)
14. Reinhart, G., Lindemann, U., Heinzl, J.: Qualitätsmanagement. Ein Kurs für Studium und Praxis. Springer eBook Collection Business and Economics. Springer, Berlin (1996)
15. Deutsches Institut für Normung e.V.: DIN 55350, Begriffe zum Qualitätsmanagement. Beuth Verlag GmbH, Berlin (2021)
16. Bernard, T., Cerrato-Jay, G., Dong, J., Pickering, D.J., Braner, L., Davidson, R., Jay, M.: The development of a sound quality-based end-of-line inspection system for powered seat adjusters. SAE Technical Paper 2001-01-0040 (2001)
17. Möser, M.: Digitale Signalverarbeitung in der Messtechnik. Springer, Berlin (2018)

18. Moosmayr, T.: Objektivierung von transienten Störgeräuschen im Fahrzeuginnenraum. Dissertation, Technische Universität München (2008)
19. Krijnders, J., ten Holt, G.: Tone-fit and MFCC scene classification compared to human recognition. Energy **400**, 500 (2017)
20. Kujawińska, A., Vogt, K.: Human Factors in Visual Quality Control. Management and Production Engineering Review **6**(2), 25–31 (2015)
21. Ertel, W.: Grundkurs Künstliche Intelligenz. Springer Fachmedien Wiesbaden, Wiesbaden (2021)
22. Goodfellow, I., Bengio, Y., Courville, A.: Deep Learning. The MIT Press, Cambridge (2016)
23. Ren, Z.: Deep Learning Techniques for Computer Audition. Dissertation, Universität Augsburg, Augsburg (2022)
24. Sharan, R.V.: Cough sound detection from raw waveform using SincNet and bidirectional GRU. Biomed. Signal Process. Control **82**, 104580 (2023)
25. Grollmisch, S., Abeßer, J., Liebetrau, J., Lukashevich, H.: Sounding industry: Challenges and datasets for industrial sound analysis. In: 27th European Signal Processing Conference (EUSIPCO), pp. 1–5. IEEE, A Coruña, Spain (2019)
26. Roy, A.: AI-Based, Automated Acoustic Diagnostics in Vehicles. In: Heintzel, A. (Hrsg.) Automotive Acoustics Conference 2021. Springer Fachmedien Wiesbaden, Wiesbaden, S. 11–19 (2023)
27. Mesaros, A., Heittola, T., Diment, A., Elizalde, B., Shah, A., Vincent, E., Virtanen, T.: DCASE 2017 challenge setup: Tasks, datasets and baseline system. In: DCASE 2017-Workshop on Detection and Classification of Acoustic Scenes and Events (2017)
28. Cakır, E., Parascandolo, G., Heittola, T., Huttunen, H., Virtanen, T.: Convolutional recurrent neural networks for polyphonic28. Institute of Electrical and Electronics Engineers: 2017 IEEE Workshop on Applications of Signal Processing to Audio and Acoustics. IEEE, Piscataway, NJ (2017)
29. Valenti, M., Squartini, S., Diment, A., Parascandolo, G., Virtanen, T.: A convolutional neural network approach for acoustic scene classification. 2017 International Joint Conference **52017**, 1547–1554 (2017)
30. McKinsey: The trends transforming mobility's future, https://www.mckinsey.com/industries/automotive-and-assembly/our-insights/the-trends-transforming-mobilitys-future. Zugegriffen: 23. Juni 2024
31. Kampker, A., Heimes, H.H.: Elektromobilität. Springer, Berlin (2024)
32. BMW Group: Pilotprojekt: Autos bewegen sich fahrerlos innerhalb der Produktion. https://www.press.bmwgroup.com/deutschland/article/detail/T0402335DE/pilotprojekt:-autos-bewegen-sich-fahrerlos-innerhalb-der-produktion. Zugegriffen: 23. Juni 2024
33. BMW Group: BMW Group erzielt dank guter Nachfrage starke Margen in volatilem Umfeld. https://www.press.bmwgroup.com/deutschland/article/detail/T0415318DE/bmw-group-erzielt-dank-guter-nachfrage-starke-margen-in-volatilem-umfeld. Zugegriffen: 23. Juni 2024
34. MHP – A Porsche Company: Sounce. https://www.mhp.com/de/solutions/industrial-cloud-solutions/sounce. Zugegriffen: 13. Mai 2024
35. Di Fiore, E., Ferraro, A., Galli, A., Moscato, V., Sperlì, G.: An anomalous sound detection methodology for predictive maintenance. Expert Syst. Appl. **209**, 118324 (2022)
36. Fraunhofer IDMT: AKoS. https://www.idmt.fraunhofer.de/de/institute/projects-products/projects/akos.html. Zugegriffen: 13. Mai 2024
37. Fraunhofer IDMT: Klickerkennung. https://www.idmt.fraunhofer.de/de/institute/projects-products/klickerkennung.html. Zugegriffen: 13. Mai 2024

38. ADI Otosense: Achsmontage Risserkennung. https://otosense.analog.com/wp-content/uploads/2022/03/ADI-Otosense-Use-Case-Automated-Assembly-Deutch.pdf. Zugegriffen: 13. Mai 2024
39. Wirth, R., Hipp, J.: CRISP-DM: Towards a standard process model for data mining. In: Proceedings of the 4th International Conference on the Practical Applications of Knowledge Discovery and Data Mining, 29–39 (2000)
40. Tharwat, A.: Classification assessment methods. ACI **17**(1), 168–192 (2021)
41. Strasser, R., Refflinghaus, R., Hasse, J., Fischer, M., Schmidt, T.: AI-based acoustic quality inspection: case study for the assurance of functional sounds in automotive manufacturing. Procedia CIRP, in Druck (2024)
42. Ermakova: Hawaii International Conference on System Sciences 2021. University of Hawai'i at Manoa Hamilton Library, Honolulu, HI (2021)
43. Sambasivan, N., Kapania, S., Highfill, H., Akrong, D., Paritosh, P., Aroyo, L.M.: "Everyone wants to do the model work, not the data work": Data Cascades in High-Stakes AI. In: Proceedings of the 2021 CHI Conference on Human Factors in Computing Systems, S. 1–15 (2021)
44. Herm, L.V., Janiesch, C., Fuchs, P.: Der Einfluss von menschlichen Denkmustern auf künstliche Intelligenz – Eine strukturierte Untersuchung von kognitiven Verzerrungen. HMD **59**(2), 556–571 (2022)
45. Saltz, J., Hotz, N., Wild, D., Stirling, K.: Exploring Project Management Methodologies used within Data Science Teams. (2018)

Anwendung von Causal-Discovery-Algorithmen zur Root-Cause-Analyse in der Fahrzeugmontage

Lucas Poßner[1(✉)], Lukas Bahr[2], Leonard Röhl[2], Christoph Wehner[3], und Sophie Gröger[4]

[1] Montage im Werk Leipzig, BMW Group, Leipzig, Deutschland
Lucas.Possner@bmw.de
[2] Digitalisierungsabteilung für die Batterieproduktion, BMW Group, Leipzig, Deutschland
[3] Lehrstuhl für kognitive Systeme, Universität Bamberg, Bamberg, Deutschland
[4] Professur für Fertigungsmesstechnik, TU Chemnitz, Chemnitz, Deutschland

Zusammenfassung. Root-Cause-Analyse (RCA) ist eine Methode des Qualitätsmanagements, die darauf abzielt, die Ursache-Wirkungs-Zusammenhänge von Problemen und deren zugrundeliegenden Ursachen systematisch zu untersuchen und zu identifizieren. Traditionelle Methoden basieren auf der Analyse von Problemen durch Fachexperten. In modernen Produktionsprozessen werden große Mengen an Daten erfasst. Aus diesem Grund werden zunehmend rechnergestützte und datengetriebene Methoden für die RCA verwendet. Eine dieser Methoden sind Causal-Discovery-Algorithmen (CDA). In dieser Veröffentlichung wird die Verknüpfung und Vorverarbeitung von Daten aus der Montage eines führenden Automobilherstellers sowie die Anwendung von CDA auf diese demonstriert. Die verwendeten Algorithmen lernen die kausale Struktur zwischen den Eigenschaften der hergestellten Fahrzeuge, der Ergonomie und des zeitlichen Umfangs der beteiligten Montageprozesse und qualitätsrelevanten Produktmerkmalen anhand repräsentativer Daten. Es wird gezeigt, wie die Leistung der CDA im Kontext des Qualitätsmanagements beurteilt werden kann. Dafür werden verschiedene Metriken vorgestellt und die Algorithmen mittels dieser sowie ihrer Laufzeit miteinander verglichen. Die vorliegende Veröffentlichung liefert einen Beitrag zum Qualitätsmanagement und demonstriert, wie CDA zur RCA in Montageprozessen eingesetzt werden können.

Schlüsselwörter: Qualitätsmanagement · Causal-Discovery · Root-Cause-Analyse · Manuelle Montage

R. Jochem und M. Meyer (Hrsg.), *Rethinking Quality – Wandel des Qualitätsmanagements durch Digitalisierung und Künstliche Intelligenz*,
https://doi.org/10.1007/978-3-658-47213-9_3

1 Einleitung

Trotz des technologischen Fortschritts und der zunehmenden Automatisierung von Produktionsprozessen wird die Rolle der Mitarbeiter in der Montage entscheidend bleiben und sich kontinuierlich weiterentwickeln [1]. Dies liegt nicht zuletzt an dem teilweise geringem Automatisierungsgrad. In einer Fahrzeugendmontage liegt dieser beispielsweise bei rund 5 % [2]. Damit werden etwa 95 % der Montageprozesse durch Mitarbeiter ausgeführt. Dabei sind die Mitarbeiter nicht nur kognitiven, sondern auch physischen Belastungen ausgesetzt. Diese können wiederum die kognitive Leistungsfähigkeit erheblich beeinträchtigen [3]. Die Folgen von physischer und kognitiver Überlastung sind weitreichend und können zu einer verminderten Leistung der Mitarbeiter führen. Es ist zudem erwiesen, dass ein signifikanter Zusammenhang zwischen von Mitarbeitern verursachten Fehlern und der Ergonomie von deren Arbeitsplätzen besteht [4]. Die Ergonomie von Arbeitsplätzen und Produktionsprozessen ist daher entscheidend für die Realisierung einer nachhaltigen Produktion und umfasst nicht nur das Wohlbefinden und die Gesundheit der Mitarbeiter, sondern beeinflusst auch direkt die Produktivität sowie die Produktqualität [5, 6].

Eine hohe Produktqualität ist nicht nur ein wesentlicher Wettbewerbsvorteil, sondern auch ein entscheidender Faktor für den langfristigen Erfolg eines Unternehmens [7, 8, 9]. Zur Sicherstellung einer hohen Produktqualität ist ein effektives Qualitätsmanagement wichtig. Ein wichtiges Instrument im Qualitätsmanagement ist die Root-Cause-Analyse (RCA) [10]. RCA ist eine Methode, die darauf abzielt, die Ursache-Wirkungs-Zusammenhänge von Problemen und deren zugrundeliegenden Ursachen systematisch zu untersuchen und zu identifizieren. Traditionelle Methoden der RCA basieren auf der manuellen Untersuchung der Produktionsprozesse durch Prozessexperten [11, 12, 13, 14]. Diese Ansätze stoßen jedoch angesichts der wachsenden Menge an in modernen Produktionsprozessen erhobenen Daten an ihre Grenzen [15, 16, 17, 18]. Aus diesem Grund gewinnen datengetriebene Methoden zur RCA zunehmend an Bedeutung [15, 19]. Causal-Discovery-Algorithmen (CDA) sind ein Ansatz zur Durchführung von RCA. CDA lernen kausale Strukturen aus Daten und ermöglichen die Entdeckung der Ursachen von Problemen [20, 21].

Es existieren bislang keine Veröffentlichungen zur Anwendung von CDA zur RCA in der Montage von Fahrzeugen [22]. Die Forschungsfrage lautet: Wie können in der Montage von Fahrzeugen vorliegende Daten verknüpft und vorverarbeitet sowie CDA auf diese angewendet und deren Leistung beurteilt werden?

Zunächst wird in Kap. 2 ein Überblick über den Stand der Technik gegeben. Danach werden in Kap. 3 die in der Veröffentlichung genutzten CDA vorgestellt, die Verknüpfung und Vorverarbeitung vorliegender Daten beschrieben und die Simulation von Daten für eine Beurteilung der Leistung der CDA beschrieben sowie entsprechende Metriken vorgestellt. Darauf aufbauend, werden in Kap. 4 die CDA auf diese Daten abgewendet und anhand der vorgestellten Metriken sowie ihrer Laufzeit miteinander verglichen und ihre Leistung beurteilt. Anschließend werden in Kap. 5 die Ergebnisse diskutiert. Abschließend wird in Kap. 6 ein Fazit gezogen sowie ein Ausblick über weiterführende Forschung gegeben.

2 Stand der Technik

Folgendes Kapitel beschreibt den Stand der Technik für Causal-Discovery in Montageprozessen. Abschn. 2.1 beschreibt den Prozess der Montage von Fahrzeugen sowie den Einfluss von Ergonomie auf die Montageprozesse und erläutert den Zusammenhang mit der Produktqualität. Abschn. 2.2 führt RCA ein und motiviert die Verwendung von rechnergestützten und datengetriebenen Methoden. Abschließend gibt Abschn. 2.3 einen Überblick über CDA.

2.1 Montage von Fahrzeugen

Als Montage bezeichnet man die Gesamtheit aller Vorgänge für den Zusammenbau von Körpern mit geometrisch bestimmter Form. Dazu gehören: Fügen, Handhaben, Prüfen, Justieren sowie Hilfsoperationen [23]. Die Komplexität der Montage im produzierenden Gewerbe wächst stetig. Gründe hierfür sind die steigende funktionale Komplexität der Produkte, eine erhöhte Anzahl miniaturisierter Fügeteile sowie eine zunehmende Variation der Produkte [24]. In dieser Veröffentlichung wird die manuelle Montage von Fahrzeugen betrachtet. Die manuelle Montage von Fahrzeugen umfasst den Prozess von der Einsteuerung der lackierten Karosse bis zur Übergabe des montierten, geprüften und in Betrieb genommenen Fahrzeugs an die Distributionslogistik. Sie unterscheidet sich gegenüber anderen Montageprozessen in Bezug auf die Anzahl der produzierten Einheiten, den Arbeitsumfang, die Größe des Liefernetzwerks, der Größe des Werkes und die Variabilität der Produkte sowie die Anzahl der benötigten Mitarbeiter [25]. Die Grundstruktur eines Montageprozesses von Fahrzeugen ist in Abb. 1. dargestellt.

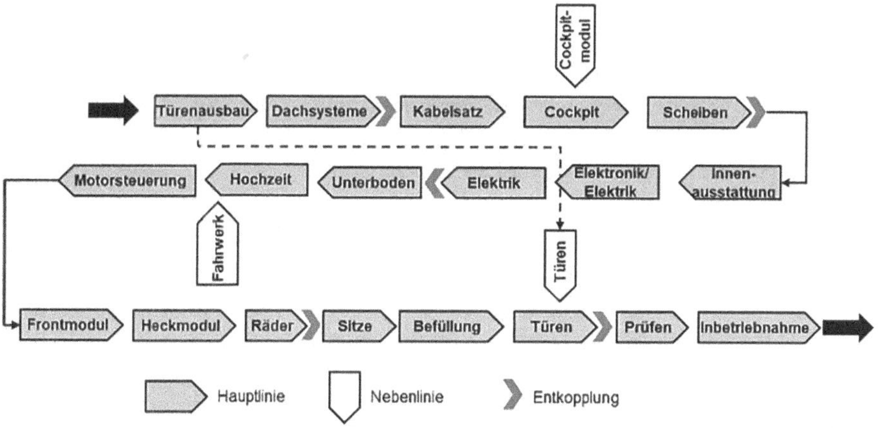

Abb. 1. Grundstruktur eines Montageprozesses von Fahrzeugen [25]. Bis zur Inbetriebnahme durchläuft das Fahrzeug eine komplexe Kette manueller Montageschritte.

2.2 Root-Cause-Analyse

Produktqualität ist nicht nur ein wesentlicher Wettbewerbsvorteil, sondern auch ein entscheidender Faktor für den langfristigen Erfolg eines Unternehmens [7]–[9]. Sie wird durch den Grad definiert, in dem ein Satz inhärenter Merkmale eines Produktes die gestellten Anforderungen erfüllt [26]. Um eine hohe Produktqualität sicherzustellen und fortlaufend zu optimieren, ist die RCA eine wichtige Methode im Qualitätsmanagement [10]. Die Methode zielt darauf ab, Probleme und ihre zugrunde liegenden Ursachen systematisch zu untersuchen und zu identifizieren [27]. Effektive RCA erfordert eine tiefgehende Untersuchung der Produktionsprozesse [28]. Hierbei versteht man unter Produktionsprozessen einen Satz von in Wechselbeziehung oder Wechselwirkung stehenden Tätigkeiten, welche Eingaben in Ergebnisse umwandeln [26].

Traditionelle RCA Methoden basieren auf der manuellen Untersuchung der Produktionsprozesse durch Prozessexperten [11, 12, 13, 14]. Die Qualität und Aussagekraft der Ergebnisse hängen dabei von den Fähigkeiten und dem Urteilsvermögen der analysierenden Personen ab [15]. Darüber hinaus können diese Methoden mit einem erheblichen zeitlichen Aufwand verbunden sein [11, 15]. In modernen Produktionsprozessen wächst die Menge der erhobenen Daten, was die manuelle Untersuchung durch Prozessexperten an ihre Grenzen bringt [15, 16, 17, 18]. Rechnergestützte und datengetriebene Methoden nutzen Produktionsdaten und haben das Potenzial, die Effizienz und die Genauigkeit der RCA zu verbessern [15, 19]. Es werden beispielsweise Sprachmodelle eingesetzt, um aus Daten Schlüsse über Problemen zugrunde liegenden Ursachen zu ziehen [29].

Eine weitere Methode- sind CDA. Diese lernen die kausale Struktur zwischen Zufallsvariablen als gerichteten azyklischen Graph (engl. Directed Acyclic Graph, Abk. DAG). Ein DAG besteht aus Knoten, die durch gerichtete Kanten verbunden sind und bei deren Durchlauf kein Knoten mehr als einmal durchlaufen wird. Dabei modellieren die Knoten die Zufallsvariablen und die Kanten die kausale Struktur [20, 21]. Dieser Ansatz wird in existierenden Veröffentlichungen bereits in verschiedenen Bereichen angewendet. So werden CDA beispielsweise in den Neurowissenschaften [30], in der Instandhaltung [11, 31], sowie bei der Untersuchung von Ausfällen in Cloud Services [32] eingesetzt. Des Weiteren werden CDA zur RCA in Produktionsprozessen mit einem hohen Automatisierungsgrad wie bei der Produktion von chemischen Erzeugnissen [33] sowie Batterieelektrischen Fahrzeugen [34] verwendet. Veröffentlichungen zur Anwendung von CDA in der Montage von Fahrzeugen existieren derzeit nicht [22].

2.3 Causal-Discovery-Algorithmen

CDA lernen Relationen zwischen Zufallsvariablen $X = (X_1, X_2, \ldots X_N)$ anhand einer Menge von unabhängigen und identisch verteilten Stichproben $S = \{(x_{11}, x_{12} \ldots x_{1N}), (x_{21}, x_{22} \ldots x_{2N}) \ldots, (x_{M1}, x_{M2} \ldots x_{MN})\}$. Die Relationen bilden die kausale Struktur zwischen den Zufallsvariablen ab. Die Zufallsvariablen und Relationen können als DAG modelliert werden. Ein DAG G ist ein Tupel $G = (V, E)$ von Knoten (Engl. Vertices) V und Kanten (Engl. Edges) E bei denen jede Kante

$e = v_i \rightarrow v_j$ gerichtet ist und es keinen Pfad $v_1 \rightarrow v_2 \rightarrow \cdots \rightarrow v_L$ gibt, bei dem ein Knoten v_i mehr als einmal durchlaufen wird. Dabei werden die Zufallsvariablen $X = (X_1, X_2, \ldots X_N)$ als Knoten und die Relationen als gerichtete Kanten $e = v_i \rightarrow v_j$ modelliert [20, 21]. Die Anzahl möglicher gerichteter azyklischer Graphen (DAG) wächst super-exponentiell mit der Anzahl der Knoten [21]. Ein DAG ist in Abb. 2 dargestellt.

Ein kausaler Zusammenhang zweier Zufallsvariablen X und Y impliziert eine statistische Korrelation. Diese lässt sich beispielsweise mittels des Pearson-Korrelations-

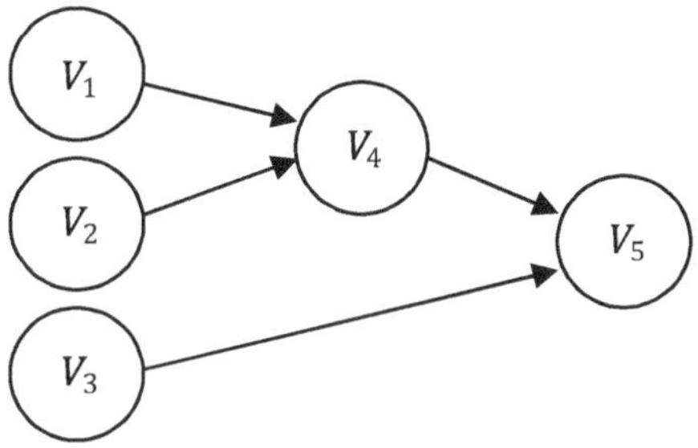

Abb. 2. Darstellung eines DAG. Dieser kann zur Modellierung der kausalen Struktur zwischen Zufallsvariablen verwendet werden.

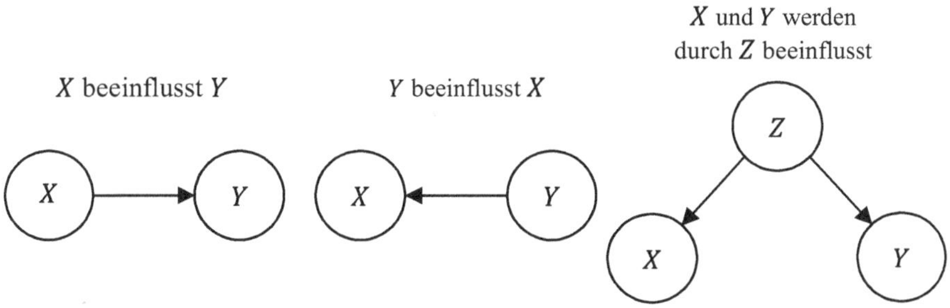

Abb. 3. Darstellung von kausalen Zusammenhängen, die eine Korrelation der Variablen X und Y implizieren. Links: X beeinflusst Y. Mitte: Y beeinflusst X. Rechts: X und Y werden durch Z beeinflusst.

koeffizienten von X und Y bestimmen [21]. Im Gegensatz dazu, ist die kausale Struktur nicht allein mittels X und Y bestimmbar, da verschiedene kausale Zusammenhänge zwischen X und Y die gleiche statistische Korrelation implizieren [20, 21]. Besteht zwischen zwei Zufallsvariablen X und Y eine statistische Korrelation, dann trifft eine der in Abb. 3 dargestellten Fälle zu [35]. Die kausale Struktur kann durch Hinzunahme von weiteren Variablen oder durch die Einbeziehung von domänenspezifischem Fachwissen bestimmt werden [26]. Verschiedene CDA treffen unterschiedliche Annahmen bezüglich der vorliegenden Daten. Diese müssen für die korrekte Anwendung der CDA erfüllt sein [36].

In der Literatur werden zwei Arten von CDA beschrieben. Die einen basieren auf diskreter Optimierung, die anderen auf kontinuierlicher Optimierung [36]. CDA lernen die Adjazenzmatrix $A \in \mathbb{R}^{d \times d}$. Dies ist eine $d \times d$ Matrix, welche einen Graphen mit d Knoten repräsentiert. Ihre Zeilen und Spalten entsprechen den Knoten im Graphen und der Wert an der Position (i,j) ist ein Maß für die Existenz sowie die Gewichtung der Kante von Knoten i zu Knoten j. Die auf diskreter Optimierung basierenden CDA lösen folgendes Optimierungsproblem [37]:

$$\begin{gathered} \min_{A \in \mathbb{R}^{d \times d}} S(A) \\ \mathcal{G}(A) \in \mathrm{DAG} \end{gathered} \tag{1}$$

Die Verlustfunktion $S(A)$ wird unter der Nebenbedingung minimiert, dass die Adjazenzmatrix A einen DAG repräsentiert. In [37] wird gezeigt, dass dies auch als ein kontinuierliches Optimierungsproblem ausgedrückt werden kann:

$$\begin{gathered} \min_{A \in \mathbb{R}^{d \times d}} S(A) \\ h(A) = 0 \end{gathered} \tag{2}$$

Dabei wird die Verlustfunktion $S(A)$ unter der Nebenbedingung $h(A) = 0$ minimiert. Die Nebenbedingung $h(A) = 0$ ist genau dann erfüllt, wenn die Adjazenzmatrix A einen DAG repräsentiert. Die Funktionen $S(A)$ und $h(A)$ sind differenzierbar und können mittels kontinuierlichen Optimierungsalgorithmen gelöst werden [37].

3 Methoden

Folgendes Kapitel stellt die Methoden für die Beantwortung der Forschungsfrage vor. Abschn. 3.1 gibt Überblick über die in der Veröffentlichung genutzten CDA. In Abschn. 3.2 wird die Struktur der vorliegenden Daten sowie deren Verknüpfung und Vorverarbeitung beschrieben. Im Anschluss werden in Abschn. 3.3 die Simulation von Daten für eine Beurteilung der Leistung der CDA beschrieben und in Abschn. 3.4 entsprechende Metriken vorgestellt.

3.1 Causal-Discovery-Algorithmen

Ein großer Teil der aktuellen Forschungsliteratur beschäftigt sich mit der Weiterentwicklung von auf kontinuierlicher Optimierung basierenden CDA [36]. In dieser Veröffentlichung liegt daher der Fokus auf der Anwendung dieser CDA. Es werden der NO TEARS-Algorithmus [37] als frühester, sowie der DAGMA-Algorithmus [38] als aktuellster auf kontinuierlicher Optimierung basierender CDA verwendet. Zusätzlich wird der PC-Algorithmus [39] als frühester CDA überhaupt betrachtet. Dieser wird in vielen Veröffentlichungen als Referenz beim Vergleichen verschiedener CDA genutzt [30, 32, 40, 41, 42].

Der NO TEARS-Algorithmus [37] ist der früheste CDA, welcher das Lernen der Adjazenzmatrix A als kontinuierliches Optimierungsproblem formulierte. Dabei wird folgende Nebenbedingung verwendet:

$$h(A) = \mathrm{tr}(\exp(A \circ A)) - d \tag{3}$$

Dieser Ausdruck ist differenzierbar und ermöglicht die Anwendung von Methoden für kontinuierliche Optimierung [37].

Bei dem DAGMA-Algorithmus [38] wird die Adjazenzmatrix A als M-Matrix repräsentiert und eine mathematisch äquivalente Nebenbedingung formuliert. Die Autoren zeigen, dass diese Formulierung bessere numerische Eigenschaften aufweist und schneller berechenbar ist [38].

Der PC-Algorithmus [39] ist ein einschränkungsbasierter CDA, der auf diskreter Optimierung zum Lernen Adjazenzmatrix A basiert. Dazu wird zunächst ein vollständiger Graph initialisiert und es werden statistische Unabhängigkeitstests zwischen den Knoten durchgeführt, um zu überprüfen, ob eine kausale Beziehung zwischen diesen vorliegt. Kanten zwischen statistisch unabhängigen Knoten werden entfernt. Anschließend wird die Orientierung der Kanten durch ein heuristisches Verfahren festgestellt [39].

3.2 Vorliegende Daten

Struktur der Daten. In der vorliegenden Veröffentlichung werden Daten aus der manuellen Montage von Fahrzeugen eines führenden Automobilherstellers betrachtet. Die Fahrzeuge werden in Taktfertigung montiert. Unter Taktfertigung versteht man eine Art der Fertigung, bei der die Arbeitsschritte in zeitlich gleich ausgelegte Takte aufgeteilt sind [43]. Die Arbeitsschritte werden im Folgenden als Teilvorgänge bezeichnet.

Aufgrund der unterschiedlichen Fahrzeugeigenschaften, wie Modell, Motor, Ausfuhrland sowie Sonderausstattungen, ergibt sich eine Variabilität der Teilvorgänge für jedes Fahrzeug und jeden Takt. Jedem Teilvorgang ist eine Bewertung bezüglich der Ergonomie sowie der veranschlagte Planzeit zugeordnet. Aus der Variabilität der Teilvorgänge ergeben sich für jedes Fahrzeug und für jeden Takt unterschiedliche Bewertungen bezüglich der Ergonomie sowie veranschlagte Planzeiten. Dies ist in Abb. 4 dargestellt.

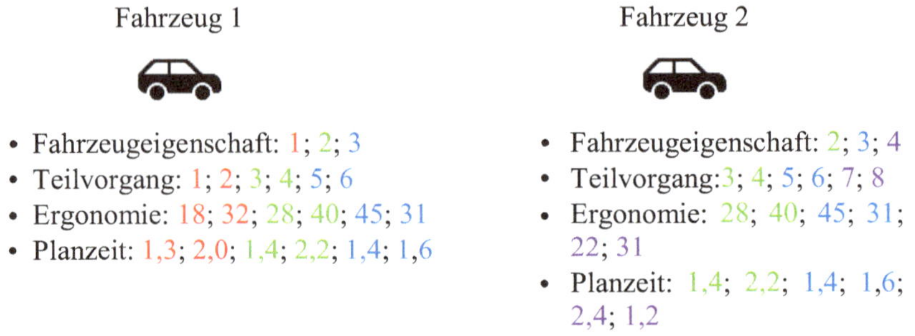

Abb. 4. Fahrzeugeigenschaften und Teilvorgänge sowie Bewertungen bezüglich deren Ergonomie und veranschlagten Planzeiten. Zusammengehörige Werte haben die gleiche Farbe.

Alle während der Montage verursachten Fehler werden in einem Qualitätsmanagementsystem dokumentiert und im Laufe der Montage nachgearbeitet. Dabei werden, unter anderem, die Art des Fehlers sowie der Takt dokumentiert.

Verknüpfung der Daten. In dieser Veröffentlichung werden durch Mitarbeiter verursachte Verschraubungsfehler beim Verbau einer Komponente betrachtet. Es werden relationale Daten aus zwei Quellen verknüpft. Die Art der Attribute dieser Daten sind in Tab. 1 und 2 beschrieben

Tab. 1. Montierte Fahrzeuge und deren Eigenschaften.

Attribut	Beschreibung	Variable
Fahrzeugeigenschaften (FaE)	Eigenschaften des Fahrzeugs	Liste, Nominal
Fehler (Fe)	Auftreten des betrachteten Fehlers	Binär

Jedes Tupel in Tab. 1 (Fahrzeugeigenschaften, Fehler) entspricht einem Fahrzeug

Tab. 2. Teilvorgänge und korrespondierende Fahrzeugeigenschaften.

Attribut	Beschreibung	Variable
Fahrzeugeigenschaften	Korrespondierende Eigenschaften des Fahrzeugs	Liste, Nominal
Ergonomie (er)	Bewertung bezüglich der Ergonomie des Teilvorgangs	Positiv, Metrisch
Planzeit (pz)	Veranschlagte Planzeit des Teilvorgangs	Positiv, Metrisch

und jedes Tupel in Tab. 2 (Fahrzeugeigenschaften, Ergonomie, Planzeit) einem Teilvorgang. Die Eigenschaften der Fahrzeuge aus Tab. 1 werden mit den zu dem Teilvorgang korrespondierenden Eigenschaften der Fahrzeuge aus Tab. 2 verglichen. Wenn diese gleich sind, dann wird der entsprechende Teilvorgang bei der Montage von diesem Fahrzeug an dem betrachteten Takt durchgeführt. Jedem Fahrzeug i aus Tab. 1 wird eine Menge mit L_i Elementen der für die Montage von diesem an dem betrachteten Takt durchgeführten Teilvorgänge sowie Bewertungen bezüglich deren Ergonomie und für diese veranschlagte Planzeiten zugeordnet Dies ist in Abb. 5 dargestellt.

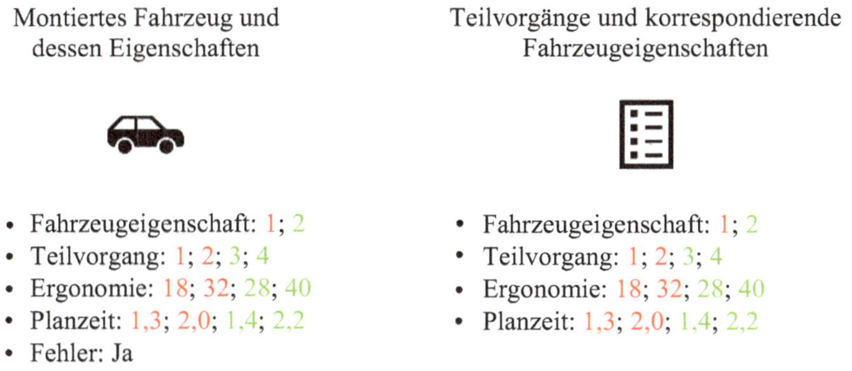

Abb. 5. Zuordnung der Fahrzeugeigenschaften zu Teilvorgängen sowie Bewertungen bezüglich deren Ergonomie und veranschlagten Planzeiten. Zusammengehörige Werte haben die gleiche Farbe.

Für jedes Fahrzeug wird der arithmetische Mittelwert der Bewertungen bezüglich der Ergonomie berechnet:

$$\mathrm{Er}_i = \frac{1}{L_i}\sum\nolimits_{j=1}^{L_i} \mathrm{er}_{ij} \tag{4}$$

Außerdem wird für jedes Fahrzeug die Summe der veranschlagten Planzeiten berechnet:

$$\mathrm{Pz}_i = \sum\nolimits_{j=1}^{L_i} \mathrm{pz}_{ij} \tag{5}$$

Die verwendeten CDA sind nicht in der Lage diskrete und kontinuierlichen Attribute gleichzeitig zu verarbeiten. Aus diesem Grund werden die Daten so vorverarbeitet, dass sich ausschließlich binäre Attribute ergeben.

Die nominalen Eigenschaften des Fahrzeugs werden jeweils in einem Attribut erfasst. Das Vorhandensein der Eigenschaft wird binär kodiert. Der arithmetische Mittelwert der Bewertung bezüglich der Ergonomie sowie die Summe der Planzeiten werden in jeweils 4 gleich große Intervalle unterteilt. Diese Intervalle werden jeweils in einem Attribut erfasst. Die Lage der Werte in dem entsprechenden Intervall wird binär kodiert. Die verarbeiteten Attribute sind in Tab. 1 und 2 markiert. Damit ergeben sich relationale Daten mit ausschließlich binären Attributen. Diese sind in Tab. 3 dargestellt.

Tab. 3. Relationale Daten mit binären Attributen, FaE: Fahrzeugeigenschaften, Er: Ergonomie, Pz: Planzeit, Fe: Fehler.

FaE 1	...	FaEK	Er Intervall 1	...	Er Intervall 4	P z Intervall 1	...	P z Intervall 4	Fe
Wahr	...	Falsch	Wahr	...	Falsch	Falsch	...	Wahr	Wahr
Falsch	...	Wahr	Falsch	...	Wahr	Falsch	...	Wahr	Falsch
Wahr	...	Wahr	Wahr	...	Falsch	Wahr	...	Falsch	Wahr
Wahr	...	Falsch	Wahr	...	Falsch	Wahr	...	Falsch	Falsch
Wahr	...	Wahr	Falsch	...	Wahr	Wahr	...	Falsch	Wahr

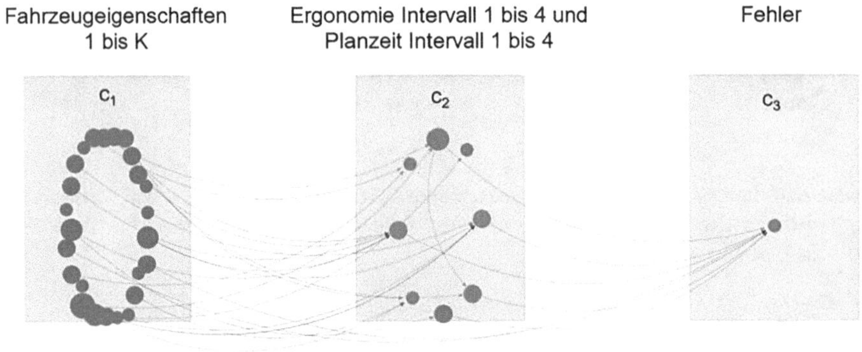

Abb. 6. Angenommene kausale Struktur der vorliegenden Daten.

Vorverarbeitung der Daten. Die resultierenden Daten umfassen $N = 679$ Attribute und $M = 96.555$ Tupel. Die Laufzeit der verwendeten CDA ist von der Anzahl der Attribute sowie der Anzahl der Tupel der verwendeten Datensätze abhängig. Um die Laufzeit zu reduzieren, wurden die Daten vorverarbeitet. Dazu wurde die Annahme getroffen, dass die FaE 1 bis K einen kausalen Zusammenhang mit dem Fehler Fe sowie der Ergonomie Er Intervall 1 bis 4 sowie der Planzeit Pz Intervall 1 bis 4 und diese wiederum einen kausalen Zusammenhang mit dem Fehler Fe aufweisen. Damit besteht die kausale Struktur aus drei aufeinanderfolgende Subgraphen c_1, c_3, c_3. Diese haben jeweils nur vorwärts gerichteten Kanten. Die kausale Struktur ist in Abb. 6 dargestellt

Die Fahrzeugeigenschaften 1 bis K umfassen $K = 670$ der $N = 679$ Attribute. Die Anzahl möglicher DAG wächst super-exponentiell mit der Anzahl der Knoten [21]. Um ihre Anzahl zu reduzieren und damit den Lösungsraum einzuschränken, wurde der Phi-Korrelationskoeffizient paarweise zwischen allen Attributen 1 bis K und jeweils der Ergonomie Intervall 1 bis 4 sowie der Planzeit Intervall 1 bis 4 berechnet. Damit ergeben sich pro Attribut FaE 8 Phi-Korrelationskoeffizienten. Der Phi-Korrelationskoeffizient ist ein Maß für die Korrelation zwischen binären Attributen. Um diesen zu berechnen, betrachtet man die Kontingenztabelle der binären Attribute X und Y. Diese ist Tab. 4 dargestellt. Die Werte n_{ij} sind die Anzahlen der jeweiligen Elemente, n_{*j} ist die Spaltensumme der Spalte j, n_{*0} ist die Zeilensumme der Zeile i und n ist die Gesamtanzahl aller Elemente.

Tab. 4. Kontingenztabelle der binären Attribute X und Y.

	$y = 0$	$y = 1$	Gesamt
$x = 0$	n_{00}	n_{01}	n_{0*}
$x = 1$	n_{10}	n_{11}	n_{1*}
Gesamt	n_{*0}	n_{*1}	n

Der Phi-Korrelationskoeffizient wird mittels der Werte der Kontingenztabelle berechnet [44]:

$$\phi = \frac{n_{11}n_{00} - n_{10}n_{01}}{\sqrt{n_{11}n_{00}n_{01}n_{10}}} \tag{6}$$

Es werden Attribute Fahrzeugeigenschaften FaE bei denen alle $|\phi| < 0{,}7$ verworfen. Damit reduziert sich die Anzahl der Fahrzeugeigenschaften von $K = 670$ auf $K = 25$ und die Anzahl der Attribute auf von $N = 679$ auf $N = 34$.

Mittels dieser Modellierung sollen die Ursache-Wirk-Zusammenhänge von durch Mitarbeiter verursachten Verschraubungsfehlern beim Verbau einer Komponente durch RCA mittels CDA untersucht und identifiziert werden.

3.3 Simulierte Daten

Im Folgenden wird die Simulation von Daten für eine Beurteilung der Leistung der CDA beschrieben. Diese sollen die gleiche Struktur wie die vorliegenden Daten sowie bekannten kausalen Zusammenhängen haben. Dadurch wird ein Vergleich der gelernten mit den bekannten kausalen Zusammenhängen ermöglicht.

Die in der Skriptsprache Python implementierte Bibliothek *causalAssembly* [40] ermöglich das Generieren von DAG zur Modellierung von kausalen Strukturen und die Simulation entsprechender Daten. Mit dieser werden 5 Datensätze mit $N = 34$ Attributen und $M \in \{500, 1000, 2000, 5000, 10.000, 20.000, 50.000, 100.000\}$ Tupeln simuliert.

Für die Simulation von Daten mit gleicher Struktur wie die vorliegenden Daten wird zunächst eine kausale Struktur von Knoten V und Kanten E definiert. Diese besteht aus drei aufeinanderfolgende Subgraphen $C = (c_1, c_2, c_3)$. Die Knoten $V_{c_i} = (v_1, ..v_{O_{c_i}})$ haben jeweils vorwärts gerichteten Kanten $e = v_i \rightarrow v_j$ mit $v_i \in c_i$, $v_j \in c_j$ und $j > i$. Die Struktur wird in Tab. 5 beschrieben.

Tab. 5. Kausale Struktur für die Simulation von Daten mit gleicher Struktur wie die vorliegenden Daten.

Subgraph C	Anzahl Knoten O_{C_i}	Attribut
c_1	25	FaE
c_2	8	Er, Pz
c_3	1	Fe

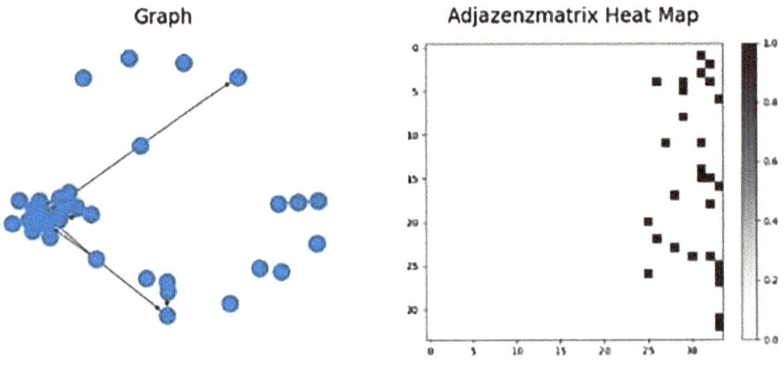

Abb. 7. Kausale Struktur der Ground Truth. Links: DAG, Rechts: Heat Map der Adjazenzmatrix.

In der Simulation werden binäre Daten gesampelt, linear kombiniert und mittels einer nichtlinearen Funktion wieder auf binäre Daten abgebildet. Der den simulierten Daten zugrunde liegende DAG sowie eine Heat Map von dessen Adjazenzmatrix sind in Abb. 7 dargestellt. Eine Heat Map ist ein Raster, in dem jedem jedes Feld das Element einer Matrix repräsentiert. Der Wert des Elements ist durch die Farbe des Feldes kodiert. Der den simulierten Daten zugrunde liegende DAG wird im Folgenden als Ground Truth bezeichnet.

3.4 Betrachtete Metriken

Für eine Beurteilung der Leistung der CDA werden diese auf die simulierten Daten angewandt und die gelernte Adjazenzmatrix mit der echten Adjazenzmatrix der Ground Truth elementweise verglichen. Sind beide Einträge 1, dann ist wird das Element als korrekt positiv (engl. True positive, Abk. TP) bezeichnet; sind beide Einträge 0, dann wird das Element als ein korrekt negativ (engl. True negative; Abk. TN) bezeichnet; ist der Eintrag der gelernten Adjazenzmatrix 1 und der echten Adjazenzmatrix 0, dann wird das Element als falsch positiv (engl. False positive, Abk. FP) bezeichnet; ist der Eintrag der gelernten Adjazenzmatrix 0 und der echten Adjazenzmatrix 1, dann wird das Element als falsch negativ (engl. False negative, Abk. FN) bezeichnet. Die Anzahl der Einträge für TP, TN, FP, FN wird jeweils über alle Elemente der Matrix summiert. Die gelernte Adjazenzmatrix wird anhand der Metriken

Hamming-Abstand (engl. Structural Hamming Distance, Abk. SHD), Precision-Maß, Recall-Maß und F1-Maß (eng. F1-Score, Abk. F1) mit der echten Adjazenzmatrix der Ground Truth verglichen. Der Hamming-Abstand ergibt sich zu:

$$\text{SHD} = FP + FN \tag{7}$$

Dies entspricht der Anzahl an Kanten der gelernten Adjazenzmatrix, die nicht mit der echten Adjazenzmatrix übereinstimmen. Der ideale Wert ist 0. Das Precision-Maß ergibt sich zu:

$$\text{Precision} = \frac{\text{TP}}{\text{TP+FP}} \tag{8}$$

Es gibt an, wie viele der gelernten Kanten korrekt sind. Der ideale Wert ist 1.Das Recall-Maß ergibt sich zu:

$$\text{Recall} = \frac{\text{TP}}{\text{TP+FN}} \tag{9}$$

Es gibt an, wie viele der korrekten Kanten gelernt werden. Der ideale Wert ist 1. Precision-Maß und Recall-Maß werden auch im harmonischen Mittel als F1-Maß zusammengefasst. Dies ergibt sich zu:

$$\text{F1} = \frac{\text{2TP}}{\text{2TP+FP+FN}} \tag{10}$$

Mit diesem werden sowohl falsch positive als auch falsch negative Einträge berücksichtigt. Der ideale Wert ist 1.

4 Ergebnisse

Die in Abschn. 3.1 vorgestellten CDA werden für eine Beurteilung ihrer Leistung auf die in Abschn. 3.3 beschriebenen simulierten Daten angewandt. Diese haben die gleiche Struktur wie die in Abschn. 3.2 beschriebenen vorliegenden Daten sowie mit der Ground Truth bekannte kausale Zusammenhänge. Sie umfassen 8 Datensätze mit jeweils $N = 34$ Attributen und $M \in \{500, 1000, 2000, 5000, 10.000, 20.000, 50.000, 100.000\}$ Tupeln. Die Leistung der CDA wird in Abschn. 4.1 anhand der in Abschn. 3.4 beschriebenen Metriken sowie in Abschn. 4.2 anhand der Laufzeit beurteilt.

4.1 Kausale Struktur

In Abb. 8 sind Heat Maps der gelernten Adjazenzmatrizen der verwendeten CDA exemplarisch für einen verwendeten Datensatz mit $M = 100.000$ Tupeln dargestellt.

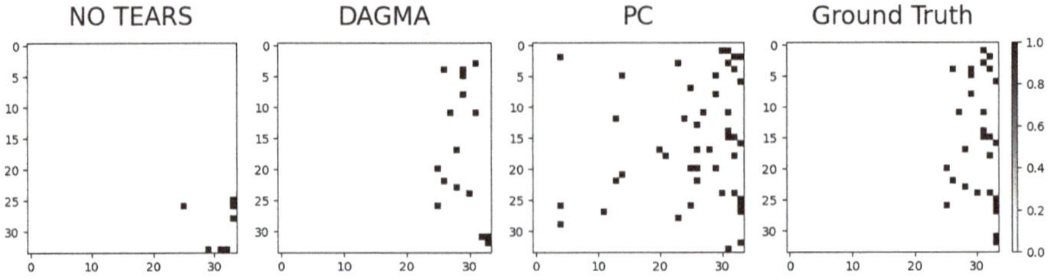

Abb. 8. Heat Maps der mittels der verwendeten CDA gelernten Adjazenzmatrizen mit $M = 100.000$. Links: NO TEARS-Algorithmus. Mitte links: DAGMA-Algorithmus. Mitte rechts: PC-Algorithmus. Rechts: Ground Truth.

Man sieht, dass der NO TEARS-Algorithmus zu wenig Kanten in Bezug auf die Ground Truth und der PC-Algorithmus zu viele Kanten in Bezug auf die Ground Truth lernt. In Abb. 9, 10, 11 und 12 sind die beschriebenen Metriken der mittels der verwendeten CDA gelernten Adjazenzmatrizen in Abhängigkeit der Anzahl $M = \{500, 1000, 2000, 5000, 10.000, 20.000, 50.0000, 100.000\}$ der Tupel der verwendeten Datensätze dargestellt. Die Metriken wurden jeweils anhand von 25 simulierten Datensätzen berechnet. In den Plots ist jeweils der arithmetische Mittelwert der Metrik und in den Tabellen der arithmetische Mittelwert der Metrik sowie ihre Standardabweichung dargestellt.

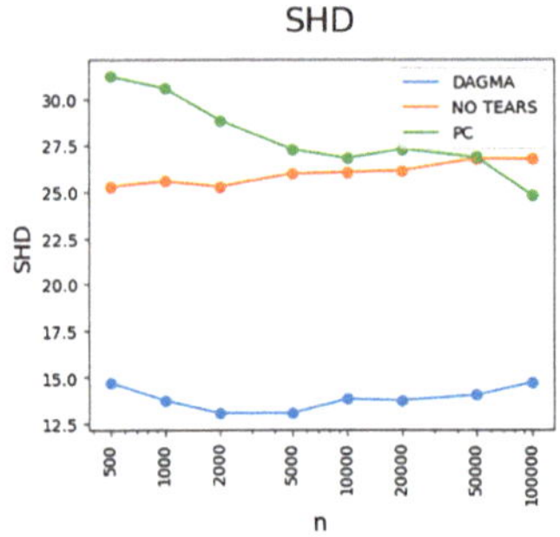

n	DAGMA	NO TEARS	PC
500	14,72 ± 2,25	25,28 ± 1,49	31,20 ± 5,42
1000	13,76 ± 2,17	25,56 ± 1,23	30,56 ± 3,83
2000	13,08 ± 1,08	25,28 ± 0,84	28,84 ± 4,59
5000	13,08 ± 1,41	25,96 ± 0,61	27,28 ± 5,19
10000	13,84 ± 1,25	26,04 ± 0,61	26,80 ± 5,86
20000	13,76 ± 0,97	26,12 ± 0,67	27,28 ± 5,42
50000	14,04 ± 1,02	26,76 ± 0,52	26,84 ± 5,20
100000	14,72 ± 0,94	26,72 ± 0,46	24,80 ± 6,03

Abb. 9. Hamming-Distanz der gelernten Adjazenzmatrizen in Abhängigkeit von der Anzahl der Tupel der verwendeten Datensätze. Links: Plot des arithmetischen Mittelwertes. Rechts: Arithmetischer Mittelwert und Standardabweichung.

Der DAGMA-Algorithmus weist die geringste Hamming-Distanz zur Ground Truth auf. Diese ist nicht von der Anzahl der Tupel der verwendeten Datensätze abhängig. Für den NO TEARS-Algorithmus und den PC-Algorithmus ergibt sich eine vergleichbare Hamming-Distanz zur Ground Truth. Für den PC-Algorithmus verringert sich diese für eine wachsende Anzahl der Tupel der verwendeten Datensätze.

Für den NO TEARS-Algorithmus ist diese nicht von Anzahl der Tupel der verwendeten Datensätze abhängig.

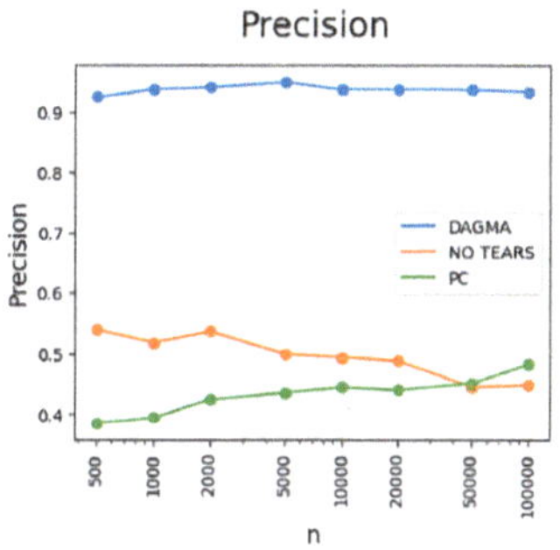

n	DAGMA	NO TEARS	PC
500	0,93 ± 0,05	0,54 ± 0,089	0,38 ± 0,08
1000	0,94 ± 0,04	0,51 ± 0,07	0,39 ± 0,06
2000	0,94 ± 0,02	0,54 ± 0,05	0,42 ± 0,06
5000	0,95 ± 0,03	0,50 ± 0,04	0,43 ± 0,06
10000	0,94 ± 0,05	0,49 ± 0,04	0,44 ± 0,06
20000	0,94 ± 0,04	0,49 ± 0,04	0,44 ± 0,07
50000	0,94 ± 0,01	0,45 ± 0,04	0,45 ± 0,07
100000	0,93 ± 0,01	0,45 ± 0,03	0,48 ± 0,08

Abb. 10. Precision-Maß der gelernten Adjazenzmatrizen in Abhängigkeit von der Anzahl der Tupel der verwendeten Datensätze. Links: Plot des arithmetischen Mittelwertes. Rechts: Arithmetischer Mittelwert und Standardabweichung.

Der DAGMA-Algorithmus weist das höchste Precision-Maß auf. Dieses ist nicht von der Anzahl der Tupel der verwendeten Datensätze abhängig. Für den NO TEARS-Algorithmus und den PC-Algorithmus ergeben sich hinsichtlich des Precision-Maßes vergleichbare Werte. Für den PC-Algorithmus erhöht sich das Precision-Maß für eine wachsende Anzahl der Tupel der verwendeten Datensätze. Für den NO TEARS-Algorithmus verringert sich das Precision-Maß für eine wachsende Anzahl der Tupel der verwendeten Datensätze. Das Precision-Maß gibt an, wie viele der gelernten Kanten korrekt sind. Da die mittels des PC-Algorithmus gelernte kausale Struktur mehr Kanten besitzt, weist diese trotz vergleichbaren Precision-Maßes mehr korrekte Kanten auf.

Der PC-Algorithmus weist das höchste Recall-Maß auf. Dieses erhöht sich für eine wachsende Anzahl der Tupel der verwendeten Datensätze. Für den NO TEARS-Algorithmus ergibt sich hinsichtlich des Recall-Maßes ein geringerer Werte und der Wert für den NO TEARS-Algorithmus am geringsten. Das Recall-Maß für den DAGMA-Algorithmus und den NO TEARS-Algorithmus ist nicht von der Anzahl der Tupel der verwendeten Datensätze abhängig. Das Recall-Maß gibt an, wie viele der korrekten Kanten gelernt werden. Da die mittels des PC-Algorithmus gelernte kausale Struktur die meisten Kanten besitzt, weist diese die meisten korrekten Kanten auf.

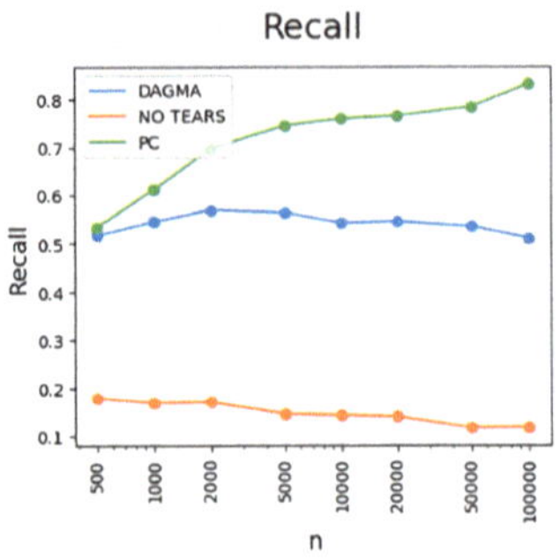

n	DAGMA	NO TEARS	PC
500	0,52 ± 0,07	0,18 ± 0,03	0,53 ± 0,09
1000	0,54 ± 0,06	0,017 ± 0,03	0,71 ± 0,07
2000	0,57 ± 0,04	0,17 ± 0,03	0,70 ± 0,08
5000	0,56 ± 0,05	0,14 ± 0,02	0,74 ± 0,08
10000	0,54 ± 0,04	0,14 ± 0,02	0,76 ± 0,08
20000	0,54 ± 0,03	0,14 ± 0,02	0,76 ± 0,08
50000	0,53 ± 0,04	0,12 ± 0,02	0,78 ± 0,07
100000	0,51 ± 0,03	0,12 ± 0,02	0,83 ± 0,08

Abb. 11. Recall-Maß der gelernten Adjazenzmatrizen in Abhängigkeit von der Anzahl der Tupel der verwendeten Datensätze. Links: Plot des arithmetischen Mittelwertes. Rechts: Arithmetischer Mittelwert und Standardabweichung.

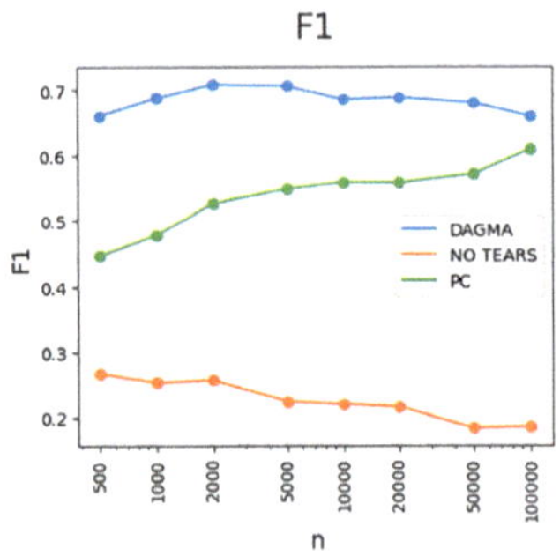

n	DAGMA	NO TEARS	PC
500	0,66 ± 0,06	0,27 ± 0,05	0,45 ± 0,08
1000	0,69 ± 0,06	0,25 ± 0,05	0,48 ± 0,06
2000	0,71 ± 0,03	0,26 ± 0,04	0,53 ± 0,06
5000	0,71 ± 0,04	0,22 ± 0,03	0,55 ± 0,07
10000	0,69 ± 0,04	0,22 ± 0,03	0,56 ± 0,07
20000	0,69 ± 0,03	0,22 ± 0,03	0,56 ± 0,07
50000	0,68 ± 0,03	0,18 ± 0,03	0,57 ± 0,07
100000	0,66 ± 0,03	0,19 ± 0,02	0,61 ± 0,08

Abb. 12. F1-Maß der gelernten Adjazenzmatrizen in Abhängigkeit von der Anzahl der Tupel der verwendeten Datensätze. Links: Plot des arithmetischen Mittelwertes. Rechts: Arithmetischer Mittelwert und Standardabweichung.

Das F1-Maß ist das harmonische Mittel zwischen dem Precision-Maß und dem Recall-Maß. Der DAGMA-Algorithmus weist das höchste Precision-Maß auf. Für den PC-Algorithmus ergibt sich das höchste Recall-Maß. Damit weisen diese beiden Algorithmen ein höheres F1-Maß als der NO TEARS-Algorithmus auf. Das F1-Maß für den DAGMA-Algorithmus ist dabei am höchsten. Dieses ist nicht von der Anzahl der Tupel der verwendeten Datensätze abhängig. Das F1-Maß für den PC-Algorithmus erhöht sich für eine wachsende Anzahl der Tupel der verwendeten Datensätze. Das F1-Maß für den NO TEARS-Algorithmus ist nicht von der Anzahl der Tupel der verwendeten Datensätze abhängig.

4.2 Laufzeit

In Abb. 13 ist die Laufzeit der verwendeten CDA in Abhängigkeit der Anzahl $M = \{500, 1000, 2000, 5000, 10.000, 20.000, 50.000, 100.000\}$ der Tupel der verwendeten Datensätze dargestellt. Die Laufzeiten des PC-Algorithmus und des NO TEARS-Algorithmus werden mittels ihrer Implementierungen in Bibliothek *gCastle* [45] ermittelt. Die Laufzeiten des DAGMA-Algorithmus wird mittels ihrer Implementierung in der Bibliothek *dagma* [38] ermittelt. Die Bibliotheken *gCastle* und *dagma* sind in der Skriptsprache Python implementiert.

Die Laufzeit der CDA wurde auf einer AWS EC2 g3.4xlarge Instanz jeweils 25 Mal gemessen. In dem Plot ist der arithmetische Mittelwert der Laufzeiten und in den Tabellen der arithmetische Mittelwert der Laufzeit sowie ihre Standardabweichung dargestellt.

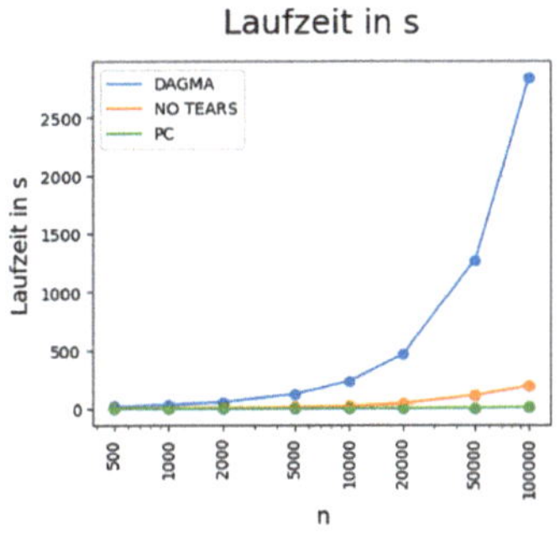

n	DAGMA	NO TEARS	PC
500	21,4 ± 1,51	3,8 ± 0,05	0,5 ± 0,05
1000	33,2 ± 2,83	4,7 ± 0,55	0,5 ± 0,05
2000	56,9 ± 4,50	7,0 ± 1,07	0,8 ± 0,12
5000	126,1 ± 8,41	12,1 ± 1,11	1,1 ± 0,18
10000	236,4 ± 16,17	21,6 ± 2,48	1,8 ± 0,34
20000	464,7 ± 38,98	41,0 ± 3,90	2,8 ± 0,52
50000	1271,8 ± 185,92	112,5 ± 7,69	6,3 ± 1,41
100000	2837,4 ± 226,63	192,4 ± 10,67	12,1 ± 2,90

Abb. 13. Laufzeit der verwendeten CDA in Abhängigkeit der Anzahl $M = \{500, 1000, 2000, 5000, 10.000, 20.000, 50.000, 100.000\}$ der Tupel der verwendeten Datensätze. Links: Plot des arithmetischen Mittelwertes. Rechts: Arithmetischer Mittelwert und Standardabweichung.

Man sieht, dass die Laufzeit aller betrachteten CDA mit steigender Anzahl der Tupel der verwendeten Daten annähernd exponentiell wächst. Der DAGMA-Algorithmus hat dabei eine bis zu zwölffach längerer Laufzeit im Vergleich zum NO TEARS-Algorithmus und zum PC-Algorithmus.

5 Diskussion

Der DAGMA-Algorithmus liefert in Bezug auf die Metriken Hamming-Distanz, Precision- sowie F1-Maß die besten Ergebnisse. Die Metriken hängen nicht von der Anzahl der Tupel der verwendeten Daten ab. Gleichzeitig ist die Laufzeit von diesem Algorithmus am höchsten. Daraus ergibt sich, dass der DAGMA-Algorithmus zur RCA verwendet werden sollte, wenn die Laufzeit zu vernachlässigen ist.

Der PC-Algorithmus liefert in Bezug auf die Metrik Recall-Maß das beste Ergebnis. Gleichzeitig ist die Laufzeit von diesem Algorithmus am niedrigsten. Die Metriken verbessern sich mit wachsender Anzahl der Tupel der verwendeten Daten. Außerdem lernt der PC-Algorithmus die meisten korrekten Kanten. Die nicht korrekt gelernte Kanten könnten durch das Einbeziehen von domänenspezifischem Fachwissen identifiziert werden. Daraus ergibt sich, dass der PC-Algorithmus bei großen Mengen an vorliegenden Daten und domänenspezifischem Fachwissen sowie bei Einschränkungen hinsichtlich der Laufzeit zur RCA verwendet werden sollte.

Der NO TEARS-Algorithmus lieferte in Bezug auf Hamming-Distanz und Precision ähnliche Werte wie der PC-Algorithmus. In Bezug auf Recall-Maß und F1-Maß liefert dieser die schlechtesten Ergebnisse. Die Metriken hängen nicht von der Anzahl der Tupel der verwendeten Daten ab oder verschlechtern sich wachsender Anzahl der Tupel der verwendeten Daten. Daraus ergibt sich, dass von der Verwendung des NO TEARS-Algorithmus abgesehen werden sollte.

6 Fazit und Ausblick

Die Forschungsfrage in dieser Veröffentlichung lautet: Wie können in der Montage von Fahrzeugen vorliegende Daten verknüpft und vorverarbeitet sowie CDA auf diese angewendet und deren Leistung beurteilt werden?

Zur Beantwortung der Forschungsfrage werden CDA vorgestellt und die Verknüpfung und Vorverarbeitung vorliegender Daten beschrieben. Es wird demonstriert, wie man Montagevorgänge charakterisieren und diesbezüglich vorliegende Daten für die Anwendung von CDA geeignet verknüpfen kann. Da die verwendeten CDA nicht in der Lage sind, diskrete und kontinuierlichen Attribute gleichzeitig zu verarbeiten, werden die vorliegenden Daten so vorverarbeitet, dass sich ausschließlich binäre Attribute ergeben. Die Vorverarbeitung ist in großem Maße von der Struktur der vorliegenden Daten sowie der verwendeten CDA abhängig.

Danach wird gezeigt, wie man die Anzahl der Attribute durch geeignete Vorverarbeitung verringern und damit den Lösungsraum möglicher DAG einschränken kann. Dieses Verfahren kann auf grundsätzlich auf beliebige binäre Daten angewandt werden.

Anschließend werden die vorgestellten CDA auf simulierte Daten mit gleicher Struktur wie die vorliegenden Daten sowie bekannten kausalen Zusammenhängen angewandt. Danach wird ihre Leistung mittels verschiedener Metriken sowie ihrer Laufzeit beurteilt.

Die in dieser Veröffentlichung vorgestellte Vorgehensweise ist sehr stark an die Struktur der vorliegenden Daten angepasst und daher schlecht generalisierbar. Da bislang keine Veröffentlichungen zur Anwendung von CDA zur RCA in der Montage von Fahrzeugen existieren, sollte die Generalisierung der Vorgehensweise der Anwendung von CDA zur RCA in der Montage von Fahrzeugen ein Gegenstand zukünftiger Forschung sein.

Bei der Beurteilung der Leistung der vorgestellten CDA wurde deutlich, dass die Einbeziehung von domänenspezifischem Fachwissen die gelernte kausale Struktur verbessern könnte. Zukünftige Forschung könnte sich daher auf die Einbeziehung von domänenspezifischem Fachwissen bei der Anwendung von CDA fokussieren.

Des Weiteren treffen verschiedene CDA unterschiedliche Annahmen bezüglich der vorliegenden Daten. Dies beinhaltet Struktur, Qualität und Umfang. Diese Anforderungen können nicht immer überprüft und eingehalten werden. Daher könnte die Robustheit verschiedener CDA im Hinblick auf die Nichteinhaltung dieser Annahmen ein Gegenstand zukünftiger Forschung sein.

Literatur

1. Reiman, A., Kaivo-oja, J., Parviainen, E., Takala, E.-P., Lauraeus, T.: Human factors and ergonomics in manufacturing in the industry 4.0 context – A scoping review. Technol. Soc. **65**, 101572 (2021). https://doi.org/10.1016/j.techsoc.2021.101572
2. Keller, S., König, A.: Entwicklung eines hybriden und ortsflexiblen Automatisierungsansatzes in der Fahrzeugfließmontage, S. 187–202. In VDI Wireless Automation (2015)
3. Wollter Bergman, M., Berlin, C., Babapour Chafi, M., Falck, A.-C., Örtengren, R.: Cognitive Ergonomics of Assembly Work from a Job Demands–Resources Perspective: Three Qualitative Case Studies. Int. J. Environ. Res. Public. Health **18**(23), 12282 (2021). https://doi.org/10.3390/ijerph182312282
4. Tropschuh, B., Brunner, S., Dillinger, F., Hagemann, F.: An Approach to Analyze Human-caused Work Errors. Procedia CIRP **106**, 9–14 (2022). https://doi.org/10.1016/j.procir.2022.02.147
5. McGowan, B.: ERGONOMICS: Essential to Manufacturing Excellence. Prof. Saf. **64**(7), 43–45 (2019)
6. Hasanain, B.: The Role of Ergonomic and Human Factors in Sustainable Manufacturing: A Review. Machines **12**(3), 159 (2024). https://doi.org/10.3390/machines12030159
7. Kroll, M., Wright, P., Heiens, R.A.: The contribution of product quality to competitive advantage: impacts on systematic variance and unexplained variance in returns. Strateg. Manag. J. **20**(4), 375–384 (1999). https://doi.org/10.1002/(SICI)1097-0266(199904)20:4<375::AID-SMJ15>3.0.CO;2-Y
8. Cole, R.E., Flynn, M.S.: Automotive Quality Reputation: Hard to Achieve, Hard to Lose, Still Harder to Win Back. Calif. Manage. Rev. **52**(1), 67–93 (2009). https://doi.org/10.1525/cmr.2009.52.1.67
9. Curkovic, S., Vickery, S.K., Droge, C.: Quality and Business Performance: An Empirical Study of First-Tier Automotive Suppliers. Qual. Manag. J. **6**(2), 29–40 (1999). https://doi.org/10.1080/10686967.1999.11919185
10. Mahto, D.G., Kumar, A.: Application of Root Cause Analysis in Improvement of Product Quality and Productivity. Rochester, NY. https://papers.ssrn.com/abstract=2770921 (2008). Zugegriffen: 12. Juni 2024
11. Chemweno, P., Pintelon, L., Jongers, L., Muchiri, P.: i-RCAM: Intelligent expert system for root cause analysis in maintenance decision making. In 2016 IEEE International Conference on Prognostics and Health Management (ICPHM), S. 1–7. Ottawa, ON, Canada: IEEE, Juni (2016). https://doi.org/10.1109/ICPHM.2016.7542830
12. Murugaiah, U., Jebaraj Benjamin, S., Srikamaladevi Marathamuthu, M., Muthaiyah, S.: Scrap loss reduction using the 5-whys analysis. Int. J. Qual. Reliab. Manag. **27**(5), 527–540 (2010). https://doi.org/10.1108/02656711011043517
13. Jayswal, A., Li, X., Zanwar, A., Lou, H. H., Huang, Y.: A sustainability root cause analysis methodology and its application. Comput. Chem. Eng. **35**(12), 2786–2798 (2011). https://doi.org/10.1016/j.compchemeng.2011.05.004
14. Ma, Q., Li, H., Thorstenson, A.: A big data-driven root cause analysis system: Application of Machine Learning in quality problem solving. Comput. Ind. Eng. **160**, 107580 (2021). https://doi.org/10.1016/j.cie.2021.107580

15. Papageorgiou, K., et al.: A systematic review on machine learning methods for root cause analysis towards zero-defect manufacturing. Front. Manuf. Technol. **2**, 972712 (2022). https://doi.org/10.3389/fmtec.2022.972712
16. Rokach, L., Hutter, D.: Automatic discovery of the root causes for quality drift in high dimensionality manufacturing processes. J. Intell. Manuf. **23**(5), 1915–1930 (2012). https://doi.org/10.1007/s10845-011-0517-5
17. Choudhary, A. K., Harding, J.A., Tiwari, M.K.: Data mining in manufacturing: A review based on the kind of knowledge. J. Intell. Manuf. **20**(5), 501–521 (2009). https://doi.org/10.1007/s10845-008-0145-x
18. Eirich, J., et al.: ManuKnowVis: How to Support Different User Groups in Contextualizing and Leveraging Knowledge Repositories. IEEE Trans. Vis. Comput. Graph. **29**(8), 3441–3457 (2023). https://doi.org/10.1109/TVCG.2023.3279857
19. Oliveira, E.E, Miguéis, V.L., Borges, J.L.: Automatic root cause analysis in manufacturing: an overview & conceptualization. J. Intell. Manuf. **34**(5), 2061–2078 (2023). https://doi.org/10.1007/s10845-022-01914-3
20. Molak, A., Jaokar, A.: Causal inference and discovery in Python: unlock the secrets of modern causal machine learning with DoWhy, EconML, PyTorch and more. Packt Publishing Limited, Birmingham (2023)
21. Peters, J., Janzing, D., Schölkopf, B.: Elements of Causal Inference: Foundations and Learning Algorithms. The MIT Press, Cambridge (2017)
22. Vuković, M., Thalmann, S.: Causal Discovery in Manufacturing: A Structured Literature Review. J. Manuf. Mater. Process **6**(1), 10 (2022). https://doi.org/10.3390/jmmp6010010
23. „VDI 2860 Montage- und Handhabungstechnik; Handhabungsfunktionen, Handhabungseinrichtungen; Begriffe, Definitionen, Symbole". Beuth, Berlin (1990)
24. Lotter, B., Wiendahl, H.-P.: Montage in der industriellen Produktion: Ein Handbuch für die Praxis. Springer, Berlin (2013)
25. Kern, W.: Modulare Produktion: Methodik zur Gestaltung eines modularen Montagesystems für die variantenreiche Serienmontage im Automobilbau. Springer Fachmedien Wiesbaden, Wiesbaden (2021). https://doi.org/10.1007/978-3-658-36300-0
26. Internationale Organisation für Normung (ISO), „DIN EN ISO 9000:2015-11 Qualitätsmanagementsysteme – Grundlagen und Begriffe". Beuth, Berlin (2015)
27. Internationale Organisation für Normung (ISO), „DIN EN ISO 9001:2015 Qualitätsmanagementsysteme – Anforderungen". Beuth, Berlin (2015)
28. Steinhauer, H.J., Karlsson, A., Mathiason, G., Helldin, T.: „Root-Cause Localization using Restricted Boltzmann Machines", gehalten auf der 19th International Conference on Information Fusion, Heidelberg, Germany – July 5–8, 2016, IEEE Computer Society, S. 248–255. https://urn.kb.se/resolve?urn=urn:nbn:se:his:diva-12884 (2016). Zugegriffen: 13. Juni 2024
29. Bahr, L., Wehner, C., Wewerka, J., Bittencourt, J., Schmid, U., Daub, R.: Knowledge Graph Enhanced Retrieval-Augmented Generation for Failure Mode and Effects Analysis. arXiv, 26. Juni 2024. https://doi.org/10.48550/arXiv.2406.18114
30. Winchester, G., Parisis, G., Berthouze, L.: Exploiting Functional Connectivity Inference for Efficient Root Cause Analysis. In NOMS 2022–2022 IEEE/IFIP Network Operations and Management Symposium, Budapest, Hungary: IEEE, S. 1–5 Apr. 2022. https://doi.org/10.1109/NOMS54207.2022.9789837
31. Tsai-Ching, Lu., Przytula, K.W., „Discovery of root causes of system failures by means of analysis of repair records", in,: IEEE Aerospace Conference. Big Sky, MT, USA: IEEE, März **2010**, 1–8 (2010). https://doi.org/10.1109/AERO.2010.5446824
32. Ikram, A., Chakraborty, S., Mitra, S., Saini, S.K., Bagchi, S., Kocaoglu, M.: Root Cause Analysis of Failures in Microservices through Causal Discovery

33. Landman, R., Jämsä-Jounela, S.-L.: Hybrid approach to casual analysis on a complex industrial system based on transfer entropy in conjunction with process connectivity information. Control. Eng. Pract. **53**, 14–23 (Aug.2016). https://doi.org/10.1016/j.conengprac.2016.04.010
34. Wehner, C., Kertel, M., Wewerka, J.: „Interactive and Intelligent Root Cause Analysis in Manufacturing with Causal Bayesian Networks and Knowledge Graphs". In: IEEE 97th Vehicular Technology Conference (VTC2023-Spring), 1–7. Juni (2023). https://doi.org/10.1109/VTC2023-Spring57618.2023.10199563
35. Hitchcock, C., Rédei, M.: Reichenbach's Common Cause Principle. In: Zalta, E.N. (Hrsg.) The Stanford Encyclopedia of Philosophy, Summer 2021.Metaphysics Research Lab, Stanford University. https://plato.stanford.edu/archives/sum2021/entries/physics-Rpcc/ (2021). Zugegriffen: 16. Juni 2024
36. Vowels, M.J., Camgoz, N.C., Bowden, R.: D'ya Like DAGs? A Survey on Structure Learning and Causal Discovery. ACM Comput Surv **55**(4), 82:1–82:36 (2022). https://doi.org/10.1145/3527154
37. Zheng, X., Aragam, B., Ravikumar, P., Xing, E.P.: DAGs with NO TEARS: continuous optimization for structure learning. In Proceedings of the 32nd International Conference on Neural Information Processing Systems, in NIPS'18. Red Hook, NY, USA: Curran Associates Inc., Dez., S. 9492–9503 (2018)
38. Bello, K., Aragam, B., Ravikumar, P.: DAGMA: Learning DAGs via M-matrices and a Log-Determinant Acyclicity Characterization. arXiv, 15. Januar 2023. https://doi.org/10.48550/arXiv.2209.08037
39. Glymour, C., Zhang, K., Spirtes, P.: Review of Causal Discovery Methods Based on Graphical Models. Front. Genet. **10**. https://www.frontiersin.org/journals/ge-netics/articles/10.3389/fgene.2019.00524 (2019). Zugegriffen: 2. Juli 2024
40. Göbler, K., Windisch, T., Drton, M., Pychynski, T., Roth, M., Sonntag, S.: „‚causalAssembly': Generating Realistic Production Data for Benchmarking Causal Discovery". In: *Proceedings of the Third Conference on Causal Learning and Reasoning*, PMLR, März 2024, S. 609–642. https://proceedings.mlr.press/v236/gobler24a.html. Zugegriffen: 12. Juli 2024
41. Reisach, A.G., Seiler, C., Weichwald, S.: Beware of the Simulated DAG! Causal Discovery Benchmarks May Be Easy To Game. arXiv, 10. November 2021. http://arxiv.org/abs/2102.13647. Zugegriffen: 4. Juni 2024
42. Geffner, T., et al.: „Deep End-to-end Causal Inference". arXiv, 20. Juni 2022. http://arxiv.org/abs/2202.02195. Zugegriffen: 4. Juni 2024
43. Thommen, J.-P., Achleitner, A.-K., Gilbert, D.U., Hachmeister, D., Jarchow, S., Kaiser, G.: Allgemeine Betriebswirtschaftslehre: Umfassende Einführung aus managementorientierter Sicht. Springer Fachmedien Wiesbaden, Wiesbaden (2020). https://doi.org/10.1007/978-3-658-27246-3
44. Matthews, B.W.: Comparison of the predicted and observed secondary structure of T4 phage lysozyme. Biochim. Biophys. Acta BBA – Protein Struct. **405**(2), 442–451 (1975). https://doi.org/10.1016/0005-2795(75)90109-9
45. Zhang, K., et al.: gCastle: A Python Toolbox for Causal Discovery. arXiv, 30. November 2021. https://doi.org/10.48550/arXiv.2111.15155

Vergleich von KI-Algorithmen zwecks automatisierter Klassifizierung von Reklamationen

Christian Böhmer(✉), Nadine Schlüter, und Manuel Löwer

Bergische Universität Wuppertal, Wuppertal, Deutschland
boehmer@uni-wuppertal.de

Zusammenfassung. Die Qualität der Reklamationserfassung ist entscheidend für Unternehmen, da Fehler zu Kundenabwanderung und Imageschaden führen können. Ein effizienter Reklamationsbearbeitungsprozess erfordert Expertenteams, was für ein Unternehmen zusätzliche Kosten verursacht. Gerade KMUs sind daher dazu geneigt, Reklamationen stiefmütterlich zu behandeln. Dadurch gehen dem Unternehmen wertvolle Informationen zur Prozessverbesserung verloren. Künstliche Intelligenz (KI) bietet neue Möglichkeiten zur Bewältigung dieser Herausforderungen, insbesondere durch automatische Klassifizierung von Reklamationen. Diese Studie soll KI-Algorithmen untersuchen und spezifische Anforderungen für eine erfolgreiche Reklamationsklassifizierung ableiten. Bestehende Methoden wie Support Vector Machines, KNN-Algorithmen und SoftMax-Regression u. a. werden bereits für ähnliche, aber meist weniger komplexe Aufgaben eingesetzt. Während große Unternehmen auf KI-Eigenentwicklungen zurückgreifen können, stehen solche daten- und kostenintensive Varianten KMUs nicht zur Verfügung. Die Automatisierung der Reklamationsklassifizierung ist jedoch insbesondere für kleinere Unternehmen entscheidend für die Kundenbindung und betriebliche Effizienz. Die Ausführungen dieser Arbeit sollen das Potenzial von KI-gestützten Lösungen zur Verbesserung des Reklamationsbearbeitungsprozesses aufzeigen und Unternehmen und Forschenden neue Perspektiven der Nutzung von KI präsentieren. So kann die Forschung zukünftig die Optimierung bestehender Algorithmen fokussieren, oder die Entwicklung neuer Ansätze in Betracht ziehen. Diese Arbeit trägt zur Weiterentwicklung eines dynamischen Forschungsfeldes bei und zeigt die Bedeutung von kontinuierlicher Anpassung und zukünftiger Forschung in diesem Bereich auf.

Schlüsselwörter: KI · Reklamationen · Algorithmus · Klassifizierung · KNN · SoftMax · SVM

R. Jochem und M. Meyer (Hrsg.), *Rethinking Quality – Wandel des Qualitätsmanagements durch Digitalisierung und Künstliche Intelligenz*,
https://doi.org/10.1007/978-3-658-47213-9_4

1 Einführung

In der heutigen Zeit stehen Kunden viele austauschbare Alternativen zur Verfügung, was Unternehmen dazu zwingt, langfristige Kundenbeziehungen aufzubauen. Der Fokus liegt zunehmend auf der Pflege bestehender Kundenbeziehungen und der Kundenzufriedenheit, wobei das Reklamationsmanagement eine zentrale Rolle spielt. Reklamationen sind Ausdruck der Unzufriedenheit von Kunden, die auf Abweichungen zwischen den erwarteten und tatsächlich erhaltenen Leistungen hinweisen. Ein effizientes Reklamationsmanagement geht über die bloße Lösung von Beschwerden hinaus und trägt zur Kundenzufriedenheit und Unternehmensentwicklung bei [1, 2]. Der Reklamationsbearbeitungsprozess ist komplex und umfasst mehrere Phasen, an denen verschiedene Fachkräfte beteiligt sind, was eine konsistente Qualität bei der Erfassung und Bearbeitung von Reklamationen herausfordernd macht. Menschliche Fehler oder Verzögerungen können die Qualität eines Produkts oder einer Dienstleistung beeinträchtigen und zu Kundenabwanderung und Imageschäden führen [3]. Ein Prozess, der eine hohe Kundenzufriedenheit sicherstellen soll, erfordert oft den Einsatz von Experten, was mit Aufwand und Kosten verbunden ist [4]. Mit den Fortschritten im IT-Bereich, insbesondere durch Künstliche Intelligenz (KI), besteht die Hoffnung, dass Reklamationen automatisch und ohne menschliche Intervention erfasst und klassifiziert werden können. KI-Algorithmen (Künstliche Intelligenz) wie Reinforcement Learning, Generative Adversarial Networks (GAN) oder ChatGPT könnten hierbei helfen. Welche aktuellen KI-Algorithmen am besten zur automatischen Klassifizierung von Reklamationen geeignet sind, ist bislang nicht abschließend erforscht. Ziel des Einsatzes muss es sein, die Effizienz und Genauigkeit der Reklamationsbearbeitung durch den Einsatz optimaler Algorithmen zu verbessern. Es sollen Faktoren wie die Vielfalt der Reklamationsarten, unterschiedliche Datenformate und die Anforderungen an die Informationsverarbeitung berücksichtigt werden. Dies soll Unternehmen unterstützen, KI-gestützte Systeme zur Reklamationsbearbeitung zu implementieren, um Zeit, Ressourcen und Arbeitsaufwand zu sparen, während die Prozesse der Reklamationsbearbeitung objektiviert und beschleunigt werden. Im Rahmen dieser Arbeit werden mögliche Herausforderungen und Limitationen der KI-Anwendung aufgezeigt und Lösungsansätze entwickelt.

2 Reklamationsmanagement als Disziplin

Nach DIN ISO 10002 umfasst das Reklamationsmanagement die Planung, Durchführung und Lenkung von Maßnahmen, die ein Unternehmen für Kundenrückmeldungen hinsichtlich fehlerhafter Warenlieferungen und sonstiger unzureichender Leistungen ergreift. Dies betrifft zum Beispiel fehlerhafte Waren, unvollständige Dienstleistungen oder unbefriedigende Serviceabläufe [5]. Um die gesamte Komplexität des Reklamationsmanagements darzustellen, ist die Definition nach Stauss und Seidel jedoch treffender. Sie erfassen neben der Planung, Implementierung und Durchführung der Maßnahmen ebenso ihre Kontrolle in den Prozessen der Fehlerbehebung, Entschädigung und Wiedergutmachung [6]. Die vier Prozessstufen Reklamationsstimulierung, -annahme, -bearbeitung und -reaktion involvieren dabei traditionell Mitarbeitende verschiedener Disziplinen [7, 8]. Für die weitere Betrachtung des Reklamationsmanagements wird die personenbezogene Sicht nach Stauss und Seidel zugrunde gelegt. Auch, wenn anfänglich der Jobverlust durch den Einsatz von KI ein großes Thema war, ist inzwischen klar, dass ebenso neue Jobs entstehen werden [9]. Welche Aspekte von KI dabei bereits ein Thema in der Industrie sind, zeigt das folgende Kapitel.

3 KI in Wirtschaft und Industrie

KI ist längst in Wirtschaft und Industrie angekommen. Es sei darauf hingewiesen, dass die Anzahl und die genaue Einteilung der Teilgebiete je nach wissenschaftlicher Perspektive und Literaturquelle variieren können, da das Feld der KI von großer Vielfalt geprägt ist und sich ständig weiterentwickelt. Einige für das Ziel der Reklamationsprozessautomatisierung wichtigsten Teilgebiete bzw. Aspekte sind

- Natural Language Processing (NLP) zur Verarbeitung natürlicher Sprache [10–12],
- Machine Learning (ML) mit den Arten Supervised Learning (SL), Unsupervised Learning (UL) und Reinforcement Learning (RL) [10, 12–16] (vgl. Tab. 1),
- Artificial Neural Networks (ANNs) [13, 17] und
- Deep Learning (DL) [17].

Kombiniert mit Techniken des Text Minings zur Extraktion potenziell nützlicher Informationen aus Texten können so Daten analysiert, induktive Schlussfolgerungen gezogen, Muster erkannt und Entscheidungen getroffen werden [18, 19]. Tab. 1 zeigt, inwiefern bestehende Anwendungen in Wirtschaft und Industrie bereits Machine Learning nutzen und auf welche Algorithmen diese zurückgreifen.

Tab. 1. Vergleich von Supervised Learning, Unsupervised Learning und Reinforcement Learning nach [20]

Kriterien	Supervised Learning	Unsupervised Learning	Reinforcement Learning
Eingabedaten	Gelabelte Daten	Ungelabelte Daten	Keine vordefinierten Daten
Problemarten	Regression, Klassifikation	Assoziation, Clustering	Exploitation, Exploration
Überwachung	Zusätzlich	Keine	Keine
Algorithmen	Lineare Regression, logistische Regression, SVM, KNN, u. a	K-Means, C-Means, Apriori u. a	Q-Learning, SARSA u. a
Anwendung	Risikobewertung, Umsatzprognose, Klassifizierung von Reklamationen usw	Empfehlungssysteme, Anomalieerkennung usw	Selbstfahrende Autos, Spiele, Gesundheitswesen

Inwiefern ML im Reklamationsmanagement genutzt werden kann, ist dabei Gegenstand dieser Untersuchung. Der Fokus liegt dabei zunächst insbesondere auf der Klassifizierung der Reklamation, die etwa zum Zuordnen von Reklamationen zu bestehenden Fehlerarten genutzt werden kann.

3.1 Klassifizierung von Reklamationen

Im Bereich des Reklamationsmanagements treten vielfältige Herausforderungen auf, die sowohl die Aufnahme, Verarbeitung als auch Klassifizierung von Reklamationen betreffen [8]. Dies gewinnt an Relevanz, da Kundenbeschwerden in unterschiedlichen Formaten vorliegen können, wie in schriftlicher Form oder als Sprachnachrichten (beispielsweise bei telefonischen Beschwerden) [8]. Die Komplexität dieser Problematik ergibt sich aus der Notwendigkeit, sämtliche Reklamationen unabhängig von ihrem ursprünglichen Format in eine Form zu bringen, die eine automatische Verarbeitung und Klassifizierung ermöglicht. Im Kontext des Reklamationsmanagements bedeutet dies, dass der Inhalt von Reklamationen, die in Form von gesprochener Sprache eingehen, in Textform umgewandelt werden muss [21]. Dieser Prozess, auch als Textextraktion bekannt, ermöglicht die Generierung eines Textkorpus, der dann einer weiteren Analyse unterzogen werden kann [21].

Nach diesem Umwandlungsschritt sind alle Reklamationen in Textform verfügbar, was eine effiziente und konsistente Klassifizierung ermöglicht [21]. Daher liegt der Fokus dieser Arbeit auf der Klassifizierung von Reklamationstexten. Im Bereich der Klassifizierung von Reklamationen haben verschiedene Ansätze und Methoden die Forschung und Praxis geprägt.

Support Vector Machines
Der erste Algorithmus, der in diesem Abschnitt detailliert untersucht wird, sind die Support Vector Machines (SVM). SVMs sind eine etablierte Methode zur Klassifizierung von Daten im Bereich des maschinellen Lernens, die auf SL basiert [22]. Sie wurden in den 1960er Jahren von Vladimir Vapnik und Alexey Chervonenkis eingeführt und in den 1990er Jahren weiterentwickelt [19, 22]. SVM verwendet Trainingsmusterpunkte, um unbekannte Datensätze zu identifizieren und ihre Klassen anhand einer bestimmten Klassifikationsregel zu bestimmen [22]. Trainingsmusterpunkte beziehen sich auf eine Gruppe von Beispielen oder Beobachtungen, die in der Trainingsphase dazu verwendet werden, ein maschinelles Lernmodell zu trainieren und bestehen im Kontext des überwachten Lernens in der Regel aus Paaren von Eingabevektoren (Reklamationen) und zugehörigen Zielwerten (Klassen) [22, 23]. Der Algorithmus lernt aus diesen Daten, indem er versucht, eine Funktion zu finden, die die Eingabe- und Zielwerte so gut wie möglich in Beziehung setzt [23].

Das grundlegende Prinzip der SVM besteht darin, den Eingaberaum durch eine nichtlineare Transformation in einen Merkmalsraum mit hoher Dimension zu überführen und nach einer optimalen linearen Schnittstelle zu suchen [19]. Dies bedeutet, dass eine optimale Trennhyperebene zwischen den Datenpunkten verschiedener Klassen gefunden wird [22]. Diese Trennhyperebene wird so gewählt, dass der Abstand zu den nächsten Datenpunkten, den sogenannten Support-Vektoren, maximiert wird [22]. Die Support-Vektoren sind diejenigen Datenpunkte, die am nächsten zur Trennhyperebene liegen und zur Bestimmung der Entscheidungsgrenze beitragen. Nach dem Training des Modells kann es zur Klassifizierung neuer Datenpunkte verwendet werden. Die Klassenzuordnung erfolgt anhand der Position des Datenpunkts relativ zur Trennhyperebene [22].

Die SVM hat sich bereits erfolgreich in der Klassifizierung von Reklamationen bewährt. Die Klassifizierung der Reklamationen durch SVM erfolgt in mehreren Schritten, begonnen mit dem Preprocessing (Dokumentenauswahl, Tokenisierung, Groß-/Kleinschreibung, Stemming, Synonymerkennung). Die Vor- und Nachteile von SVMs sind im Kontext der industriellen Anwendung die Folgenden (Tab. 2):

Tab. 2. Vor- und Nachteile von Support Vector Machines, nach [7, 24–26]

Vorteile	Nachteile
Hohe Genauigkeit	Geringe Transparenz
Effizienz (insb. bei hoher Dimensionalität)	
Anwendungsbreite (bspw. auch Bilderkennung)	
Effektive Verarbeitung großer Datensätze	Hoher Rechenaufwand
Hohe Wirksamkeit, wenn die Anzahl der Merkmale (dimensions) größer ist als die Anzahl der Datenpunkte (samples)	
Flexibilität (lineare und nicht-lineare Muster)	

Der Vorteil der hohen Anwendungsbreite zeigt sich, da nebst textueller Reklamationen SVMs zur Bilderkennung genutzt werden können, um auch fotografische Beschwerden hocheffektiv zu klassifizieren. Weiterhin bleiben SVMs ein wirksames Mittel in der Reklamationsbearbeitung, wenn die Kundenreklamationen eine hohe Anzahl an Dimensionen, das heißt beispielsweise viele Merkmale, aufweisen, aber die Anzahl der Reklamationen insgesamt gering ist (geringe Menge Datenpunkte). Die hohe Flexibilität zeigt sich in einem fiktiven Szenario: ein Unternehmen vertreibt verschiedene elektronische Geräte, darunter Laptops, Smartphones und Tablets, und häufen sich Beschwerden wegen zweier Arten von Problemen: „Bildschirmfehler" und „Akkuprobleme". Für jedes Gerät hält das Unternehmen zwei Merkmale fest: die Nutzungsdauer des Geräts und die Anzahl der Geräterücksetzungen. Ein lineares SVM-Modell kann in dieser Situation genutzt werden, um diese beiden Arten von Problemen voneinander zu unterscheiden. Kommt nun eine weitere Beschwerde zu „Softwareproblemen" hinzu, die keine direkte Verbindung zu den bisher aufgezeichneten Merkmalen Nutzungsdauer und Anzahl der Geräterücksetzungen haben, kann ein nicht-lineares SVM-Modell genutzt werden, um die Beschwerden nach Art des Problems zu klassifizieren. Jedoch ergeben sich bei der Analyse und Interpretation der Ergebnisse aufgrund der mangelnden Transparenz Probleme [25]. Grund hierfür ist, dass SVMs keine probabilistische Erklärung für die Klassifizierung hochdimensionaler Daten bieten [26]. Durch die Weise, wie SVMs Datenpunkte oberhalb und unterhalb der klassifizierenden Hyperebene platzieren, ergeben sich Schwierigkeiten bei der detaillierten Analyse und Interpretation der Ergebnisse [25]. Diese Charakteristik von SVMs kann insbesondere in Situationen problematisch sein, in denen eine umfassende Interpretation der Ergebnisse für die Schlussfolgerungen oder Anwendungen der Forschung von zentraler Bedeutung ist [26].

K-Nearest-Neighbor

Der K-Nearest-Neighbor-Algorithmus (KNN) stellt eine alternative Methode zur Klassifizierung von Reklamationen dar. Der KNN-Algorithmus, auch bekannt als k-NN, findet Anwendung in der automatischen Klassifikation von Reklamationen und ermöglicht Vorhersagen über die Zuordnung von Reklamationen zu bestimmten Kategorien [27].

Als nichtparametrischer und überwachter Klassifikator erfordert der KNN-Algorithmus kein spezifisches Modell, sondern nutzt eine Sammlung von Trainingsdaten als Referenzpunkte [23]. Angenommen, wir haben einen Datensatz mit gelabelten Trainingsdaten, wobei jeder Datenpunkt aus einer Reihe von Merkmalen und einer zugehörigen Klasse oder Wert besteht. Um einen neuen, nicht gelabelten Datenpunkt zu klassifizieren oder dessen Wert vorherzusagen, sucht der KNN-Algorithmus nach den k nächstgelegenen Trainingsdaten im Merkmalsraum [23].

Nach dem Preprocessing der Reklamationen werden bei der Klassifikation einer neuen Reklamation die k nächsten Nachbarn in Bezug auf Ähnlichkeit zum neuen Datenpunkt ermittelt [27]. Die Anzahl k wird zuvor festgelegt [27]. Wenn k beispielsweise den Wert 7 hat, werden die sieben nächsten Nachbarn („nearest neighrbors") des zu klassifizierenden Punktes im Merkmalsraum gesucht. Durch eine Mehrheitsabstimmung unter den k nächsten Nachbarn wird die Klassifikation der neuen Reklamation bestimmt. Die Kategorie oder Klasse, die bei den k nächsten Nachbarn am häufigsten vorkommt, wird der Reklamation zugeordnet. Das bedeutet, dass die automatische Klassifikation basierend auf der Mehrheit der ähnlichen Reklamationen erfolgt. Beispielsweise wird eine Reklamation, bei der die Mehrheit der 7 nächsten Nachbarn der Kategorie „Produktqualität" zugeordnet ist, ebenfalls dieser Kategorie zugeordnet, wie in Abb. 1 dargestellt.

Der neue Datenpunkt („?") wird in diesem Fall der „Produktqualität" (schwarz) zugeordnet.

Die Stärken und Schwächen dieses Algorithmus sind im Folgenden aufgeführt (Tab. 3).

Im Vergleich zu anderen Klassifizierungsverfahren zeichnet sich der kNN-Algorithmus durch seine einfache Implementierbarkeit und Verständlichkeit aus. Das auf dem Ähnlichkeitsprinzip aufbauende Modell ist intuitiv interpretierbar. Weiterhin wird keine explizite Lernphase benötigt, stattdessen werden Trainingsdaten unmittelbar gespeichert und Prognosen, je nach Anforderung, direkt erstellt. Aufgrund des Mangels eines fertigen Modells sind der Rechenaufwand für jede Anfrage ebenso wie der benötigte Speicherplatz jedoch hoch. Durch die geringe Anzahl an Hyperparametern, die für ideale Ergebnisse und eine hohe Performance feinst eingestellt werden müssen, sind kNN-Modelle schnell optimierbar, lediglich der k-Wert sowie Distanzmetrik müssen gewählt werden. Aufgrund dessen ist der Umgang mit hochdimensionalen Daten ebenfalls erschwert.

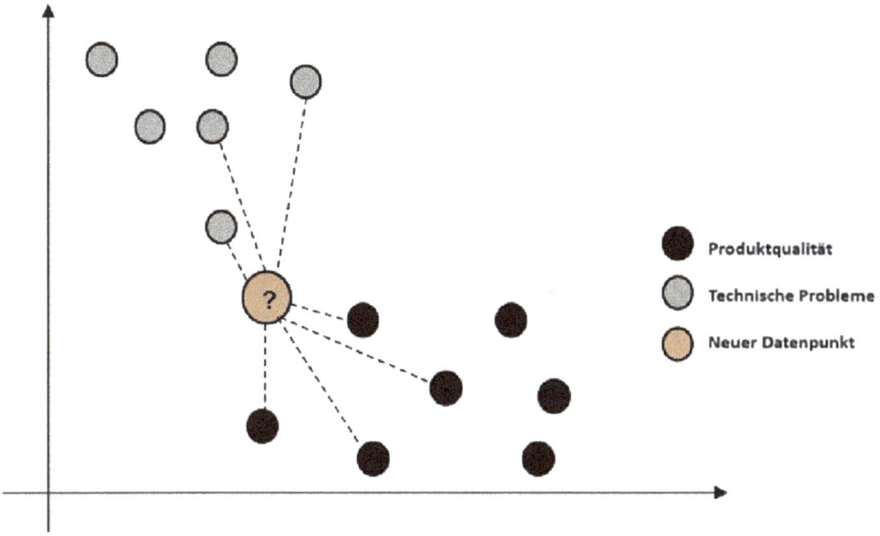

Abb. 1. KNN für ein 2-Klassen-Problem mit k=7, nach [28]

Tab. 3. Vor- und Nachteile von K-Nearest-Neighbor, nach [20, 28–30]

Vorteile	Nachteile
Einfache Implementierung und Interpretierbarkeit	Speicherintensiv
	Berechnungsintensiv
Kein Lernprozess	Schwierigkeiten mit hohen Dimensionen
Geringe Anzahl von Hyperparametern	Empfindlichkeit gegenüber fehlenden Werten / Ausreißern

Multinomiale logistische Regression.
Die Multinomiale logistische Regression, auch als SoftMax-Regression bekannt, ist ein UL-Algorithmus, der in verschiedenen Anwendungsbereichen, einschließlich der Textklassifikation, besonders nützlich ist, wenn die Zielvariable kategorisch ist [31]. Eine kategorische Zielvariable bedeutet, dass sie diskrete Werte oder Klassen annimmt, anstatt kontinuierlich zu sein [31]. Diese Methode ermöglicht die Lösung von Klassifikationsproblemen, bei denen die Ausgabe mehr als zwei mögliche Werte annehmen kann [32].

Bei der Textklassifikation werden die kontextuellen Informationen der Dokumente genutzt, um diese bestimmten Kategorien zuzuordnen [32]. Im Trainingsdatensatz wird jede Reklamation in einen Vektor umgewandelt, um sie für das Modell verarbeitbar zu machen [33]. Diese Vektoren repräsentieren die Reklamationen und bestehen aus Binärwerten (0 und 1), wobei jedes Element des Vektors einem Wort im Vokabular entspricht. Wenn ein bestimmtes Wort in einer Reklamation vorhanden ist, wird das entsprechende Element im Vektor auf den Wert 1 gesetzt, andernfalls auf den Wert 0 [33]. Diese Vektoren werden dann verwendet, um das Modell zu trainieren [33].

Das Ziel der multinomialen logistischen Regression im Kontext der Klassifizierung von Reklamationen ist es, ein Modell zu erstellen, das die Wahrscheinlichkeit vorhersagen kann, dass eine bestimmte Reklamation in eine bestimmte Kategorie fällt, basierend auf den bekannten Merkmalen dieser Reklamation [31]. Im spezifischen Kontext der automatischen Reklamationsklassifizierung weist die SoftMax-Regression Vorteile und Einschränkungen auf, die in Tab. 4 beschrieben werden.

Tab. 4. Vor- und Nachteile von SoftMax-Regression, nach [31, 34, 35]

Vorteile	Nachteile
Gute Performance bei mehreren Klassen	Unabhängige Klassen
Effizienz bei kategorischen und kontinuierlichen Daten	Geringe Komplexität vorausgesetzt
Odds Ratios	Mehr Beobachtungen als Merkmale nötig
Einfache Implementierung und Interpretation; hohe Trainingseffizienz	

Besonders geeignet scheint SoftMax für Reklamationen zu sein, da sie Kategorien mit mehr als zwei Ebenen (Typen) verarbeiten kann, und da sowohl kategorische Daten, wie bspw. Reklamationsarten, als auch kontinuierliche Daten, wie bspw. numerische Daten, verarbeitet werden können. Über die Berechnung von Odds Ratios wird abgeschätzt, wie sich die Chance, dass eine Reklamation zu einer bestimmten Kategorie gehört, ändert, wenn der Wert einer unabhängigen Variable sich ändert, während alle anderen Variablen konstant gehalten werden. Dies kann hilfreich sein, um zu verstehen, welche Faktoren am stärksten zu bestimmten Arten von Reklamationen beitragen. Jedoch geht die multinomiale logistische Regression davon aus, dass die Klassen, in die die Daten klassifiziert werden, unabhängig voneinander sind. Bei Reklamationen ist dies nicht immer der Fall, da einige Arten von Reklamationen miteinander verbunden sein könnten. Um im vorherigen Beispiel zu bleiben, können „Akkuprobleme" zu Bildschirmfehlern führen, wenn etwa die Verbindung vom Akku zum Bildschirm lose ist. Wenn ein Kunde sagt, dass der Bildschirm andauernd aus und wieder an geht, könnte das tatsächliche Problem eine Akkustörung. In einem solchen Fall könnte die multinomiale logistische Regression Schwierigkeiten haben, die genaue Problemart korrekt zu klassifizieren, da sie nicht in der Lage ist, Interdependenzen zu berücksichtigen. Ebenso besteht die Gefahr der Überanpassung bei einer geringen Anzahl Reklamationen im Trainingsdatensatz.

3.2 Reklamationsklassifizierung im Reklamationsbearbeitungsprozess

Die kontinuierliche Entwicklung von KI und der Datenanalyse hat in den letzten Jahren neue Möglichkeiten für Unternehmen jeglicher Größe eröffnet. Insbesondere im Bereich der Reklamationsbearbeitung bieten diese Technologien durch verschiedene Softwarelösungen und Plattformen innovative Ansätze zur Optimierung des Umgangs mit Reklamationen. Die automatische Klassifizierung von Reklamationen hat sich dabei als ein Schlüsselbereich erwiesen, in dem ML erhebliche Vorteile bringen kann. Die Unterstützung durch KI-basierte Software wird besonders relevant bei steigendem Volumen der Beschwerden, erhöhter Komplexität der Bearbeitungsprozesse, anwachsender Anzahl der angebotenen Produkte und Dienstleistungen sowie bei der umfangreichen, mehrdimensionalen und regelmäßigen Erstellung von Analysen und Berichten im Rahmen des Reklamationsmanagement-Controllings [36].

Trotz solcher Fortschritte setzen einige Unternehmen weiterhin auf traditionelle, manuell gesteuerte Prozesse zur Reklamationsbearbeitung. Traditionelle Tools zur Reklamationsbearbeitung sind operative CRM-Software Produkte, Machine Learning Plattformen (Machine Learning as a Service – MLaaS) wie IBM Watson oder Amazon ML, und spezialisierte Reklamationsmanagement-Software Produkte [37–42]. Diese werden im Rahmen dieser Arbeit jedoch nicht weiter ausgearbeitet und dienen lediglich dem Vergleich bzw. Lösungsfindung. Hierzu und zur Evaluation der verschiedenen Möglichkeiten der Klassifikation von Reklamationen wird zunächst dargestellt, welche Anforderungen an die KI-gestützte Klassifizierung bestehen.

4 Evaluation der KI-Algorithmen

Dafür werden unter Anwendung des ISO/IEC/IEEE 29.148–2018 Standards die Vor- und Nachteile analysiert. Alle identifizierten Vorteile der untersuchten Ansätze werden als potenziell positive Eigenschaften einer KI-gestützten Klassifizierung erfasst und mit den der Literatur entnommenen Nachteilen verglichen. So können die Schwächen der Algorithmen als Ausgangspunkt zur Formulierung von zunächst negativ formulierten Anforderungen genutzt werden. Indem der Fokus auf die Optimierung der Vorteile und die Überwindung der Nachteile gelegt wird, kann jede Klassifizierungslösung hinsichtlich der spezifischen Herausforderungen und Limitierungen der Algorithmen bewertet werden. Die 32 auf diese Weise erarbeiteten Anforderungen wurden priorisiert und miteinander verglichen. Anforderungen mit niedriger Priorität wurden mittels paarweichen Vergleichs ermittelt und eliminiert, sodass eine 15 Anforderungen umfassende priorisierte Anforderungsliste erarbeitet wurde, die die relevanten und anwendungsorientierten Anforderungen darstellt; diese ist in Tab. 5 dargestellt.

Zur Bewertung der vorgestellten Möglichkeiten der Reklamationsklassifikation wurde jede auf die Erfüllung der in Tab. 6 gelisteten Anforderungen hin untersucht. Dabei gilt folgende Legende:

Die in dieser Arbeit vorgestellten und untersuchten KI-Algorithmen zur Klassifikation wurden den 15 hoch priorisierten Anforderungen gegenübergestellt, das Ergebnis wird in Tab. 7 aufgezeigt.

Zu erkennen ist, dass keiner der drei Algorithmen M1-M3 alle der Anforderungen erfüllt. So gilt beispielsweise für SVMs (M1), dass diese im Vergleich zu M2 und M3 aufgabenübergreifend eine höhere Genauigkeit in der Klassifizierung von Daten aufweisen [43–46]. Durch die Vektorrepräsentation der Daten sowie die Ähnlichkeitsmessung können auch kleine Orthographiefehler (bspw. {Maschine, Reparatur, Toleranz} statt {Maschine, Reparatur, Toleranz}) zu großen Abweichungen in der Klassifizierung der Daten führen. Auch können klassische SVMs häufiger von Zero Frequency Problemen betroffen sein, da sie insbesondere in höheren Dimensionen ineffizient arbeiten und Spärlichkeitsprobleme aufweisen [47]. Dies tritt dann auf, wenn nach dem Training neue Kategorien (bspw. neue Wörter wie neue Fehlerbeschreibungen oder Reklamationsgründe) in den Daten auftreten. Während zwei der Anforderungen (A1 und A8) von allen dreien erfüllt werden, können A26 „Datensicherheit" und A4 „Robustheit gegenüber Orthographiefehlern" von keinem der Algorithmen geleistet werden. Auch zu erkennen ist so, dass selbst eine Kombination der KI-Algorithmen diesem Problem keine Abhilfe schaffen kann. Daher liegt nahe, die Algorithmen mit den in Abschn. 3.2 vorgestellten traditionellen Tools zu kombinieren, um eine den Anforderungen genügende Klassifikation zu gewährleisten. Infolgedessen wird jede dieser Softwares oder Plattformen in Verbindung mit den jeweiligen Algorithmen untersucht. Die Ergebnisse zeigt Tab. 8.

Tab. 5. Priorisierte Anforderungsliste

Pr	Anforderung	Soll/Muss	**ID**
1	Automatisierung	Muss	A1
2	Fähigkeit zur Handhabung mehrerer Klassen	Muss	A8
3	Hohe Genauigkeit der Klassifizierung	Muss	A2
4	Optimale Feature-Auswahl	Muss	A7
5	Datensicherheit	Muss	A26
6	Vermeidung von Überanpassung	Muss	A9
7	Effizienz bei der Verarbeitung hochdimensionaler Daten	Muss	A6
8	Robustheit gegenüber fehlenden Werten und Ausreißern	Muss	A3
9	Robustheit gegenüber Orthographiefehlern	Muss	A4
10	Aktualisierungsfähigkeit	Muss	A21
11	Erkennung von Feature-Interdependenzen	Muss	A20
12	Behandlung von Zero Frequency	Muss	A10
13	Benutzerfeedback	Soll	A22
14	Skalierbarkeit bei großen Datensätzen	Soll	A5
15	Multi-Modell-Integration	Soll	A32

Tab. 6. Untersuchungsgegenstände und Legende

Support Vector Machines	M1
K-Nearest-Neighbor	M2
Multinomiale logistische Regression	M3
CRM-Software	S1
Machine Learning as a Service	S2
Spezialisierte Reklamationsmanagement-Software	S3
Anforderung vollständig erfüllt	●
Anforderung teilweise erfüllt	◐
Anforderung nicht erfüllt	○

Tab. 7. Gegenüberstellung der Algorithmen und der priorisierten Anforderungen

ID	Soll/Muss	Anforderungsinhalt	Pr.	M1	M2	M3
A1	Muss	Automatisierung	1	●	●	●
A8	Muss	Mehrere Klassen	2	●	●	●
A2	Muss	Hohe Genauigkeit	3	●	◐	◐
A7	Muss	Optimale Feature-Auswahl	4	◐	◐	◐
A26	Muss	Datensicherheit	5	○	○	○
A9	Muss	Keine Überanpassung	6	◐	◐	◐
A6	Muss	Effizienz	7	●	○	◐
A3	Muss	Robust ggü. Ausreißern	8	◐	○	◐
A4	Muss	Robust ggü. Orthographie	9	○	○	○
A21	Muss	Aktualisierungsfähigkeit	10	◐	●	●
A20	Muss	Erkennt Interdependenzen	11	●	○	○
A10	Muss	Zero Frequency	12	○	○	◐
A22	Soll	Benutzerfeedback	13	◐	◐	◐
A5	Soll	Skalierbarkeit	14	◐	○	◐
A32	Soll	Multi-Modell-Integration	15	◐	◐	◐

Es wird deutlich, dass keine der integrierten Kombinationen alle Anforderungen erfüllt und somit als eindeutig beste integrierte Lösung dasteht. A4 „Robustheit gegenüber Orthographiefehlern“ wird weiterhin von keiner der Lösungen erfüllt. Die besten drei der angebotenen Lösungen hinsichtlich des Anteils erfüllter Anforderungen sind:

1 S2M1 63 % (19 von 30 Punkten)
2 S1M1 60 % (18 von 30 Punkten)
3 S3M1 60 % (18 von 30 Punkten)

Während sich also von den untersuchten KI-Tools SVMs eindeutig am besten zur Kombination mit bestehenden Möglichkeiten eignen, erfüllt keine der untersuchten Kombinationsmöglichkeiten die Anforderungen in einem zufriedenstellenden Maße.

5 Fazit und Ausblick

Die automatisierte Klassifizierung von Reklamationen mithilfe von Künstlicher Intelligenz (KI) bietet Unternehmen, insbesondere kleinen und mittleren Unternehmen (KMUs), eine vielversprechende Möglichkeit, die Effizienz und Genauigkeit ihrer Reklamationsbearbeitungsprozesse zu verbessern. Die Untersuchung verschiedener

Tab. 8. Integration der KI-Algorithmen in bestehende Software

Pr	1	2	10	15	3	6	5	13	11	8	12	7	14	4	9
ID	A 1	A 8	A 21	A 32	A 2	A 9	A 26	A 22	A 20	A 3	A 10	A 6	A 5	A 7	A 4
S1 M1	●	●	◐	◐	●	◐	◐	◐	●	◐	○	●	◐	◐	○
S1 M2	●	●	●	◐	◐	◐	◐	◐	○	○	○	○	○	◐	○
S1 M3	●	●	●	◐	◐	◐	◐	◐	○	◐	◐	◐	◐	◐	○
S2 M1	●	●	◐	●	●	◐	◐	◐	●	◐	○	●	◐	◐	○
S2 M2	●	●	●	●	◐	◐	◐	◐	○	○	○	○	○	◐	○
S2 M3	●	●	●	●	◐	◐	◐	◐	○	◐	◐	◐	◐	◐	○
S3 M1	●	●	◐	◐	●	◐	◐	◐	●	◐	○	●	◐	◐	○
S3 M2	●	●	●	◐	◐	◐	◐	◐	○	○	○	○	○	◐	○
S3 M3	●	●	●	◐	◐	◐	◐	◐	○	◐	◐	◐	◐	◐	○

KI-Algorithmen, darunter Support Vector Machines (SVM), K-Nearest-Neighbor (KNN) und multinomiale logistische Regression (SoftMax-Regression), zeigt, dass jeder Algorithmus spezifische Vorteile und Nachteile mit sich bringt. SVM zeichnet sich durch hohe Genauigkeit und Flexibilität aus, während KNN durch einfache Implementierung und hohe Interpretierbarkeit punktet. Die SoftMax-Regression ist besonders bei Problemen mit mehr als zwei Klassen geeignet und bietet eine effiziente Verarbeitung sowohl kategorischer als auch kontinuierlicher Daten.

Die Analyse der Algorithmen anhand von 15 priorisierten Anforderungen, wie Automatisierung, Handhabung mehrerer Klassen und Datensicherheit, verdeutlicht, dass keiner der untersuchten Algorithmen alle Anforderungen vollständig erfüllt. Insbesondere Anforderungen wie Datensicherheit und Robustheit gegenüber Orthographiefehlern bleiben ungelöst. Daher erscheint eine Integration dieser Algorithmen in bestehende Reklamationsmanagement-Software und Machine Learning as a Service (MLaaS)-Plattformen notwendig, um eine den Anforderungen genügende Klassifikation zu gewährleisten. Allerdings wurde in der Forschungsarbeit gemäß Tab. 8 aufgewiesen, dass auch eine Integration der Algorithmen in entsprechende Softwares und Plattformen nur maximal 13 der 15 Anforderungen (Erfüllungsgrad ≤63%) zumindest teilweise erfüllen kann.

Insgesamt zeigt die Untersuchung das Potenzial von KI-gestützten Lösungen zur Verbesserung des Reklamationsmanagements und eröffnet neue Perspektiven für Unternehmen und die Forschung. Die kontinuierliche Anpassung und Weiterentwicklung von Algorithmen sowie deren Integration in bestehende Systeme sind entscheidend, um die Effizienz und Qualität der Reklamationsbearbeitung nachhaltig zu steigern.

Weitere Untersuchungen von anderen Lösungsmöglichkeiten, insbesondere Random Forest Klassifikationsalgorithmen, Multinomiale Naive Bayes Klassifikatoren, Naive Bayes-Modelle basierend auf dem N-Gram-Algorithmus sowie Gradient Boosting bieten die Chance, die festgestellte Problematik zu lösen. Ebenso sind insbesondere für größere Unternehmen die Chancen, welche eigenprogrammierte Softwarelösungen mit sich bringen, zu bewerten.

Literatur

1. Brown, S.W., Cowles, D.L., Tuten, T.L.: Service recovery: its value and limitations as a retail strategy. Int. J. Serv. Ind. Manag. **7**(5), 32–46 (1996). https://doi.org/10.1108/09564239610149948
2. Baron, A.: Beschwerdemanagement als Instrument der Kundenbindung in Finanzdienstleistungsunternehmen. GRIN Verlag GmbH, München (2011)
3. Bruhn, M.: Kundenorientierung. Bausteine eines exzellenten Unternehmens, 4. Aufl. dtv Beck-Wirtschaftsberater im dtv, Bd 50808. DTV, München (2003)
4. Tax, Stephen S., Brown, Stephen W.: Recovering and Learning from Service Failure. MIT SMR (1998)
5. DIN DIN ISO 10002:2019-07, Qualitätsmanagement_- Kundenzufriedenheit_- Leitfaden für die Reklamationsbearbeitung in Organisationen (ISO_10002:2018). Beuth Verlag GmbH, Berlin. https://doi.org/10.31030/3045879. https://www.dinmedia.de/de/norm/din-iso-10002/302733866. Zugegriffen: 11. Juli 2024
6. Stauss, B., Seidel, W.: Effective complaint management. The business case for customer satisfaction. Management for professionals. Springer, Cham (2019)
7. Hennebold, C., Mei, X., Mailahn, O., Huber, M.F., Mannus, O.: Cooperation of Human and Active Learning based AI for Fast and Precise Complaint Management 2022 IEEE International Conference on Systems, Man, and Cybernetics (SMC). IEEE, S 282–287 (2022)
8. Stauss, B., Seidel, W.: Beschwerdemanagement. Kundenbeziehungen erfolgreich managen durch Customer Care, 3. Aufl. Hanser, München (2002)
9. Heinsch, M.-J., Prochazka, J.: Automatisierbare Tätigkeiten: Ist mein Job durch KI und Digitalisierung ersetzbar? SWR Aktuell. https://www.swr.de/swraktuell/baden-wuerttemberg/iab-studie-digitalisierbare-taetigkeiten-ist-mein-job-durch-ki-ersetzbar-100.html (2024). Zugegriffen: 12. Juli 2024
10. Gentsch, P.: Künstliche Intelligenz für Sales, Marketing und Service. Mit AI und Bots zu einem Algorithmic Business – Konzepte, Technologien und Best Practices. SpringerLink Bücher. Springer Fachmedien Wiesbaden; Imprint; Springer Gabler, Wiesbaden (2018)
11. Taulli, T.: Artificial Intelligence Basics. A Non-Technical Introduction, 1. Aufl. Apress; Imprint: Apress, Berkeley, CA (2019)
12. Akerkar, R.: Artificial Intelligence for Business, 1. Aufl. SpringerBriefs in business. Springer International Publishing, Cham (2019)
13. Janiak, M., Bollmann, A.: Künstliche Intelligenz im Projektmanagement einsetzen. Projektmagazin (2021)
14. Fumo, J.: Types of Machine Learning Algorithms You Should Know. Towards Data Science (2017)
15. Goodfellow, I., Bengio, Y., Courville, A.: Deep learning. Adaptive Computation and Machine Learning. The MIT Press, Cambridge (2016)

16. Murphy, K.P.: Machine learning. A probabilistic perspective. Adaptive computation and machine learning series. The MIT Press; ProQuest, Cambridge (2012)
17. Hausmann, G., Lämmel, U.: Künstliche Intelligenz in der automatisierten Dokumentenverarbeitung am Beispiel von Krankenversicherungen. In: Barton T, Müller C (Hrsg) KÜNSTLICHE INTELLIGENZ IN DER ANWENDUNG. Rechtliche aspekte. MORGAN KAUFMANN, [S.l.], S 177–193 (2020)
18. Feldman, R., Sanger, J.: The text mining handbook. Advanced approaches in analyzing unstructured data. Cambridge University Press, New York (2006)
19. Dong, S., Wang, Z.: Evaluating service quality in insurance customer complaint handling throught text categorization Logistics, Informatics and Service Sciences (LISS), 2015 International Conference on. IEEE, S 1–5 (2015)
20. Kumar, S. Supervised vs Unsupervised vs Reinforcement – AITUDE. https://www.aitude.com/supervised-vs-unsupervised-vs-reinforcement/ (2020). Zugegriffen: 12. Juli 2024
21. Azhar, A., Maweekumbura, S., Gunathilake, R., Maddumaarachchi, T., Karunasena, A., Nadeeshani, M.: Anonymo: Automatic Response and Analysis of Anonymous Caller Complaints 2022 IEEE Symposium on Wireless Technology & Applications (ISWTA). IEEE, S 110–115 (2022)
22. Atiquzzaman, M., Yen, N., Xu, Z. (Hrsg): Proceedings of the 4th International Conference on Big Data Analytics for Cyber-Physical System in Smart City – Volume 1. BDCPS 2022, December 16–17, Bangkok, Thailand, 1. Aufl. Lecture Notes on Data Engineering and Communications Technologies, Bd 167. Springer Nature Singapore; Springer, Singapore (2023)
23. Friedman, J.: The Elements of Statistical Learning. Data Mining, Inference, and Prediction. Springer Series in Statistics. Springer, New York (2009)
24. Sanditya Hardaya IBN, Dhini, A., Surjandari, I.: Application of text mining for classification of community complaints and proposals. In: Riza LS, Pranolo A, ICSITech (Hrsg) „Theory and application of IT for education, industry, and society in big data era“. Proceeding : 2017 3rd International Conference on Science in Information Technology (ICSITech): October 25–26, 2017, Bandung, Indonesia. IEEE, [Piscataway, NJ], S 144–149 (2017)
25. Raj, A.: Everything About Support Vector Classification – Above and Beyond. Towards Data Science (2022)
26. Karamizadeh, S., Abdullah, S.M., Halimi, M., Shayan, J., Rajabi, M.j.: Advantage and drawback of support vector machine functionality Computer, Communications, and Control Technology (I4CT), 2014 International Conference on. IEEE, S 63–65 (2022)
27. Qurat-Ul-Ain, Shaukat, A., Saif, U.: NLP based Model for Classification of Complaints: Autonomous and Intelligent System 2022 2nd International Conference on Digital Futures and Transformative Technologies (ICoDT2). IEEE, S 1–6 (2022)
28. Raschka, S.: STAT 479: Machine Learning. Lecture Notes. University of Wisconsin-Madison (2018)
29. Hachcham, A.: The KNN Algorithm – Explanation, Opportunities, Limitations. neptune.ai (2022)
30. Chatterjee, M.: A Quick Introduction to KNN Algorithm. https://www.mygreatlearning.com/blog/knn-algorithm-introduction/ (2024). Zugegriffen: 12. Juli 2024
31. Hosmer, D.W., Sturdivant, R.X., Lemeshow, S.: Applied logistic regression. Wiley series in probability and statistics. Wiley, Hoboken (2013)
32. Ramadhan, W.P., Astri Novianty, S., Casi Setianingsih, S.: Sentiment analysis using multinomial logistic regression 2017 International Conference on Control, Electronics, Renewable Energy and Communications (ICCREC 2017). Yogyakarta, Indonesia, 26–28 September 2017. IEEE, Piscataway, NJ, S 46–49 (2017)

33. Vryniotis, V.: Machine Learning Tutorial: The Multinomial Logistic Regression (Softmax Regression). DatumBox. https://blog.datumbox.com/machine-learning-tutorial-the-multinomial-logistic-regression-softmax-regression/(2013). Zugegriffen: 12. Juli 2024
34. Ranjan Rout, A.: Advantages and Disadvantages of Logistic Regression. GeeksforGeeks (2024)
35. Nautiyal, D.: ML Underfitting and Overfitting. GeeksforGeeks (2024)
36. Stauss, B., Seidel, W.: Beschwerdemanagement. Kundenbeziehungen erfolgreich managen durch Customer Care, 4. Aufl. Hanser, München (2007)
37. Abts, D., Mülder, W.: Grundkurs Wirtschaftsinformatik. Eine kompakte und praxisorientierte Einführung, 9. Aufl. SpringerLink Bücher. Springer Fachmedien Wiesbaden, Wiesbaden (2017)
38. Kees A, Markowski DR (2019) Open Source Enterprise Software. Grundlagen, Praxistauglichkeit und Marktübersicht quelloffener Unternehmenssoftware, 2. Aufl. Springer Fachmedien Wiesbaden GmbH; Springer Vieweg, Wiesbaden
39. Ghosh, A.: Advantages & Disadvantages of Using IBM Big Data Analytics On Cloud. The Customize Windows (2017)
40. Petiwala, F.F., Shukla, V.K., Vyas, S.: IBM Watson: Redefining Artificial Intelligence Through Cognitive Computing. In: Prateek (Hrsg) Proceedings of International Conference on Machine Intelligence and Data Science Applications. Springer Singapore, [S.l.], S 173–185 (2021)
41. Capterra.: Beschwerdemanagement Software. https://www.capterra.com.de/directory/30674/complaint-management/software#categoriesProductList (2024). Zugegriffen: 12. Juli 2024
42. Rühl, T.: Beschwerdemanagement-Software. FOCUS Online. https://unternehmen.focus.de/beschwerdemanagement-software.html (2021). Zugegriffen: 12. Juli 2024
43. Anggoro, D.A.: Comparison of Accuracy Level of Support Vector Machine (SVM) and K-Nearest Neighbors (KNN) Algorithms in Predicting Heart Disease. IJETER **8**(5), 1689–1694 (2020). https://doi.org/10.30534/ijeter/2020/32852020
44. Danades, A., Pratama, D., Anggraini, D., Anggriani, D.: Comparison of accuracy level K-Nearest Neighbor algorithm and Support Vector Machine algorithm in classification water quality status. In: Institute of Electrical and Electronics Engineers a (Hrsg) 2016 6th International Conference on System Engineering and Technology (ICSET) : 3–6 October 2016, Bandung, Indonesia. IEEE, S 137–141 (uuuu-uuuu)
45. Kuntoro, K.: COMPARING ACCURACY OF LOGISTIC REGRESSION, K-NEAREST NEIGHBOR, SUPPORT VECTOR MACHINE, AND NAÏVE BAYES MODELS USING TRACKING ENSEMBLE MACHINE LEARNING. JPJB **24**(1), 1–13 (2023). https://doi.org/10.17654/0973514324001
46. Ray, S.: An Analysis of Computational Complexity and Accuracy of Two Supervised Machine Learning Algorithms—K-Nearest Neighbor and Support Vector Machine. In: Śarmā N, Chakrabarti A, Balas VE, Martinovic J (Hrsg) Data management, analytics and innovation. Proceedings of ICDMAI 2020, Bd 1174. Springer, Singapore, S 335–347 (2021)
47. Merker, J.: On Sparsity of Soft Margin Support Vector Machines. JAAM 2(3) (2017). https://doi.org/10.22606/jaam.2017.23001

Substituierung konventioneller Aktorik durch intelligente Werkstoffe: Erprobung der technischen Zuverlässigkeit von aktiv gekühlten Formgedächtnis-Aktoren

Marcel Schmidt(✉), Philipp Heß, und Stefan Bracke

Lehrstuhl für Zuverlässigkeitstechnik und Risikoanalytik, Bergische Universität Wuppertal, Wuppertal, Deutschland
marcel.schmidt-hk@uni-wuppertal.de

Zusammenfassung. Aktoren werden zur Realisierung von Stellbewegungen und -kräften in technisch komplexen Systemen eingesetzt. Mit steigender Komplexität der Systeme steigen die Anforderungen an diese Aktoren. Begrenzungen von Bauraum und Gewicht bei hohen, erforderlichen Stellkräften und -bewegungen erschweren den Einsatz konventioneller Aktoren. Ein alternativer Lösungsansatz ist die Nutzung des Formgedächtniseffekts, z. B. bei Nickel-Titan-Drähten, innerhalb eines Aktorsystems. Aufgrund der hohen Energiedichte von Formgedächtnisdrähten lassen sich hohe Kräfte bei geringem Bauraum und Gewicht realisieren. Weitere Vorteile sind Korrosionsbeständigkeit und ein lautloser sowie energieeffizienter Betrieb. Allerdings ist ein standardisierter Einsatz in vielen potentiellen Anwendungsfeldern bisher nicht möglich, da ein komplexes Materialverhalten vorliegt, welches den Einsatz der Technologie limitiert. Nach einer Aktivierung ist beispielsweise eine Abkühlphase erforderlich, welche die Aktivierungsfrequenz begrenzt. Weiterhin ist das Degradationsverhalten nicht ausreichend erforscht, da kaum standardisierte Erprobungsprogramme für die einheitliche Erprobung der Langzeitzuverlässigkeit existieren. Im Rahmen dieses Beitrags wird ein Prüfstand für Ermüdungsversuche skizziert. Anschließend werden die Messdaten von Lebensdauerversuchen (verschiedene Lastszenarien) analysiert. Der Fokus liegt auf dem Einfluss einer aktiven Belüftung (verkürzte Abkühlphase) auf Ermüdungseffekte und das Ausfallverhalten. Die Datenanalyse erfolgt unter Anwendung verschiedener statistischer Verfahren, um Aussagen zur technischen Zuverlässigkeit der Formgedächtnisdrähte zu treffen. Abschließend wird der Einsatz von Formgedächtnisdrähten zur Substitution von Schrittmotoren in klimatisch anspruchsvollen Umgebungen diskutiert.

Schlüsselwörter: Formgedächtnis · Formgedächtnislegierung · Nickel-Titan · Aktorik · Lebensdauerversuch · Ermüdungsverhalten · Degradationsverhalten · Datenanalyse · Erprobung · Zuverlässigkeit

R. Jochem und M. Meyer (Hrsg.), *Rethinking Quality – Wandel des Qualitätsmanagements durch Digitalisierung und Künstliche Intelligenz*,
https://doi.org/10.1007/978-3-658-47213-9_5

1 Einleitung

Zur Gewährleistung erforderlicher Standards und der Zuverlässigkeit technisch komplexer Produkte spielt die Qualitätssicherung eine elementare Rolle. Die steigenden Ansprüche an Qualität und Effizienz erfordern allerdings innovative Ansätze zur Substitution bewährter Konzepte. Zur Realisierung mechanischer Bewegungen finden beispielsweise Aktoren, häufig in Form von Schrittmotoren, in einer Vielzahl technischer Produkte Anwendung. Die Erfüllung der stetig wachsenden Standards lässt konventionelle Aktorik durch den benötigten Bauraum und das Gewicht bei verhältnismäßig geringer Kraft an ihre Grenzen stoßen. Als kostengünstige Alternative zur Gewichtsreduktion lassen sich *Formgedächtnis* (FG)-Drähte zur Realisierung von Stellbewegungen einsetzen. Diese Legierungen werden den *Smart Materials* (intelligenten Werkstoffen) zugeordnet und ermöglichen durch Bestromung beispielsweise einen Linearhub. Trotz der vielseitigen Einsatzmöglichkeiten und thermischen Reaktivität werden FG-Drähte aktuell nicht in klimatisch anspruchsvollen Umgebungen eingesetzt. Aus diesem Grund existieren keine Prüfstände zur Abbildung dieses spezifischen Szenarios. Um die Substitution der rotatorischen Bewegung von Schrittmotoren zu erproben, wird im Rahmen des Beitrags ein Wirkprinzip zur Übertragung des linearen Hubs von FG-Drähten in eine Rotation vorgestellt. Zur Erhöhung der Testfrequenz werden die Einflüsse einer aktiven Kühlung erprobt und hinsichtlich der Langzeitzuverlässigkeit analysiert. Die Forschungsschwerpunkte lassen sich wie folgt gliedern:

1. Die Durchführung und Analyse von Lebensdauerversuchen von FG-Drähten unter verschiedenen Lastszenarien
2. Die Untersuchung des Einflusses einer aktiven Kühlung der FG-Drähte auf das Ermüdungsverhalten
3. Die Diskussion der Substitution von Schrittmotoren durch FG-Drähte in klimatisch anspruchsvollen Umgebungen

2 Grundlagen der Formgedächtnistechnologie

Legierungen, welche sich an eine zuvor antrainierte Form „erinnern“ werden als *Formgedächtnislegierungen* (FGL) sowie smarte Materialen oder intelligente Werkstoffe bezeichnet. Hierbei kann die Verformung, anders als bei konventionellen Werkstoffen, auch über die Grenze der elastischen Verformung hinaus umgekehrt werden, d. h. plastische Verformungen sind reversibel (Gümpel 2004, Lagoudas 2008, Lexcellent 2013, Otsuka 1998, Rao et al. 2015). Häufig handelt es sich um Nickel-Titan-Legierungen (Verhältnis 50:50), welche mit weiteren Legierungselementen wie z. B. Kupfer erweitert werden können, um das Materialverhalten zu beeinflussen (Elahinia 2015, Gandhi and Thompson 1992, Van Humbeeck 2001).

2.1 Formgedächtniseffekt

Der *Formgedächtniseffekt* (FGE) basiert auf der Phasentransformation der Legierung (Abb. 1) zwischen einer Tieftemperaturphase (Martensit) und einer Hochtemperaturphase (Austenit) (Elahinia 2015, Lagoudas 2008, Lexcellent 2013, Rao et al. 2015). Der FGE wird durch Einbringung von Wärme induziert. Hierbei kann es sich um thermische Energie oder Wärme durch elektrisches Aufheizen handeln (Lygin 2014, Schiedeck 2009). Im abgekühlten Zustand wird die Ursprungsform dann beibehalten (Elahinia 2015, Peters 2010). Differenziert wird zwischen drei Effekten (Drescher et al. 1990, Hornbogen 1991, Elahinia 2015, Hornbogen et al. 2019): Einwegeffekt, Zweiwegeffekt und superelastischer Effekt. Im Rahmen dieses Beitrags ist der Einwegeffekt von Relevanz, weshalb im Folgenden die anderen Effekte nicht weiter im Detail beschrieben werden.

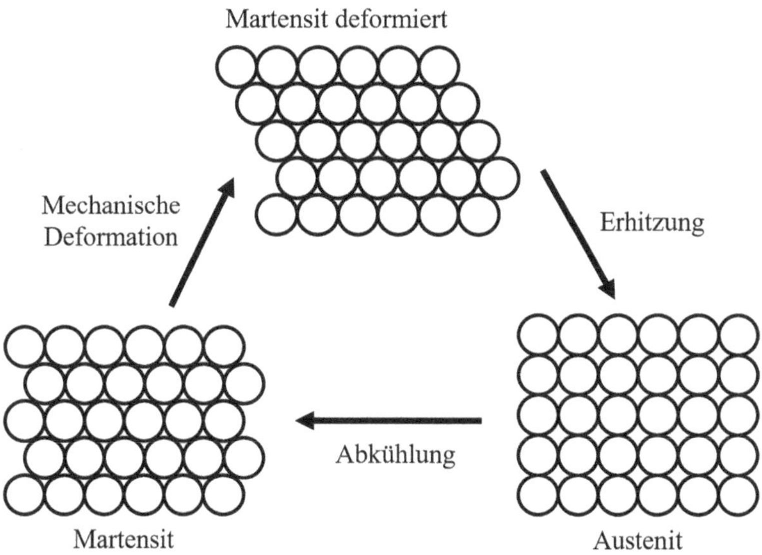

Abb. 1. Schematische Darstellung der Phasenumwandlung von Formgedächtnislegierungen (Vgl. Bogue 2009)

Im Ausgangszustand weist die unbelastete Legierung ein Zwillings-Martensit-Kristallgefüge auf (Abramovits 2021, Lagoudas 2008). Durch das Aufheizen können beim Einwegeffekt verschiedene Verformungen aufgehoben werden, wodurch sich die FGL an die Hochtemperaturphase „erinnert" und in die Ursprungsform zurück versetzt wird (Elahinia 2015, Lagoudas 2008, Lexcellent 2013, Rao et al. 2015, Roos et al. 2017, Worden et al. 2003).

Das Spannungs-, Dehnungs-, Temperaturdiagramm (Abb. 2) veranschaulicht das thermomechanische Verhalten. In der martensitischen Form sind FGL weich und leicht verformbar (Bogue 2009). Bei einer Überschreitung der Streckgrenze $\sigma_{\beta\alpha}$ äußert sich dies durch eine scheinbar plastische Verformung der Legierung, gefolgt von einer weiteren linear-elastischen Dehnung. Wird die Streckgrenze $\sigma_{\gamma\alpha}$ nicht überschritten, so verbleibt nach einer anschließenden Entlastung der Legierung die scheinbar plastische Verformung. Im Gegensatz zu konventionellen Materialien ist diese Verformung vollständig reversibel. Bei Entlastung nimmt die Dehnung ε linear ab. Durch Aufheizen der FGL auf die legierungsspezifische Austenit-Finish-Temperatur A_f wird die Phasenumwandlung erreicht und die Ursprungsform wiederhergestellt, welche nach der anschließenden Abkühlphase unverändert bleibt (Drescher et al. 1990, Hornbogen 1991).

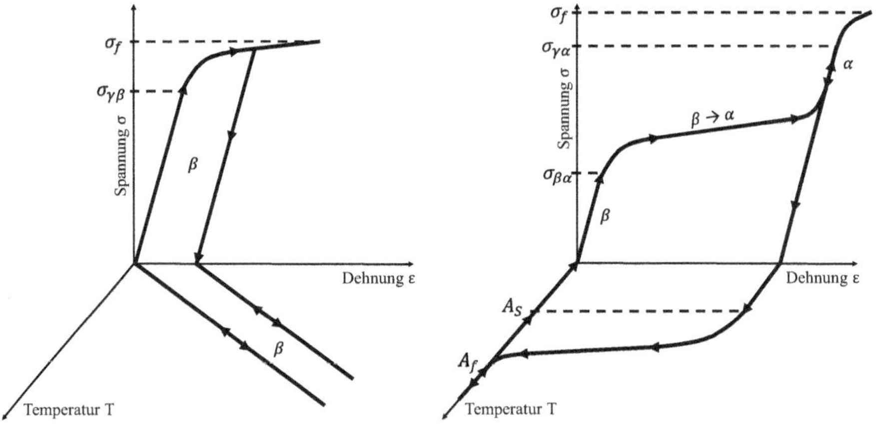

Abb. 2. Links: Konventionelles Materialverhalten, Rechts: Spannungs-Dehnungs-Temperatur-Diagramm von Formgedächtnislegierungen: Mechanische Spannung σ [MPa], Dehnung ε [%] und Temperatur T [°C] (Vgl. Hornbogen 1991)

2.2 Formgedächtnisaktoren

Durch die Kombination eines Elements aus einer FGL (z. B. ein Draht) mit einem Rückstellelement (Druck- oder Zugfeder, Gewicht etc.) lässt sich der FGE zur Generierung von Stellkräften -und bewegungen in Aktoren nutzen (Fumagalli et al. 2009, Gümpel 2004). Der Vergleich von FG-Aktoren und konventionellen Aktoren ist in Abb. 3 dargestellt. Es liegt ein hohes Potential von FG-Aktoren vor, um konventionelle Aktoren zu ersetzen, welches allerdings durch die Stelldynamik begrenzt ist. So lassen sich keine kleine Stellbewegungen wie beispielsweise von Piezoaktoren und keine hohen Stellkräfte vergleichbar mit Piezoaktoren oder elektrochemischen Aktoren realisieren. Der Einsatz von FG-Aktoren wird weiterhin durch die erforderliche Abkühlphase und die dadurch limitierte Betätigungsfrequenz eingeschränkt, was durch eine aktive Kühlung teilweise verbessert werden kann (Otibar et al. 2017, Theren et al. 2022).

In der Medizintechnik werden FGL aufgrund ihrer Bioverträglichkeit in Stents, Implantaten, Kathetern, Thrombektomie-Geräten etc. eingesetzt (Abdul Kadir et al. 2019, Duerig et al. 1999, Jiang et al. 2020, Morgan 2004, Morgan and Friend 2001, Oshida and Tominaga 2020, Otsuka 1998, Spaggiari et al. 2019, Van Humbeeck 1999, Yahia 2000). Weitere Vorteile sind unter Anderem ein geräuschloser Betrieb, Gewichts- und Bauteilreduktion, niedrige Betriebsspannungen etc. Daher verwenden auch der Maschinen- und Anlagenbau, die Automobilindustrie sowie die Luft- und Raumfahrttechnik vermehrt FG-Aktoren als Alternative zu konventionellen Aktoren. Hier werden Aktoren in Form vom Federn, Ventilen und Entriegelungsaktoren verwendet (Behera 2022, Concilio et al. 2021, Degeratu et al. 2013, Jani et al. 2014, Mehta and Gupta 2019, Peters 2010, Stöckel and Hornbogen 1988, Weirich and Kuhlenkötter 2019). Es sind zahlreiche weitere Anwendungsgebiete wie Robotik und Architektur bzw. Bauingenieurwesen vorhanden. In der Robotik werden Schwingungsdämpfung und künstliche Muskeln mit FG-Aktoren umgesetzt (Gopal et al. 2021, Jeong et al. 2019, Liu et al. 2020, Mehta and Gupta 2019, Motzki et al. 2020, Oshida and Tominaga 2020, Zhang et al. 2019). Im Bereich Architektur gibt es Anwendungen mit FGL-Hybridgarn, Chamäleon-Membran etc. (Paul 2011, Ritter 2007, Kleuderlein and Kukovec 2019).

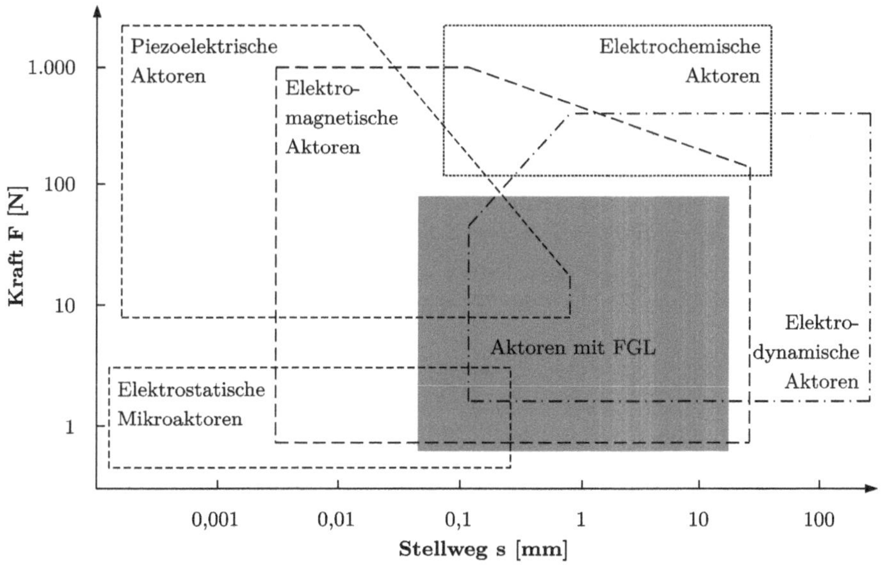

Abb. 3. Vergleich von Formgedächtnisaktoren und konventionellen Aktoren (Vgl. Schiedeck 2009, Heß 2024)

Elementar für die Eignung und den späteren Einsatz von FG-Aktoren ist die Langzeitzuverlässigkeit. Da bei FGL und bei FG-Aktoren ein komplexes Material- und Degradationsverhalten vorliegt, ist die Erprobung der technischen Zuverlässigkeit aufwändig. Im Rahmen der Erprobung werden FG-Drähte bis zum Versagen zyklisch belastet und die relevanten Betriebsparameter in Echtzeit gemessen und aufgezeichnet.

Anschließend werden die Minima und Maxima je Zyklus bestimmt um die gesamten Versuche hinsichtlich ihrer Langzeitzuverlässigkeit auszuwerten. Bisher sind nur wenige standardisierte Verfahren, Prüfstände etc. zur Erprobung entwickelt worden (Heß 2024). Im Rahmen dieses Beitrags wurde daher ein Versuchsstand entwickelt, welcher Ermüdungsversuche von FG-Aktoren zur Realisierug von rotatorischen Umlenkungen durchführt, um auf Basis der aufgezeichneten Daten die Anwendbarkeit statistischer Verfahren zur Analyse des Degradationsverhaltens zu erproben.

3 Erprobung von Formgedächtnisaktoren

Für die Erprobung von FG-Aktoren wurde ein Prüfstand konstruiert und entwickelt, welcher insgesamt in dreifacher Ausführung aufgebaut und in Betrieb genommen wurde. Durch den parallelen Betrieb von drei identischen Prüfständen lässt sich der erzeugte Stichprobenumfang deutlich erhöhen, welcher für die anschließende Auswertung der Versuchsdaten verwendet werden kann. Dies führt ebenfalls zu einer Erhöhung der Aussagekraft der angewandten statistischen Verfahren. Die Ermüdungsversuche basieren auf einem Prüfplan, welcher verschiedene Lastszenarien beinhaltet.

3.1 Versuchsaufbau

Die Grundstruktur der Prüfstände bildet jeweils ein Gehäuse für drei Prüfkanäle inklusive Sensorik. Je Prüfkanal werden Kugellager implementiert, in denen eine Welle zur sensorischen Bestimmung des Stellwinkels gelagert wird. Die Welle wird durch den FG-Draht und eine reibschlüssige Verbindung über ein Drahtseil in Rotation versetzt (Abb. 4). Das Drahtseil ist über eine Klemmverbindung mit dem FG-Draht verbunden, welcher durch ein Relais zyklisch bestromt wird. Die Rückstellung erfolgt durch eine Zugfeder. Die erforderliche Rückstellkraft wird durch die Wahl einer geeigneten Federkennlinie gewährleistet. Verkürzt sich der Draht durch eine Erwärmung oberhalb A_f, so streckt das verbindende Seil die Zugfeder, die Wicklung um die Welle leitet dabei die Rotation ein. Kühlt der Draht anschließend ab, dehnt die Zugfeder den Draht auf seine ursprüngliche Länge und die Welle rotiert zurück in ihre Ausgangslage.

Die Aufzeichnung der Versuchsdaten während der Ermüdungsversuche erfolgt über verschiedene Sensoren. Hierbei handelt es um Sensoren zur Erfasssung des Stellwinkels, der Bestromungsparameter und der Temepratur (innerhalb und außerhalb des Prüfstands). Auf den drei Wellen wird jeweils ein Gyroskop mit der Bezeichnung *MPU6050* angebracht. Dieses misst die Beschleunigung über die x-, y- und z-Achse sowie die Rotation um die drei Achsen. Durch diese Messwerte lässt sich die Winkeldifferenz aus minimalem und maximalem Stellwinkel je Zyklus berechnen. Der Sensor *INA219* ist ebenfalls dreifach in der Prüftechnik integriert, welcher für jeden Kanal separat die Strom- und Spannungswerte erfasst. Der elektrische Widerstand des

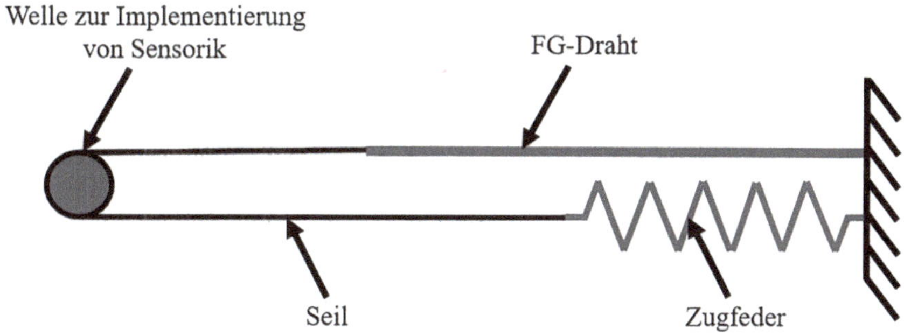

Abb. 4. Wirkprinzip des Versuchaufbaus: FG-Draht und Drahtseil sowie Zugfeder als Rückstellelement

FG-Drahts wird anschließend durch das Ohmsche-Gesetz (Ohm 1953) berechnet. Der Temperatursensor *DS18B20* misst die Temperatur in einem Bereich von −55 °C bis 125 °C. Im Prüfstand sind zwei Temperatursensoren verbaut, einer im Prüfgehäuse und ein Weiterer außerhalb des Gehäuses.

3.2 Versuchsdurchführung

Während der Ermüdungsversuche werden die eingespannten FG-Drähte nacheinander zyklisch aktiviert. Der Verlauf einer beispielhaften Aktivierung ist in Abb. 5 für einen einzelnen FG-Draht über drei Zyklen bei einer Bestromungs dauer von 2s und einer Abkühldauer von 14s dargestellt.

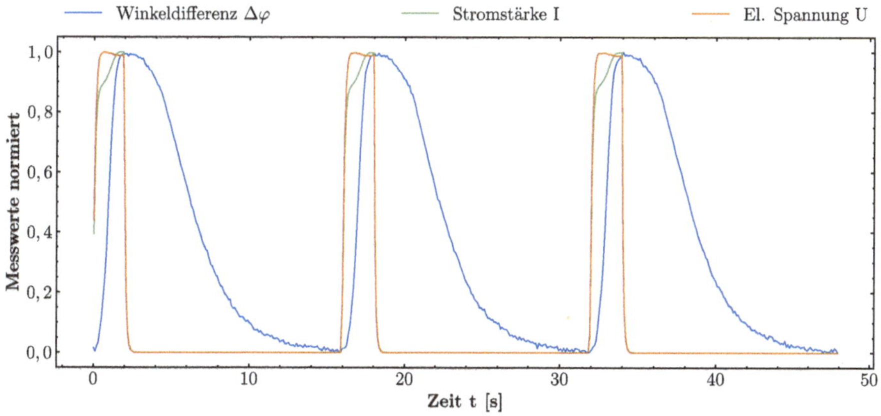

Abb. 5. Zyklische Aktivierung eines FG-Drahts: Normierte Darstellung der aufgezeichneten Parameter Winkeldifferenz $\Delta\varphi$ [°], elektrische Spannung U [V] und Stromstärke I [A] über die Zeit t [s]

Bei der Darstellung der abgebildeten Parameter Winkeldifferenz $\Delta\varphi$, elektrische Spannung U und Stromstärke I handelt es sich um eine normierte Darstellung (einheitliche Skalierung). Zu sehen sind die Schaltzeiten des Relais, zu welchen die elektrische Spannung ansteigt und anschließend wieder auf den Wert Null absinkt. Der Verlauf der Stromstärke ist nahezu identisch mit dem Verlauf der elektrischen Spannung, mit dem Unterschied, dass beim Erreichen von ca. 90 % der maximalen Stromstärke eine Verzögerung des Anstiegs zu beobachten ist. Dies ist auf die versetzt einsetzende Rotation respektive den Stellweg des FG-Drahts zurückzuführen, welcher einen Anstieg des elektrischen Widerstands bewirkt. Auf die Deaktivierung des Relais folgt die Rückstellung durch die gegenwirkende Federkraft.

In Tab. 1 sind die Ergebnisse aller durchgeführten Ermüdungsversuche zusammengefasst. Bei der Versuchsreihe NBA handelt es sich um ein Lastszenario, welches eine Bestromung von 2 s bei 2,5 V und eine Abkühlphase von 14 s ohne zusätzliche, externe Kühlung umfasst. Das zweite Lastszenario BAK sieht eine Bestromung von 2 s bei 3,2 V vor, sowie eine aktive Kühlung der FG-Drähte mittels eines Luftstroms. Hierdurch wird die erforderliche Abkühlphase auf 7 s reduziert.

Beispielhaft sind die Werteverläufe des Versuchs BAK15 in Abb. 6 aufgetragen. Die Parameter Winkeldifferenz $\Delta\varphi$, Temperatur T, elektrische Spannung U und Stromstärke I über die Zyklenzahl ergeben sich direkt aus den sensorisch erfassten Daten. Der elektrische Widerstand R wird aus den erhobenen Daten der elektrischen Spannung U und der Stromstärke I berechnet. Als Grundlage dient Gl. 1, das Ohmsche Gesetz (vgl. Ohm 1953). Gl. 2, das Joulesche Gesetz, liefert zudem die Grundlage zur Berechnung der elektrischen Energie aus dem Produkt der Stromstärke I, der elektrischen Spannung U und der Zeit t (vgl. Joule 1953).

$$R = \frac{U}{I} \tag{1}$$

$$E = I^2 \cdot R \cdot t = I \cdot U \cdot t \tag{2}$$

4 Analyse der Versuchsdaten

Unter Anwendung von statistischen Methoden werden in diesem Abschnitt die erhobenen Daten analysiert. Als Grundlage dienen die Prüfstandsdaten, welche bei Durchführung der Versuche nach Prüfplan aufgezeichnet wurden (Tab. 1). Der Fokus liegt auf der Detektion möglicher Unterschiede zwischen den drei Prüfständen, der Analyse der Wirkzusammenhänge zwischen den Parametern (Korrelation), der Analyse des Degradationsverhaltens und Bestimmung der (verbleibenden) Lebensdauer bzw. des Ausfallverhaltens sowie Analyse möglicher Einflussfaktoren auf die Versuche.

4.1 Vergleichbarkeit der Prüfstände

Der Einsatz mehrerer Prüfstände zur Abbildung von Versuchsreihen derselben Parameterkombination setzt die Gleichheit der Ergebnisse bei identischen Eingangsgrößen und Umgebungsparametern voraus. Um mögliche Einflüsse auf die Prüfstände bzw.

Tab. 1. Übersicht der durchgeführten Versuchsreihen NBA und BAK unter Angabe der Zyklen bis zum Ausfall sowie der mittleren Winkeldifferenz (Bei Versuchen mit grau hinterlegten Werten ist der FG-Draht nahe der Einspannung gerissen)

Versuch	Prüfstand	Zyklen [-]	Winkel [°]	Spannung [V]	Abkühlung [s]
NBA1	Grün	4157	63,70	2,5	14
NBA2	Grün	5665	52,93	2,5	14
NBA3	Grün	21.640	33,94	2,5	14
NBA4	Grün	25.812	40,52	2,5	14
NBA5	Grün	15.067	48,00	2,5	14
NBA6	Grün	5489	61,40	2,5	14
NBA7	Grün	30.801	40,62	2,5	14
NBA8	Grün	6336	58,28	2,5	14
NBA9	Grün	16.573	33,00	2,5	14
NBA10	Grün	5390	39,28	2,5	14
NBA11	Grün	12.125	44,53	2,5	14
NBA12	Grün	5982	52,01	2,5	14
NBA13	Grün	14.985	45,58	2,5	14
NBA14	Grün	5567	34,76	2,5	14
NBA15	Grün	5063	54,29	2,5	14
NBA16	Grün	4612	29,64	2,5	14
NBA17	Violett	4309	36,51	2,5	14
NBA18	Violett	4373	39,69	2,5	14
NBA19	Beige	12.757	24,19	2,5	14
NBA20	Beige	3982	29,90	2,5	14
BAK1	Grün	10.056	32,50	3,2	7
BAK2	Grün	29.166	15,17	3,2	7
BAK3	Violett	1716	59,18	3,2	7
BAK4	Violett	5426	58,35	3,2	7
BAK5	Violett	6496	50,46	3,2	7
BAK6	Violett	8598	64,62	3,2	7
BAK7	Violett	7944	66,93	3,2	7
BAK8	Beige	7713	31,03	3,2	7
BAK9	Beige	4455	21,87	3,2	7
BAK10	Beige	4025	41,24	3,2	7
BAK11	Beige	2990	24,21	3,2	7
BAK12	Beige	14.761	52,80	3,2	7
BAK13	Beige	192.301	15,77	3,2	7
BAK14	Beige	5162	45,84	3,2	7
BAK15	Beige	8118	51,04	3,2	7

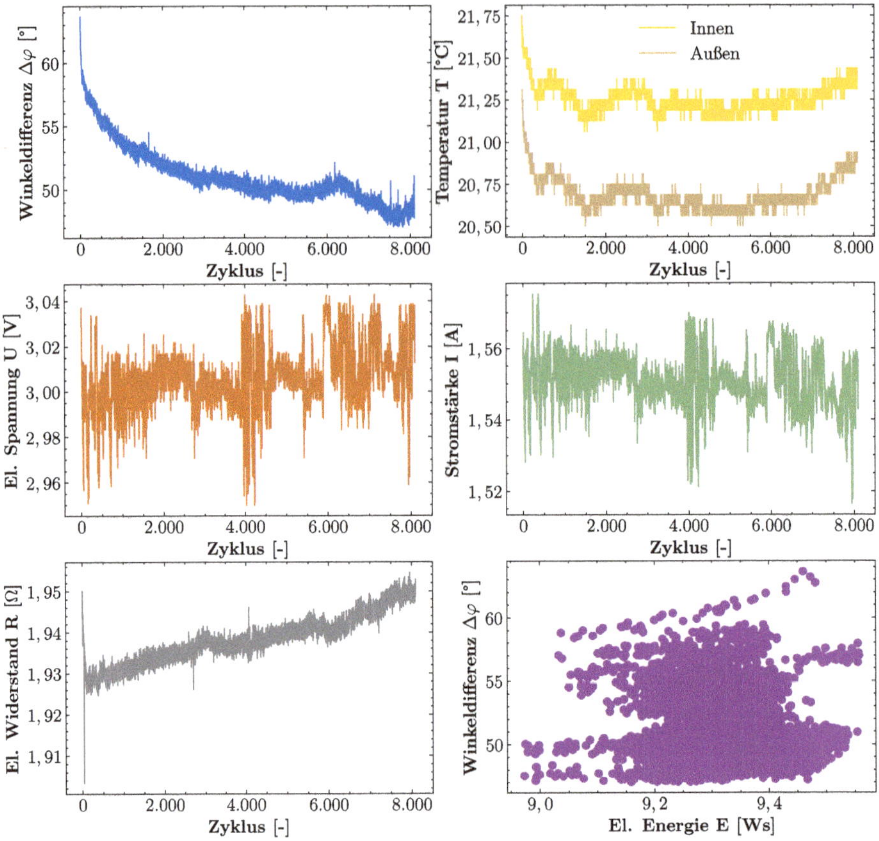

Abb. 6. Versuch BAK15: Parameter Winkeldifferenz $\Delta\varphi$ [°], Temperatur T [°C], elektrische Spannung U [V], Stromstärke I [A] und elektrischer Widerstand R [Ω] jeweils über Zyklenzahl [-] sowie Winkeldifferenz $\Delta\varphi$ [°] über elektrische Energie E [Ws]

Unterschiede zwischen den Prüfständen zu untersuchen, wird ein Signifikanztest durchgeführt. Betrachtet werden hierzu die Zyklen bis zum Versagen der Versuchsreihe BAK. Die Analyse von drei Prüfständen erfordert ein Verfahren zur Bewertung eines Mehrstichprobenfalls. Außerdem kann aufgrund des geringen Stichprobenumfangs nicht von einer Normalverteilung der Werte ausgegangen werden, weshalb Methoden wie beispielsweise die ANOVA ausgeschlossen werden (Bracke 2022, Hedderich and Sachs 2020, Hartung 2009, Stahel 1999).

Ob zwischen den Prüfständen ein signifikanter Unterschied besteht, lässt sich anhand des H-Test nach Kruskal-Wallis bestimmen (Bracke 2022, Kruskal and Wallis 1952, Rasch et al. 2010, Hedderich and Sachs 2020). Es wird die Nullhypothese aufgestellt, dass sich die Messdaten der k=3 Prüfstände nicht signifikant voneinander unterscheiden. Das Signifikanzniveau wird auf $\alpha = 0{,}10$ festgelegt. Anschließend wird jedem der n=15 Zyklen ein Rang zwischen 1 und 15 zugewiesen (siehe Tab. 2). Die Anzahl der Werte n_i sowie die Summen der Ränge R_i werden für jeden Prüfstand gebildet. Auf Grundlage der sich ergebenden Wertepaare wird die Teststatistik H ermittelt.

Tab. 2. H-Test nach Kruskal-Wallis: Rangzuweisung der Zyklen bis zum Ausfall

Beige			**Violett**			**Grün**		
Versuch	Zyklen	Rang	Versuch	Zyklen	Rang	Versuch	Zyklen	Rang
BAK11	2990	2	BAK3	1716	1	BAK1	10.056	12
BAK10	4025	3	BAK4	5426	6	BAK2	29.166	14
BAK9	4455	4	BAK5	6496	7			
BAK14	5162	5	BAK7	7944	9			
BAK8	7713	8	BAK6	8598	11			
BAK15	8118	10						
BAK12	14.761	13						
BAK13	192.301	15						
$n_1 = 8, R_1 = 60$			$n_2 = 5, R_2 = 34$			$n_3 = 2, R_3 = 26$		

$$H = \left[\frac{12}{n(n+1)} \cdot \sum_{i=1}^{k} \frac{R_i^2}{n_i} \right] - 3(n+1) \tag{3}$$

Nach Gl. 3 ergibt sich für die Teststatistik ein Wert von $H = 2{,}96$. Die Bestimmung des Vergleichswertes H_{crit} erfolgt durch Zuhilfenahme des Tabellenwerks nach Kruskal and Wallis (1952), welches alle Kombinationen der Stichprobengrößen von $n_1 = 1$, $n_2 = 1$, n_3=1 bis $n_1 = 5$, $n_2 = 5$, $n_3 = 5$ umfasst. Auch wenn die Stichprobengröße des Prüfstands Beige den Wert übersteigt, wird im Tabellenwerk die Verteilung $n_1 = 5$, $n_2 = 5$, $n_3 = 2$ gewählt. Dies ist möglich, da mit sinkender Stichprobenzahl auch der kritische Wert H_{crit} sinkt und tendenziell zugunsten der Alternativhypothese entschieden wird. Der kritische Wert nach Tabellenwerk für ein Signifikanzniveau von $\alpha = 0{,}1$ liegt somit bei $Wert\ H_{crit} = 4{,}5077$. Die Bedingung $H = 2{,}96 < H_{crit} = 4{,}5077$ ist erfüllt. Der p-Wert der vorliegenden Verteilung berechnet sich zu $p = 0{,}2276$ und erfüllt ebenfalls die Bedingung $p = 0{,}2276 > \alpha = 0{,}10$. Die Nullhypothese wird somit angenommen. Zwischen den Messwerten der drei Prüfstände ist statistisch kein signifikanter Unterschied festzustellen.

4.2 Analyse der Wirkzusammenhänge

Um die Ursache der variierenden Winkeldifferenzen bei identischen Ausgangsparametern zu analysieren, wird eine Korrelationsanalyse nach Pearson (Bracke 2022, Hartmann et al. 2022, Fahrmeir et al. 2016, Cottin and Döhler 2013, Papula 2016, Janssen and Laatz 1994) zur Bestimmung linearer Zusammenhänge unter den

Messwerten durchgeführt. Die Visualisierung der Ergebnisse erfolgt in Form von Heatmaps. Durch die Farbskala lassen sich einfach Extremwerte nahe -1 oder 1 respektive eine volle Korrelation erkennen. In Abb. 7 sind die Ergebnisse der Korrelationsanalyse nach Pearson der Versuchsreihe NBA dargestellt.

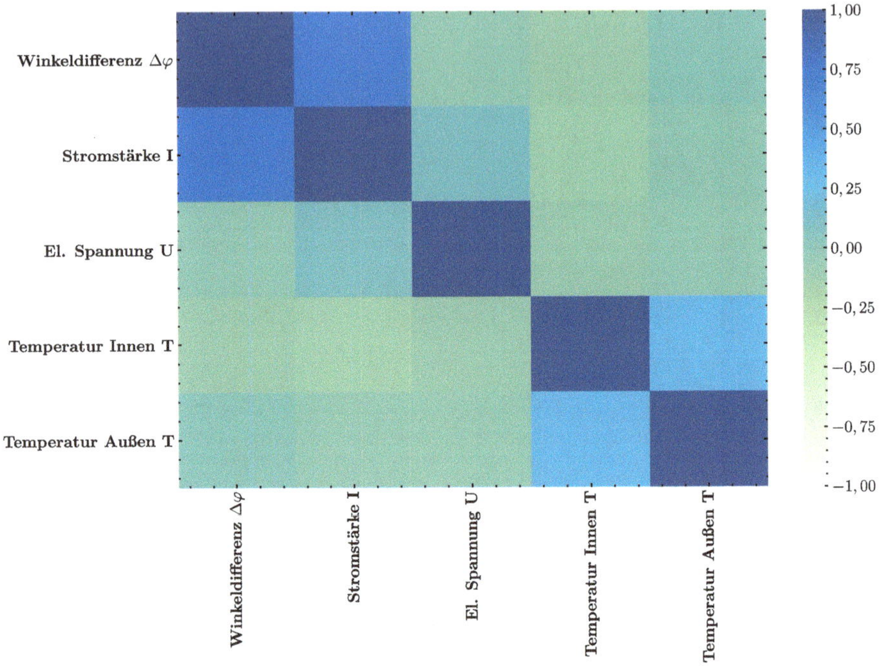

Abb. 7. Korrelationsanalyse nach Pearson: Parameter Winkeldifferenz $\Delta\varphi$, Stromstärke I, elektrische Spannung U, Temperatur Innen T_{Innen} und Temperatur Außen $T_{Außen}$ der Versuchsreihe NBA

Die Datengrundlage bilden alle Versuche der Versuchsreihe. Die meisten Parameter zeigen keine Korrelation, mit Ausnahme der Winkeldifferenz $\Delta\varphi$ zur Stromstärke I. Eine erhöhte Stromstärke führt demnach zu einem größeren Stellweg der FG-Drähte respektive zu einem größeren Rotationswinkel.

Auf Grundlage aller Daten der Versuchsreihe BAK wird ebenfalls eine Korrelationsanalyse nach Pearson durchgeführt (Abb. 8). Im Gegensatz zur Versuchsreihe NBA sind auch positive Korrelationen zwischen der Winkeldifferenz $\Delta\varphi$ und der Temperatur T sowie der Stromstärke I und der Temperatur T (insbesondere der Innentemperatur) zu erkennen. Die Ergebnisse aus Heß and Bracke (2020b), Heß (2024), Heß and Bracke (2020a) verweisen bereits auf den Einfluss der Umgebungstemperatur bzw. von Konvektion auf den FGE. Zur weiteren Analyse des Einflusses der aufgezeichneten Temperatur auf die Winkeldifferenz sowie die Stromstärke werden die Heatmaps der einzelnen Versuche (hier nicht dargestellt) ausgewertet. Aufgrund der Korrelation zwischen Stromstärke und Winkeldifferenz ist der Korrelationskoeffizient zwischen Stromstärke und Temperatur immer dann erhöht, wenn ebenfalls

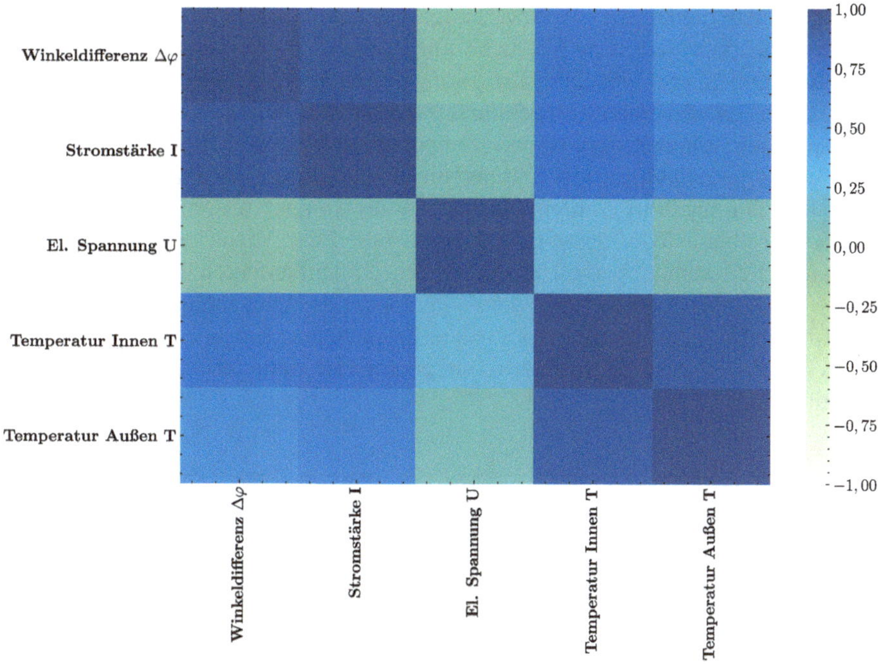

Abb. 8. Korrelationsanalyse nach Pearson: Parameter Winkeldifferenz $\Delta\varphi$, Stromstärke I, elektrische Spannung U, Temperatur Innen T_{Innen} und Temperatur Außen $T_{Außen}$ der Versuchsreihe BAK

eine Korrelation zwischen Winkeldifferenz und Temperatur besteht. Zu den Versuchen mit hohem Korrelationskoeffizienten von Winkeldifferenz und Temperatur zählt beispielsweise der Versuch BAK14. Veranschaulicht wird der scheinbare Zusammenhang durch die Darstellung der Werteverläufe von Winkeldifferenz und Temperatur (Abb. 9).

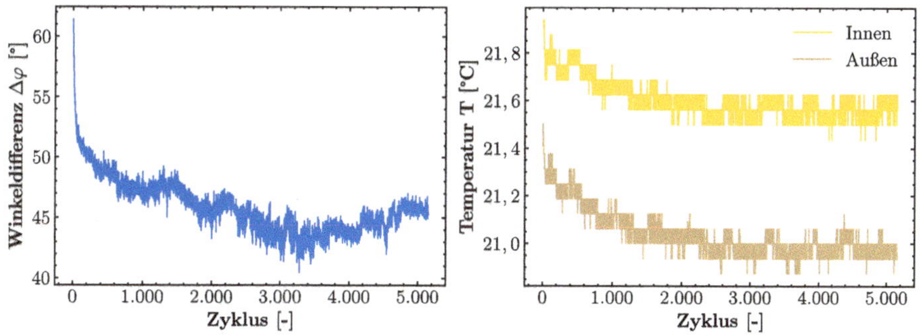

Abb. 9. Versuch BAK14: Werteverläufe der Winkeldifferenz $\Delta\varphi$ [°] (links) sowie der Innen- und Außentemperatur T [°C] (rechts) über Zyklen

Trotz der Ähnlichkeit der Werteverläufe liegt eine Scheinkausalität vor. Der Abgleich der stark korrelierenden Versuche mit ihren Ausfallzeitpunkten zeigt, dass es sich ausschließlich um Versuche mit geringer Lebensdauer handelt. Versuche mit höherer Lebensdauer zeigen Temperaturschwankungen ohne ein korrelierendes Verhalten zwischen Winkeldifferenz und Temperatur (siehe Abb. 10). Die Begründung liegt in den tageszeitabhängigen Temperaturschwankungen des Labors, in welchem die Versuche durchgeführt wurden. Nachts fällt die Temperatur um etwa 1 °C wohingegen sie tagsüber wieder ansteigt. Da ein Großteil der Versuche Abends gestartet wurde, sinkt die Raumtemperatur zeitgleich zum Einlaufverhalten der FG-Drähte. Ein Versagen des Drahts noch während der Abkühlphase der Umgebungstemperatur wirkt sich somit wie folgt auf den Korrelationskoeffizienten aus. Entgegen der Versuche mit hoher Lebensdauer (geringe Korrelation) liegt hier eine starke bis nahezu vollständige Korrelation vor.

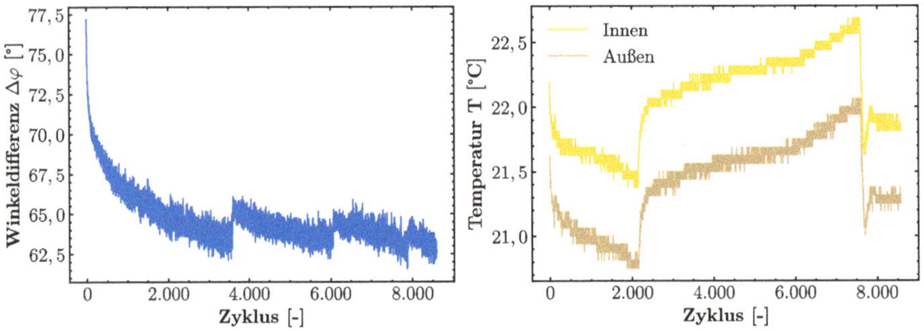

Abb. 10. Versuch BAK6: Werteverläufe der Winkeldifferenz $\Delta\varphi$ [°] (links) sowie der Innen- und Außentemperatur T [°C] (rechts) über die Zyklen

4.3 Analyse des Zusammenhangs zwischen Winkeldifferenz und Lebensdauer

Um die Funktion von Schrittmotoren abzubilden, sind die Rotationswinkel sowie die maximalen Zyklen der FG-Drähte bis zum Versagen von elementarer Bedeutung. Der Optimalfall wird durch eine konstant hohe Winkeldifferenz bei hoher Lebensdauer definiert. Bereits bei der Durchführung der Versuchsreihen ist jedoch zu erkennen, dass die Rotationswinkel ebenso wie die erreichten Zyklen trotz identischer Testparameter (Inputparameter) über die Versuche variieren. Bei Betrachtung der FG-Drähte fällt auf, dass ein Großteil der Frühausfälle nahe der Einspannung gerissen ist (vgl. Abb. 11, oben). Durch die Optimierung der Verbindung zwischen FG-Draht und Drahtseil konnte diese Schwachstelle eliminiert werden (vgl. Abb. 11, unten).

Auch wenn das frühe Ausfallverhalten mancher Drähte durch die Einspannung erklärt wird, so existieren weiterhin Versuche die bei identischem Versagensmuster unterschiedliche Lebensdauern aufweisen. Aus diesem Grund werden die Winkeldifferenzen $\Delta\varphi$ der Versuche NBA2, NBA7, NBA13 und NBA15, welche sich trotz

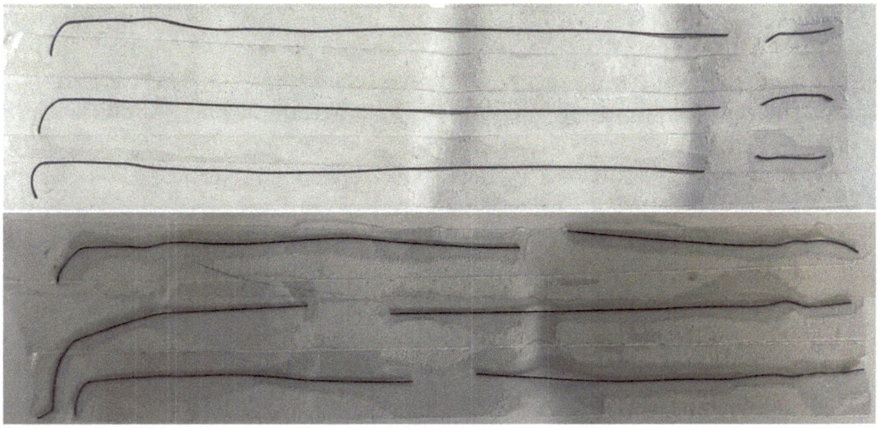

Abb. 11. Rissbildung an der Einspannung (oben) und Rissbildung mittig, nach der Optimierung (unten)

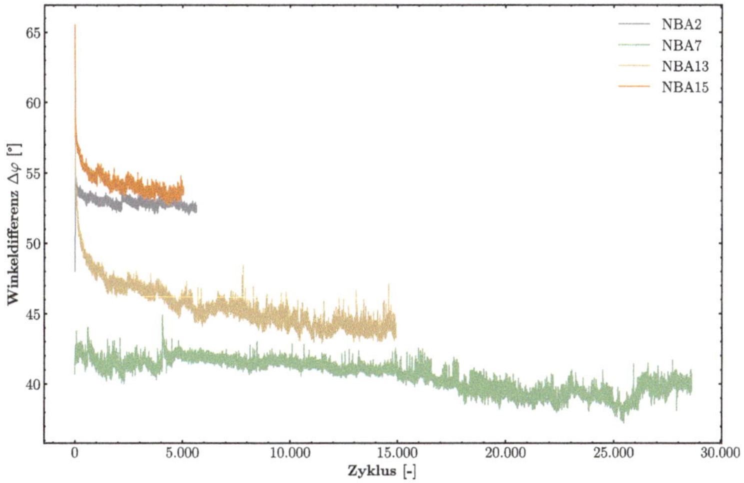

Abb. 12. Werteverläufe der Versuche NBA2, NBA7, NBA13 und NBA15: Winkeldifferenz $\Delta\varphi$ [°] über Zyklen [-]

identischem Fehlerbild in ihrer Lebensdauer stark voneinander unterscheiden, über die Zyklen aufgetragen (siehe Abb. 12). Es fällt auf, dass die Versuche mit einer konstant höheren Winkeldifferenz (NBA2 und NBA15) im Vergleich zu den Versuchen NBA7 und NBA13 eine deutlich geringere Zyklenzahl bis zum Versagenszeitpunkt erreichen. Dies lässt sich durch das Wirkprinzip erklären, da eine größere Rotation der Welle eine höhere Gegenkraft der Feder verursacht, wodurch die auf den FG-Draht einwirkende Last erhöht wird (vgl. Abb. 4).

Stellt man die Versuche mit identischem Versagensmuster und ohne sensorische Ausfälle als Messpunkte der Parameter Zyklen bis Ausfall und Mittlere Winkeldifferenz $\overline{\Delta\varphi}$ dar, so lässt sich sowohl für die Versuchsreihe ohne Belüftung (Abb. 13, links) als auch mit Belüftung (Abb. 13, rechts) ein Trend erkennen. Dieser stützt die These, dass sich eine größere Winkeldifferenz über die Dauer des Versuchs negativ auf die Lebensdauer der Drähte auswirkt. Unter Anwendung der Regressionsanalyse lässt sich der funktionale Zusammenhang zwischen der Lebensdauer und dem mittleren Stellwinkel durch eine Funktion beschreiben (Bracke 2022, Papula 2016, Hedderich and Sachs 2020, Fahrmeir et al. 2016). Die Exponentialfunktion zur Basis e weist das höchste Bestimmtheitsmaß für die betrachteten Daten auf, wodurch sich die Regressionskurven für die Versuche der Versuchsreihen NBA und BAK ergeben. Das Bestimmtheitsmaß von $R^2 = 0{,}9$ der Versuchsreihe NBA ist ein Indikator für einen hohen, funktionalen Zusammenhang zwischen der Winkeldifferenz und der Lebensdauer. Versuchsreihe BAK wird durch die Regressionskurve mit einem Bestimmtheitsmaß von $R^2 = 0{,}87$ beschrieben. Die These des Einflusses der Winkeldifferenz auf die Lebensdauer der FG-Drähte wird dadurch weiter gestützt.

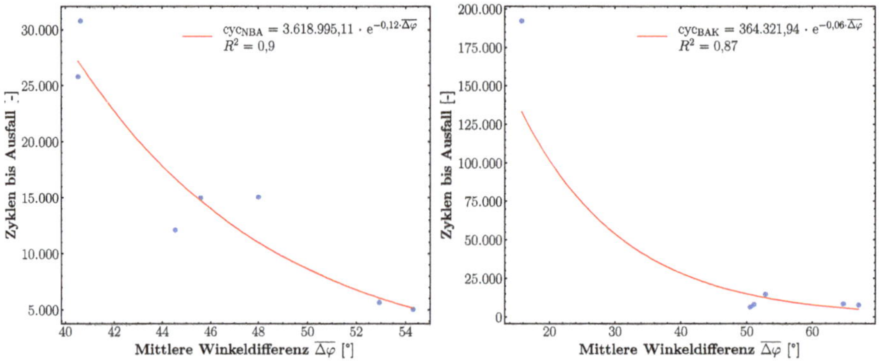

Abb. 13. Abbildung des Zusammenhangs zwischen den erreichten Zyklen bis zum Ausfall [-] und der mittleren Winkeldifferenz $\overline{\Delta\varphi}$ [°] der Versuchsreihen NBA (links) und BAK (rechts): Darstellung der Regressionskurven und Angabe der Bestimmtheitsmaße R^2

4.4 Analyse des Einflusses der elektrischen Energie

Für die Substitution von Schrittmotoren durch FG-Aktorik ist eine hohe Lebensdauer bei konstant hohen Winkeldifferenzen erforderlich. In Abschn. 4.2 wird die Korrelation zwischen der Stromstärke I und der Winkeldifferenz $\Delta\varphi$ analysiert. In Abschn. 4.3 wird wiederum der Einfluss der mittleren Winkeldifferenz $\overline{\Delta\varphi}$ auf die Lebensdauer durch Regressionskurven beschrieben. Um den Einfluss der Eingangsgrößen auf die Lebensdauer bei definierter Winkeldifferenz zu bestimmen ist demnach eine weitere Modellentwicklung auf Basis der bisherigen Erkenntnisse erforderlich.

Die vorgestellten Versuchsreihen NBA und BAK sind jeweils bei definierter elektrischer Spannung und Bestromungsdauer durchgeführt worden. Um den Einfluss dieser Parameter ebenfalls in der Modellbildung zu berücksichtigen, wird zur Beschreibung des Einflusses auf die Winkeldifferenz $\Delta\varphi$ die elektrische Energie E nach Gl. 2 verwendet. Die Winkeldifferenzen sind für Versuchsreihe NBA (Abb. 14) und für Versuchsreihe BAK (Abb. 15) über die elektrische Energie aufgetragen. Um die bestmögliche Anpassung (Fit) der Messwerte an ein Verteilungsmodell zu bestimmen, werden die Bestimmtheitsmaße R^2 unterschiedlicher angepasster Funktionen (Lineare Funktion, Exponentialfunktion, Logaritmusfunktion, Polynomfunktion etc.) miteinander verglichen. Das höchste Bestimmtheitsmaß der Versuchsreihe NBA erzielt die Exponentialfunktion zur Basis e mit $R^2 = 0{,}63$. Die Messwerte der Versuchsreihe BAK lassen sich mit einem Bestimmtheitsmaß von $R^2 = 0{,}9$ an eine quadratische Funktion anpassen. Neben dem höheren Bestimmtheitsmaß der Versuche mit aktiver Kühlung (BAK) ist auch deren beschreibende Funktion des Zusammenhangs zwischen der Winkeldifferenz und der elektrischen Energie weniger komplex. Speziell die Messwerte der Versuchsreihe NBA zeigen eine erhöhte Streuung oberhalb einer elektrischen Energie von etwa 4,8 Ws, welche durch die Funktion schwer beschreibbar ist. Diese Streuung ist ab circa 9 Ws bei Versuchsreihe BAK ebenfalls zu erkennen, fällt jedoch im Vergleich geringer aus. Insgesamt streuen die Versuche unter aktiver Kühlung weniger und lassen sich somit besser durch die Regressionskurve beschreiben. Die Auswertung der Versuche zeigt, dass ein zu hoher Stellweg der FG-

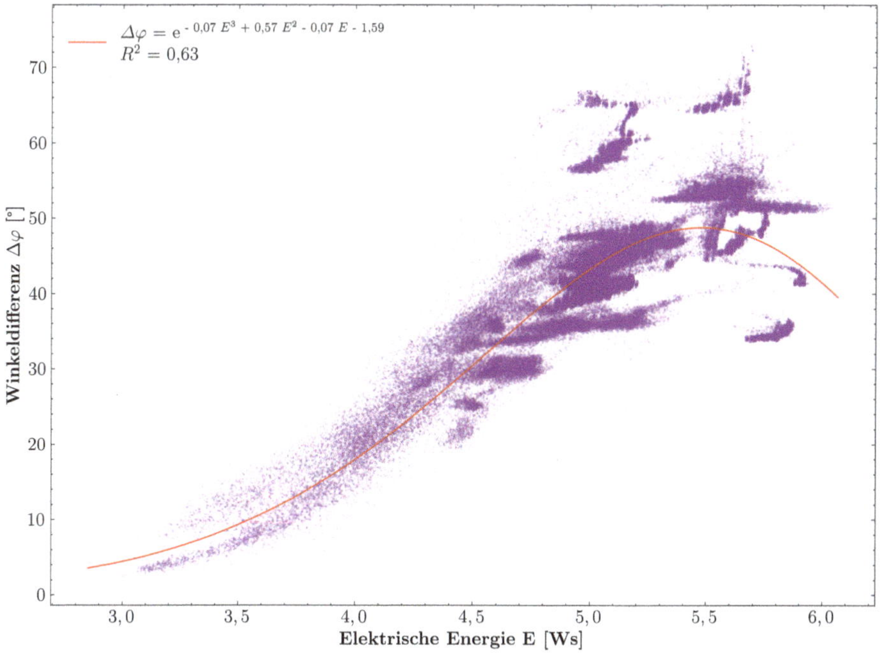

Abb. 14. Auswertung der Versuchsreihe NBA: Winkeldifferenz $\Delta\varphi$ [°] über elektrische Energie E [Ws] sowie Regressionskurve unter Angabe des Bestimmtheitsmaßes R^2

Drähte respektive eine hohe Winkeldifferenz $\Delta\varphi$ und damit Krafteinwirkung auf den FG-Draht zu einem frühen Versagen führt. Durch eine Reduzierung des Wellendurchmessers oder alternative Methoden zur Verminderung der Übersetzung lässt sich ggf. eine höhere Winkeldifferenz erzielen.

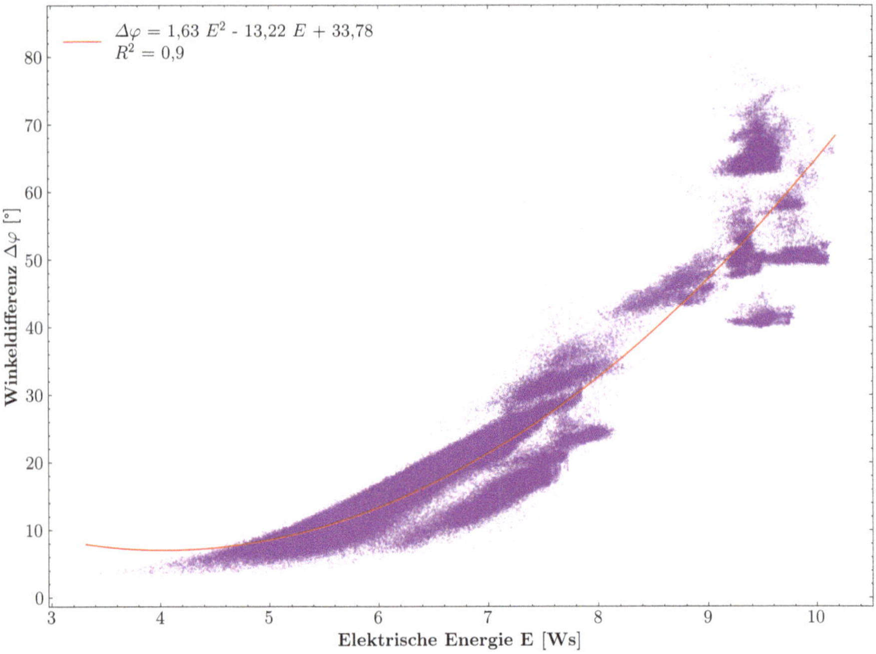

Abb. 15. Auswertung der Versuchsreihe BAK: Winkeldifferenz $\Delta\varphi$ [°] über elektrische Energie E [Ws] sowie Regressionskurve unter Angabe des Bestimmtheitsmaßes R^2

4.5 Bestimmung der Ausfallwahrscheinlichkeit

Die Bestimmung der Ausfallwahrscheinlichkeit erfolgt durch die Anpassung der Versuchsdaten (Zyklen bis zum Ausfall der Versuchsreihen NBA und BAK) an die Weibullverteilung. Eine Inklusion aller Versuche (einschließlich der Versuche mit Rissbildung an der Einspannung) berechnet den Formparameter b der Versuchsreihe NBA zu $b = 0{,}67$ und die charakteristische Lebensdauer zu $T = 10.534$. Der Formparameter b lässt auf ein frühes Ausfallverhalten schließen. Die ausfallfreie Zeit liegt bei $t_0 = 3981$. Für die Versuchsreihe BAK ergibt sich ein Formparameter von $b = 0{,}63$, die Versuche unterliegen somit ebenfalls einem Frühausfallverhalten. Die charakteristische Lebensdauer ist mit $T = 20.595$ höher als die charakteristische Lebensdauer von NBA, die ausfallfreie Zeit fällt mit $t_0 = 1715$ hingegen niedriger aus. Die Verläufe der Dichtefunktion f(x) und der Verteilungsfunktion F(x) für die beiden Versuche sind in Abb. 16 dargestellt.

Wie bereits beschrieben, hat die Rissbildung an der Einspannung einen negativen Einfluss auf die Lebensdauer der FG-Drähte, daher bildet es nicht den zu erwartenden Ermüdungsfall ab, welcher ausschließlich durch die zyklische Belastung des FG-Drahts im realen Einsatz erfolgt. Aus diesem Grund werden für eine weitere Betrachtung alle Drähte mit Rissbildung an der Einspannung (vgl. Abb. 1) exkludiert. Daraus ergeben sich für Versuchsreihe NBA die Parameter $b = 0{,}75$ und $T = 16.415$ sowie für Versuchsreihe BAK die Parameter $b = 0{,}43$ und $T = 39.703$. Im Vergleich zur Betrachtung aller Versuche ist die charakteristische Lebensdauer beider Versuchsreihen höher. Die ausfallfreie Zeit steigt ebenfalls für Versuchsreihe NBA auf $t_0 = 5063$, für Versuchsreihe BAK auf $t_0 = 6496$. Die Dichtefunktion und die Verteilungsfunktion der Weibullverteilung sind für die neu berechneten Parameter in Abb. 17 dargestellt.

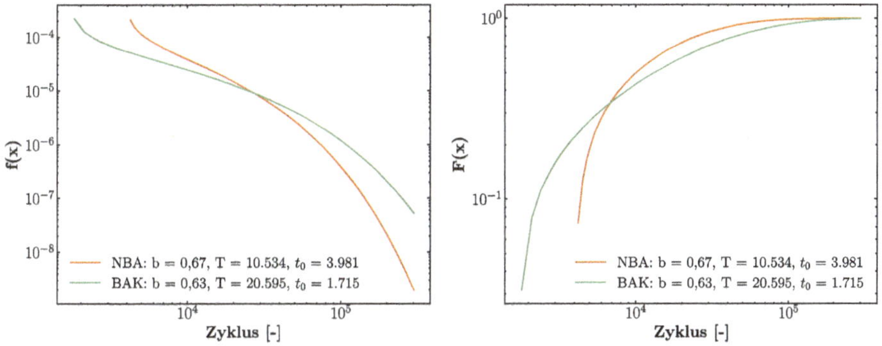

Abb. 16. Dichtefunktion f(x) und Verteilungsfunktion F(x) der Weibullverteilung aller Versuche der Versuchsreihen NBA und BAK

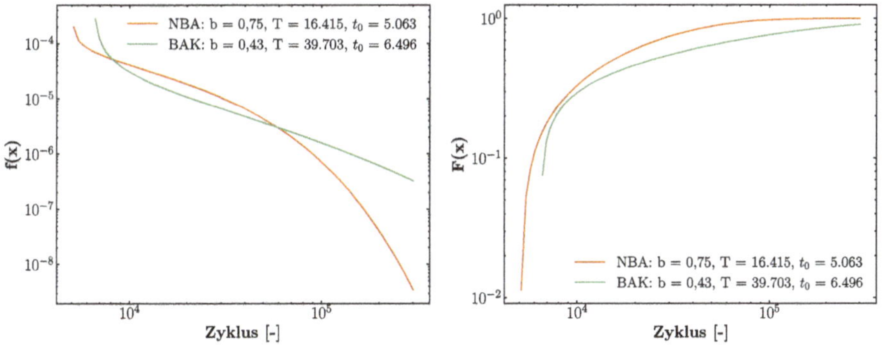

Abb. 17. Dichtefunktion f(x) und Verteilungsfunktion F(x) der Weibullverteilung ohne Versuche mit Rissbildung an der Einspannung

Zusätzlich werden die Konfidenzintervalle der bestimmten Verteilungsfunktionen betrachtet (Tab. 3). Beim Versuch NBA fällt auf, dass sich der Formparameter b als auch dessen Konfidenzintervall ändert. Der Formparameter b erhöht sich von 0,67 auf 0,75, während auch das Konfidenzintervall zunimmt. Die charakteristische Lebensdauer T, die ausfallfreie Zeit t_0 sowie die entsprechenden Konfidenzintervalle steigen ebenfalls.

Tab. 3. Übersicht der Versuchsreihen NBA und BAK: Darstellung der Konfidenzintervalle zu Formparameter b, Lageparameter T und ausfallfreie Zeit t_0

Versuch	**b**	b_{UG}	b_{OG}	**T**	T_{UG}	T_{OG}	t_0	$t_{0\,UG}$	$t_{0\,OG}$
NBA	0,67	0,42	0,91	10.534	3620	17.449	3981	2237	5726
$NBA_{gefiltert}$	0,75	0,36	1,14	16.415	2158	30.671	5063	1755	8.371
BAK	0,63	0,36	0,90	20.595	4055	37.135	1715	847	2.584
$BAK_{gefiltert}$	0,43	0,12	0,75	39.703	-33.634	113.040	6496	1298	11.693

Bei Versuchsreihe BAK sind starke Unterschiede zwischen ungefilterten und gefilterten Versuchen zu erkennen. Die obere Grenze der charakteristischen Lebensdauer, T_{OG}, verschiebt sich deutlich von 37.135 zu 113.040. Die untere Grenze T_{UG} fällt auf einen negativen Wert von $T_{UG} = -33.634$, während sich T von 20.595 zu 39.703 verschiebt. Die ausfallfreie Zeit t_0 erhöht sich ebenfalls von 1715 auf 6496, die Grenzen des zugehörigen Konfidenzintervalls steigen außerdem merklich auf $t_{0\,UG} = 1298$ und $t_{0\,OG} = 11.693$. Der Formparameter b sowie das Konfidenzintervall dazu sinken gleichmäßig. Die starke Abweichung der oberen Grenze der charakteristischen Lebensdauer T_{OG} lässt sich durch den geringeren Stichprobenumfang und den damit höheren Einfluss des Versuchs mit sehr hoher Lebensdauer erklären. Vergleicht man die erreichten Zyklen bis zum Ausfall mit den jeweils erreichten Stellwinkeln (Abb. 13), so stellt man fest, dass die Versuche mit aktiver Kühlung im Vergleich eine höhere Lebensdauer aufweisen, was sich auch bei der charakteristischen Lebensdauer T widerspiegelt. Hier ist jedoch zu beachten, dass bei den unbelüfteten Versuchen ein deutlich geringeres Konfidenzintervall vorliegt. Um die Aussagekraft der Analyse weiter zu steigern ist eine Erhöhung des Stichprobenumfangs erforderlich.

5 Zusammenfassung und Ausblick

Die technischen Herausforderungen und steigende Komplexität moderner Produkte bringt konventionelle Konzepte an ihre Grenzen. So ist die Realisierung von Stellbewegungen durch Schrittmotorik bewährt, jedoch im Hinblick auf Gewicht, Bauraum, Kosten und Effizienz optimierbar. Eine Möglichkeit ist die Verwendung des Formgedächtniseffekts in Aktoren. Die Technologie bietet im Vergleich zu den konventionellen Technologien erhebliche Vorteile. Bisher ist die Sicherstellung der Langzeitzuverlässigkeit jedoch der limitierende Faktor für eine breite Substitution von konventionellen Aktoren. In diesem Beitrag wird ein Konzept zur Abbildung des Stellverhaltens von Formgedächtnisdrähten (FG-Drähte) vorgestellt. Das Stellverhalten lässt sich stark durch eine aktive Kühlung beeinflussen. Für die Erprobung der technischen Zuverlässigkeit und Sicherstellung der Qualität wurde ein Prüfstand entwickelt, von welchem drei Exemplare in Betrieb genommen wurden. Im Rahmen der Erprobung wurden FG-Drähte mit zwei unterschiedlichen Lastszenarien (ohne und mit aktiver Kühlung) getestet. Die aufgezeichneten Messdaten der Ermüdungsversuche wurden mit verschiedenen statistischen Methoden ausgewertet. Zunächst wurde sichergestellt, dass kein signifikanter Unterschied zwischen den Prüfständen vorliegt. Anschließend wurden gezielt die Wirkzusammenhänge zwischen den elementaren Parametern wie Winkeldifferenz, Bestromungsparameter, Temperatur etc. und der Lebensdauer analysiert. Abschließend wurde die Ausfallwahrscheinlichkeit auf Basis der Weibullverteilung bestimmt. Durch die aktive Kühlung liegt eine höhere charakteristische Lebensdauer und ausfallfreie Zeit vor, allerdings zugehörig auch deutlich höhere Konfidenzintervalle, was sich durch einen geringen Stichprobenumfang erklären lässt.

Abschließend lässt sich die Umsetzbarkeit einer rotatorischen Stellbewegung durch FG-Drähte in konventionellen Applikationen positiv bewerten. Speziell Anwendungen mit aktiver Kühlung der Drähte ermöglichen eine höhere Aktivierungsfrequenz und Lebensdauer. Eine Anpassung der Mechanik, beispielsweise eine Reduktion des Wellendurchmessers bei geringerer Rückstellkraft, würde die Lebensdauer bei identischen Winkeldifferenzen zusätzlich erhöhen. Ein Erproben dieser Anpassung ist zukünftig angedacht. Um die Aussagekraft der durchgeführten Analysen weiter zu steigern werden zudem weitere Ermüdungsversuche durchgeführt, um den Stichprobenumfang für die Analysen deutlich zu erhöhen.

Literatur

Abdul Kadir, M.R., Dewi, D.E.O., Jamaludin, M.N., Nafea, M., Mohamed Ali, M.S.: A multi-segmented shape memory alloy-based actuator system for endoscopic applications. Sens. Actuators, A **296**, 92–100 (2019)

Abramovits, D.H.: Intelligent Materials and Structures, De Gruyter Graduate, 2. Aufl. De Gruyter, Berlin (2021)

Behera, A.: Advanced Materials: An Introduction to Modern Materials Science. Springer International Publishing, Cham (2022)

Bogue, R.: Shape-memory materials: a review of technology and applications. Assem. Autom. **29**(3), 214–219 (2009)

Bracke, S.: Technische Zuverlässigkeit. Springer, Berlin (2022)

Concilio, A., Antonucci, V., Auricchio, F., Lecce, L., Sacco, E. (Hrsg.): Shape Memory Alloy Engineering: For Aerospace, Structural, and Biomedical Applications, second, edition Butterworth-Heinemann, Amsterdam (2021)

Cottin, C., Döhler, S.: Risikoanalyse. Springer Fachmedien Wiesbaden, Wiesbaden (2013)

Degeratu, S., Rotaru, P., Boncea, I., Tarnita, D., Alboteanu, L.: An Overview of the Properties and Industrial Applications of Shape Memory Alloys, 2018 International Symposium on Fundamentals of Electrical Engineering (ISFEE), S. 1–6. IEEE, Bucharest, Romania (2018)

Drescher, D., Bourauel, C., Thier, M.: Materialtechnische Besonderheiten orthodontischer Nickel-Titan-Drähte. Fortschr. Kieferorthop. **51**(6), 320–326 (1990)

Duerig, T., Pelton, A., Stöckel, D.: An overview of nitinol medical applications. Mater. Sci. Eng., A **273–275**, 149–160 (1999)

Elahinia, M.H.: Shape Memory Alloy Actuators: Design, Fabrication, and Experimental Evaluation. Wiley, Chichester (2015)

Fahrmeir, L., Heumann, C., Künstler, R., Pigeot, I., Tutz, G.: Statistik. Springer, Berlin (2016)

Fumagalli, L., Butera, F., Coda, A.: SmartFlex® NiTi Wires for Shape Memory Actuators. J. Mater. Eng. Perform. **18**(5–6), 691–695 (2009)

Gandhi, M.V., Thompson, B.S.: Smart Materials and Structures, 1. Aufl. Chapman & Hall, London (1992)

Gopal, V., Alphin, M.S., Bharanidaran, R.: Design of compliant mechanism microgripper utilizing the hoekens straight line mechanism. J. Test. Eval. **49**(3), 20190091 (2021)

Gümpel, P. (Hrsg.): Formgedächtnislegierungen: Einsatzmöglichkeiten in Maschinenbau, Medizintechnik und Aktuatorik ; mit 9 Tabellen, number 655 in Kontakt & Studium. expert-Verl, Renningen (2004)

Hartmann, F.G., Kopp, J., Lois, D. (Hrsg.): Sozialwissenschaftliche Datenanalyse. Springer Fachmedien Wiesbaden, Wiesbaden (2022)

Hartung, J.: Statistik: Lehr- Und Handbuch Der Angewandten Statistik. Oldenbourg Wissenschaftsverlag, Munchen (2009)

Hedderich, J., Sachs, L.: Angewandte Statistik. Springer, Berlin (2020)

Heß, P.: Technische Zuverlässigkeit von Formgedächtnisaktoren: Systematische Analyse des Degradationsverhaltens und Entwicklung eines Erprobungsprogramms, Bd. 7 of Berichte aus der Zuverlässigkeitsanalytik und Risikoforschung, 1. Aufla. Shaker, Düren (2024)

Heß, P., Bracke, S.: Smart material actuators as a contributor for IoT-based smart applications and systems: Analyzing prototype and process measurement data of shape memory actuators for reliability and risk prognosis. J. Adv. Mech. Des. Syst. Manuf. **14**(2), JAMDSM0026–JAMDSM0026 (2020a)

Heß, P., Bracke, S.: Zuverlässigkeitstechnik bei Formgedächtnisaktoren: Entwicklung von Prüfstandstechnik und Erprobungsprogramm. In: Schmitt, R.H. (Hrsg.) Potenziale Künstlicher Intelligenz für die Qualitätswissenschaft, S. 39–56. Springer, Berlin (2020)

Hornbogen, E. (Hrsg.): Legierungen mit Formgedächtnis. VS Verlag, Wiesbaden (1991)

Hornbogen, E., Eggeler, G., Werner, E.: Werkstoffe: Aufbau und Eigenschaften von Keramik-. Metall-, Polymer- und Verbundwerkstoffen, Springer, Berlin (2019)

Jani, J.M., Leary, M., Subic, A.: Shape Memory Alloys in Automotive Applications. Appl. Mech. Mater. **663**, 248–253 (2014)

Janssen, J., Laatz, W. (Hrsg.): Statistische Datenanalyse mit SPSS für Windows. Springer, Berlin (1994)

Jeong, J., Yasir, I.B., Han, J., Park, C.H., Bok, S.-K., Kyung, K.-U.: Design of shape memory alloy-based soft wearable robot for assisting wrist motion. Appl. Sci. **9**(19), 4025 (2019)

Jiang, S., Chen, B., Qi, F., Cao, Y., Ju, F., Bai, D. and Wang, Y.: A variable-stiffness continuum manipulators by an SMA-based sheath in minimally invasive surgery. Int. J. Med. Robot. Comput. Assist. Surg.: MRCAS **16**(2), e2081 (2020)

Joule: Das Joulesche Gesetz (1841). In: Ramsauer, C. (Hrsg.) Grundversuche der Physik in Historischer Darstellung, S. 124–127. Springer, Berlin (1953)

Kleuderlein, J., Kukovec, S.: 2.4 Shape Memory – Bewegung durch Formgedächtnislegierungen, *New MOVE*, S. 42–43. De Gruyter, Berlin (2019)

Kruskal, W.H., Wallis, W.A.: Use of ranks in one-criterion variance analysis. J. Am. Stat. Assoc. **47**(260), 583 (1952)

Lagoudas, D.C.: Shape Memory Alloys: Modeling and Engineering Applications, Chemistry and Materials Science (Springer-11644; ZDB-2-CMS). Springer, US Springer e-books, Boston (2008)

Lexcellent, C.: Shape-Memory Alloys Handbook, Materials Science Series, ISTE. Wiley, London (2013)

Liu, M., Hao, L., Zhang, W., Zhao, Z.: A novel design of shape-memory alloy-based soft robotic gripper with variable stiffness. Int. J. Adv. Rob. Syst. **17**(1), 172988142090781 (2020)

Lygin, K.: Eine Methodik Zur Entwicklung von Umgebungsaktivierten FG-Aktoren Mit Geringer Thermischer Hysterese Am Beispiel Der Heizungs-Und Klimatechnik, PhD thesis. Ruhr-Universität Bochum, Bochum (2014)

Mehta, K., Gupta, K.: Fabrication and Processing of Shape Memory Alloys, SpringerBriefs in Applied Sciences and Technology. Springer International Publishing, Cham (2019)

Morgan, N.: Medical shape memory alloy Applications–the market and its products. Mater. Sci. Eng., A **378**(1–2), 16–23 (2004)

Morgan, N.B., Friend, C.M.: A review of shape memory stability in NiTi alloys. Le Journal de Physique IV **11**(PR8), Pr8–325–Pr8–332 (2001)

Motzki, P., Seelecke, S. and Rizzello, G.: A shape memory alloy smart handling system for advanced manufacturing applications. 2020 7th International Conference on Control, Decision and Information Technologies (CoDIT), IEEE, S. 229–234 (2020)

Ohm: Das Ohmsche Gesetz 1826. In: Ramsauer, C. (Hrsg.) Grundversuche der Physik in Historischer Darstellung, S. 120–123. Springer, Berlin (1953)

Oshida, Y., Tominaga, T. (Hrsg.): Niti Materials: Biomedical Applications, 1. Aufl. De Gruyter, Boston (2020)

Otibar, D., Weirich, A., Kortenjann, M., Kuhlenkötter, B.: A preliminary investigation of temperature dependency of a shape memory actuator with time-based control in aircraft interiors. IOP Conference Series: Materials Science and Engineering **216**, 012009 (2017)

Otsuka, K. (Hrsg.): Shape Memory Materials, 1. publ Aufl. Cambridge University Press, Cambridge (1998)

Papula, L.: Mathematik für Ingenieure und Naturwissenschaftler, Bd. 3. Springer Fachmedien Wiesbaden, Wiesbaden (2016)

Paul, C.: Anwendung der FGL-Hybridgarne in adaptiven Faserverbundstrukturen, Funktionalisierung von duroplastischen Faserverbundwerkstoffen durch Hybridgarne, S. 149–165. Vieweg+Teubner, Wiesbaden (2011)

Peters, M. (Hrsg.): Titan und Titanlegierungen, [3., völlig neu bearb. Aufl.], 3, nachdr Aufl. Wiley-VCH, Weinheim (2010)

Rao, A., Srinivasa, A.R., Reddy, J.N.: Design of Shape Memory Alloy (SMA) Actuators. SpringerBriefs in Applied Sciences and Technology, Springer International Publishing, Cham (2015)

Rasch, B., Hofmann, W., Friese, M., Naumann, E. (Hrsg.): Quantitative Methoden, Bd. 2. Springer, Berlin (2010)

Ritter, A.: Smart Materials in Architektur, Innenarchitektur und Design, 1. Aufl. Birkhäuser, Basel (2007)

Roos, E., Maile, K., Seidenfuß, M.: Werkstoffkunde für Ingenieure: Grundlagen, Anwendung, Prüfung, Lehrbuch, 6., ergänzte und bearbeitete Aufl. Springer Vieweg, Berlin (2017)

Schiedeck, F.: Entwicklung eines Modells für Formgedächtnisaktoren im geregelten dynamischen Betrieb, number 03/2009 in Berichte aus dem IDS / Institut für Dynamik und Schwingungen. PHZ, Produktionstechnisches Zentrum, Garbsen (2009)

Spaggiari, A., Castagnetti, D., Golinelli, N., Dragoni, E., Scirè Mammano, G.: Smart materials: Properties, design and mechatronic applications. Proceedings of the Institution of Mechanical Engineers, Part L: Journal of Materials: Design and Applications **233**(4), 734–762 (2019)

Stahel, W.A.: Statistische Datenanalyse. Vieweg+Teubner, Wiesbaden (1999)

Stöckel, D., Hornbogen, E. (Hrsg): Legierungen mit Formgedächtnis: industrielle Nutzung d. Shape-memory-Effektes: Grundlagen, Werkstoffe, Anwendungen, number 259 in Kontakt + Studium Werkstoffe. expert-Verl, Ehningen bei Böblingen (1988)

Theren, B., Heß, P., Bracke, S., Kuhlenkötter, B.: The Development and Verification of a Simulation Model of Shape-Memory Alloy Wires for Strain Prediction. Curr. Comput.-Aided Drug Des. **12**(8), 1121 (2022)

Van Humbeeck, J.: Non-medical applications of shape memory alloys. Mater. Sci. Eng., A **273–275**, 134–148 (1999)

Van Humbeeck, J.: Shape Memory Alloys: A Material and a Technology. Adv. Eng. Mater. **3**(11), 837 (2001)

Weirich and Kuhlenkötter: Applicability of shape memory alloys in aircraft interiors. Actuators **8**(3), 61 (2019)

Worden, K., Bullough, W.A., Haywood, J.: Smart Technologies. World Scientific, River Edge, N.J. (2003)

Yahia, L. (Hrsg.): Shape Memory Implants. Springer, Berlin (2000)

Zhang, J., Sheng, J., O'Neill, C.T., Walsh, C.J., Wood, R.J., Ryu, J.-H., Desai, J.P., Yip, M.C.: Robotic Artificial Muscles: Current Progress and Future Perspectives. IEEE Trans. Rob. **35**(3), 761–781 (2019)

Untersuchungen beschleunigender Degradationsfaktoren von Elektrolyseurkomponenten in der Wasserstoffproduktion unter dem Einfluss erneuerbarer Energielasten

Jannis Pietruschka(✉), Benno Büttner, und Stefan Bracke

Lehrstuhl für Zuverlässigkeitstechnik und Risikoanalytik, Bergische Universität Wuppertal, Wuppertal, Deutschland
{pietruschka,benno.buettner-hk,bracke}@uni-wuppertal.de

Zusammenfassung. In Anbetracht der Klimaschutzziele rückt der Ausbau von Technologien mit innovativ umweltfreundlichem Potenzial verstärkt in den Fokus. Durch die damit einhergehende Energiewende entstehen neue Anforderungen in den Belastungsprofilen technisch komplexer Produkte der Energieerzeugung bzw. -speicherung. Um diesen Herausforderungen begegnen zu können, ist es von substanzieller Bedeutung, die betrieblichen Anforderungen zu analysieren und ihre Auswirkungen auf die Technische Zuverlässigkeit zu verstehen. Als konkretes Anwendungsbeispiel wird in dieser Publikation die Herstellung von Wasserstoffgas fokussiert, welches im industriellen Maßstab durch einen elektrochemischen Prozess in Elektrolyseuranlagen hergestellt wird. Aufgrund der dafür erforderlichen chemisch anspruchsvollen Medien unterliegen die Elektrolyseure einem kontinuierlichen Verschleiß, welcher die Effizienz sowie Effektivität dieser Anlagen mit zunehmender Betriebszeit reduziert, bis diese schließlich ausfallen. Die Zuverlässigkeit der Elektrolyseurkomponenten hängt dabei von einer Vielzahl von Einflussfaktoren wie dem induzierten Strom, der elektrischen Spannung, der Temperatur und der chemischen Zusammensetzung des Elektrolyten ab. Im Hinblick auf den zukünftigen Einsatz der Elektrolyseure, aus erneuerbaren Energien Wasserstoff zu produzieren, entsteht durch die volatilen Lastschwankungen ein komplexes Belastungsprofil, welches bisher nicht berücksichtigt wird. In diesem Beitrag wird ein prototypischer Versuchsaufbau skizziert, um das Degradationsverhalten der Elektrolyseurkomponenten mit dem Anforderungsprofil erneuerbarer Energien datenbasiert zu untersuchen. Durch die implementierte Sensorik erfolgt eine umfassende Aufnahme der degradationsrelevanten Betriebsparameter, wodurch eine Datenbasis für die Anwendung von datenanalytischen Methoden erzeugt wird. Die erste Auswertung der Daten zeigt, dass volatile Lasteinbringungen und die Höhe der Frequenz einen negativen Einfluss auf die Langzeitzuverlässigkeit der Komponenten haben.

R. Jochem und M. Meyer (Hrsg.), *Rethinking Quality – Wandel des Qualitätsmanagements durch Digitalisierung und Künstliche Intelligenz*,
https://doi.org/10.1007/978-3-658-47213-9_6

Schlüsselwörter: Zuverlässigkeit · Erneuerbare Energien · Wasserstoff-elektrolyse · Prototyping · Degradation · Accelerated Life Test · Accelerated Degradation

1 Motivation

Bereits im Jahre 1850 wurde Wasserstoff (H_2) in Bereichen der Energieversorgung und technischen Anlagen eingesetzt. In seiner elementaren Form wurde das Gas als Heizquelle in privaten sowie in industriellen Bereichen eingesetzt [1]. In Anbetracht der Klimaschutzziele sowohl auf globaler als auch auf staatlicher Ebene, wird der Ausbau von Technologien mit innovativ umweltfreundlichem Potenzial gefördert, sodass die Herstellung von Wasserstoff zunehmend an Bedeutung gewinnt [2]. In Kombination mit regenerativen Energien kann das ökologische Potenzial von Wasserstoff als Brücke zwischen diversen Energiesektoren wie Strom, Gas, Wärme und Energiespeicher (Power-to-X) eingesetzt werden. Um diese Sektorenkopplung umweltschonend zu gewährleisten, wird sogenannter „grüner" Wasserstoff eingesetzt, der durch die mit erneuerbaren Energien betriebene Wasserelektrolyse, hergestellt wird [1, 3]. Wird der „grüne" Wasserstoff durch die Verbrennung erneut in Strom umgewandelt, entsteht lediglich Wasserdampf als Abfallprodukt. Aufgrund der emissionsfreien Umwandlung stellt „grüner" Wasserstoff damit eine Alternative zu herkömmlichen Batteriespeichern dar, die ebenfalls als Speicher für regenerative Energien verwendet werden. Insbesondere in der saisonale Speicherung der Energie über einen längeren Zeitraum zeigen Wasserstofftechnologien gegenüber Batterien großes Potenzial bzgl. der Effizienz und des Kostenaufwands [4–6].

Im industriellen Maßstab erfolgt die Spaltung von Wasser in die gasförmigen Elemente Wasserstoff und Sauerstoff durch sogenannte Elektrolyseure. In der Vergangenheit haben sich dabei drei Verfahren etabliert. Die alkalische Wasserelektrolyse (AEL), die Proton-Austausch-Membran Elektrolyse (PEM) und die Festoxid-Elektrolysezelle (SOFC). Da der Betriebsbereich von konventionellen Alkali-Elektrolyseuren nicht für volatile Lastschwankungen geeignet ist, können diese nicht effektiv mit erneuerbaren Energiequellen gekoppelt werden [7]. Voraussetzung für den Betrieb eines Elektrolyseurs mit volatilen Lastschwankungen ist eine gasundurchlässige Separierungseinheit, wie sie in der PEM-Elektrolyse eingesetzt wird, sodass kein explosives und verunreinigtes Gas entsteht. Da für die PEM aktuell hochedle Metalle wie Iridium und Platin eingesetzt werden müssen, um die Langzeitstabilität der Elektrolyseure zu gewährleisten, resultieren daraus im Vergleich zur AEL hohe Investitionskosten sowie Lieferabhängigkeiten für solche Wasserstoffproduktionsanlagen. Gegenstand der aktuellen Forschung ist es, die Produktionskosten von „grünem" Wasserstoff zu reduzieren, welche maßgeblich von der Effizienz der Elektrolyse sowie der Lebensdauer der Anlagen abhängig sind [8].

Ein alternatives Verfahren stellt die Anion-Austausch-Membran Elektrolyse (AAM) dar, welche die Vorteile der PEM und AEL kombiniert. Diese vergleichsweise neue Technologie ermöglicht den Einsatz einer Membraneinheit, die für den dynamischen Lastwechsel erneuerbarer Energien geeignet ist und erfordert gleichzeitig keine kritischen Metalle der Platingruppe [9, 10]. Aufgrund von degradationsbedingten

Mechanismen sinkt die Effizienz der Anlagen mit fortlaufender Lebensdauer, wodurch die Effektivität ebenfalls beeinträchtigt wird. Im Wesentlichen resultiert die Degradation durch die elektrochemischen Prozesse der Elektrolyse, wodurch der Wirkungsgrad und die Funktionalität der Komponenten sinken. Verstärkt wird dieser Effekt durch die volatilen Lastschwankungen der erneuerbaren Energien, woraus ein dynamisches Verschleißprofil entsteht [11–14]. Während die PEM-Elektrolyse bereits eingehend unter diesen Bedingungen untersucht wird, stellt die AAM-Elektrolyse ein neues Forschungsfeld dar.

Übergeordnetes Ziel dieses Beitrags ist die Entwicklung eines prototypischen Versuchaufbaus einer AAM-Elektrolyse, der zur Aufstellung eines Accelerated Testing Modells zur Abbildung des Degradationsverhaltens unter dem Einsatz volatiler Lastschwankungen verwendet werden kann. Einen weiteren Schwerpunkt dieser Arbeit stellt die Simulation eines Einsatzes von erneuerbaren Energien schwankenden Lasteinbringung dar, welcher mit konstanten Lastenszenarien verglichen wird. Bisher sind dazu keine standardisierten Testprotokolle sowie normierte Belastungsprofile bekannt, wodurch mit der vorliegenden Arbeit anhand eines konkreten Belastungsfalls ein Ansatz für die Erstellung eines standardisierten Testprotokolls gezeigt wird. Der beschleunigende Charakter des Accelerated Testing wird durch einen höher frequentierten Ansatz volatiler Lasten realisiert, welcher den aktuellen Spezifikationsgrenzen der Anlagen-Betriebsparameter entspricht. Die Ergebnisse der Simulationen können dadurch einen wertvollen Beitrag zur Standardisierung von Testprotokollen in der Wasserstoffelektrolyse leisten, sodass die Anlagen für die zukünftigen Belastungsprofile der erneuerbaren Energien zuverlässig ausgelegt werden können.

2 Methodik und Vorgehen

Im folgenden Abschnitt werden beschleunigte Testverfahren erläutert und die verwendeten datenanalytischen Methoden vorgestellt. Darauf aufbauend wird die Versuchsdurchführung beschrieben, welche die vorgestellten Methoden in den vorliegenden Kontext setzt.

2.1 Beschleunigte Testverfahren

Beschleunigte Testverfahren (accelerated testing) sind essenzielle Methoden in der Produktentwicklung und Qualitätssicherung, die darauf abzielen, die Lebensdauer und Zuverlässigkeit von Produkten in einem im Vergleich zur geplanten Nutzdauer verkürzten Zeitrahmen zu bewerten. Diese Verfahren testen über einen begrenzten Zeitraum hinweg die Belastungen und Beanspruchungen, denen ein Produkt während seiner gesamten Lebensdauer ausgesetzt ist. Beim Accelerated Testing werden über Änderungen einzelner Parameter oder in Kombination von mehreren Parametern der Alterungsprozess respektive die Degradation eines Produktes beschleunigt. Die parametrischen Einflussgrößen können durch bspw. höher frequentierte Nutzungsraten, unterschiedliche Temperaturprofile, Spannungs- oder Feuchtigkeitsänderungen variiert werden. Die Herausforderung der Modellierung von Degradation bzw.

Ausfallverhalten besteht darin, trotz des beschleunigenden Faktors, die in der Realität verantwortliche Schadenskausalität zu einem früheren Zeitpunkt hervorzurufen respektive abzubilden. Dadurch können potenzielle Schwachstellen frühzeitig identifiziert und behoben werden [15, 16].

Perspektivisch soll der im Abschn. 4.1 vorgestellte Prototyp dieses Beitrags für die Datengenerierung eines quantitativen Testverfahrens eingesetzt werden. Der Fokus stellt dabei die Erstellung eines Accelerated Life Tests (ALT) dar, welcher im Vergleich zu einem qualitativen Testverfahren die Spezifikationsgrenzen des Produktes nicht über. bzw. unterschreitet. Zudem werden dadurch die Schadenssymptome des beschleunigten Alterungsprozesses besser auf den realen Betrieb übertragbar. Jedoch überleben die meisten Testobjekte die Dauer eines ALTs, sodass zur Aufzeichnung des Degradationsprozesses eine kontinuierliche Datenaufzeichnung erforderlich ist. Basierend auf dem dokumentierten Degradationsfortschritts lassen sich potenzielle Ausfälle prognostizieren bzw. das spezifische Alterungsverhalten extrapolieren. Für weitere Informationen zu Accelerated Life Tests, die grundsätzlichen Unterschiede zwischen quantitativen und qualitativen Testverfahren sowie weitere Verfahren des beschleunigenden Testens wird auf folgende Veröffentlichungen verwiesen [15–17].

2.2 Datenanalytische Methoden

Zur Modellierung des vorliegenden Degradationsverhaltens ist die Anwendung einer Regressionsanalyse erforderlich. Diese kann das zukünftige Degradationsverhalten des Zellsystems darstellen und ermöglicht eine repräsentative Darstellung des jeweiligen Parametereinflusses. Die für die Aufstellung der linearen Regression benötigten Grundlagen sowie deren Auswertung, Beurteilung und weitere Informationen können aus [18] bezogen werden. Für das Aufstellen dieser linearen Funktion wird die in (1) dargestellte Formulierung herangezogen, welche aus [19] zu entnehmen ist. Die Steigung $\widehat{\beta}$ sowie der y-Achsenabschnitt $\hat{\alpha}$ werden durch die jeweiligen Messgrößen x_i und y_i und deren Mittelwerte $\overline{x}$ und $\overline{y}$ aus den n Messpunkten erstellt. Diese Koeffizientenbildung wird mit folgender Gleichung beschrieben und erfolgt bei nichtlinearem Verlauf numerisch:

$$\hat{y} = \hat{\alpha} + \hat{\beta} x \, mit \, \hat{\beta} = \frac{\sum_{i=1}^{n} y_i x_i - n\overline{x}\overline{y}}{\sum_{i=1}^{n} x_i^2 - n\overline{x}^2} \, und \, \hat{\alpha} = \overline{y} - \hat{\beta}\overline{x} \tag{1}$$

Die Modellierung in einem Regressionsmodell ermöglicht die Abbildung verallgemeinerter Trends unterschiedlicher Degradationsverhalten, welche entlang der Nutzungsdauer miteinander verglichen werden können. Im vorliegenden Beitrag erfolgt ein Vergleich des Degradationsverlaufs von zwei Langzeitversuchen unter Variation eines Betriebsparameters. Bei der veränderlichen Komponente handelt es sich um die Nutzungsrate, welche dem perspektivischen Betrieb mit erneuerbaren Energien angeglichen und erhöht wird.

Um die jeweilige Güte des Modells abzuschätzen wird das Bestimmtheitsmaß R^2 bestimmt. Das Bestimmtheitsmaß nimmt hierbei Werte zwischen 1 und 0 an. Je höher das Bestimmtheitsmaß, desto höher ist die Güte der linearen Regression.

Diese Methode basiert auf den Abweichungen der einzelnen Messwerte y_i vom approximierten Wert $\widehat{y}$ (siehe Gl. 2):

$$R^2 = \frac{\sum_{i=1}^{n} \left(\hat{y}_i - \overline{y}\right)^2}{\sum_{i=1}^{n} (y_i - \overline{y})^2} \tag{2}$$

3 Stand der Technik und Forschung

Im Folgenden werden für den in Abschn. 4 vorgestellten Prototypen zur Degradationsuntersuchung von Wasserstoffelektrolyseuren die wesentlichen Grundlagen der Wasserstoffelektrolyse sowie das zu beobachtende Degradationsverhalten erläutert. Im Anschluss erfolgt eine Darlegung der Betriebsarten von Wasserstoffproduktionsanlagen und der möglichen Simulationsansätze von erneuerbaren Energien.

3.1 Elektrochemische Grundlagen der Wasserstoffelektrolyse

Die Elektrolyse von Wasser (H_2O) ist ein elektrochemischer Prozess, welcher Wasser durch das Anlegen einer elektrischen Spannung in seine elementaren Bestandteile Sauerstoff (O) und Wasserstoff (H_2) spaltet. In einer Elektrolysezelle wie in Abb. 1 dargestellt wird der elektrische Strom über zwei Elektroden induziert, die in Abhängigkeit ihrer Ladung als Kathode *(Minuspol)* und Anode *(Pluspol)* bezeichnet werden. Der Elektronenaustausch erfolgt über Ionen, die beweglich in einem Elektrolyten gelöst sind. Da die elektrolytische Leitfähigkeit von reinem Wasser vergleichsweise gering ist, wird Kaliumhydroxid *(KOH)* hinzugegeben, welches eine effizientere Elektrolyse gewährleistet [20, 21].

Bei verdünnter Kalilauge führt das Anlegen der theoretischen Zersetzungsspannung ab einem Wert von 1,23 V zur Spaltung von Wasser wie in Gl. (3) dargestellt:

$$\text{Gesamtreaktion: } 2H_2O(l) \rightarrow 2H_2\ (g) + O_2\ (g) \tag{3}$$

Dabei reagiert Wasser an der Kathode zu reinem Wasserstoff sowie einen Anteil an Hydroxidionen ($2OH^-_{aq}$)(siehe Gl. 4). Während der gasförmige Wasserstoff aufgrund des Dichteunterschieds aus dem Elektrolyten entweicht, werden die negative geladenen Hydroxidionen aufgrund des Ladungsunterschieds von der positiv geladenen Anode angezogen.

$$\text{Kathodenreaktion:} 2H_2O(l) + 2e^- \rightarrow H_2(g) + 2OH^-_{aq} \tag{4}$$

In Gl. 5 wird ersichtlich, dass der Ladungsträger unter Abgabe seiner Elektronen an der Anode zu Sauerstoff sowie zu einem Restanteil Wasser reagiert. In einem Verhältnis von 1:2 entsteht in diesem Prozess die doppelte Menge an gasförmigen Wasserstoff zu Sauerstoff. [1, 21]

$$\text{Anodenreaktion: } 2OH^-_{aq} \rightarrow \frac{1}{2}O_2\ (g) + H_2O\ (l) + 2e^- \tag{5}$$

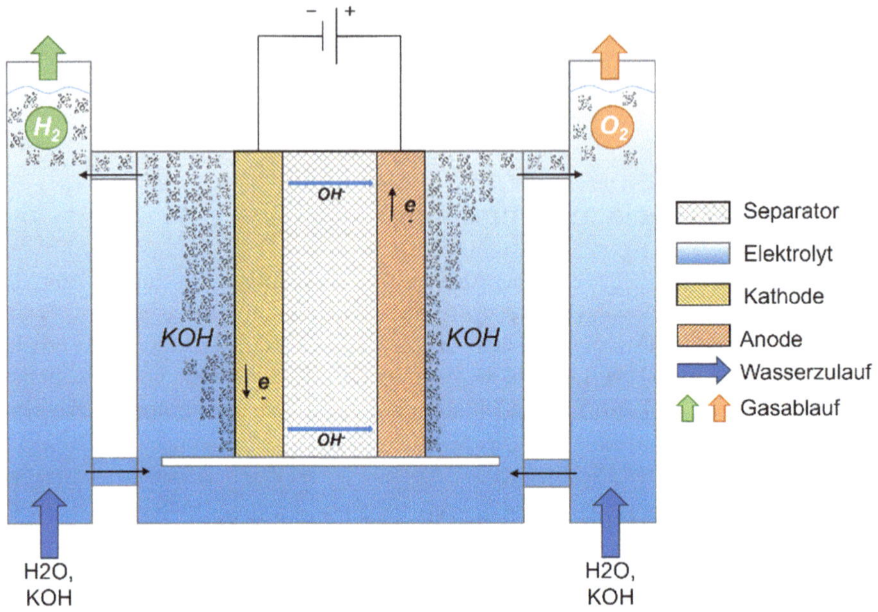

Abb. 1 Schematische Darstellung einer alkalischen Wasserstoff-Elektrolysezelle

Das Ziel der Elektrolyse ist es den Wasserstoff in seiner reinsten Form herzustellen. Damit die beiden Gase sich nicht vermischen und kein explosives Knallgasgemisch entsteht, werden die beiden Pole räumlich durch einen Separator getrennt. Die Separatoren sind technisch komplexe Komponenten, die hohen Anforderungen unterliegen. Zum einen müssen diese gasundurchlässig für das kleinste Element im Periodensystem sein (H_2) und gleichzeitig den Austausch von vergleichsweise großen Anionen über das Elektrolyt ermöglich, was einen geometrischen Widerspruch darstellt. Zum anderen sind die alkalischen Lösungen chemisch anspruchsvoll gegenüber diversen Polymeren und Metallen. In diesem Beitrag wird die AAM-Elektrolyse betrachtet, in der Anion durchlässige Polymermembranen eingesetzt werden. Im Vergleich zur PEM-Elektrolyse, in der Kationendurchlässige Membranen aufgrund einer unterschiedlichen Reaktion verwendet werden, weisen die AAM einen niedrigeren technischen Reifegrad auf. Aktuell spiegelt sich dies primär in der Langzeitzuverlässigkeit dieser Komponente wieder, da die Nutzdauer dieser Membranen geringer ist sowie eine verminderte Leistungsfähigkeit besteht [22].

Im Verhältnis zu anderen Herstellungsverfahren von Wasserstoffgas, gilt die Elektrolyse als das aktuell effizienteste Verfahren. Je nach Verfahren liegt der Wirkungsgrad von industriellen Anlagen zwischen 60 % und in Zukunft erwartbaren 70 %. Der Wirkungsgrad der Elektrolyse wird im Wesentlichen durch den vorliegenden Zellwiderstand zwischen den Elektroden beeinflusst. Grundsätzlich setzt sich der elektrische Widerstand aus mehreren Komponenten zusammen, welche sich summieren [1, 20, 23]:

- **Ohm'sche Verluste** setzen sich aus der Elektrodenleitfähigkeit, aus der elektrischen Leitfähigkeit des Elektrolyten sowie dem Elektrodenabstand zusammen. Nach dem Stand der Technik werden die Elektroden möglichst nah zueinander in dem sogenannten Null-Spalt-Design an der Membran angebracht. Mit dem Null-Spalt Design wird der technologisch geringste Elektrodenabstand erzeugt, der durch die Membranstärke begrenzt ist.
- **Durchtrittsüberspannungen** entstehen an der Übergangsfläche zwischen dem Elektrolyten und der Elektrodenoberfläche. In Abhängigkeit der Kombination dieser, ist eine unterschiedliche Aktivierungsenergie nötig, damit die Elemente in ihre Gasphase übergehen können.
- **Massentransport** der entstehenden Gase beeinflusst den Widerstand an der Kontaktfläche der Elektroden. Gasbläschen können lediglich an der vom Elektrolyten bedeckten Oberfläche der Elektroden entstehen, sodass an einer durch Gas bedeckten Fläche die Erzeugung gehemmt wird.
- Ein weiteren Einflussfaktor stellen die **Thermodynamischen Verhältnisse** dar. Grundsätzlich steigt die Reaktionsfähigkeit der Wasserelektrolyse mit zunehmender Temperatur, da zum einen die Ionen beweglicher im Elektrolyten vorliegen und zum anderen mehr Energie in Form von Wärme verfügbar ist, welche nicht durch elektrische Energie eingebracht werden muss [1].

In der Praxis liegen dadurch komplexe Wirkzusammenhänge vor, welche zusammen den Wirkungsgrad der Wasserstoffherstellung beeinflussen. Aktuelle Forschungsbestrebungen haben zum Ziel die Verluste zu minimieren, um die Herstellungskosten zu senken, die zu 65 % bis 85 % auf den Strompreis zurückzuführen sind [24]. Dadurch soll „grüner" Wasserstoff wirtschaftlich konkurrenzfähig gegenüber fossilen Energieträgern werden. Die umfangreichen thermodynamischen Grundlagen zu den verschiedenen Elektrolyseverfahren sind in Schmidt [1], Wittstock [25] oder Teetz [21] beschrieben, während detaillierte wirtschaftliche Betrachtungen in [24] erläutert werden.

Im industriellen Maßstab besteht ein Elektrolyseur aus mehreren Zellen die miteinander in Reihe geschaltet werden. Bei einer konstant gehaltenen Temperatur von meist 60 °C werden die sogenannten Zellstacks permanent von der Peripherie mit Frischwasser versorgt, welches beim Durchfließen der Zellen ebenfalls das erzeugte Gas herausspült. Das Gas wird anschließend aus dem Elektrolyten abgeschieden und nach einem Trocknungsvorgang sowie einer möglichen Kompression auf 1 bis 30 bar gespeichert [1].

3.2 Notwendigkeit weiterer Untersuchungen des Degradationsverhalten

Die zu untersuchende Degradation bezeichnet die betriebsbedingte Verschlechterung des Energieflusses und der Gaserzeugung innerhalb eines Elektrolyseurs [1]. Neben der Peripherie sind vor allem die beim Elektrolyseprozess beteiligten Komponenten, wie die Elektroden und die Membran, von diversen Verschleißmechanismen betroffen. Der Verschleiß dieser Komponenten führt zu einer erheblichen Minderung des Wirkungsgrades, worauf im Folgenden eingegangen wird:

Elektroden: Voraussetzung für Werkstoff von Elektroden ist eine gute elektrische Leitfähigkeit, eine niedrige Übergangsspannung sowie eine Resistenz gegenüber der korrosiven Kalilauge. Für die alkalische Elektrolyse hat sich der Werkstoff Nickel als effizient, kostengünstig und langzeitbeständig durchgesetzt, welcher in verschiedenen Legierungen mit bspw. Eisen oder Cobalt kombiniert wird [26, 27]. Außerdem wird die aktive Reaktionsfläche durch verschiedene geometrische Anpassungen maximiert, indem Elektrodenbleche perforiert bzw. mit Schlitzen versehen werden oder Metallfaser- bzw. poröse Strukturen an der Membran platziert werden [28].

Um vergleichbare Ergebnisse zu erzeugen, wird im Allgemeinen die Stromdichte als Referenz verwendet, die aus dem Quotienten von elektrischen Strom und Fläche gebildet wird [1]. Die Stromdichte ist im Wesentlichen von der anliegenden Spannung abhängig. In einem nicht linearen Zusammenhang zeigt sich ein Anstieg des fließenden Stroms proportional zur elektrischen Spannung. Bei einer Spannung von mehr als 2,2 Volt stagniert der Stromfluss jedoch. Dies ist auf den zunehmenden Widerstand zurückzuführen, wodurch sich die Effizienz der Elektrolyse verringert. Trotz der Beständigkeit von Nickellegierungen finden mit der Nutzungsdauer widerstandserhöhende Korrosionsprozesse an der Elektrodenoberfläche statt, wodurch Material abgetragen und die Oberfläche verändert wird. Eine höhere Betriebstemperatur kann diese chemischen Prozesse beschleunigen [29].

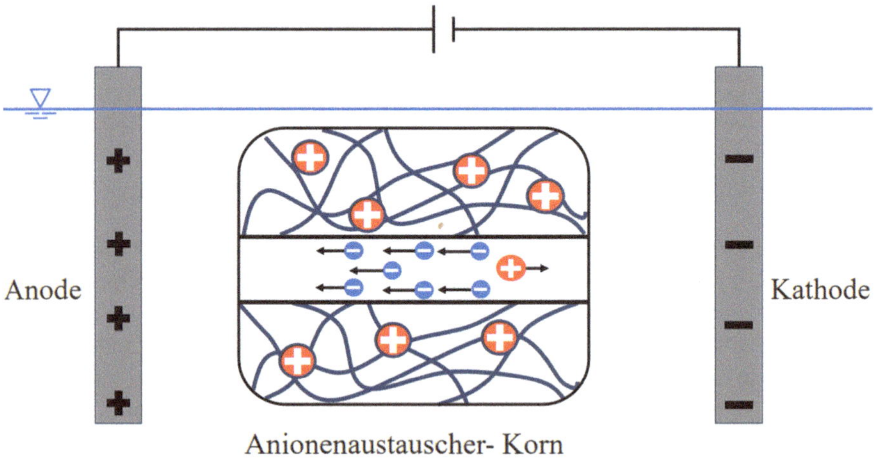

Abb. 2 Schematischer Ablauf des Ionenaustausches durch eine AAM

Membranen: Die Degradation von Anionenaustauschermembranen (AEM) ist auf verschiedene Einflussfaktoren zurückzuführen. Entscheidend sind zum einen die Werkstoffeigenschaften der Membran, der Elektroden sowie der Katalysatoren, zum anderen aber auch der Beladungsprozess der Elektrolyse selbst. Bei den in der Wasserstoff-Elektrolyse eingesetzten Ionenaustauschermembranen handelt es sich um sogenannte heterogene Membranen. Diese Membranen bestehen aus leitfähigen

Ionen, die in eine Polymermatrix eingebettet sind (siehe Abb. 2). Während die negativ geladenen Ionen aufgrund der Ladung durch die Membran wandern können, kann Gas nicht durch die Membran gelangen. Die leitfähigen Ionen werden durch die chemische Umgebung beeinflusst, während die Polymermatrix durch thermische und mechanische Umgebungsbedingungen beeinträchtigt wird. Während des selektiven Ionenprozesses werden die Feststoffe im Laufe der Zeit durch den Kontakt mit den Anionen abgebaut. Dadurch nimmt die Kapazität und gleichermaßen die Leitfähigkeit der Membran mit der Zeit ab [30]. Die in der Polymermatrix verwendeten Materialien sind aktuell nicht für die hohen Temperaturen der Elektrolyse geeignet, so dass hier in Kombination mit dem Elektrolyten eine Zersetzung stattfindet. Die meisten Polymerverbindungen sind bei Temperaturen über 60 °C nicht mehr stabil [31].

Mit zunehmender Betriebszeit und Erhöhung der Stromdichte nimmt die Degradation zu, sodass weniger Wasserstoff mit demselben Energieeintrag erzeugt werden kann. Der Fortschritt der Degradation führt in der Praxis zu einer Spannungsvariation von 1,5 bis 2,7 V, da die Menge des zu produzierenden Wasserstoffs konstant gehalten werden soll. Dies hat jedoch eine Senkung der Effizienz der Elektrolyse sowie eine Preissteigerung des produzierten Wasserstoffs zur Folge [1, 21].

Die bisherige Energieversorgung ermöglichte, dass die Elektrolyseuranlagen unter konstantem Lastniveau betrieben werden konnten. Unter konstanter Last zeigt sich das Degradationsverhalten in einem linearen und kontinuierlichen Trend (Abb. 3), wodurch Wartungsintervalle und Instandhaltungsmaßnahmen in Abhängigkeit der Betriebszeit (b_{ha}) und der Energieeinbringung (Uz) prognostizierbar sind [1].

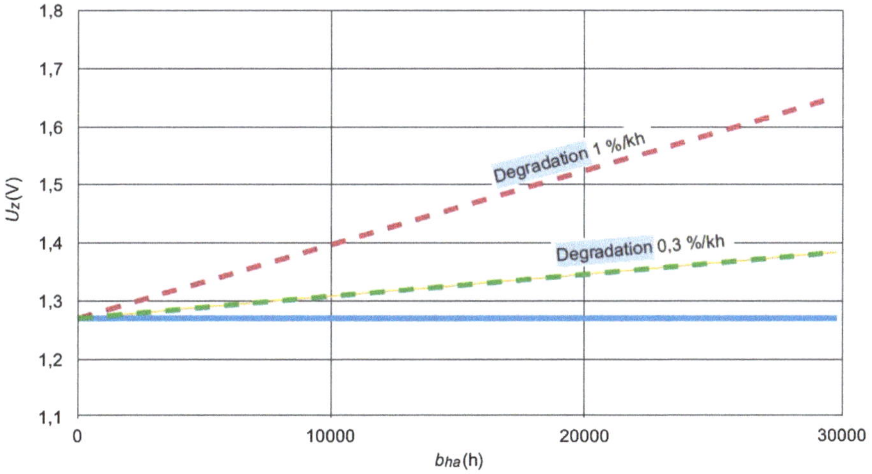

Abb. 3 Degradationstrends unter konstanter Lasteinbringung [1]

Perspektivisch sollen Elektrolyseure zukünftig primär Strom aus erneuerbaren Energien in damit grünen Wasserstoff umsetzen. Werden Elektrolyseure, die für den Betrieb von dynamischen Lastschwankungen prinzipiell geeignet sind, mit Lastkurven von erneuerbaren Energien betrieben, treten die zuvor beschriebenen Degradationsprozesse sowie weitere Mechanismen verstärkt auf [11–14]. In den Untersuchungen von [32] und [33] wurde festgestellt, dass die Lastwechsel von einem Ein- und Ausschaltzustand im Vergleich zu konstant eingeschalteten Elektrolysen signifikante Unterschiede in den Verschleißraten bewirken. Dies ist auf elektrochemische Prozesse zurückzuführen, die keinem linearen Degradationstrend folgen und durch die Volatilität des Betriebs mit erneuerbaren Energien nur bedingt prognostizierbar sind [33, 34].

Aus den angeführten Gründen sind weitere Untersuchungen zur Modellierung des Degradationsverhaltens von neuen Elektrolyseurtechnologien unerlässlich. Im nächsten Abschnitt werden dazu Ansätze zur beschleunigten Modellierung und Simulation dieser Degradationsprozesse aufgezeigt und diskutiert.

3.3 Simulation und Testing der Belastungen durch erneuerbare Energien

Die Realisierung des beschleunigten Testverfahrens unter Berücksichtigung der Verwendung von erneuerbaren Energien erfordert die Verwendung eines Simulationsprotokolls, dass die realen Bedingungen bestmöglich wiedergibt und eine Übertragbarkeit der Ergebnisse gewährleistet. Im Rahmen dieser Untersuchung erfolgt eine Betrachtung fluktuierender Wind- und Photovoltaikenergie, da diese zukünftig als primäre Energiequellen für die Erzeugung von „grünem“ Wasserstoff in Deutschland vorgesehen sind. Aufgrund der mit der Stromübertragung über größere Distanzen einhergehenden Verluste erfolgt die Planung von Wasserstoffproduktionsanlagen in der Regel in der Nähe von On- und Offshore-Anlagen sowie von Off-Grid-Anlagen für kleinere Versorgungsbereiche. Die Energieproduktion aus diesen erneuerbaren Quellen, insbesondere aus Wind- und Solarenergie, unterliegt einer Reihe von Einflussfaktoren, zu denen die lokalen Wetterbedingungen sowie die Tageszeit zählen. Dies führt zu Schwankungen in der Energieproduktion. Wie in [35] und [34] beschrieben, lassen sich wetterbedingte Lasten lediglich in einem stark limitiertem Rahmen modellieren. Um derartige volatile Lastschwankungen nachzubilden, erfolgt die Erstellung vereinfachter Belastungsprofile, welche zur Belastung von Elektrolyseuren sowie weiterer Anlagen und Maschinen herangezogen werden. Die genannten Profile repräsentieren einen wiederkehrenden, alternierenden Spannungs- oder Stromverlauf, der in kurzen Zeitabständen mehrere Zyklen in Relation zu erneuerbaren Energien durchläuft. Dies verkürzt das Testverfahren und gewährleistet eine Vergleichbarkeit der Ergebnisse. Im Rahmen der Forschungsarbeit von [11, 36] wurden diverse Belastungsprofile erstellt, welche in der Abb. 4 dargestellt sind:

In Abb. 4 sind die jeweiligen Parameter Spannung und Strom in Abhängigkeit von der Zeit zu erkennen. Die jeweils verwendete bzw. geregelte Größe ist abhängig von der konkreten Versuchsanordnung [14]. Das in der Abbildung dargestellte Rechteckprofil (1) zeichnet sich dadurch aus, dass die Eingangsgröße angehoben oder abgesenkt und für einen bestimmtes Zeitintervall auf einer konstanten Größe gehalten wird. Im Falle des Dreiecksprofils (2) erfolgt eine konstante Anhebung bzw. Absenkung der Eingangsgröße, bis deren maximaler bzw. minimaler Wert erreicht ist. In diesem Fall wird die konstante Eingangsgröße nicht berücksichtigt. Die beiden Sägezahnprofile (3) und (4) kombinieren die jeweiligen Profile (1) und (2), was zu einem

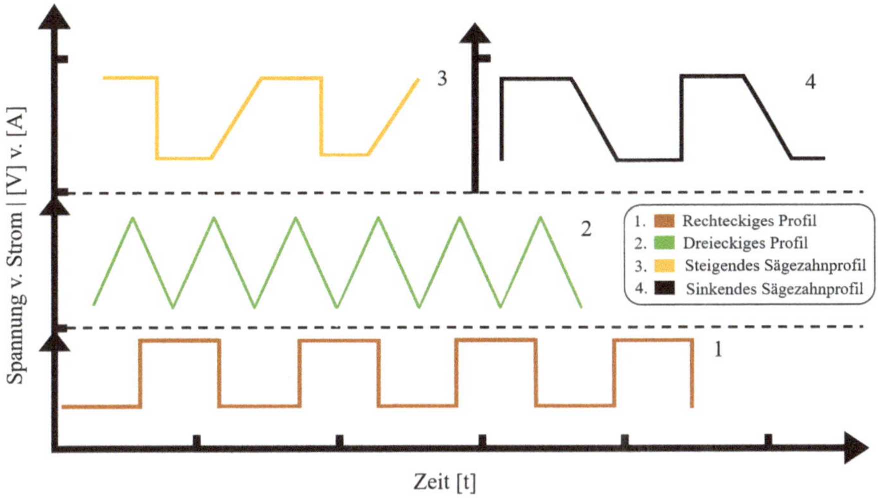

Abb. 4 Übersicht der theoretisch möglichen Lastprofile für die Wasserstoffelektrolyse [11]

konstanten Abfall oder Anstieg sowie zu einem sofortigen Sprung der Eingangsgröße führt. In der Veröffentlichung dargestellte exemplarische Belastungsprofile weisen jedoch keine Absenkung der Eingangsgröße auf null auf. Im Rahmen der vorliegenden Untersuchung wurde ein minimaler und maximaler Spannungswert definiert, der größer Null ist. Da die Produktion von Strom aus erneuerbaren Energiequellen zu gewissen Wettersituationen und Tageszeiten nicht möglich ist, muss die Abwesenheit von Energie in den Lastkurven mitberücksichtigt werden. In der Veröffentlichung von[37] wurde dieser Aspekt betrachtet, sodass die Eingangsgröße vollständig auf null herabgesetzt wird. Auch dieses Belastungsmodell weist eine gleichmäßige Wiederholungsrate auf und damit nicht den volatilen Charakter der Realität.

Darüber hinaus sind bisher keine standardisierten Belastungsmodelle bekannt, um die in der Realität vorliegenden Bedingungen zu überprüfen [38]. Die in diesem Kapitel dargestellten Herausforderungen verdeutlichen den Bedarf für weitere Untersuchungen der Auswirkungen des Einsatzes von erneuerbaren Energien. Als konkretes Beispiel wird im nächsten Schritt ein Simulationsansatz zum beschleunigten Testen auf das spezifische Anwendungsgebiet der Wasserstoffproduktion angewendet.

4 Prototypische Umsetzung und Simulationsergebnisse

Im Folgenden wird die prototypische Umsetzung eines Elektrolyseprüfstands vorgestellt. Ziel ist es, mit diesem Prototypen Versuche zur beschleunigten Betriebssimulation unter diversen Belastungsszenarien durchzuführen, um dadurch Erkenntnisse bzgl. des Degradationsverhaltens zu generieren. Als Ausgangsbasis werden herkömmliche konstante Lastversuche und volatilen Lasten unter vergleichbaren Betriebsparametern gegenübergestellt. Aus dem Vergleich geht hervor, welchen Einfluss die Betriebslasten auf das Verschleißverhalten haben.

4.1 Versuchsaufbau

Das für die Untersuchungen verwendete Konzept des Prototypen ist in Abb. 5 dargestellt. Kern des Prototypen stellt die Membran-Elektrodeneinheit dar, welche zwischen zwei Rahmenstrukturen verspannt wird. Die Elektroden werden an der Membran nach dem Null-Spalt-Design durch einen Formschluss montiert. Über die Rahmenstruktur wird die von den Spannplatten eingeleitete Anpresskraft übertragen, wodurch die Elektroden an der Membran parallel zueinander gehalten werden. Der Prüfstand testet jeweils eine Kathode und eine Anode, deren Werkstoffe je nach Bedarf variiert werden können. Eine gleichmäßige Anpresskraft wird durch die umliegende Verschraubung erzeugt. Zwischen den konzentrisch ausgerichteten Komponenten sind entsprechende Flachdichtung geklemmt. Die Elektrolysezelle wird kammerweise durch Peristralpumpen konstant mit Frischwasser versorgt. Das entstandene Gas wird durch den Dichteunterschied und Frischwasserzugabe kontinuierlich aus der jeweiligen Kammer gepumpt und außerhalb abgeschieden.

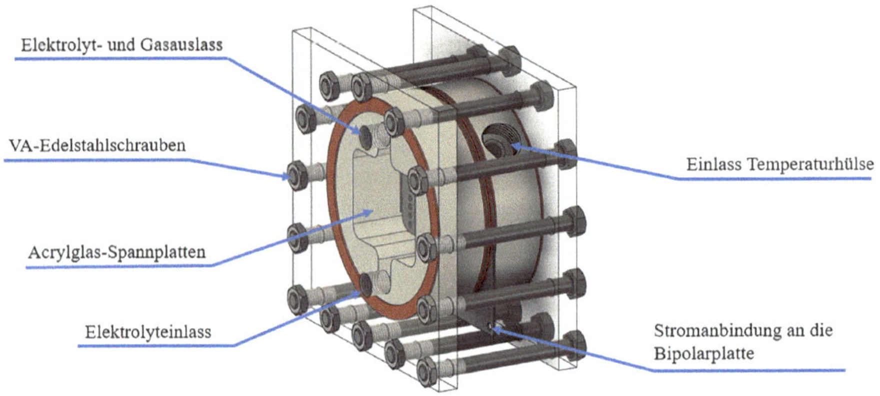

Abb. 5 CAD-Konstruktion des Prüfstand-Prototypens

Folgende Messgrößen werden durch ein separates Messsystem in einer Frequenz von ca. 4 Hz aufgezeichnet:

- Gleichstrom [± 1.5 % im Bereich −20 bis 20 A]
- Spannung [0–25 V]
- Temperatur in der Anodenkammer [±0.5 °C im Bereich −10 °C bis +85 °C]
- Temperatur in der Kathodenkammer [±0.5 °C im Bereich −10°C bis +85 °C]

Aus diesen Messgrößen wurden folgende Kennzahlen errechnet:

- Elektrischer Widerstand [Ω]
- Betriebszeit in Amperestunden [Ah]
- Elektrische Leistung [W]
- Theoretische Stromdichte [A / cm^2]

Die Temperatur der Zelle wird extern über einen Elektrolytkreislauf geregelt. Die Produktionsgase bewirken jeweils ein unterschiedliches Degradationsverhalten an den Metallen, sodass die Temperaturmessung in den einzelnen Kammern vorgesehen ist. Als Membran wird die Fumasep FM-FAA-3–50 mit einer Stärke von 50 µm verwendet. Für die Elektroden wird herkömmlicher Baustahl (S235JR) mit 1 mm Blechdicke eingesetzt, welche eine theoretisch aktive Reaktionsfläche von ca. 51,823 cm^2 aufweist. In dieser Untersuchung kann Stahl anstatt Nickel verwendet werden, da diverse Stahllegierungen bereits ein vergleichbares Verhalten in der Wasserelektrolyse aufgezeigt haben [39].

4.2 Erprobungsprogramm zur Betriebssimulation

Für das Erprobungsprogramm wurden jeweils zwei Simulationen erstellt. Das erste Protokoll betreibt die Elektrolyse für acht Stunden unter konstanten 3 V an vier aufeinander folgenden Tagen. Zuerst wurde dieses Protokoll für die alkalische AAM-Elektrolyse verwendet, um eine Referenzmessung gegenüber dem zweiten Protokoll mit volatilen Lastverhalten zu erzeugen.

Das volatile Lastverhalten des zweiten Erprobungsprogramms wird durch Stromerzeugungsdaten des vom Fraunhofer Instituts ISE geführten Internetpräsenz energycharts entnommen. Die Datenbank enthält alle Erzeugerdaten von erneuerbaren bis hin zu fossilen Energiequellen sowie die Verbrauchslast [40]. Abb. 6 zeigt einen exemplarischen Verlauf des vergangenen Strommix in Deutschland für die Kalenderwoche 11 im Jahr 2023. Auf der x-Achse ist die Zeit und die Leistung in MW auf der y-Achse aufgetragen. Der mehrfarbige Graph stellt die kumulierten Nettostromerzeugnisse der einzelnen Energieträger da. Besonders hervorgehoben ist hierbei die Solarenergie (hellgelb) und die Windenergie (hellgrün). Der als schwarze Linie hervorgehobene Graph stellt die Last auf das Netz dar, welche zu dem jeweiligen Zeitpunkt in Deutschland anfällt. Die Produktion von Energie ist am Tag höher als in der Nacht. Dies ist einerseits durch den Bedarf bedingt, andererseits durch den hohen Anteil an solarer Energie am Tag. Infolgedessen kommt es häufig zu Überproduktionen. Im Gegensatz zu fossilen Energieträgern produzieren Solar- und Windanlagen unabhängig vom Energiebedarf. Daher werden fossile Energieträger im Diagramm erkennbar zu- und abgeschaltet, um den aktuellen Bedarf zu decken.

Für das zweite Simulationsprotokoll wird aus diesen Daten des Jahres 2023 ein Erprobungsprogramm für vier Tage mit jeweils acht Stunden Betriebszeit komprimiert. In Anbetracht des aktuellen Ziels, das Wasserstoffgas konkurrenzfähig den fossilen Energieträgern gegenüber zu produzieren, wird lediglich der kostengünstige Überschuss des Energiemixes betrachtet. Liegt die Stromerzeugung oberhalb des verbrauchten Stroms, so wird mit diesem Überschuss die Elektrolysezelle betrieben. Die Höhe des Überschusses übt dabei keinen Einfluss auf die Energieeinbringung in die Elektrolyse aus. Steht überschüssige Stromenergie zur Verfügung, wird eine

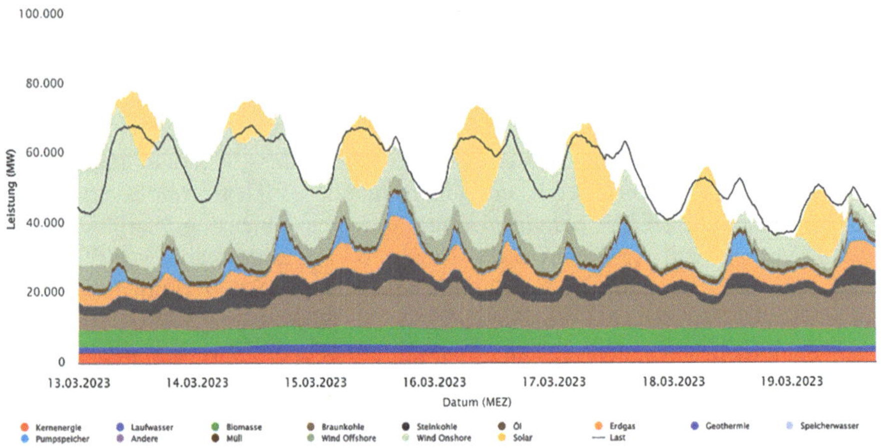

Abb. 6 Darstellung der öffentlichen Nettostromerzeugung der Bundesrepublik Deutschland in der KW 11 2023 [40]

Spannung von 3 V angelegt. Liegt kein Überschuss mehr vor, wird die Spannung auf 0 V reduziert. Dadurch ergibt sich ein volatiles Belastungsprofil, welches den Betrieb in Abhängigkeit zu erneuerbaren Energien auf bundesweiter Ebene simuliert. Das Erprobungsprogramm betrachtet damit drei wesentliche Aspekte, welche für die zukünftige Wasserstoffinfrastruktur von Relevanz ist. Zum einen resultiert aus dem Überschuss ein erheblich günstigerer Strompreis, wodurch das Gas wirtschaftlicher produziert werden kann. Zum anderen werden saisonale Trends der Verfügbarkeit an

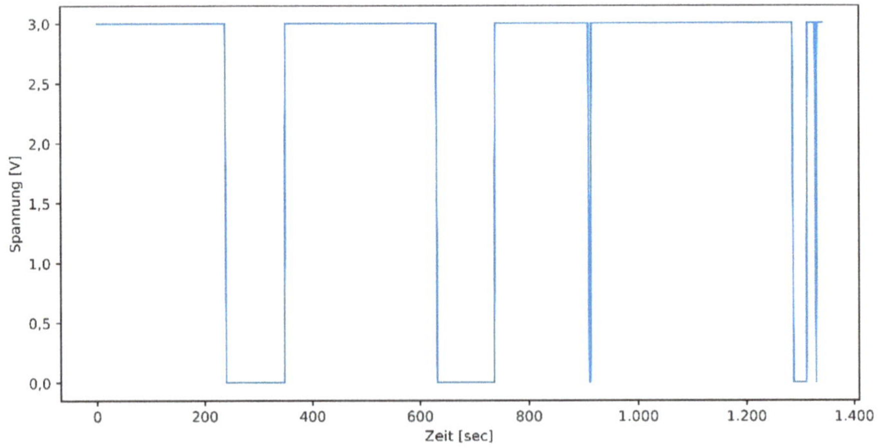

Abb. 7 Ausschnitt eines simulierten Lastverlaufs der KW 11 aus dem Jahr 2023 in der Bundesrepublik Deutschland

erneuerbaren Energien abgebildet, die sowohl Hochphasen als auch Einspeiseflauten der gesamten Bundesrepublik Deutschland beinhalten. Darüber hinaus kann, unter der Voraussetzung eines solchen Anlagenbetriebs, auf ein entsprechendes Degradationsverhalten sowie einen möglichen Wartungsbedarf geschlossen werden.

Ein Ausschnitt des simulierten Lastverlaufs aus dem zweiten Erprobungsprogramm ist Abb. 7 dargestellt. Das Diagramm zeigt ebenfalls die Kalenderwoche 11 aus dem Jahr 2023 und die zuvor beschriebene Überschussumrechnung auf den reduzierten Zeitraum. Es wird deutlich, dass die Spannung keinen periodischen Verläufen folgt, sondern dem dynamischen Profil der verfügbaren Überschussenergien. Durch die zeitliche Komprimierung entsprechen 3,29 s den in Realität aufgezeichneten 15 min. Insgesamt werden für das Versuchsjahr 469 Ein- bzw. Ausschaltzyklen simuliert, welche in Summe zu einer aktiven Betriebszeit von 59 % der Versuchszeit führen.

4.3 Experimentelle Versuche

Auf Basis der in Abschn. 4.2 vorgestellten Erprobungsprogramme wurden zwei Versuche durchgeführt. Für jeden Versuch wurde eine neue Membran sowie zwei neue Elektroden aus S235JR verwendet. Die Elektroden wurden beidseitig mit Schleifpapier (180er Körnung) abgeschliffen und mit Isopropanol gesäubert. Außerdem wurde jeweils eine 1 Mol Lösung Kalilauge hergestellt, die 12 h vor der Versuchsdurchführung in den Elektrolyseur eingelassen, sodass die trocken applizierte Membran bereits einen Teil des Elektrolyten aufnehmen kann.

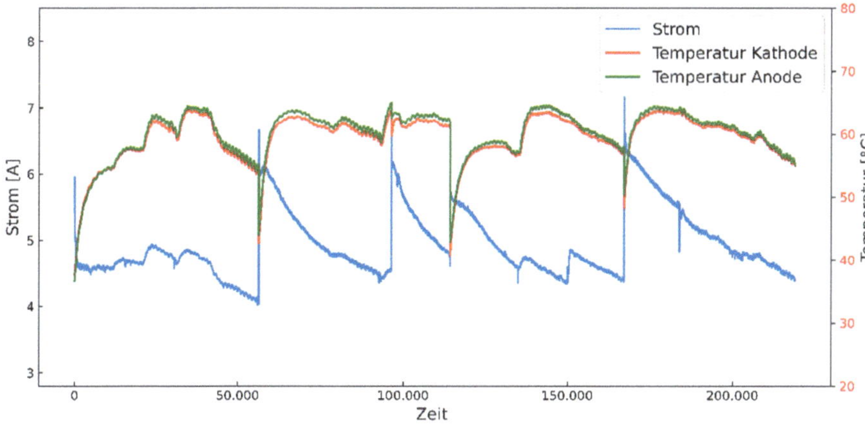

Abb. 8 Datenverläufe des ersten Versuchs mit konstanter Energieeinbringung

Der erste Versuch beinhaltet vier Versuchstage an denen jeweils für acht Stunden eine konstante Spannung von 3 V verwendet wurde. Das in Abb. 8 gezeigte Diagramm zeigt den Versuchsverlauf, welcher über die 4 Versuchstage aufgezeichnet wurde. Die Zeit auf der x-Achse spiegelt lediglich die aktive Versuchszeit wieder und reiht damit die Versuchstage direkt hintereinander. Dargestellt sind der aufgezeichnete Gleichstrom sowie die Temperaturen, die im Durchschnitt bei 59,96 °C betrugen. Die Versuchstage zeichnen sich deutlich durch einen hohen Anlaufstrom zu Beginn eines Versuches ab. Daraufhin folgt ein steiler Abstieg des elektrischen Stroms, der vermutlich auf das in der Kammer entstehende Gas zurückzuführen ist, welches einen Teil der Reaktionsfläche zunehmend blockiert. An dem ersten Versuchstag, welcher von 0 – ca. 60.000 auf der x-Achse zu verzeichnen ist, wird deutlich, dass eine starke Abhängigkeit des fließenden Stroms zur Temperatur besteht. Zwei Regler bedingte Anstiege in der Temperatur führen hier zu einem fast proportionalen Anstieg des elektrischen Stroms. Wird der zweite Versuchstag ab ca. 60.000 betrachtet ist zu erkennen, dass trotz vergleichbarer Temperatur der Strom im erhöhten Maße fließt. Anhand der weiteren Versuchstage lässt sich daraus ableiten, dass der erste Versuchstag von einem Einlaufverhalten geprägt ist, welcher auf eine nicht vollständige Aufnahme der Anionen in der Membran hindeuten kann. Werden die darauffolgenden Versuchstage betrachtet, wird nach Beginn der Elektrolyse ein stetiger Abfall des Stroms ersichtlich. Die sinkenden Verläufe deuten auf die beschriebenen Korrosionsprozesse an den Elektroden hin, welche durch Unterbrechungen des Stromflusses reversible erscheinen. Diese Regenerationseffekte sind jeweils zu Beginn der Versuche bzw. der Energieeinbringung zu beobachten.

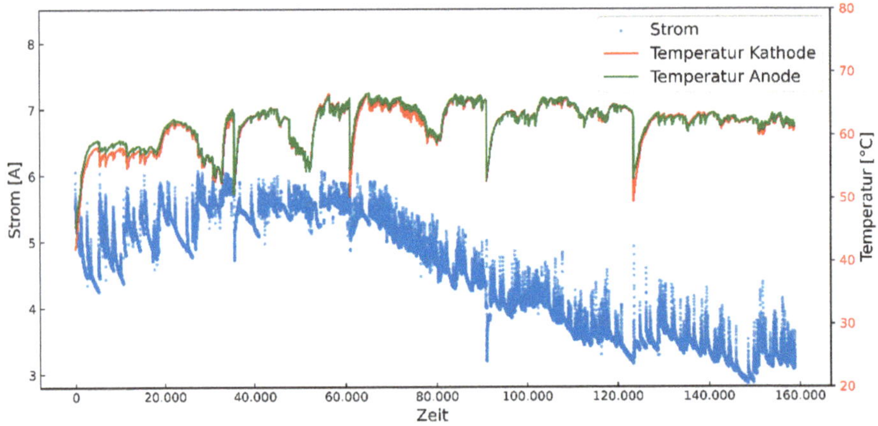

Abb. 9 Datenverläufe des zweiten Versuchs mit volatiler Energieeinbringung

Identisch zum ersten Versuch wurden die parametrischen Bedingungen der Elektrolyse mit einer Zieltemperatur von 60 °C, einer Energieeinbringung von 3 V sowie eine 1 Mol Kalilaugen-Lösung für den zweiten Versuch gleichgesetzt. Mit derselben Skalierung wie im ersten Versuch ist in Abb. 9 der gesamte Versuchsverlauf des zweiten Erprobungsprogramm dargestellt. Über fünf Versuchstage und einer jeweiligen Simulationszeit von acht Stunden wurden die Energieüberschüsse aus dem

Jahr 2023 verwendet. Erneut sind die Intervalle, in denen keine Spannung anliegt, entfernt worden, sodass lediglich die aktiven Phasen der Elektrolyse aufgetragen sind. Die Versuchszeit beträgt insgesamt 40 h in der eine durchschnittliche Temperatur von 61,64 °C aufgezeichnet wurde. In der Abbildung wird ersichtlich, dass die volatilen Lasten auf den Strom einen vergleichsweise streuenden Effekt haben. Erneut ist am ersten Versuchstag aufgrund des zunächst generell steigenden Stroms ein einlaufendes Verhalten ersichtlich. Zu Beginn jeder Überschussperiode ist ebenfalls ein vergleichbares Verhalten zu den anfänglichen Stromverläufen des ersten Versuchs zu erkennen, woraufhin ein abfallender Trend in den einzelnen Perioden folgt. Mit deutlich häufigeren Lastpausen ist ein zunächst reversibles Verhalten des fließenden Stroms festzustellen, welches nach etwa 60.000 Zeitschritten abzufallen beginnt. Der darauf weiter sinkende Trend setzt sich bis zum Ende des Versuches fort. Da die elektrische Spannung als Inputgröße für jede Lasteinbringung identisch gehalten wird, steht der sinkende Strom im direkten Zusammenhang eines zunehmenden Widerstands, dessen Verlauf von beiden Versuchen im Folgenden gegenübergestellt wird.

4.4 Evaluierung der Ergebnisse

Um das Degradationsverhalten der Elektrolyse zu beurteilen, werden die Widerstandsentwicklungen der durchgeführten Versuche anhand der Betriebszeit untersucht. Aufgrund der Lastunterbrechungen im Betrieb mit erneuerbaren Energien, wird die Betriebszeit durch die eingebrachte elektrische Ladung in Amperestunden definiert, wodurch das Nutzverhalten vergleichend dargestellt wird. In Abb. 10 ist für die zwei Versuchsreihen ein zum Strom entsprechendes antiproportionales Verhalten zu erkennen. Während die Verläufe der konstanten Lasteinbringung nach der vermuteten Einlaufphase ein vergleichsweise konstantes Widerstandsniveau entlang des gesamten Versuchs aufzeigen, ist anhand der Regressionslinie für die volatilen Lasten ein exponentieller Trend zu erkennen. Trotz der häufigeren Regenerationsphasen nimmt der Widerstand mit volatiler Last im höheren Maße zu, sodass nach etwa 70 Ah ein signifikanter Unterschied ersichtlich wird. Mit einem Wert von 0.92 zeigt der ein polynomiales Regressionsmodell der volatilen Lasten, dass die qualitativ ersichtliche Degradation ebenfalls quantitativ bestätigt werden kann. Dahingegen zeigt die Regression der konstanten Lasteingabe in diesem Versuch mit einem Bestimmtheitsmaß von 0.08 lediglich einen generellen Trend, dessen zum Versuchsende hin allerdings auf einen weiter steigenden Widerstandsverlauf hindeutet. Ob sich dieser Trend bestätigen lässt, gilt es mit mehr Daten in weiteren Untersuchungen statistisch zu überprüfen, da die vier Messreihen über den begrenzten Versuchszeitraum stark schwanken. Dennoch kann aus diesem Vergleich deutlich aufgezeigt werden, dass die Degradationsprozesse der Elektrolyseurkomponenten durch schwankende Lasten erneuerbarer Energien beschleunigt werden. Welche Komponente der Elektroden-Membraneinheit die ausschlaggebende Widerstandserhöhung erzeugt kann aktuell nicht festgestellt werden. Dazu sind ebenfalls weitere Analysen notwendig.

Weitere Erklärung für den Verlauf können ohne umfassendere Analysen nicht getroffen werden, bestätigen jedoch die Untersuchungen von [32] und [33], dass volatile Lasten durch erneuerbare Energien durchaus einen Einfluss auf das Degradationsver-

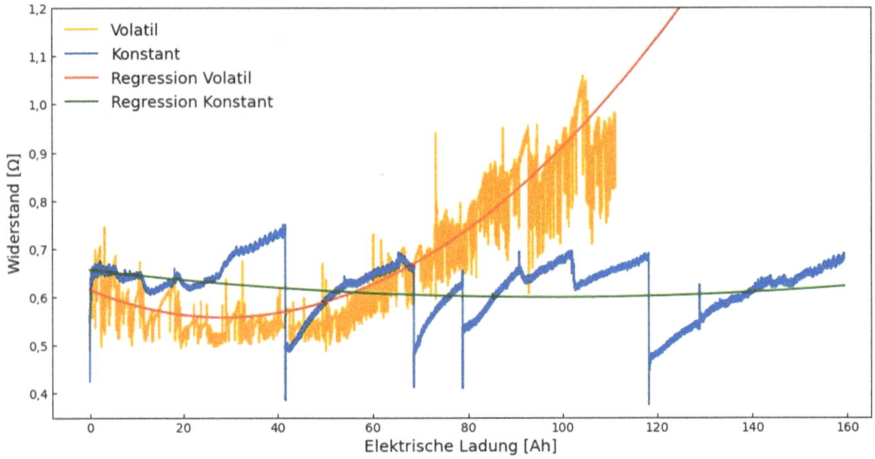

Abb. 10 Gegenüberstellung der Degradationsverläufe der Versuchsreihen mit Trenddarstellung anhand jeweiliger Regressionsverläufe

halten von Wasserstoffelektrolyseuren vorliegt. Bei genauer Betrachtung der volatilen Lasten, wird deutlich, dass die Frequenz der Lasteinbringung ebenfalls Einfluss auf die Reversibilität hat. Es liegt eine trendbehaftete Steigerung des Widerstands vor, desto geringer der zeitliche Abstand zwischen den Abschaltungen und erneuter Einschaltung der Elektrolyse ist. Daraus lässt sich für weitere Untersuchungen ableiten, dass die Frequenz der Ein- und Ausschaltzyklen einen Einfluss haben kann und für beschleunigte Testverfahren einen entscheidenden Faktor darstellt.

5 Fazit

Zusammenfassend kann festgestellt werden, dass die Betriebssimulation unter den volatilen Lastkurven erneuerbarer Energien einen negativen Einfluss auf die Effizienz der Wasserstoffproduktion und damit auf die Zuverlässigkeit der Komponenten hat. Innerhalb eines stark begrenzten Zeitraums wurde deutlich, dass eine nicht reversible Halbierung des Wirkungsgrades stattfindet, welche mit der vorliegenden Stichprobe eine Tendenz eines zukünftigen Degradationsverhaltens geben kann. Darüber hinaus wurde im Rahmen des Beitrags gezeigt, dass die Dynamik der Ein- und Ausschaltzyklen als beschleunigender Faktor für Accelerated Degradation Untersuchungen verwendet werden kann. Der Stand der Technik weist daraufhin, dass aktuell keine einheitlichen Verfahren zur Überprüfung der Belastbarkeit durch volatile Lastschwankungen existieren. Im Hinblick auf den zukünftigen Ausbau der Wasserstofftechnologien zeigen die experimentellen Ergebnisse somit, welch enormer Bedarf an weiteren Untersuchungen besteht, um eine zuverlässige Energieersorgungs-Infrastruktur zu gewährleisten.

Darüber hinaus zeigt das konkrete Anwendungsbeispiel, welche Herausforderungen durch die Berücksichtigung vorgegebener Klimaziele an die Qualität und

Zuverlässigkeit gestellt werden, welche in der nachhaltigen Gestaltung zu beachten sind. Die fortschreitende Digitalisierung führt zu einer exponentiellen Zunahme an Sensorsignalen, wodurch bereits in der frühen Lebenszyklusphase eines Prototypens die Entwicklung eines geeigneten Condition-Monitoring-Systems für die Serienentwicklung möglich wird. Der vorliegende Beitrag stellt somit einen strategischen Ansatz für die systematische Qualitätsüberprüfung von Komponenten im Prototypenstadium dar, welche für den Betrieb mit erneuerbaren Energien ausgelegt werden sollen.

Anhand der Ergebnisse ist erkennbar, dass der entwickelte Prototyp für weitere Untersuchungen diverser Belastungsszenarien geeignet ist. Im Rahmen weiterer Forschungsaktivitäten ist eine Fortführung der Datengenerierung geplant, in der weitere Einflüsse von Betriebsparametern sowie Werkstoffe untersucht werden. Weitere datenanalytische Methoden des maschinellen Lernens, wie Zeitreihenprognosen durch LSTMs (Long Short-Term Memory), sind für eine genauere Modellierung des Degradationsverhaltens vorgesehen.

Literatur

1. Schmidt, T.: Wasserstofftechnik. Grundlagen, Systeme, Anwendung, Wirtschaft. Hanser eLibrary. Hanser, München (2020)
2. BMWK: Fortschreibung der Nationalen Wasserstoffstrategie (2023)
3. Bundesministerium für Bildung und Forschung: Wissenswertes zu Wasserstoff (2024)
4. Hans-Christoph, N.: Wasserstoff wird als Speichermedium gebraucht (2019)
5. Yang, Y., Wu, Z., Yao, J., Guo, T., Yang, F., Zhang, Z., Ren, J., Jiang, L., Li, B.: An overview of application-oriented multifunctional large-scale stationary battery and hydrogen hybrid energy storage system. Energy Reviews **3**(2), 100068 (2024). https://doi.org/10.1016/j.enrev.2024.100068
6. Alonso, A.M., Costa, D., Messagie, M., Coosemans, T.: Techno-economic assessment on hybrid energy storage systems comprising hydrogen and batteries: A case study in Belgium. Int. J. Hydrogen Energy **52**, 1124–1135 (2024). https://doi.org/10.1016/j.ijhydene.2023.06.282
7. Gazey, R., Salman, S.K., Aklil-D'Halluin, D.D.: A field application experience of integrating hydrogen technology with wind power in a remote island location. Journal of Power Sources **157**(2), 841–847 (2006). https://doi.org/10.1016/j.jpowsour.2005.11.084
8. Badgett, A., Ruth, M., James, B., Pivovar, B.: Methods identifying cost reduction potential for water electrolysis systems. Curr. Opin. Chem. Eng. **33**, 100714 (2021). https://doi.org/10.1016/j.coche.2021.100714
9. Niaz, A.K., Akhtar, A., Park, J.-Y., Lim, H.-T.: Effects of the operation mode on the degradation behavior of anion exchange membrane water electrolyzers. J. Power. Sources **481**, 229093 (2021). https://doi.org/10.1016/j.jpowsour.2020.229093
10. Wu, X., Scott, K.: CuxCo3−xO4 (0 ≤x < 1) nanoparticles for oxygen evolution in high performance alkaline exchange membrane water electrolysers. J. Mater. Chem. **21**(33), 12344 (2011). https://doi.org/10.1039/c1jm11312g
11. Alia, S.M., Stariha, S., Borup, R.L.: Electrolyzer Durability at Low Catalyst Loading and with Dynamic Operation. J. Electrochem. Soc. **166**(15), F1164–F1172 (2019). https://doi.org/10.1149/2.0231915jes

12. Ursúa, A., San Martín, I., Barrios, E.L., Sanchis, P.: Stand-alone operation of an alkaline water electrolyser fed by wind and photovoltaic systems. Int. J. Hydrogen Energy **38**(35), 14952–14967 (2013). https://doi.org/10.1016/j.ijhydene.2013.09.085
13. Ursúa, A., Barrios, E.L., Pascual, J., San Martín, I., Sanchis, P.: Integration of commercial alkaline water electrolysers with renewable energies: Limitations and improvements. Int. J. Hydrogen Energy **41**(30), 12852–12861 (2016). https://doi.org/10.1016/j.ijhydene.2016.06.071
14. Uchino, Y., Kobayashi, T., Hasegawa, S., Nagashima, I., Sunada, Y., Manabe, A., Nishiki, Y., Mitsushima, S.: Dependence of the reverse current on the surface of electrode placed on a bipolar plate in an alkaline water electrolyzer. Electrochemistry **86**(3), 138–144 (2018). https://doi.org/10.5796/electrochemistry.17-00102
15. Bracke, S.: Technische Zuverlässigkeit. Springer, Berlin Heidelberg (2022)
16. Nelson, W.: Accelerated testing: Statistical models, test plans, and data analysis. John Wiley & Sons, Inc. (1990)
17. Hinz, M., Temminghoff, P., Bracke, S. (Hrsg.): Qualitätsmanagement denken – motivieren – leben: Bericht zur GQW-Jahrestagung 2014 in Chemnitz. Beitrag zur multivariaten Analyse von Qualitäts- und Zuverlässigkeitsdaten in der Produkt-Erprobungsphase am Beispiel der Fahrzeugtechnik. Berichte zum Qualitätsmanagement, Bd. 12. Shaker (2014)
18. Frost, I.: Einfache Lineare Regression. Die Grundlage Für Komplexe Regressionsmodelle Verstehen. Essentials Ser. Springer Fachmedien Wiesbaden GmbH, Wiesbaden (2018)
19. Mittag, H.-J., Schüller, K.: Statistik. Eine Einführung mit interaktiven Elementen, 6th Aufl. Lehrbuch. Springer Spektrum, Berlin (2020)
20. Dohmann, J.: Experimentelle Einführung in die Elektrochemie. Grundlagen – Konzepte – Theorie. Springer Vieweg, Berlin (2020)
21. Teetz, T.: Experimentelle Elektrochemie. De Gruyter Studium. De Gruyter, Berlin, Boston (2017)
22. Lee, Y., Lee, W., Kim, T.-H.: Enhancing the durability of anion exchange membrane water electrolysis cells via interfacial membrane–ionomer crosslinking. Bulletin Korean Chem Soc (2024). https://doi.org/10.1002/bkcs.12881
23. Zeng, K., Zhang, D.: Recent progress in alkaline water electrolysis for hydrogen production and applications. Prog. Energy Combust. Sci. **36**(3), 307–326 (2010). https://doi.org/10.1016/j.pecs.2009.11.002
24. Synwoldt, C., Novak, D.: Wasserstoff. Technik – Projekte – Politik. Wiley-VCH, Weinheim (2023)
25. Wittstock, G.: Lehrbuch der Elektrochemie. Grundlagen, Methoden, Materialien, Anwendungen. Wiley, Weinheim (2023)
26. Wang, Z., Li, J., Tian, X., Wang, X., Yu, Y., Owusu, K.A., He, L., Mai, L.: Porous nickel-iron selenide Nanosheets as highly efficient electrocatalysts for oxygen evolution reaction. ACS Appl. Mater. Interfaces **8**(30), 19386–19392 (2016). https://doi.org/10.1021/acsami.6b03392
27. Angeles-Olvera, Z., Crespo-Yapur, A., Rodríguez, O., Cholula-Díaz, J., Martínez, L., Videa, M.: Nickel-Based Electrocatalysts for Water Electrolysis. Energies **15**(5), 1609 (2022). https://doi.org/10.3390/en15051609
28. Phillips, R., Edwards, A., Rome, B., Jones, D.R., Dunnill, C.W.: Minimising the ohmic resistance of an alkaline electrolysis cell through effective cell design. Int. J. Hydrogen Energy **42**(38), 23986–23994 (2017). https://doi.org/10.1016/j.ijhydene.2017.07.184
29. Zagalskaya, A., Nouri, M.R., Alexandrov, V.: Mechanistic understanding of electrode corrosion driven by water electrolysis. Curr. Opin. Electrochem. **41**, 101352 (2023). https://doi.org/10.1016/j.coelec.2023.101352

30. Koronka, D., Miyatake, K.: Anion exchange membranes containing no β-hydrogen atoms on ammonium groups: synthesis, properties, and alkaline stability. RSC Adv. **11**(2), 1030–1038 (2020). https://doi.org/10.1039/d0ra09308d
31. Du, N., Roy, C., Peach, R., Turnbull, M., Thiele, S., Bock, C.: Anion-exchange membrane water electrolyzers. Chem. Rev. **122**(13), 11830–11895 (2022). https://doi.org/10.1021/acs.chemrev.1c00854
32. Fujita, S., Nagashima, I., Sunada, Y., Nishiki, Y., Mitsushima, S.: Electrocatalytic Activity and Durability of Li x Ni2-x O2/Ni Electrode Prepared by Oxidation with LiOH Melt for Alkaline Water Electrolysis. Electrocatalysis **8**(5), 422–429 (2017). https://doi.org/10.1007/s12678-017-0390-x
33. J. Divisek, J. Mergel, H. Schmitz: Advanced water electrolysis and catalyst stability under discontinuous operation. International Journal of Hydrogen Energy **15**, 105–114 (1990)
34. Sweeney, C., Bessa, R.J., Browell, J., Pinson, P.: The future of forecasting for renewable energy. WIREs Energy & Environment **9**(2) (2020). https://doi.org/10.1002/wene.365
35. Kojima, H., Nagasawa, K., Todoroki, N., Ito, Y., Matsui, T., Nakajima, R.: Influence of renewable energy power fluctuations on water electrolysis for green hydrogen production. International Journal of Hydrogen Energy **48**(12), 4572–4593 (2023). https://doi.org/10.1016/j.ijhydene.2022.11.018
36. Yuan, X.-Z., Li, H., Zhang, S., Martin, J., Wang, H.: A review of polymer electrolyte membrane fuel cell durability test protocols. J. Power. Sources **196**(22), 9107–9116 (2011). https://doi.org/10.1016/j.jpowsour.2011.07.082
37. Uchino, Y., Kobayashi, T., Hasegawa, S., Nagashima, I., Sunada, Y., Manabe, a., Nishiki, y., Mitsushima, S.: Dependence of the reverse current on the surface of electrode placed on a bipolar plate in an alkaline water electrolyzer. Electrochemistry **86**(3), 138–144 (2018). https://doi.org/10.5796/electrochemistry.17-00102
38. Abdel Haleem, A., Nagasawa, K., Kuroda, Y., Nishiki, Y., Zaenal, A., Mitsushima, S.: A New Accelerated Durability Test Protocol for Water Oxidation Electrocatalysts of Renewable Energy Powered Alkaline Water Electrolyzers. Electrochemistry **89**(2), 186–191 (2021). https://doi.org/10.5796/electrochemistry.20-00156
39. Motealleh, B., Liu, Z., Masel, R.I., Sculley, J.P., Richard Ni, Z., Meroueh, L.: Next-generation anion exchange membrane water electrolyzers operating for commercially relevant lifetimes. Int. J. Hydrogen Energy **46**(5), 3379–3386 (2021). https://doi.org/10.1016/j.ijhydene.2020.10.244
40. Gras, J.M., Spiteri, P.: CORROSION OF STAINLESS STEELS AND NICKEL-BASED ALLOYS FOR ALKALINE WATER ELECTROLYSIS. International Journal of Hydrogen Energy **18**, 561–566 (1993)
41. Burger, Bruno Prof., Dr.: Energy-Charts (2024)

Vergleichende Prozesskettenuntersuchung der konventionellen und additiven Fertigung eines Demonstratorbauteils unter umwelttechnischen Aspekten

Lennart Grüger(✉), Tim Sebastian Fischer, Elisa Korb, und Sebastian Härtel

Fachgebiet Hybride Fertigung, Brandenburgische Technische Universität Cottbus- Senftenberg, Cottbus, Deutschland
{Lennart.Grueger,Tim.Fischer,Korbelis,haertel}@b-tu.de

Zusammenfassung. Nachhaltigkeit ist branchenübergreifend ein relevantes Thema. Häufig werden zu umwelttechnischen Untersuchungen jedoch nur einzelne Schritte der Fertigung eines Produktes und nicht die gesamte Prozesskette betrachtet. Der vorliegende Artikel liefert einen Vergleich von konventionellen und additiven Fertigungsverfahren anhand eines Demonstratorbauteils unter umwelttechnischen Gesichtspunkten. Zu diesem Zweck werden die Wertschöpfungsketten der additiven Fertigungsverfahren des Laser Powder Bed Fusion und der Wire Arc Direct Energy Deposition mit einer konventionellen Fertigungsprozesskette verglichen. Hierbei kommen Energieverbrauch, CO_2-Ausstoß und Abfallaufkommen als wesentliche Vergleichskriterien zur Anwendung. Im Ergebnis sind die additiven Fertigungsverfahren für das Demonstratorbauteil, in Bezug auf die genannten Kriterien als nachhaltiger zu bewerten. Der Artikel erhebt keinen Anspruch auf vollständige Übertragbarkeit, präsentiert jedoch einen Ansatz zur Analyse der Bauteilnachhaltigkeit über die gesamte Wertschöpfungskette.

Schlüsselwörter: Wertschöpfungskette · Nachhaltigkeit · Additive Fertigung

1 Einleitung

Nachhaltigkeit spielt eine entscheidende Rolle in der modernen Wirtschaft, insbesondere im Hinblick auf den CO_2-Verbrauch. Zum 01.01.2024 stieg der Preis für ein CO_2-Zertifikat aus fossilen Energieträgern auf 45 € pro Tonne CO_2 [1]. Für die

R. Jochem und M. Meyer (Hrsg.), *Rethinking Quality – Wandel des Qualitätsmanagements durch Digitalisierung und Künstliche Intelligenz*,
https://doi.org/10.1007/978-3-658-47213-9_7

Bewertung der Nachhaltigkeit eines Produkts haben sich zwei wesentliche Methoden herauskristallisiert: Zum einen der Product Carbon Footprint (PCF) [2] und zum anderen die Lebenszyklusanalyse (Life Cycle Assessment, LCA), welche in diesem Artikel im Fokus steht [3]. Konkret werden drei verschiedene Prozessketten zur Herstellung eines Demonstratorbauteils der Luft- und Raumfahrt aus der Titanlegierung Ti6Al4V [4] verglichen: die konventionelle Fertigung, die drahtbasierte additive Fertigung mittels Directed Energy Deposition (WA-DED) und die pulverbasierte additive Fertigung mittels Laser Powder Bed Fusion (L-PBF) [5].

Für eine Betrachtung der gesamten Fertigungsprozesskette ist die Berücksichtigung der komplexen Auswirkungen auf die Umwelt unerlässlich. Die additive Fertigung eröffnet neue fertigungstechnische Möglichkeiten und mithin Potentiale die Umwelteinflüsse zu minimieren [5]. Aufgrund der steigenden Bedeutung der Nachhaltigkeit für den Erhalt des Planeten, ist dieser Aspekt umso entscheidender. Hierbei sind grundlegend sowohl die Fertigungsverbräuche, als auch die Bauteilnutzungsdauern zu betrachten. Im vorliegenden Artikel wird jedoch zur Vereinfachung unabhängig von der Prozesskette von einer identischen Nutzungsdauer ausgegangen. Mittels einer „Cradle to Gate" Betrachtung von Rohmaterialförderung bis zum finalen Bauteil besteht die Möglichkeit eine valide Aussage bezüglich der tatsächlichen Umweltbelastung zu treffen [6]. Zu diesem Zweck werden die verschiedenen Einflussparameter identifiziert und bewertet. Dementsprechend stellt dieser Artikel eine Grundlage für Bewertungen vollständiger Produktionsprozesse dar.

2 Stand der Forschung

Zu den Methoden der Nachhaltigkeitsbewertung, zählt neben der LCA der Product Carbon Footprint (PCF) [2]. Im weiteren Verlauf erfolgt eine Gegenüberstellung der Vergleichsmethoden, mit dem Ziel geeignete Kriterien für den Vergleich zu ermitteln. Anschließend wird der Demonstrator vorgestellt, anhand dessen die Prozesskettenanalyse erfolgt.

Für die Auswahl der Kriterien wird sich an der Agenda 2030 orientiert [7]. In dieser wurden von der Weltgemeinschaft 17 Sustainable Development Goals (SDG) festgelegt. In dieser Arbeit wird der Begriff Nachhaltigkeit auf die ökologischen Ziele reduziert. Besonderes Augenmerk wird hierbei auf die SDG 12 und 13: „nachhaltiger Konsum und Produktion" und „Maßnahmen zum Klimaschutz" gelegt [7].

2.1 Gegenüberstellung möglicher Vergleichsmethoden

In der Literatur existieren unterschiedliche Möglichkeiten die Nachhaltigkeit eines Produktes bzw. Bauteiles zu bewerten [2, 6, 8, 9]. Hierbei haben sich LCA und PCF als wesentliche Charakterisierungsmöglichkeit herauskristallisiert [2, 6, 8]. Anhand dieser, sind Faktoren zu entschlüsseln, mit welchen die Nachhaltigkeit gemessen und bewertet wird. Abb. 1 kombiniert LCA- und PCF-Ansatz. Zu diesem Zweck wird die Prozesskette von der Rohstoffgewinnung bis zum Recycling betrachtet. Die Vergleichskriterien des LCA werden mit Punkten, die des PCF mit Quadraten, an dem jeweiligen Prozessschritt aufgelistet.

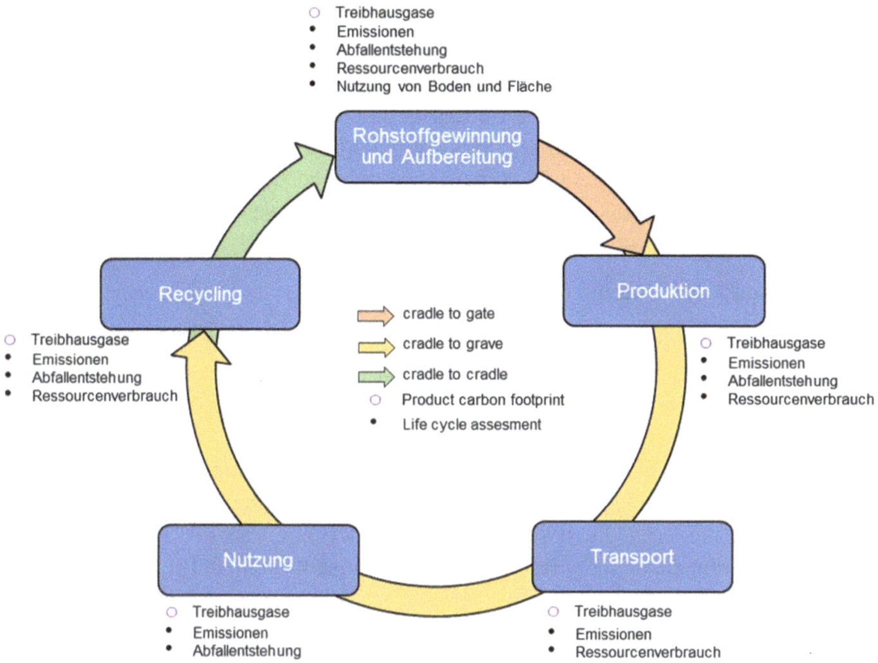

Abb. 1. Parametervergleich des LCA und PCF

Das LCA umfasst die Phasen der Rohstoffgewinnung und Aufbereitung des Rohmaterials sowie, die Produktion, den Transport, die Nutzung und das Recycling. Mithin wird der gesamte Lebenszyklus des Produkts bewertet. Zu diesem Zweck werden Emissionen in die Luft und ins Wasser, die Wirkung auf Boden und Fläche, der Einsatz und Verbrauch von Ressourcen, sowie die Entstehung von Abfall berücksichtigt [6, 8].

Der PCF hingegen rechnet alle über den Lebenszyklus ausgestoßenen Treibhausgase in CO_2-Äquivalente um [2]. CO_2-Äquivalente definieren einen Vergleichswert für die Klimaauswirkungen unterschiedlicher Treibhausgase zu den Auswirkungen von Kohlenstoffdioxid [10].

Zur Quantifizierung der Aspekte wird sich an bereits durchgeführten Untersuchungen der Tital GmbH in Kooperation mit dem Umweltbundesamt orientiert [4]. Diese enthält die Faktoren Abfallaufkommen, Energieverbrauch und CO_2-Aufkommen. Der Vergleich dieser Merkmale wird nur über das LCA abbildbar. Daher erfolgt die ökologische Bewertung der Prozesse anhand derer. Entsprechend werden die Umweltfaktoren den verschiedenen Phasen zugeordnet. Zur Bewertung werden ausschließlich jene Phasen betrachtet, welche einen Einfluss auf die Herstellung und Verwendung des Produkts haben wie: die Rohstoffgewinnung, -aufbereitung, die Herstellung des Bauteils und das Recycling [6, 8].

Der Transport und die Verwendung wurden nicht berücksichtigt. Dieser Tatsache liegt die Annahme des identischen Transportwegs und Verwendungszwecks zugrunde.

Im nächsten Schritt wird die Ermittlungsgrundlage für den CO_2-Ausstoß adressiert. Zu diesem Zweck wird der Stromverbrauch von Referenzmaschinen ermittelt. Anschließend wird mit Hilfe des Strommixes die Verbrauchsanalyse durchgeführt. Das CO_2-Äquivalent der Treibhausgase des aktuellen Strommixes inklusive der Vorkettenemissionen liegt laut Umweltbundesamt bei 445 g pro Kilowattstunde [11]. Vorkettenemissionen beinhalten alle Treibhausgase, welche bei der Förderung, der Aufbereitung, dem Transport und der Speicherung verursacht werden [12].

2.2 Vorstellung der Datengrundlage

Der Ausgangspunkt der Untersuchung ist eine Ausarbeitung der Tital GmbH in Zusammenarbeit mit dem Umweltbundesamt [4]. Hierbei wurde eine zerspanende Demonstratorfertigung für ein Bauteil der Luftfahrt aus der Titanlegierung Ti6Al4V analysiert. Untersuchungsgegenstand war neben dem CO_2-Ausstoß, der Energieverbrauch. Ursächlich für die Auswahl dieser Datengrundlage, als Ausgangspunkt, war zum einen die umfangreiche Aufschlüsselung des Energiebedarfs der Rohmaterialgewinnung, zum anderen die hohen Bauteilanforderungen an die Luft- und Raumfahrt. Diese führen dazu, dass Bauteile in der konventionellen Prozesskette mittels Vollformfräsen gefertigt werden. Das bedeutet, dass bei dieser Art der Fertigung das finale Bauteil aus einem massiven Halbzeug gefräst wird. Bei einer Leichtbaugeometrie (siehe Abb. 2) werden demnach bis zu 90 Prozent des Halbzeugmaterials zerspant. Diese Späne bleiben als Abfall zurück [13].

Die Referenzgeometrie aus [4] ist in Abb. 2 dargestellt. Diese wird frästechnisch aus einer massiven Ausgangsgeometrie mit den Abmaßen $1030 \times 76 \times 185$ mm herausgearbeitet.

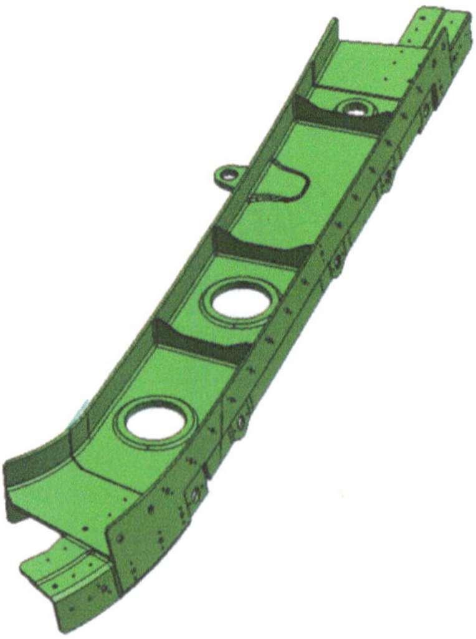

Abb. 2. Demonstrator der Tital GmbH in Kooperation mit dem Umweltbundesamt [4]

Folglich wiegt die Ausgangsgeometrie 67 kg. Das Fertigteil „weist“ lediglich ein Gewicht von sechs Kilogramm auf. Eine hierbei häufig verwendete Kennzahl ist die Buy-to-Fly (BTF-) Rate. Diese ergibt sich aus dem Gewichtsverhältnis von Ausgangsmaterial zu Fertigbauteil [14]. Entsprechend ergibt sich für die Referenzgeometrie eine BTF-Rate von zehn [4].

2.3 Analyse der verglichenen Prozessketten

Aufgrund der Luft- und Raumfahrtanforderungen, welche unter anderem aus der EN9100 resultieren, wird für die konventionelle Fertigung das Vollformfräsen erforderlich [15]. Für die Betrachtung der additiven Verfahren wird das Laserpulverbettschmelzen (L-PBF) und das Wire Arc Directed Energy Deposition (WA-DED) Verfahren analysiert. Gemäß DIN 8580 sind diese dem Urformen zuzuordnen. Dennoch entsprechen die as-build Eigenschaften der additiv gefertigten Bauteile nicht den Anforderungen der Luft- und Raumfahrt [16]. Ursächlich ist eine zu geringe Vorhersagbarkeit der Bauteilqualität, welche aus der geringen Prozessstabilität resultiert [17, 18], sodass Nacharbeitstätigkeiten der Wärmebehandlung wie das sog. Heiß-isostatische Pressen (HIP) erforderlich sind [19]. Hierbei wird das Ausgangsbauteil unter spezifischen Druck und Temperatur über eine bestimmte Zeit unter Inertgasatmosphäre wärmebehandelt. Der einsetzende Sinterprozess führt zu Materialeigenschaften, welche denen eines Schmiedeteils ähnlich sind [20]. Ursächlich ist der erzeugte hydrostatische Druckspannungszustand unter Wärmeeinfluss. Dieser führt zum einen zum Verschließen der Poren aufgrund des aufgebrachten Drucks. Zum anderen erfolgt eine Homogenisierung der Mikrostruktur, welche aus der gezielten Wärmebehandlung resultiert [21].

Abb. 3 stellt die verglichenen Prozessketten gegenüber, bildet die Systemgrenze ab und benennt die beispielhaft berücksichtigten Anlagen.

Titan wird in Deutschland zu 100 % importiert und gehört folglich zu den kritischen Gütern [22]. Das Rohmaterial wird anhand der Informationen aus [4] in die Betrachtung des Ressourcen- und Energiebedarfs einbezogen.

Im **konventionellen Prozesspfad** wird das Halbzeug mittels Vollformfräsen (Chiron FZ 19 S) bearbeitet. Funktionsflächen erhalten anschließend ein Finish mittels Gleitschleifen (Walter Trowal MV32).

Für das Vergleichsverfahren des **Laser Powder Bed Fusion** muss zunächst das Primärmaterial zu Pulver verdüst werden (Blue Power AU 1000). Zu diesem Zweck wird das Rohmaterial unter Inertgasatmosphäre aufgeschmolzen. Anschließend wird die Schmelze unter Zuhilfenahme eines ringförmigen Zerstäubers zu Pulver verarbeitet [23–25]. Die entstandenen Pulverpartikel werden im eigentlichen L-PBF-Prozess (EOS M400–4) lokal aufgeschmolzen, sodass die jeweilige Bauteilschicht gefertigt wird. Zu diesem Zweck wird das Referenzbauteil im vorliegenden Fall mit Faktor 1:3 herunterskaliert damit es in den Bauraum der Anlage passt. Das Bauteil wird durch den sukzessiven Aufbau von 2,5D-Schichten generiert. Hierfür wird das entstehende Bauteil auf der Substratplatte nach jeder Schicht um die definierte Schichtdicke verfahren und jeweils eine neue Pulverschicht aufgetragen, siehe Abb. 4.

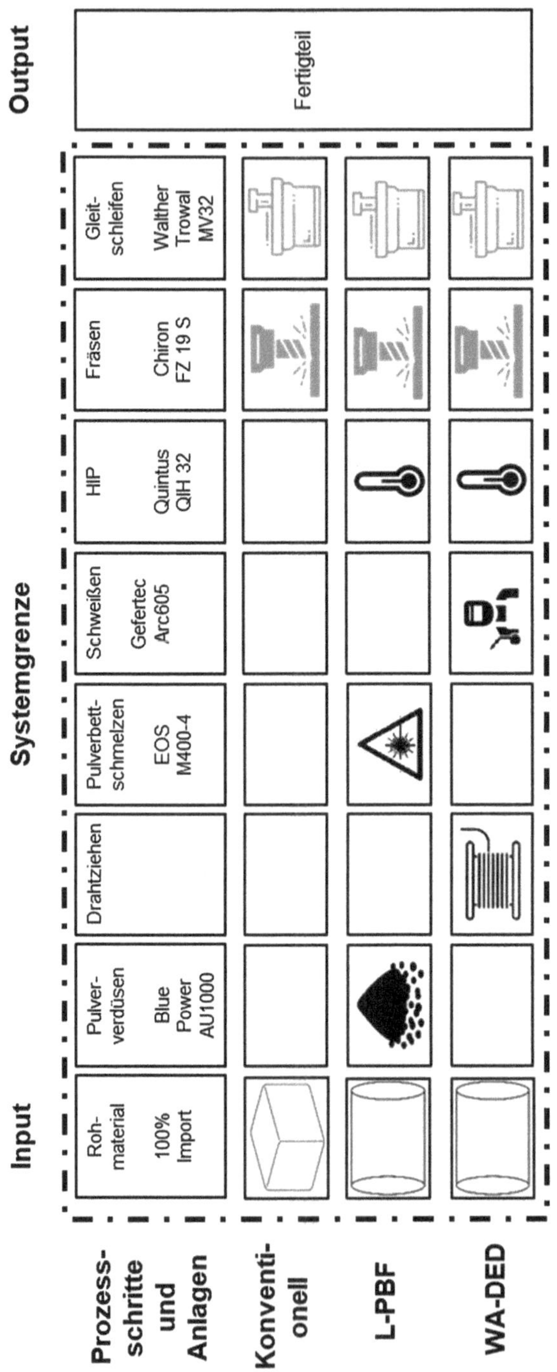

Abb. 3. Gegenüberstellung der Prozessketten und Abgrenzung des Betrachtungsumfangs

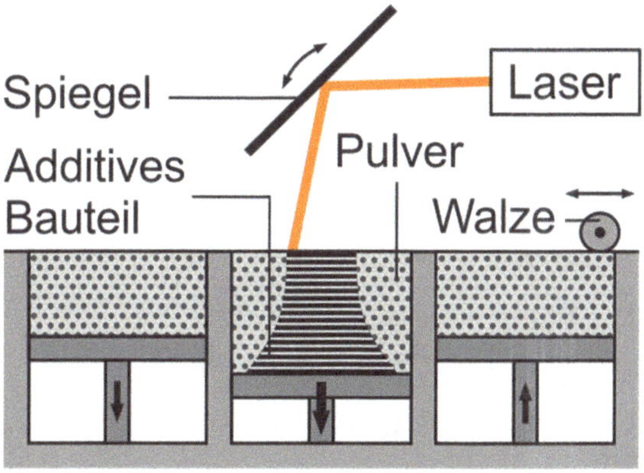

Abb. 4. Schemenhafte Darstellung des L-PBF Prozesses

Aufgrund des verhältnismäßig geringen Fokusdurchmessers des Lasers im Mikrometerbereich wird eine Endkonturnahe sog. Near-Net-Shape Fertigung möglich. Demzufolge ist der Anteil der spanenden Nachbearbeitung des Bauteils gering. Ein weiterer entscheidender Faktor während des Bauteilaufbaus sind die Stützstrukturen. Diese werden einerseits für die Fertigung von Überhängen benötigt. Anderseits ermöglichen diese das gezielte Ableiten von Wärme. Folglich wirken Stützstrukturen dem Verzug entgegen. Der Fertigungsanteil der Stützstruktur ist abhängig von dem zu druckenden Bauteil und dessen Ausrichtung. Im Anschluss an das Verfahren wird die Stützstruktur entfernt und dem Abfallaufkommen zugerechnet [20].

Die erforderliche Wärmebehandlung, wird mittels HIP (Quintus QIH 32) abgebildet. Dieses führt zu einer erhöhten relativen Dichte sowie einer Verminderung innerer Spannungen [19]. Mittels Fräsverfahren wird die Stützstruktur entfernt und die Endkontur weitestgehend hergestellt. Darauffolgend findet ein Gleitschleifprozess statt.

Das **Wire Arc Directed Energy Deposition** ist ein additives Fertigungsverfahren, welches das Bauteil mittels Auftragsschweißen, direkt aus dem Schweißdraht erzeugt. Zu diesem Zweck kommen Lichtbogenschweißverfahren (Gefertec Arc605) zum Einsatz [26], siehe Abb. 5.

Nach dem Fertigen einer Schweißnaht, sind Abkühlzeiten unerlässlich. Anderenfalls würden die Schweißraupen beim erneuten Überschweißen überhitzen. Negative Auswirkungen auf die Bauteileigenschaften und die Bauteilgeometrie wären die Folge [27]. Aufgrund des im Vergleich zum Fokusdurchmessers des L-PBF Lasers von 34 bis 100 µm [28] wesentlich größeren Schweißdrahtdurchmessers von 1,2 mm [29], wird für die Fertigung des Bauteils ein höheres Aufmaß erforderlich. Im Idealfall kann die Substratplatte ebenfalls als Bauteilkomponente verwendet werden. Zur Vereinfachung wird angenommen, dass diese nach der Fertigung des Bauteils vollständig entfernt wird. Wie in den vorherigen Prozessen beschrieben, wird von einem Import des Primärmaterials ausgegangen. Der zugehörige Energieaufwand wird [4] entnommen. Als weiterverarbeitender Prozess wird das Drahtziehen angenommen. Die zugehörigen Werte werden [30] entnommen. Anschließend erfolgt der eigentliche

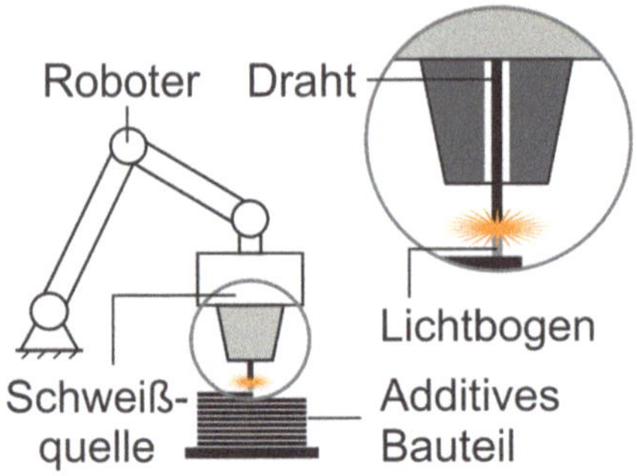

Abb. 5. Schemenhafte Darstellung des WA-DED Prozesses

Auftragsschweißprozess. Die erforderliche Wärmebehandlung erfolgt mittels HIP, gefolgt von der spanenden Nachbearbeitung.

2.4 Kritische Betrachtung der Vergleichsdatengrundlage

Zum Zweck einer ganzheitlichen Prozesskettenanalyse ist eine genaue Abgrenzung der einzelnen Prozessschritte erforderlich. Hierbei weist jeder einzelne Bearbeitungsschritt mehrere Teilprozesse auf, welche wiederum durch spezifische Einflussgrößen charakterisiert werden. In dieser Analyse wird Bezug auf die Verarbeitung der Bauteile genommen. Faktoren wie Transportweg, Transportmittel, Herstellung der Anlagen und Maschinen sowie eine konkrete Energieaufnahme aller Betriebs- und Hilfsmittel werden im Rahmen dieser Arbeit nicht berücksichtigt.

Die Prozessketten sind grundsätzlich variabel. Hierbei ist zu beachten, dass eine abweichende Prozesskette ein anderes Gesamtergebnis erzielen würde. Wesentliche Einflussfaktoren sind zudem die Wirtschaftlichkeit und die Lebensdauer der Produkte, welche aufgrund mangelnder Datenlage in dieser Arbeit nicht weitergehend betrachtet werden können. In dieser Arbeit liegt der Fokus auf den verschiedenen Prozessen und der Verarbeitung des Werkstoffes Titan. Aus diesem Grund wird die Datenabfrage auch auf die benötigte Energiemenge zur Bearbeitung eines Titanbauteils fokussiert. Diese Datenabfrage basiert zu einem Großteil auf Gesprächen mit Experten, welche jahrelange Erfahrung auf ihrem Gebiet vorweisen. Zusätzlich werden Daten von den Anlagenherstellern selbst berücksichtigt. Diese Daten konnten keiner Überprüfung unterzogen werden und müssen übernommen, jedoch kritisch betrachtet, werden.

Außerdem liegt eine Diskrepanz in der Nutzung des Strommixes vor. Auch dieser unterliegt Schwankungen. Ferner ist die Berechnung des CO_2-Äquivalente Ausstoßes durch das Umweltbundesamt lediglich eine Schätzung. Der aktuellste Richtwert des Umweltbundesamtes von 0,445 kg pro Kilowattstunde stammt aus dem Jahr 2023. Dieser enthält entgegen der aktuellen Situation noch einen Anteil von 1,4 % Kernenergie [11]. Dennoch findet der Wert in der vorliegenden Arbeit Anwendung. Zum einen aufgrund des geringen Kernenergieanteils und zum anderen aufgrund der Tatsache, dass in der Untersuchung des Umweltbundesamtes die Schwankungen des Strommixes über das Jahr berücksichtigt wurden. Entsprechend wird davon ausgegangen, dass sich wetterbedingte Schwankungen bei der Erzeugung erneuerbarer Energien ausgleichen. Deshalb wird von der eigenständigen Ermittlung eines Strommixes anhand einer Momentaufnahme abgesehen.

3 Vergleich der Prozessketten – Ergebnis & Diskussion

Der Vergleich der Prozessketten erfolgt anhand des Abfallaufkommens und der Energieverbräuche. Zusätzlich wir der CO_2-Verbrauch ermittelt. Zu diesem Zweck werden zunächst die Ergebnisse der Expertengespräche mit der Literatur in den Kontext gesetzt, um die Datengrundlage zu validieren. Diese dient als Grundlage für die Anwendung des LCA auf verschiedene Bauteile.

3.1 Validierung der Verbrauchsdatengrundlage

Zur Validierung der Daten, wurden Gespräche mit Experten am Fachgebiet Hybride Fertigung der Brandenburgischen Technischen Universität Cottbus-Senftenberg sowie dem Center für hybrid elektrische Antriebe Cottbus (chesco) durchgeführt. Aufgrund der Tatsache, dass keine Maschine zum Drahtziehen in den Forschungseinrichtungen zur Verfügung steht, wurden entsprechende Werte aus [30] übernommen. Die Ergebnisse sind in Table 1 aufgeführt.

Für die Analyse der konventionellen Fertigung wurde ein Energiebedarf von 1335 Kilowattstunden pro Kilogramm ermittelt. Deutlich wird, dass der Energiebedarf der Rohmaterialgewinnung mit 1079 kW rund 80 % der Gesamtenergie beansprucht.

Für den LPBF-Prozess konnte ein Energiebedarf von circa 558 Kilowattstunden ermittelt werden. Ein wesentlicher Unterschied ergibt sich in der benötigten Menge Primärmaterial. Zwar muss zunächst der Bauraum in Höhe des aufzubauenden Bauteils mit Pulver gefüllt werden, jedoch kann über ein Rückgewinnungssystem bis zu 90 % des nicht aufgeschmolzenen Pulvers wiederverwendet werden. Die Energie für die Pulververdüstung wird anhand von bekannten Werten für eine Bronzelegierung in Abgleich mit der jeweiligen Schmelzenthalpie der Vergleichslegierung Ti6Al4V ermittelt. Aus vorherigen Projekten am Fachgebiet Hybride Fertigung ist bekannt, dass die Blue Power AU1000 1,68 kg brauchbares Pulver einer Standard Bronzelegierung ausbringen kann, deren Schmelzenthalpie pro Gramm bei 0,187 kJ/g liegt. Folglich entfallen ca. 314 kJ/h auf das nutzbare Pulver. Bei einer Schmelzenthalpie von Ti von 18,6 kJ/mol und einer molaren Masse von 47 g/mol ergibt sich eine Schmelzenthalpie von rund 0,4 kJ/g. In Verbindung mit dem nutzbaren Energieanteil der Anlage von 314 kJ ergibt sich ein Durchlauf von rund 0,8 kg/h. Die benötigte Pulvermenge wurde anhand von Referenzbauteilen ermittelt. Zu diesem Zweck erfolgte der Vergleich von vier am Fachgebiet Hybride Fertigung bekannten Bauteilen der Luft- und Raumfahrt. Im Mittel ergab sich ein Bauteil-Pulvermengen Verhältnis von acht Prozent. Entsprechend werden für ein Kilogramm Bauteil im Mittel 12,5 kg Pulver benötigt. Der Anteil der benötigten Stützstruktur hängt stark von der Bauraumorientierung ab und variiert laut den Expertenaussagen zwischen zehn und 70 %. In der vorliegenden Arbeit wird vom Optimalfall von circa zehn Prozent ausgegangen.

Table 1. Darstellung der Energiebedarfe der einzelnen Prozessketten

	Prozess-schritt	Rohmaterial	Pulververdüsen	Drahtziehen	Pulverbett-schmelzen	Schweißen	HIP	Fräsen	Gleitschleifen	Summe
	Anlage	–	Blue Power AU 1000		EOS M400-4	Gefertec Arc605	Quintus QIH 32	Chiron FZ 19 S	Walther Trowal MV 32	
	Leistung [kW]	–	20		20	188	20	27	13	
Konven-tionell	Prozessdauer [h]	–						9	1	10
	Energie bedarf [kWh/kg]	1.079						243	13	1.335
L-PBF	Prozessdauer [h]	–	0,8		6,9		7	0,4	1	16,1
	Energie-bedarf [kWh/kg]	237,27	16		138		142,66	10,8	13	557,73
WA-DED	Prozessdauer [h]	–				0,83	7	0,4	1	
	Energie bedarf [kWh/kg]	129,4		30,1 [30]		156,04	142,66	10,8	13	483,58

Ursächlich dafür ist die Tatsache, dass mit sinkender Stützstrukturmenge von einer geringeren Komplexität des Prozesses und mithin von einem stabileren Prozess ausgegangen werden kann. Wird diese Stützstruktur zum Bauteil hinzugerechnet ergibt sich ein Verhältnis von Baueilvolumen zu Pulver von rund neun Prozent.

Der anschließende HIP-Prozess bringt mit Rund 143 Kilowattstunden pro Kilogramm den zweithöchsten Beitrag ein. Dieser Prozessschritt ist jedoch unerlässlich. Der Einfluss der zerspanenden Nachbearbeitung ist zu vernachlässigen.

Der Energiebedarf für die WA-DED Prozesskette beläuft sich auf rund 484 kJ/ Kilogramm und ist folglich am geringsten. Zugrunde liegt die Tatsache, dass für das Rohmaterial mit rund 130 Kilowattstunden pro Kilogramm der geringste Energieverbrauch entsteht. Dies liegt an den Prozessspezifika des Verfahrens, in welchem das Bauteil direkt aus dem Schweißdraht aufgebaut wird. Entsprechend wird dieser abgesehen von einem Aufmaß von ca. zehn Prozent direkt im Bauteil verwertet. Folglich wird weniger Rohmaterial für die Herstellung von einem Kilogramm Fertigbauteil notwendig. Der größte Energieverbrauch entsteht mit ca. 156 Kilowattstunden pro Kilogramm im eigentlichen Schweißprozess. Die Nachbearbeitung ist dem L-PBF Prozess identisch. Catalano et al. vergleichen drei Bauteile aus der Luftfahrt, welche aus Datenschutzgründen nicht genannt werden dürfen. Die Ausarbeitungen ergeben ähnliche Energieverbräuche. Das Drahtziehen wird beispielsweise mit einem Energieverbrauch von rund 30 Kilowattstunden pro Kilogramm angegeben [30]. Dieser Wert wird entsprechend für die vorliegende Untersuchung übernommen. Die Nachbearbeitung mittels Fräsen und Gleitschleifen ist zu vernachlässigen.

3.2 Vergleich des Abfallaufkommens

Das Abfallaufkommen wird in der vorliegenden Arbeit als einer der wesentlichen Einflussfaktoren berücksichtig. Als Abfall wird im vorliegenden Fall der Ausschuss der einzelnen Prozessschritte berücksichtigt. Ein Teil der Prozessenergie fließt ebenso in diesen Ausschuss. Abb. 6 stellt die jeweiligen Ausschussmengen entlang der Prozessketten dar.

Die additiven Fertigungsverfahren weisen wesentlich geringere Ausschussanteile auf. Die WA-DED-Prozesskette erzeugt die geringste Menge an Ausschuss zwischen den Vergleichsprozessketten. Zwar weist die Fertigung mittels WA-DED eine geringere Genauigkeit als die mittels L-PBF auf, jedoch wird der aufgebrachte Draht zu ca. 90 % für das Fertigbauteil verwendet. Folglich ist es nicht erforderlich den Bauraum in Gänze mit dem Ausgangsmaterial zu füllen und lediglich das zu entfernende Aufmaß fällt als Ausschussmenge an. Dieses wird im vorliegenden Fallbeispiel auf 0,2 kg berechnet. Zu beachten ist, dass es sich bei den Ausschussraten um Richtwerte handelt, welche von den erfoderlichen Parametereinstellungen und der Bauraumorientierung abhängen.

Des Weiteren enthalten die Ausschüsse neben dem Rohstoff Titan, weitere Verunreinigungen. Hervorzuheben sind die neun Kilogramm Ausschuss im konventionellen Prozess, dessen Späne mit Kühl- und Schmierstoffen verunreinigt sind. Ein Großteil der Späne wird gesammelt und in die Produktionsländer zurückgesendet, dort aufbereitet und in den Rohmaterialerzeugungsprozess zurückgeführt. Neben oft

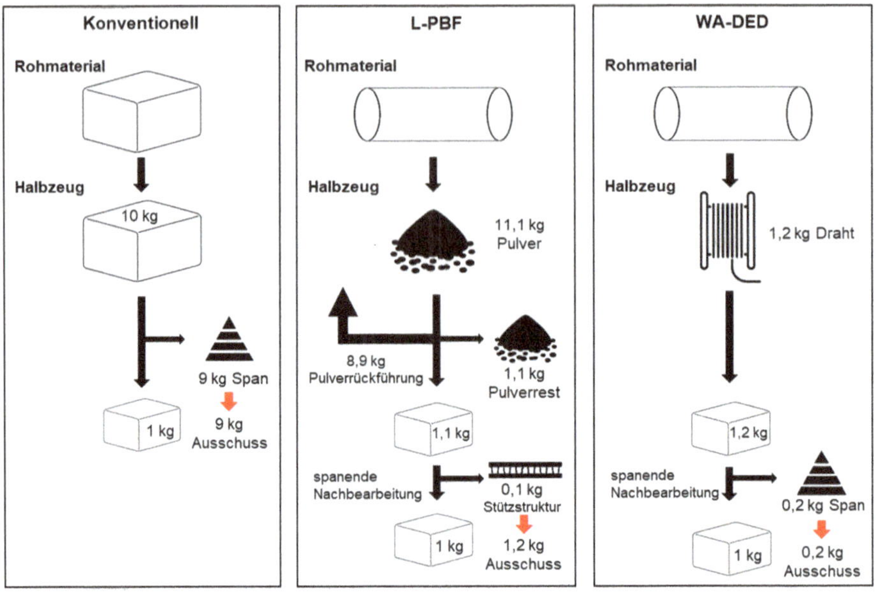

Abb. 6. Gegenüberstellung der Ausschussmengen pro Kilogramm Fertigbauteil

nicht umweltgerechten Aufbereitungsmethoden entstehen zusätzliche Transportwege. Diese könnten über ein Recycling vor Ort vermieden werden. Unter der Annahme, dass ein Recycling des Ausschusses in allen Vergleichsprozessketten identisch wäre, wird ein Recycling zu State oft the Art Bedingungen in der vorliegenden Arbeit nicht genauer berücksichtigt.

3.3 Vergleich des Energieverbrauches

Neben der Analyse der reinen Ausschussmengen erfolgt eine energetische Betrachtung. Zu diesem Zweck werden die benötigten Gesamtenergiemengen dem Ausschuss, respektive dem Fertigbauteil zugerechnet. Zur besseren Vergleichbarkeit wird die benötigte Energiemenge pro Kilogramm Ausschuss, bzw. Fertigbauteil angegeben. Zunächst wird von einer fehlerfreien Prozesskette ausgegangen. Abb. 7 schlüsselt die Energieverbräuche von Ausschuss und Fertigbauteil in den jeweiligen Prozessschritten auf.

Die Abbildung verdeutlicht, dass auf dem konventionellen Pfad von 1335 Kilowattstunden pro Kilogramm, lediglich rund 145 Kilowattstunden in ein Kilogramm Bauteil verwendet werden. Entsprechen sind rund 1189 Kilowattstunden pro Kilogramm im Ausschuss gebunden. Zwar ist die Summe der reinen Fertigungsenergie im Vergleich mit 256 Kilowattstunden pro Kilogramm am geringsten. Jedoch führt die hohe BTF – Rate von zehn dazu, dass die konventionelle Prozesskette im energetischen Vergleich am schlechtesten abschneidet. Dementsprechend übersteigen die im Ausschuss des konventionellen Vergleichsprozesses gebundene Energie die Gesamt-

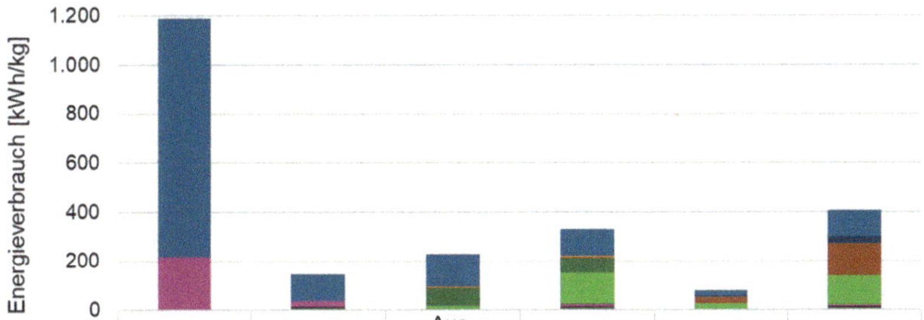

	Ausschuss	Bauteil	Ausschuss	Bauteil	Ausschuss	Bauteil
	konventionelle Fertigung		L-PBF		WA-DED	
Rohmaterial	971	108	129	108	22	108
Pulververdüsen	0	0	7	9	0	0
Drahtziehen	0	0	0	0	5	26
Pulverbettschmelzen	0	0	75	63	0	0
Schweißen	0	0	0	0	26	130
HIP	0	0	14	128	24	119
Fräsen	219	24	0	10	2	9
Gleitschleifen	0	13	0	13	0	13

Abb. 7. Gegenüberstellung des Energieverbrauchs für Ausschuss, bzw. Bauteil nach Prozessschritt

energieverbräuche der additiven Vergleichsprozessketten. Folglich entsteht ein Verhältnis von Ausschuss zu Fertigbauteil von rund 820 %.

Die im Ausschuss gebundene Energie ist bei den additiven Prozessketten im vorliegenden Vergleich geringer als die im Bauteil „gebundene" Energie. Ursächlich sind die geringeren Ausschussmengen. Die größten Positionen im energetischen Vergleich sind zum einen die Rohmaterialgewinnung und zum anderen das HIP. Dieses liegt für die L-PBF Prozesskette mit 145 Kilowattstunden pro Kilogramm leicht über dem Hauptprozess des Pulverbettschmelzens mit 138 Kilowattstunden pro Kilogramm und leicht unter dem Auftragsschweißen mit rund 157 Kilowattstunden pro Kilogramm. Hierbei ist zu beachten, dass im vorliegenden Fall für das eigentliche Pulverbettschmelzen mehr als die Hälfte der Energie in den Ausschuss fließt, obwohl der Laser lediglich die Pulverstellen belichtet, welche zum Bauteil gehören sollen. Ursächlich dafür ist, dass für den Prozess der gesamte Bauraum mit Pulver gefüllt sein muss, auch wenn dieses Pulver nicht aufgeschmolzen wird. Im vorliegenden Beispiel entfällt auf ein Kilogramm Fertigbauteil rund 1,1 kg Pulverausschuss. Dieser wird im eigentlichen Pulverschmelzprozess generiert, weshalb die anfallende Energie dem entsprechenden Prozessschritt zugerechnet wird. Mithin ergibt sich ein Verhältnis von Ausschuss zu Fertigteil von rund 69 %.

Der WA-DED Prozess „weist" die geringste Ausschussmenge auf. Folglich ergibt sich mit rund 77 Kilowattstunden pro Kilogramm die geringste im Ausschuss gebundene Energie. Der wesentliche Vorteil gegenüber der L-PBF Prozesskette liegt im Hauptprozess selbst. Zwar ist dieser mit rund 157 Kilowattstunden pro Kilogramm energetisch aufwändiger als das L-PBF Verfahren. Jedoch wird beim Auftragsschweißen der Draht direkt zur Bauteilfertigung verwendet. Mithin geht nur das vorher geplante Aufmaß als Ausschuss verloren. Der einhergehende Energieverbrauch kann den unterschiedlichen Prozessschritten zugerechnet werden. Entsprechend ergibt sich ein energetisches Verhältnis von Ausschuss zu Fertigbauteil von 19 %.

Zudem besteht die Gefahr, dass Fehler innerhalb der Prozessketten auftreten. Diese können dazu führen, dass das gesamte Bauteil aussortiert werden muss. Im vorliegenden Artikel wird zur Abbildung dieser Möglichkeit von einem Best-Case, einem Worst-Case und einem Durchschnittsfall ausgegangen. Den Best-Case bildet die fehlerfreie Fertigung wie bereits betrachtet ab. Den Worst-Case repräsentiert in der Vorliegenden Arbeit eine Fehlerentdeckung im letzten Prozessschritt und die einmalige vollständige Wiederholung des gesamten Fertigungsprozesses. Für den Durchschnittsfall wurden in der Literatur und in Expertengesprächen Ausfallquoten der jeweiligen Prozessschritte ermittelt, siehe Table 2.

Table 2. Darstellung ermittelten Ausschussquoten je Prozessschritt

Prozess-schritt	Roh-material	Pulver-verdüsen	Draht-ziehen	Pulverbett-schmelzen	Schwei-ßen	HIP	Fräsen	Gleit-schleifen
Aus-schuss-quote	0%	20 % [31]		3 % [32]	5 %	0 %	5 % [33]	0 %

Hierbei ist zu berücksichtigen, dass für das Drahtziehen und das Gleitschleifen keine Fehlerquote ermittelt werden konnte, welche aufgrund der Skalierung auf ein Kilogramm, einen Einfluss auf das Gesamtergebnis mit sich gebracht hätte. Selbiges wird aufgrund der Importquote von 100 % für das Rohmaterial angenommen. Ferner wurden für die Wärmebehandlung mittels HIP keine negativen Einflüsse angenommen und entsprechend kein resultierender Ausschuss betrachtet. Für das Pulververdüsen wurden Referenzwerte des Anlagenherstellers verwendet. Dort wurde für eine Kupferlegierung durchschnittlich ein Sigma-Niveaus von 2,35 angegeben [31]. Das Sigma-Niveau wird in der Six Sigma Logik verwendet um die Prozessstreuung um einen Mittelwert anhand von Vielfachen der Standardabweichung anzugeben. Ein Sigma Niveau von sechs steht hierbei für eine Fehlerrate von 3,4 Fehlern pro Mio. Möglichkeiten [34]. Unter der Annahme, des standardisierten Verfahrens für Titanlegierungen wird ein Sigma-Wert für die Herstellung von Titanpulver wie für Kupferlegierungen angenommen. Dies bedeutet, bei einem durchschnittlichen Sigma-Niveau von 2,35, dass rund 80 % der Ergebnisse innerhalb der Toleranz liegen. Entsprechend wird eine Ausfallquote von rund 20 % angenommen. Die Ausfallquoten wurden anschließend auf die jeweiligen Prozessschritte angewendet. Abb. 8 visualisiert die Verrechnungslogik am Beispiel der L-PBF-Fertigung.

Zur Ermittlung des Durchschnittsfalls wurde ein einmaliger Prozessneustart nach jeden Prozessschritt mit den Ausschussquoten des jeweiligen Prozessschritts berücksichtigt. Abb. 9 stellt die Energieverbräuche der drei Betrachtungsfälle grafisch dar. Hierbei wird die Energiemenge pro Kilogramm Fertigbauteil, welche in den Ausschuss oder das tatsächliche Fertigbauteil geflossen ist, separiert dargestellt.

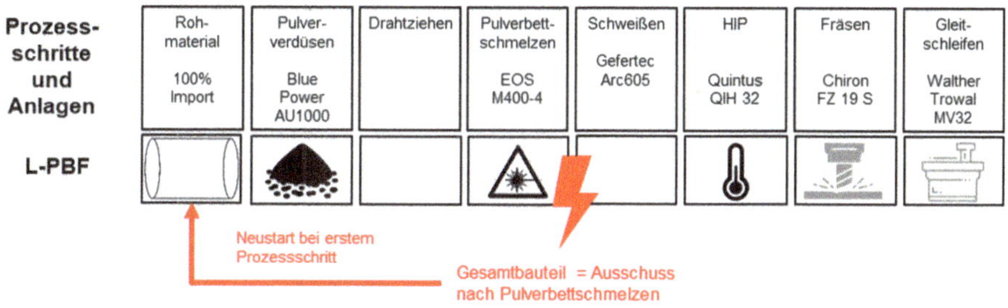

Abb. 8. Darstellung einer Ausschussmöglichkeit in der Durchschnittsbetrachtung

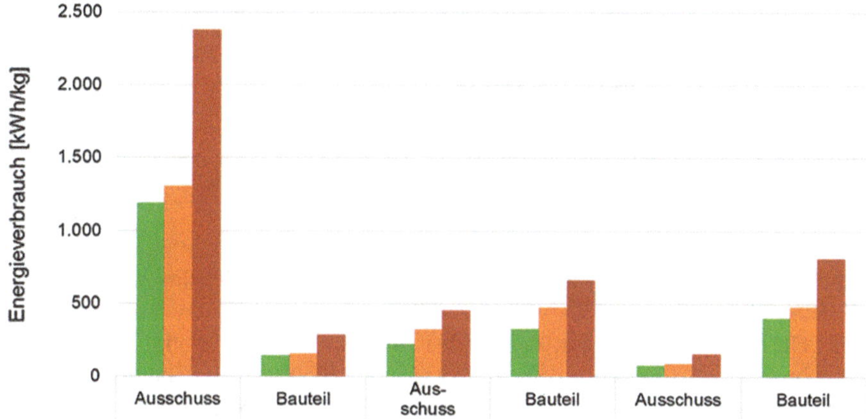

	Ausschuss	Bauteil	Aus-schuss	Bauteil	Ausschuss	Bauteil
	konventionelle Fertigung		L-PBF		WA-DED	
Best Case	1.189	145	227	331	79	405
Durchschnitt	1.308	159	327	477	93	478
Worst Case	2.379	290	454	662	157	810

Abb. 9. Gegenüberstellung der Energieverbräuche von Best-Case, Durchschnitt und Worst-Case

Die Gegenüberstellung verdeutlicht, dass sich für die ermittelten Ausschussquoten keine Änderung in der Reihenfolge der Verfahren in Bezug auf die benötigten Energiemengen pro Kilogramm Fertigbauteil ergibt. Allerdings steigt der Energieaufwand des L-PFB-Prozess für den Durchschnittsfall im Vergleich zum Best-Case stärker an, als der für die konventionelle Prozesskette.

3.4 Vergleich der CO_2 – Emission

Anhand des Energiebedarfes wird eine Aussage zum CO_2-Ausstoß getroffen. Zu diesem Zweck werden die Prozessketten mit Hilfe von CO_2-Äquivalenten verglichen. Dieser erfolgt anhand des Richtwertes des Umweltbundesamtes inkl. Vorkettenemissionen von 0,445 kg pro Kilowattstunden [11]. Abb. 8 stellt den Verbrauch

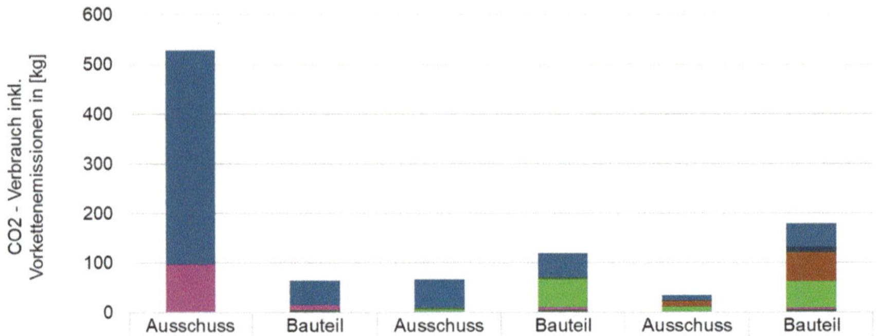

	konv		L-PBF		WA-DED	
	Ausschuss	Bauteil	Ausschuss	Bauteil	Ausschuss	Bauteil
Rohmaterial	432	48	58	48	10	48
Drahtziehen	0	0	0	0	2	12
Pulververdüsen	0	0	3	4	0	0
Schweißen	0	0	0	0	12	58
HIP	0	0	6	57	11	53
Fräsen	97	11	0	5	1	4
Gleitschleifen	0	6	0	6	0	6

Abb. 10. Gegenüberstellung des CO_2-Verbrauchs der Vergleichsprozesskette

aufgeschlüsselt in Ausschussanteil und Fertigteilanteil nach den Prozessschritten dar (Abb. 10).

Die Datenlage verdeutlicht, dass selbst im Best-Case der hohe Ausschussanteil im konventionellen Prozess zu einer enormen Umweltbelastung beiträgt. Von rund 594 kg CO_2 pro Kilogramm Fertigbauteil entfallen ca. 529 kg auf den Ausschuss. Dieser Wert übersteigt den Gesamtausschuss der additiven Vergleichsverfahren, welcher sich auf 248 kg CO_2 pro Kilogramm Fertigbauteil (L-PBF) und 215 kg CO_2 pro Kilogramm Fertigbauteil (WA-DED) belaufen. Entsprechend liegt in der Reduktion des Ausschusses das wesentliche Potential additiver Fertigungsverfahren. Diese ermöglichen, gemäß den Ausarbeitungen, das Potential den CO_2-Ausstoß pro Kilogramm Fertigbauteil zu halbieren. Im Jahr 2022 lag das Importvolumen von Titan in Deutschland bei rund 480.000 t [35]. Unter der Annahme, dass sieben Prozent für die zivile Luftfahrt Verwendung finden [36] ergibt sich ein jährliches Einsparpotential von bis zu 12,3 Mio. Tonnen CO_2. Im Jahr 2023 lag der Anteil an fossiler Stromerzeugung bei 59 % [11]. Mithin ergibt sich bei einem aktuellen CO_2 Zertifikatpreis von 45 EUR pro Tonne [1] ein Einsparpotential von knapp 326 Mio. EUR pro Jahr für den Best-Case der WA-DED – Fertigung gegenüber der konventionellen Fertigung. Abb. 11 stellt dem Best-Case den Durchschnittsfall und den Worst-Case gegenüber.

Für den Durchschnittsfall ergibt sich entsprechend ein CO_2-Verbrauch von rund 496 kg CO_2 pro Kilogramm Fertigbauteil. Im Worst-Case entstehen rund 1188 kg CO_2 pro Kilogramm Fertigbauteil. Die monetären Einsparpotentiale liegen entsprechend bei rund 310 Mio. EUR für den Durchschnittsfall und 646 Mio. EUR für den Worst-Case. Ursächlich für die geringere Ersparnis im Durchschnittsfall ist die Annäherung des CO_2-Verbrauchs von L-PBF und konventioneller Prozesskette.

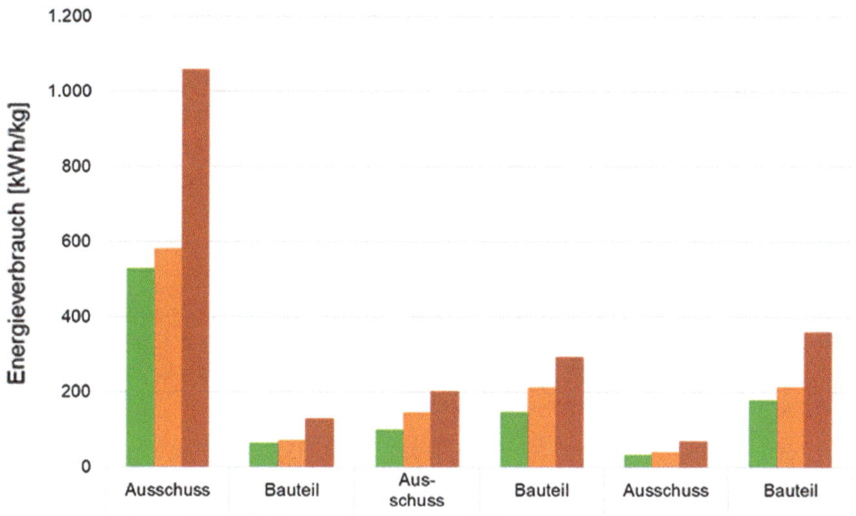

	konventionelle Fertigung		L-PBF		WA-DED	
	Ausschuss	Bauteil	Aus-schuss	Bauteil	Ausschuss	Bauteil
Best Case	529	65	101	147	35	180
Durchschnitt	582	71	145	212	41	213
Worst Case	1059	129	202	294	70	360

Abb. 11. Gegenüberstellung des CO_2-Verbrauchs von Best-Case, Durchschnitt und Worst-Case

4 Fazit

In der vorliegenden Arbeit erfolgte ein „Cradle to Gate" Prozesskettenvergleich zwischen additiver und konventioneller Prozessketten anhand der LCA Methode. Zu diesem Zweck wurden die entstandene Abfallmenge, der Energieverbrauch und der CO_2-Ausstoß, der Prozesse verglichen. Hierbei bindet die Titanrohmaterialgewinnung bereits hohe Energiemengen. Für die Verarbeitung in den Prozessketten kann geschlussfolgert werden, dass die WA-DED-Prozesskette durch eine hohe Aufbaurate und ein geringes Ausschussvolumen der Prozess mit dem geringsten Energieverbrauch ist. Dieser liegt im Best-Case bei 476, im Durchschnittsfall bei rund 571 und im Worst-Case bei rund 967 Kilowattstunden pro Kilogramm Fertigbauteil. Mithin stößt dieser im vorliegenden Vergleich mit rund 215 bis 430 kg CO_2 pro Kilogramm Fertigbauteil am wenigsten CO_2 aus. Die L-PBF Prozesskette folgt mit 248 bis 496 kg CO_2 pro Kilogramm Fertigbauteil. Der konventionelle Fertigungsprozess benötigt, aufgrund hoher Spanabfallanteile von bis zu 90 % die meiste Energie pro Kilogramm Fertigbauteil von aufgerundet 1335 Kilowattstunden im Best-Case, 1487 Kilowattstunden im Durchschnittsfall und 2669 Kilowattstunden im Worst-Case. Die resultierende Abfallmenge, kann aufgrund der verwendeten Kühl- und Schmiermittel nur mit großem Aufwand recycelt werden. Die additiven Methoden bieten die Möglichkeit, komplexe Geometrien herzustellen und durch den gezielten Materialauftrag, Einsparungen an der Abfallmenge zu begünstigen. Daher ergibt sich ein Einsparpotential von über 50 % unter Verwendung der additiven Prozessketten. Dies würde eine Ersparnis zwischen rund 11,7 und 24,3 Mio. Tonnen CO_2 pro Jahr ermöglichen.

Bei einem Anteil fossiler Brennstoffe von rund 59 % (Stand 2023) und einem CO_2-Preis von 45 € pro Tonne ergibt sich eine mögliche Ersparnis zwischen 310 und 646 Mio. Euro pro Jahr.

Ein weiterer Faktor ist die Wärmebehandlung der additiven Prozesse. Diese werden aufgrund der Bauteilanforderungen der Luft- und Raumfahrt erforderlich und benötigen rund 143 Kilowattstunden pro Kilogramm Fertigbauteil. Folglich verbraucht die Wärmebehandlung eine ähnlichen Energiemenge wie die eigentlichen Primärprozesse des Pulverbettschmelzes (138 Kilowattstunden pro Kilogramm) und des Schweißes (157 Kilowattstunden pro Kilogramm).

Im Ergebnis konnte ein Vergleich der konventionellen Prozesskette mit zwei gängigen additiven Fertigungsketten aufgestellt werden und die immensen Einsparpotentiale aufgezeigt werden. Demzufolge kann der Artikel als Beitrag zur Abschätzung der Verbrauchskennwerte dienen.

5 Limitation und Ausblick

Der vorliegende Artikel berücksichtigt hinsichtlich der Datengrundlage einen Abgleich zwischen Literatur und Expertengesprächen. Dennoch wird eine gewisse Limitation der Aussagen erforderlich. Diese resultieren zum einen aus den Besonderheiten der Prozessketten zum anderen aus der limitierten Datengrundlage.

Diesbezüglich ist der Vergleichswert des Rohmaterials zu nennen. Titan gilt aufgrund der Importquote von 100 % als kritischer Rohstoff. Entsprechend beeinflusst das Importland und z. B. dessen Strommix oder Transportentfernung den Energieaufwand sowie den CO_2-Ausstoß wesentlich. Zudem erfolgt die Fallunterscheidung zwischen Best-Case, Worst-Case und Durchschnittsfall anhand von Daten und Experteneinschätzungen, welche nicht durch tatsächliche Datenaufnahmen validiert werden konnten. Ferner wurde nur ein einmaliger Ausschuss des Gesamtbauteils berücksichtigt.

Darüber hinaus ist das Modell auf ein spezifisches Demonstratorbauteil bezogen. Die Bauteilauswahl dieses Demonstrators beeinflusst die Vergleichswerte ebenfalls. Beispielsweise wäre ein kleines Bauteil möglicherweise mehrfach im Bauraum der L-PBF Anlage platzierbar. Folglich würde sich der Ausschuss des Pulvers auf mehrere Bauteile verteilt.

Ferner konnte aufgrund mangelnder Daten keine Aussage über den Einfluss von Betriebs- und Hilfsstoffen getroffen werden. Diese wären für eine vollumfängliche LCA Betrachtung jedoch von Bedeutung. Die gesamte Prozesskette wurde in dieser Betrachtung ohne Transportwege und zusätzliche CO_2-Ausstöße durch Nebenproduktionen durchgeführt. Bezüglich des Recyclings bergen die Forschungen zu Verfahren der Spanaufbereitung und des Spanrecyclings mittels Kaltumformen die größten Einsparpotentiale.

Ziel ist es das Modell zukünftig über die Fertigung von Referenzbauteilen zu validieren und zu optimieren.

Literatur

1. Presse- und Informationsamt der Bundesregierung: CO_2-Preis steigt auf 45 Euro pro Tonne. Presse- und Informationsamt der Bundesregierung (2024)
2. Wütz, S.: Der Product Carbon Footprint: die Erfassung von Treibhausgasemissionen mittels CO_2-Fußabdruck. Diplomica Verlag GmbH, Hamburg (2015)
3. Kokare, S., Oliveira, J.P., Godina, R.: Life cycle assessment of additive manufacturing processes: A review. J. Manuf. Syst. **68**, 536–559 (2023). https://doi.org/10.1016/j.jmsy.2023.05.007
4. Gerke-Cantow, R., Hellwig, C.: Innovative, materialeffiziente Produktion von Titangroßbauteilen mittels Titanfeinguss. Umweltbundesamt, 06844 Dessau-Roßlau
5. Lachmayer, R., Lippert, R.B.: Grundlagen. In: Lachmayer, R. und Lippert, R.B. (hrsg.) Entwicklungsmethodik für die Additive Fertigung. S. 7–20. Springer Berlin Heidelberg, Berlin, Heidelberg (2020)
6. Cao, C.: Sustainability and life assessment of high strength natural fibre composites in construction. In: Advanced High Strength Natural Fibre Composites in Construction. S. 529–544. Elsevier (2017)
7. Presse- und Informationsamt der Bundesregierung: Die 17 globalen Nachhaltigkeitsziele verständlich erklärt. , Dorotheenstraße 84, Berlin
8. Meisel, K., Götz, I.K., Helka, J., Sumfleth, B.: Nachhaltigkeit für Einsteiger:innen mit einer Beispiel-Product Carbon Footprint-Rechnung: Handreichung, https://www.dbfz.de/pressemediathek/weitere-publikationen/broschueren/handreichung-nachhaltigkeit-fuer-einsteigerinnen (2023)
9. Beuth: DIN EN ISO 14044 Umweltmanagement – Ökobilanz – Anforderungen und Anleitungen
10. Bundesministerium für wirtschaftliche Zusammenarbeit und Entwicklung (BMZ): CO_2-Äquivalent, https://www.bmz.de/de/service/lexikon/co2-aequivalent-74624, (2024)
11. Icha, P., Lauf, T.: Entwicklung der spezifischen Treibhausgas-Emissionen des deutschen Strommix in den Jahren 1990–2023
12. Deutscher Verein des Gas- und Wasserfaches e. V.: METHAN- EMISSIONEN DER ERDGAS-INFRASTRUKTUR – Daten, Fakten und Initiativen der Gasbranche. , Bonn (2020)
13. Hannover, I.: Titan: Zu wertvoll für den Abfall. Recyclingverfahren reduziert CO2-Ausstoßes um bis zu 80 Prozent, https://de.industryarena.com/uni-hannover-ifw/blog/titan-zu-wertvoll-fuer-den-abfall-recyclingverfahren-reduziert-co2-ausstosses-um-bis-zu-80-prozent--15693.html. (2020)
14. Rupp, M., Buck, M., Klink, R., Merkel, M., Harrison, D.K.: Additive manufacturing of steel for digital spare parts – A perspective on carbon emissions for decentral production. Clean. Environ. Syst. **4**, 100069 (2022). https://doi.org/10.1016/j.cesys.2021.100069
15. DIN EN 9100:2018-08, Qualitätsmanagementsysteme_- Anforderungen an Organisationen der Luftfahrt, Raumfahrt und Verteidigung; Deutsche und Englische Fassung EN_9100:2018. https://www.beuth.de/de/-/-/289865083
16. Beuth: DIN 8580:2022-12, Fertigungsverfahren_- Begriffe, Einteilung, https://www.beuth.de/de/-/-/331759492
17. Kohlwes, P.: Prozessstabile additive Fertigung durch spritzerreduziertes Laserstrahlschmelzen. Springer, Berlin (2024)
18. Fischer, T.S., Grüger, L., Woll, R.: Modellierung von Einflüssen auf das Wire Arc Additive Manufacturing. Ind. 40 Manag. 2023, (2023). https://doi.org/10.30844/IM_23-5_53-57
19. Nissel, C., Seilstorfer, H.: Werkstoffverbund durch heißisostatisches Pressen (HIP). Chem. Ing. Tech. **56**, 18–23 (1984). https://doi.org/10.1002/cite.330560106

20. Lachmayer, R., Ehlers, T., Lippert, R.B.: Entwicklungsmethodik für die Additive Fertigung. Springer, Berlin Heidelberg (2022)
21. Macherauch, E., Zoch, H.-W.: Praktikum in Werkstoffkunde: 100 ausführliche Versuche aus wichtigen Gebieten der Werkstofftechnik. Springer Fachmedien Wiesbaden, Wiesbaden (2019)
22. Dietewich, S.J.: Kritische Rohstoffe in der EU
23. Linde AG: Additive Manufacturing und Pulvermetallurgie. – Optimale Produktqualität durch maßgeschneiderte Lösungen mit technischen Gasen
24. Grzelak, K., Bielecki, M., Kluczyński, J., Szachogłuchowicz, I., Śnieżek, L., Torzewski, J., Łuszczek, J., Słoboda, Ł, Wachowski, M., Komorek, Z., Małek, M., Zygmuntowicz, J.: A Comparative study on laser powder bed fusion of differently atomized 316L stainless steel. Materials. **15**, 4938 (2022). https://doi.org/10.3390/ma15144938
25. Weißbach, W., Dahms, M., Jaroschek, C.: Werkstoffe besonderer Herstellung oder Eigenschaften. In: Werkstoffe und ihre Anwendungen. S. 421–461. Springer Fachmedien Wiesbaden, Wiesbaden (2018)
26. Costello, S.C.A., Cunningham, C.R., Xu, F., Shokrani, A., Dhokia, V., Newman, S.T.: The state-of-the-art of wire arc directed energy deposition (WA-DED) as an additive manufacturing process for large metallic component manufacture. Int. J. Comput. Integr. Manuf. **36**, 469–510 (2023). https://doi.org/10.1080/0951192X.2022.2162597
27. Pattanayak, S., Sahoo, S.K.: Gas metal arc welding based additive manufacturing—A review. CIRP J. Manuf. Sci. Technol. **33**, 398–442 (2021). https://doi.org/10.1016/j.cirpj.2021.04.010
28. Day, R.: Einfluss des Laserstrahldurchmessers auf das Bearbeitungsergebnis beim Laser Powder Bed Fusion: = Influence of the laser beam diameter on the processing result in laser powder bed fusion. Apprimus Verlag, Aachen (2022)
29. Xiao, X., Wu, D., Komen, H., Meng, L., Zhang, W., Zhao, P., Tashiro, S., Murphy, A.B., Tanaka, M.: Influencing mechanisms of melt behavior on metal vapor characteristic and columnar grain formation in wire-arc directed energy deposition of titanium alloy. Addit. Manuf. **82**, 104029 (2024). https://doi.org/10.1016/j.addma.2024.104029
30. Catalano, A.R., Pagone, E., Martina, F., Priarone, P.C., Settineri, L.: Wire Arc Additive Manufacturing of Ti-6Al-4V components: The effects of the deposition rate on the cradle-to-gate economic and environmental performance. Procedia CIRP. **116**, 269–274 (2023). https://doi.org/10.1016/j.procir.2023.02.046
31. INDUTHERM Erwärmungsanlagen GmbH: Datenblatt Blue Power AU1000, https://www.gifa.de/vis-content/event-GMTN2019.gifa/exh-GMTN2019.2576409/GIFA-2019-Blue-Power-Casting-Systems-GmbH-Product-GMTN2019.2576409-RN7n7XMQTDODLv-PCC0PaaA.pdf
32. Masoomi, M., Thompson, S.M., Shamsaei, N.: Quality part production via multi-laser additive manufacturing. Manuf. Lett. **13**, 15–20 (2017). https://doi.org/10.1016/j.mfglet.2017.05.003
33. Dongguan City Longsheng Hardware Technology Co., Ltd: Was ist die normale Ausschussrate bei der CNC-Bearbeitung?, https://www.longshengmfg.com/de/what-is-normal-scrap-rate-for-cnc-machining/, (2023)
34. Pfeifer, T., Schmitt, R., Masing, W.: Hrsg: Masing Handbuch Qualitätsmanagement. Hanser, München (2021)
35. Statistisches Bundesamt: Jährliche Importmenge von Titan in Deutschland in den Jahren 2010 bis 2022. (2023)
36. Arnold, B.: Werkstofftechnik für Wirtschaftsingenieure. Springer, Berlin (2013)

Definition von Grenzen zur multispektralen Überwachung der Pflanzenvitalität

Martin Richter[1(✉)], Maik Rosenberger[1], und Gunther Notni[1,2]

[1] Fakultät für Maschinenbau, Fachgebiet für Qualitätssicherung und Industrielle Bildverarbeitung, Technische Universität Ilmenau, Ilmenau, Deutschland
richter.martin@tu-ilmenau.de

[2] Fraunhofer-Institut für Angewandte Optik und Feinmechanik IOF, Jena, Deutschland

Zusammenfassung. Die kommenden Jahre werden aufgrund der Auswirkungen des Klimawandels, wie Trockenheit und Schädlingsbefall, neue Herausforderungen für die Waldbewirtschaftung mit sich bringen, um die Artenvielfalt und das Gleichgewicht der Vegetation zu erhalten. Der Einsatz verschiedener Sensortechnologien ermöglicht es, Veränderungen frühzeitig zu erkennen und geeignete Maßnahmen zur Schadensbegrenzung zu ergreifen. Die multispektrale Bildgebung ermöglicht dabei nicht nur die berührungslose Erfassung von Vitalparametern, sondern auch die Erfassung von spezifischen Pflanzenmerkmalen wie Chlorophyllgehalt, Stickstoffverbrauch oder photosynthetische Aktivität in quantifizierbarer Größe durch den Einsatz von Vegetationsindizes. Durch die Einbindung in etablierte Methoden des Qualitätsmanagements, wie z. B. Kontrollkarten, können Krankheitssymptome frühzeitig erkannt und die Wirkung der getroffenen Maßnahmen bewertet werden. In dem hier untersuchten Verhalten verschiedener für den Thüringer Wald typischen Baumarten unter Wassermangel konnten Warnzeichen des Austrocknens bereits nach wenigen Tagen erfasst werden.

Schlüsselwörter: Multispektrale Bildgebung · Waldgesundheit · Fernüberwachung

1 Motivation

In den letzten Jahren sind die Auswirkungen des Klimawandels auf die deutschen Wälder deutlich geworden. Starke Stürme in den Jahren 2017 und 2018, direkt gefolgt von extremer Trockenheit und hohen Temperaturen bis 2020, zeigten eine deutliche Schwächung der Baumvitalität bei allen Baumarten durch frühzeitigen Fruchtansatz

R. Jochem und M. Meyer (Hrsg.), *Rethinking Quality – Wandel des Qualitätsmanagements durch Digitalisierung und Künstliche Intelligenz*,
https://doi.org/10.1007/978-3-658-47213-9_8

und Blattabwurf. Diese Entwicklung begünstigte die starke Ausbreitung von Schädlingen wie dem Borkenkäfer [1]. Die notwendige Rodung und Entfernung des minderwertigen Schadholzes hat neben den wirtschaftlichen Verlusten auch kritische und weitgehend noch unbekannte langfristige Folgen für das Ökosystem Wald. Für die Wiederaufforstung ist es daher unabdinglich, die Monokulturen aus Fichte, Kiefer und Buche [1] die das Waldbild dominieren mit zukunftsrelevanten Arten wie Douglasien und Lärchen zu diversifizieren. Zugleich bieten die Umstrukturierung des Waldes die Möglichkeit den oft noch von Tradition und Handarbeit geprägten Sektor der Forstwirtschaft mit modernen Methoden und Technologien zu ergänzen. Ein kritischer Bereich stellt hierbei die Bewertung der Gesundheit der gepflanzten Setzlinge dar, welche in der Regel nach ihrer Pflanzung aufgrund der Abgelegenheit der Pflanzorte und den hohen Personalaufwands wenig bis keine Pflege erhalten [2]. Selbst dann erfolgt die Gesundheitsbewertung nach qualitativen Merkmalen, wie Laubdichte, -verfärbung oder dem Vorhandensein von Pilzbefällen [3]. Kombiniert mit anhaltenden Saatgutknappheiten aufgrund der Trockenheit [4], gilt es hier die Überlebenschancen individueller Pflanzen im großen Rahmen autonom, zeitnahe und unabhängig von menschlichen Eindrücken zu erfassen.

Eine Möglichkeit diese Aufgabe zu realisieren bietet die Fernerkundung in Form von multi- und hyperspektraler Bildgebung, welche sich in vergleichbaren Situationen bereits in der Landwirtschaft als ideales zerstörungsfreies Messinstrument für die Gesundheitsüberwachung bewiesen hat [5–7]. Hier stellen insbesondere Vegetationsindizes ein vielversprechendes Gütemaß dar, da diese nicht nur in der Lage sind die komplexen biochemische Veränderungen von Pflanzen unter Stress frühzeitig unter Verwendung weniger spektraler Kanäle zu erkennen, sondern diese auch als quantitative Größe auszudrücken. In Kombination mit den Fortschritten in den Bereichen der autonomen Robotik, angeführt durch bodenschonende Schreitroboter wie dem Roboterhund Spot von Boston Dynamics (Abb. 1) eröffnen sich hier neben den Prüfaufgaben weiterführende Aufgabenbereich, über einfache Transportaufgaben bis hin zu vollautonomen durchführen der Pflanz- und Pflegetätigkeiten.

Da bei den Vegetationsindizes jedoch nicht von einer allgemeinen Anwendbarkeit auf alle Pflanzenarten geschlossen werden kann [7], gilt es als ersten Schritt die Eignung dieser Vegetationsindizes zur Stresserkennung bei den typischen Baumarten der Forstwirtschaft zu validieren und hinsichtlich ihrer Genauigkeit und Vorhersagefähigkeit zu bewerten.

2 Stand der Technik

Zur Bewertung der Vegetationsindizes gilt es im ersten Schritt die Wellenlängen von vielversprechendsten spektralen Indizes zu definieren. Hauptschwerpunkt sind hier Veränderungen die vorrangig durch Wasserstress hervorgerufen werden, wie Chlorophyllgehalt, Wasserhaushalt und Photosyntheseaktivität. Diese Stressart stellt nicht nur eine der aktuellen Hauptprobleme im Forstbereich dar, sondern lässt sich auch durch das Abtrennen von Baumzweigen im Labor mit zeitnahen Ergebnissen simulieren. Das Erfassen der Gesundheitsparameter erfolgt dabei in zwei Durchläufen. Im

Abb. 1. Roboterhund Spot von Boston Dynamics als Plattform für Sensorik und Transport für eine Pflanzaktion. (Bildquelle: Martin Richter, TU-Ilmenau)

ersten erfolgt die Aufnahme eines umfänglichen Datensatze verschiedener Baumarten mittels Hyperspektraler Bildaufnahme, wodurch spektral hochaufgelöste Datensätze erzeugt werden Anhand welcher die verschiedenen Indizes getestet werden. Basierend auf diesen Untersuchungen wird im Anschluss die Datenaufnahme mit einer multispektralen Kamera für vielversprechende Indizes wiederholt. Um die Tauglichkeit im Feld zu validieren.

2.1 Vegetationsindizes

Grundlage für die hier durchgeführten Untersuchungen stellen die sogenannten Vegetationsindizes dar. Diese bilden die Grundlage für eine großflächige zerstörungsfreie Gesundheitsüberwachung in der Landwirtschaft, da sie ein einfaches Instrument für die Durchführung komplexer Spektralanalysen darstellen. Grundlage bildet der charakteristische Spektralverlauf grüner Vegetation mit einer hohen Absorption im sichtbaren Spektralbereich (VIS) bis etwa 700 nm durch das Chlorophyll der Pflanze und der hohen Reflektion durch die Zellstruktur im Infrarotbereich um 800 nm (NIR). Eine hohe Absorption im VIS Bereich in Kombination mit einer hohen Reflexion im NIR drückt hierbei eine Chlorophyllhaltige pflanze mit guter Wasserversorgung aus und kann durch den NDVI (normalized difference in vegetation index) als ein Zahlenwert zwischen 0 und 1 ausgedrückt werden. Neben dem NDVI und dessen Subvarianten wie dem RENDVI oder der MCARI, existieren weitere Indizes, welche auf die Photosynthetische Aktivität oder den Wassergehalt. Eine Auflistung der hier verwendeten Indizes zeigt Tab. 1 zusammen mit den benötigten Wellenlängen. Die Wahl der dargestellten Indizes basierend zum Großteil, auf den von von Einzmann et al. [6] an Kiefern durchgeführten Studie. Hinzu kommen jedoch mit dem NEI ein neuer Index zur Bewertung des Verhältnisses zwischen Stickstoffverbrauch und photosynthetischer Aktivität [8–10].

Tab. 1. Angewendete Vegetationsindizes

Abkürzung und Name	Messgröße	Gleichung	Quelle
MCARI Modified chlorophyll absorption in reflectance index	Änderung Chlorophyllgehalt	$\left(\begin{array}{c} R700 - R670- \\ 0.2 \cdot (R700 - R550) \end{array}\right) \cdot \frac{R700}{R670}$	[11]
NDVI Normalized difference vegetation index	Änderung Chlorophyllgehalt	$\frac{R800-R680}{R800+R680}$	[12]
RENDVI Red edge normalized difference vegetation index	Änderung Chlorophyllgehalt	$\frac{R750-R705}{R750+R705}$	[13]
NEI Nitrogen efficiency index	Photosynthetische Produktivität	$\frac{1.8+\frac{R680}{R850}\cdot R760+R680}{R850+R680}$	[9]
PRI Photochemical reflectance index	Photosynthetische Produktivität	$\frac{R531-R570}{R531+R570}$	[8]
REIP Red edge inflexion point index	Wendepunkt Rot- zu Infrarotbereich	$R700 + 40 \cdot \frac{R670-R780}{R740-R700}$	[14]

Wir verwenden den normalisierten Differenzvegetationsindex (NDVI), einen Standardindex für die Erkennung von Vegetation, um die Vegetationsfläche durch Binarisierung von der Umgebung abzugrenzen. Die Anwendung der resultierenden Maske auf andere Indizes ermöglichte es uns dann, den Mittelwert über den grünen Bereich der Stichprobe zu extrahieren. Um die Wirksamkeit der einzelnen Indizes und die Auswirkungen von Veränderungen zu bewerten, führten wir eine polynomiale Regressionen zweiten Grades mit den berechneten Indexwerten durch. Da keine chemische Analyse der Proben erfolgt, beziehen sich diese Regressionen auf die Zeit der Austrocknung. Es wird davon ausgegangen, dass die Indizes mit der besten Übereinstimmung zwischen den berechneten Daten und der angepassten Funktion auch am besten geeignet sind, Stress zu erkennen, da sie eine klar definierbare Reaktion auf die Austrocknung zeigen. Gleichzeitig können Indizes mit hoher Regressionsrate und hoher Stabilität im gesunden Zustand zur Festlegung von Warn- und Eingriffsgrenzen herangezogen und damit die Verwendung von industriell etablierten Regelkarten für Überwachungsaufgaben genutzt werden. Im Gegensatz zum etablierten industriellen Fall kann jedoch nicht von einer Normalverteilung der Indexwerte ausgegangen werden, da die Messgrößen Chlorophyllgehalt oder photosynthetische Aktivität vom Pflanzenwachstum, aber auch von lokalen Umweltparametern abhängig sind.

2.2 Hyperspektrale Datenerfassung

Für die Generierung des initialen hyperspektralen Datensatzes wurden Baumproben von lokal wachsenden Fichten, Kiefern, (Spitz)-Ahorn sowie (Winter-)Linde gesammelt und im Labor über einen Zeitraum von bis zu 600 h mittels einer inno-spec „Green-Eye" überwacht. Jedes Bild besteht hierbei aus 1312 horizontalen Pixeln mit einer Tiefe von 12 Bit und 1082 Spektralkanälen mit einer Auflösung von 0,7 nm im Bereich von 400 nm bis zu 1000 nm und deckt somit sowohl den sichtbaren Spektralbereich (VIS-Visual), als auch den unteren Infrarotbereich (NIR-Near Infrared) ab. Um die vertikale Dimension zu erfassen, wird der Probentisch zwischen den einzelnen Aufnahmen automatisch bewegt. Kamera und Probentisch sind dabei in einer lichtdichten Kabine montiert, um Kontamination mit Fremdlicht auszuschließen. Die benötigte Beleuchtung liefern zwei im Messaufbau montierte Halogenlampen (Abb. 2).

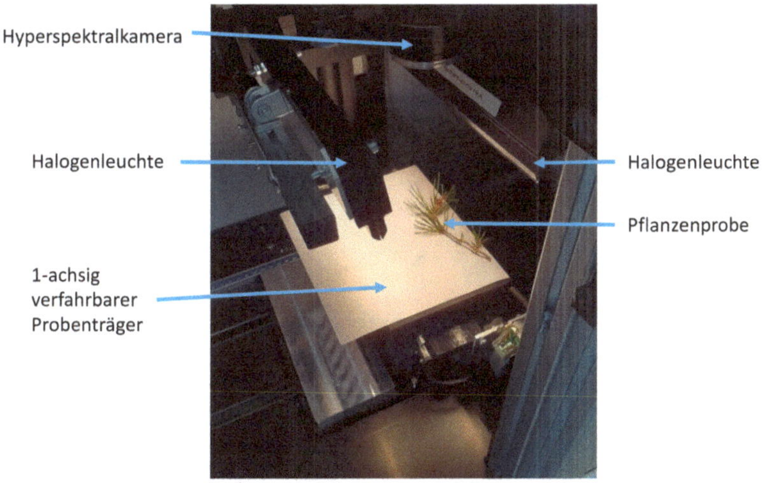

Abb. 2. Hyperspektraler Messaufbau zur Analyse von Pflanzenproben

Vor jeder Messung führen wir zudem eine Kalibrierung der Sensorempfindlichkeit und des Beleuchtungsprofils durch, indem wir einen Teflonstreifen mit und ohne aktive Beleuchtung aufnehmen. Mit diesen kann das Spektralprofil der anschließend aufgenommenen Pflanzenproben in das Reflexionsspektrum überführt werden.

3 Untersuchungen & Ergebnisse

Obwohl mit Fichte, Kiefer, Linde und Ahorn nur eine kleine Auswahl möglicher Baumarten von uns untersucht wurde, zeigten diese bereits sehr unterschiedliches Verhalten auf den akuten Wassermangel. Vor allem die immergrünen Nadelbäume zeigten in der ersten Woche nach der Entnahme der Probe vom Baum kaum optische Veränderungen. Nach 15 Tagen (360 h) zeigte die Fichte einen starken Nadelverlust, der die Probe 4 Tage später entlaubte. Im Vergleich dazu zeigte die Kiefer im gleichen Zeitraum keinen Nadelverlust. Auch nach zwei weiteren Wochen blieb die Probe unverändert. Spektral hingegen zeigte der klassische NDVI, dass beide Proben kurz nach der Entnahme und dem Transport ins Labor geringe Schwankungen aufwiesen, die jedoch in den ersten 200 h weniger als 2 % vom Ausgangswert abwichen (Abb. 3). Bis zum Beginn des Nadelverlustes bei der Fichte um 360 h steigt die Abweichung des NDVI auf 5,5 % und des RENDVI auf 8 % (Abb. 4). Bei der Kiefer hingegen ist zu diesem Zeitpunkt ebenfalls ein Rückgang zu verzeichnen, wobei die Abweichung um über 2 % zunimmt und sich im Laufe der Zeit auf 15 % erhöht. Der Mittelwert der Zunahme wird auch hier zwischen 7 % und 8 % Abweichung des NDVI erreicht. In beiden Fällen reagiert der RENDVI mit seinen angepassten Grenzwerten empfindlicher auf diese kleinen Rückgänge, wobei der Grenzwert von 2 % in den ersten 200 h bei beiden Proben nicht überschritten wird.

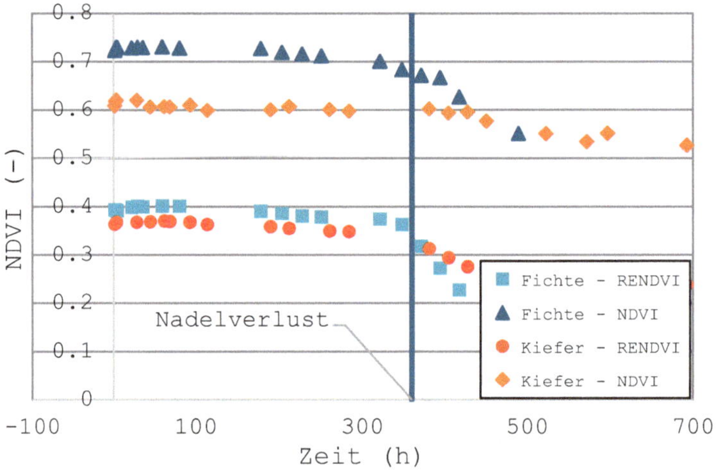

Abb. 3. (RE)NDVI Verlauf des Austrocknens für Kiefer und Fichte

Im Gegensatz dazu zeigten die Laubbäume fast alle relevanten Veränderungen innerhalb der ersten 48 h nach der Trennung der Proben, wobei das Ausmaß der Veränderungen des NDVI bei Ahorn und Linde 4 % nicht überstieg. Beim empfindlicheren RENDVI überschreitet die Ahornprobe nach 28 h die 2 %-Grenze und steigt nach 170 h steil auf einen Grenzwert nahe 15 % an (Abb. 5). Die Lindenprobe verhält sich ähnlich, steigt jedoch unmittelbar nach der Abtrennung stark an und überschreitet bereits nach 4 h den Grenzwert von 2 %. Nach einer Differenz des RENDVI-Wertes von ebenfalls 15 % flacht der Anstieg bei der Linde nach 200 h ab (Abb. 6). Optisch gab es bei beiden Proben keine offensichtlichen Veränderungen, abgesehen von der Abnahme der Biegsamkeit der Blätter aufgrund des Wassermangels.

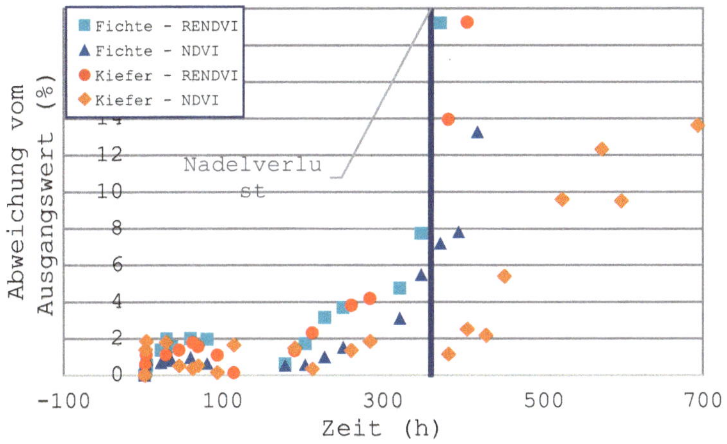

Abb. 4. Prozentuale Abweichung der Indizes bezogen auf den Ausgangswert (Fichte und Kiefer)

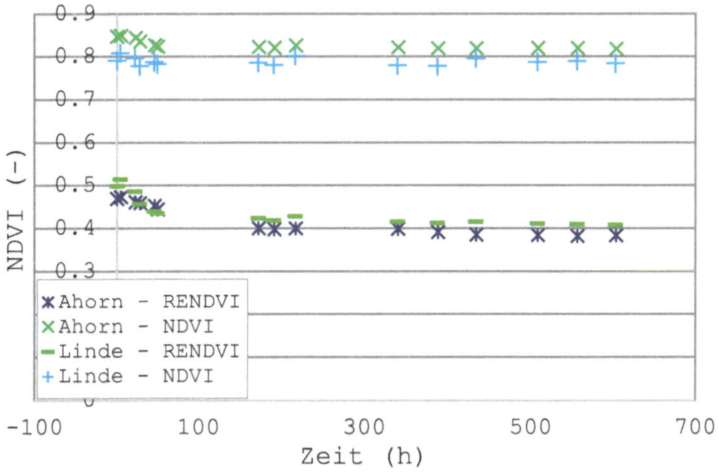

Abb. 5. (RE)NDVI Verlauf des Austrocknens für Ahorn und Linde

Im Vergleich zu den Nadelbäumen wird hier der Unterschied in der Empfindlichkeit zwischen RENDVI und NDVI deutlich. Der NDVI zeigt bei beiden Laubbaumproben nur eine geringe Reaktion. Während der Ahorn wie die Nadelbäume einen Knick mit einem Wendepunkt bei etwa 2 % aufweist, liegen bei der Linde alle Werte nahe bei oder unter 2 % und zeigen somit keine Reaktion. In beiden Fällen könnte der deutlich höhere Chlorophyllgehalt des Laubes diesen Index „übersättigen", so dass die sehr schnellen Veränderungen überdeckt werden.

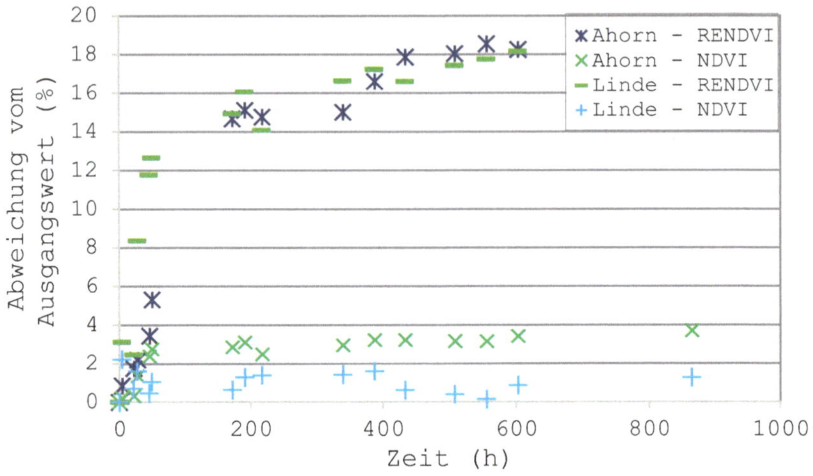

Abb. 6. Prozentuale Abweichung der Indizes bezogen auf den Ausgangswert (Ahorn und Linde)

Obwohl ein Polynom zweiten Grades wegen des charakteristischen Knicks nur bedingt zur Vorhersage der Werte geeignet ist, zeigt die Regression der Werte über die Zeit für den RENDVI und den NDVI eine hohe bis sehr hohe Anpassung an die Funktion mit einem Regressionswert von mindestens 0,68 und Höchstwerten von über 0,9.

Wie bereits festgestellt, erlaubt der NDVI praktisch keine Vorhersagen für die Linde, was hier durch das sehr niedrige R2 von weniger als 0,1 zum Ausdruck kommt. Auch für die anderen Indizes hat die Linde die geringste Prognosefähigkeit, wie der Vergleich des Bestimmtheitsmaßes R2 in Abb. 7 zeigt.

Von den anderen analysierten Indizes zeigen NEI, REIP und MCARI ebenfalls eine gute Vorhersagekraft für einzelne Baumarten, wobei alle drei für Ahorn sehr gut geeignet zu sein scheinen. Obwohl der NEI-Wert für die Winterlinde niedrig erscheint, spiegelt er deutlich den RENDVI wider. Diese weist einen starken Abfall der photosynthetischen Aktivität bis zu einer RENDVI-Änderung von 8 % bei 50 h auf, ab welchen sich der Wert stabilisiert (Abb. 8). Die Kieferprobe zeigt ebenfalls eine identische Kurve, während die Ahorn- und Fichtenproben keinen Knickpunkt aufweisen. Im Vergleich zum RENDVI oder NDVI lassen sich jedoch keine klaren Grenzen für die beobachteten Effekte, wie z. B. der Nadelausfall der Fichte, definieren.

Obwohl sowohl MCARI (Abb. 9) als auch der der REIP (Abb. 10) eine Reaktion auf Austrocknung zeigen, lassen sich auch hier keine klaren Grenzen definieren. Im Falle der Kiefer zeigen beide Indizes einen Extremwert, der mit dem Wendepunkt des NDVI korreliert. Nach dem Wendepunkt fällt der Wert jedoch wieder auf das vorherige Niveau zurück und sinkt dann nur noch geringfügig. Aufgrund dieses Verhaltens könnte ohne weitere Indizes oder Informationen eine falsche Schlussfolgerung über den Gesundheitszustand der Pflanze gezogen werden. Bei den anderen Proben

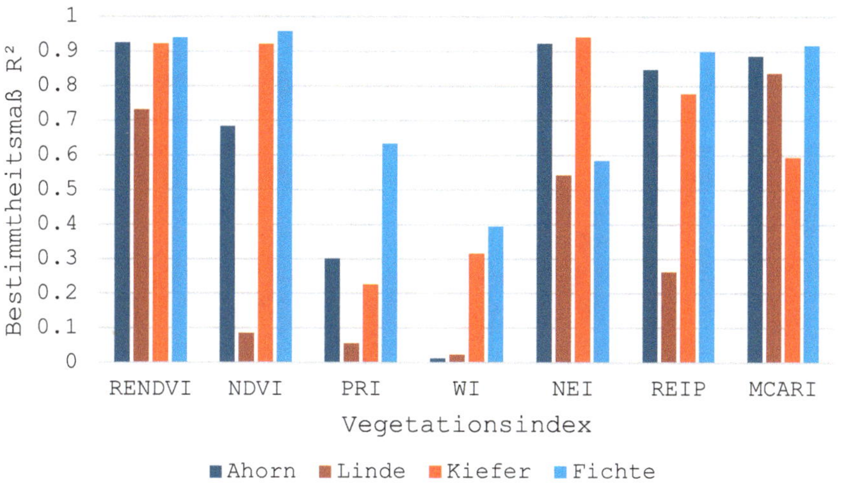

Abb. 7. Vergleich der Bestimmtheitsmaße für untersuchten Vegetationsindizes aus den Hyperspektralmessungen

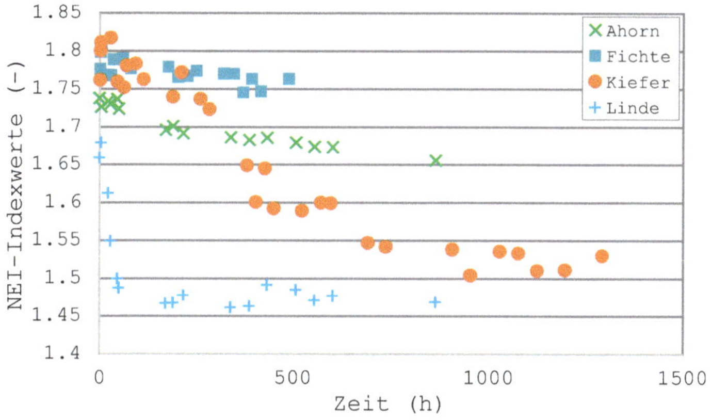

Abb. 8. Photosynthetische Aktivität nach NEI-Index für alle vier Proben

zeigt der MCARI einen nicht normalisierten und umgekehrten Verlauf der NDVIs. Im Vergleich zum NDVI oder dem RENDVI schwanken die Werte jedoch stark, so dass auch hier keine eindeutigen Grenzwerte gezogen werden können.

Beim Wasserindex (WI) und beim Photosyntheseindex (PRI) zeigt keine der Proben ein stabiles Verhalten, das für zukünftige Vorhersagen genutzt werden kann. Der hohe PRI-Wert der Fichte ist auf eine sehr geringe Streuung der Indexwerte zurückzuführen, die jedoch keinen Trend erkennen lassen.

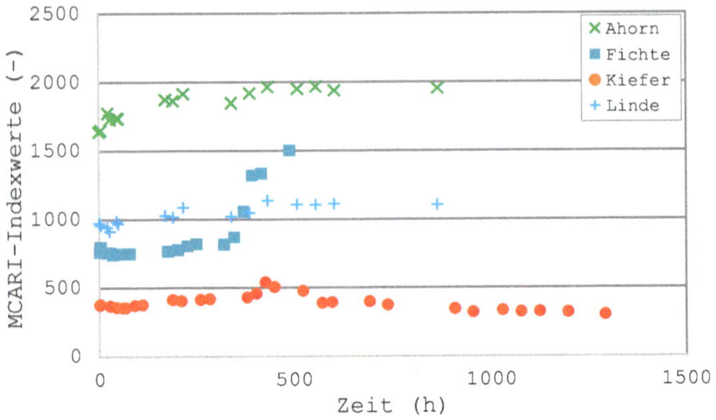

Abb. 9. Chlorophyllgehalt nach MCARI-Index für alle vier Proben

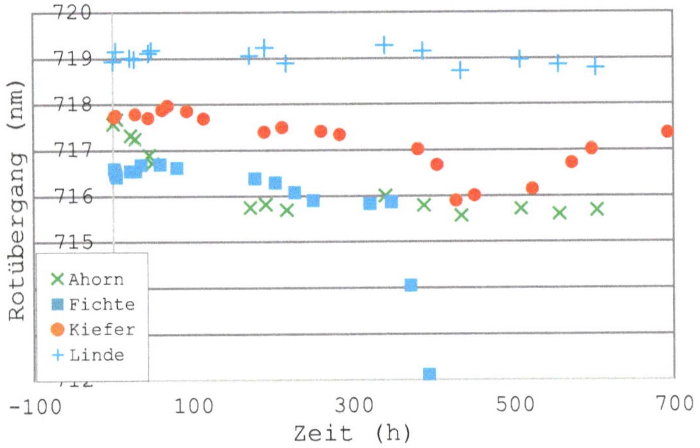

Abb. 10. Rotpunktübergang vom stark absorbierenden Rotbereich zum reflektierenden Infrarotbereich nach REIP-Index für alle vier Proben

4 Zusammenfassung der Ergebnisse und Bewertung

Auf Grundlage der durchgeführten Untersuchungen wird ersichtlich, dass der modifizierte Rotpunkt-NDVI (RENDVI) sowohl für Nadel- als auch für Laubbäume einen prognostizierbaren Gesundheitsverlauf aufweist. Anhand des Verlaufs können mit Hilfe definierter Schwellenwerte kritische Gesundheitszustände der Vegetation ermittelt werden. Insbesondere bei den Nadelbaumproben, die eine zeitliche Verzögerung zwischen der Trennung vom Baum und dem Auftreten von Wassermangelsymptomen aufweisen, haben sich zwei kritische Schwellenwerte herauskristallisiert: (1) ein geringes Schwanken der Werte von maximal 2 % und (2) einen rapiden Abfall, bei dem ab 8 % erste Schaderscheinungen bemerkbar werden, wie beispielsweise Nadelverlust (Fichte). Bei den anderen Pflanzenprobe korreliert dieser Schwellenwert auch mit anderen Messgrößen wie der photosynthetischen Aktivität (NEI), die bei Ahorn, Linde und Kiefer einem Wertabfall von 50 % gemessen am Ausgangswert und dem sich einpendelnden Grenzwert entspricht. Bei der Fichte ist dies nicht feststellbar, da hier die untere Aktivitätsgrenze aufgrund des Nadelverlustes nicht erreicht wird.

Da auch die Indizes MCARI und REIP an dieser Grenze ein vergleichbares Verhalten zeigen, kann davon ausgegangen werden, dass eine Veränderung des RENDVI-Index von 8 % einen geeigneten Grenzwert darstellt. Inwieweit Erholungsmaßnahmen zur Revitalisierung der Jungpflanzen oberhalb dieses Grenzwertes noch wirksam eingesetzt werden können, muss in zukünftigen Versuchen validiert werden. Ausgehend von der Beobachtung der Fichte mit ihrem übermäßigen Nadelverlust bei Überschreitung des 8 % Schwellwerts ist dieser Wert weniger als Eingriffsgrenze, sondern vielmehr als kritische Wertgrenze zu verstehen, die zum Erhalt der Pflanze nicht unterschritten werden darf. Für Nadelbäume kann auch ein klassischer NDVI als Alternative für die Überwachung in Betracht gezogen werden. Aufgrund der geringeren Chlorophyll-Empfindlichkeit ist dieser Index jedoch anfälliger für Rauschen in den Spektralkameras und der Umgebungsbeleuchtung, so dass die untere Schwelle von 2 % unverändert bleibt, während die kritische Grenze von 8 % auf eine Wertänderung von 5 % sinkt. Aufgrund der Übersättigung des ermittelten NDVI infolge des höheren Chlorophyllgehalts der Laubbäume und des geringeren Warnbereichs ist jedoch für ein allgemeingültiges System der RENDVI-Wert für die Überwachung zu bevorzugen.

Um die Grenzwerte der Methode als gesunden Ausgangswert zu bestätigen, muss der Referenzwert neben der Spektralanalyse auch durch andere Messverfahren als gesund eingestuft werden. Spektraldaten müssen mit Informationen wie Standortfaktoren (Niederschlag, Sonneneinstrahlung und Temperatur) und Farbbildern kombiniert werden, um Ursachen für Grenzwertüberschreitungen und Gegenmaßnahmen abzuleiten.

Danksagung. Die erzielten Forschungsergebnisse wurden im Rahmen des Projektes „MultiDat“ (03WIR3607D). Dieses ist an der Technischen Universität Ilmenau angesiedelt und wird im Rahmen des Forschungsförderungsprogramms Holz-21-regio vom Bundesministerium für Bildung und Forschung (BMBF) Deutschland gefördert.

Literatur

1. Landwirtschaft, Bundesministerium für Ernährung und Landwirtschaft (BMEL), „Waldbericht der Bundesregierung,“ Kompetenzzentrum Wald und Holz, Bonn (2021)
2. Wobster, T.: „Methoden zur Kulturpflege: Baum-Anpflanzungen freimähen ist unerlässlich!,“ topagrar, 16 September 2023, https://www.topagrar.com/jagd-und-wald/news/kulturpflege-guter-start-fuer-kleine-baeume-13481013.html. Zugegriffen: 19. Juni 2024
3. Wellbrock, N., Eickenscheidt, N., Hilbrig, N., Dühnelt, P.: Leitfaden und Dokumentation zur Waldzustandserhebung in Deutschland, Braunschweig: Thünen (2018)

4. Krause, M., Jensen, I., Gall, S.: „Saatgut für Bäume wird knapp“ MDR-Sachsen Anhalt, 31 März 2024, https://www.mdr.de/nachrichten/sachsen-anhalt/saatgut-wald-wird-knapp-trockenheit-100.html. Zugegriffen: 19. Juni 2024
5. Sousa, J., Toscano, P., Matese, A., Gennaro, S., Berton, A., Gatti, M., Poni, S., Pádua, L., Hruška, J., Morai, R., Peres, E.: "UAV-Based Hyperspectral Monitoring Using Push-Broom and Snapshot Sensors: A Multisite Assessment for Precision Viticulture Applications", Sensors (22), (2022)
6. Einzmann, K. et al.: „Early detection of spruce vitality loss with hyperspectral data: Results of an experimental study in Bavaria, Germany ", Remote Sensing of Environment **266**, 2021
7. Haboudane, D., Miller, J.R., Tremblay, N., Zarco-Tejada, P.J., Dextraze, L.: Integrated narrow-band vegetation indices for prediction of crop chlorophyll content for application to precision agriculture. Remote Sens. **81**, 416–426 (2002)
8. Barton, C.: „Advances in remote sensing of plant stress. Plant Soil **354**, 41–44 (2012)
9. Zhang, H., Ren, X., Zhou, Y., Wu, Y.: Remotely assessing photosynthetic nitrogen use efficiency with in situ hyperspectral remote sensing in winter wheat. Eur. J. Agron. **101**, 90–100 (2018)
10. Sukhova, E., Yudina, L. Kio, A. et al.: „Modified Photochemical Reflectance Indices as New Tool for Revealing Influence of Drought and Heat on Pea and Wheat Plants“, Plants **11**, (2022)
11. Daughtry, C.S.T., Walthall, C.L., Kim, M.S., De Colstoun, E.B., McMurtrey, J.E.: „Estimating corn leaf chlorophyll concentration from leaf and canopy reflectance“. Remote Sens. Environ. (2000)
12. Rouse, Rouse, Jr, J.W., Haas, R.H., Schell, J.A., Deering, D.W.: „Monitoringvegetation systems in the great plains with ERST“. In: Proceedings of the Third ERTS-1 Symposium; NASA SP-351. pp 309–317, NASA, Washington, DC, USA (1974)
13. Gitelson, A., Merzlyak, M.N.: „Spectral reflectance changes associated with autumn senescence of Aesculus hippocastanum L. and Acer platanoides L. leaves“. Spectral features and relation to chlorophyll estimation. J. Plant Physiol **143**, 286–292 (1994)
14. Guyot, G.: „Optical properties of vegetation canopies“, Applications of remote sensing in agriculture, S. 19–43 (1990)

Qualitätsmerkmal Nachhaltigkeit – Treiber für die Digitalisierung und den Wandel von Kunden-Lieferanten-Beziehungen in der Agrar- und Ernährungswirtschaft

Stephanie Krieger-Güss[1(✉)], Brigitte Petersen[2], Hans-Dieter Philipowski[3], Benjamin Fehrenbach[2], und Annabelle Kunz[2]

[1] HS Osnabrueck, Osnabrueck, Deutschland
s.krieger-guess@hs-osnabrueck.de
[2] Education and Qualification Alliance SCE, Bonn, Deutschland
[3] ENFIT, Brussels-Woluwe-Saint-Lambert, Belgien

Zusammenfassung. Mit der Corporate Sustainability Reporting Directive (CSRD) der EU entstehen nicht nur neue Berichtspflichten, sondern auch ein gestiegener Bedarf, zusätzliche Daten zwischen den Unternehmen der Zulieferketten zum Lebensmitteleinzelhandel auszutauschen.

Der Beitrag zeigt, wie sowohl in Unternehmen der Agrar- als auch in der Ernährungswirtschaft neue Lösungen entwickelt und in der Praxis erprobt wurden, um im Sinn der CSRD-Transparenz über verantwortungsvolle Geschäftspraktiken in Bezug auf den CO_2-Fußabdruck, Biosicherheit, Tierwohl und Reduktion von Food Waste von den Unternehmen berichten zu können. Vor allem für aus land- und forstwirtschaftlichen Betrieben stammende Daten werden beim Nachweis der Nachhaltigkeit Informationen inzwischen zu einem immateriellen Wirtschaftsgut. Dank der hybriden Dienstleistung Q-Farm-HUB und der gewonnenen Daten-Souveränität von Zielgruppen aus dem Agrarbereich entstehen für diese Gruppen weitere Möglichkeiten der Wertschöpfung aus ihren veränderten Geschäftspraktiken. Digitale Tools für die überbetriebliche Transparenz und Rückverfolgbarkeit in grenzübergreifenden oder regionalen Wertschöpfungspartnerschaften schaffen Vertrauen zwischen den Marktpartnern im Sinne eines „Farm-to-Fork“ Ansatzes. Der Digitale Lieferschein als eine Funktionalität des Q-Farm-HUBs und bulkvision als Hygienekonzept für Speditionen und Transport-Dienstleister sind Beispiele innovativer Cloud-Lösungen. Die Lebensmittelverarbeitung als zentraler Mittelpunkt der Wertschöpfungskette führt Digitalisierungstools ein, die Auswertungen von Daten unter anderem durch ein LIMS-System wie Win Laisy und KI-Tools vereinfachen und dadurch eine nachhaltigere Produktion erfolgen kann. Der Wandel der Agrar- und Ernährungswirtschaft erfolgt ebenfalls durch die Änderung des Verzehrverhaltens der Verbraucher. Neben dem verringerten Fleischverzehr und

R. Jochem und M. Meyer (Hrsg.), *Rethinking Quality – Wandel des Qualitätsmanagements durch Digitalisierung und Künstliche Intelligenz*,
https://doi.org/10.1007/978-3-658-47213-9_9

einer Entwicklung zur pflanzenbasierten Ernährung gab es einen starken Anstieg in der Absatzmenge von Produkten für die Gemeinschaftsverpflegung, die in den letzten 20 Jahren stark angestiegen ist. Besonders bei dem Außer-Haus-Markt stieg der Absatz unter anderem von tiefgekühlten Snacks. Daraus lässt sich schließen, dass die Außer-Haus Verpflegung und Tiefkühlprodukte eine immer größere Bedeutung gewinnen werden. Die Einführung eines GS1-Systems wie Atrify hat in Unternehmen zu einer Optimierung in der Lieferanten-Kunden Beziehung geführt. Digitalisierung von Bestellsystemen wie Vento Pay von Mahlzeiten für Patienten in Krankenhäusern zeigte zunächst Verunsicherungen von Mitarbeitern und Patienten bei der Umstellung von analogen auf digitalen Systemen. Diese Umstellung wird in einer Klinik mit der Verbindung mit Portionsgrößenvorgaben erfolgen, wodurch weniger Lebensmittelabfälle entstehen und nachhaltiger gewirtschaftet werden kann. Diese Änderungen bedeuten auch Verhaltensänderungen bei den Akteuren innerhalb der Wertschöpfungskette, die durch Schulungen unterstützt und erfolgreich umgesetzt werden können.

Schlüsselwörter: Doppelte Transformation · Qualitätsmerkmal Nachhaltigkeit · Nachhaltigkeitsberichte Klimaziele · Wertschöpfungspartnerschafen · Food Waste · Digitale Ökosysteme · Kunden-Lieferanten-Beziehungen

1 Einleitung

Die klein- und mittelständisch geprägte Agrar-, Forst- und Ernährungswirtschaft in Europa steht seit einigen Jahren vor der Herausforderung, sich verändernder Handelsmärkte und der gesellschaftspolitisch geforderten doppelten Transformation. Dies bedeutet für Unternehmen gesamter Wertschöpfungsketten für Lebensmittel, Schritt für Schritt digitaler, nachhaltiger und resilienter zu werden (1). 2022 erließ die EU-Kommission die Corporate Sustainability Reporting Directive (CSRD), die weitreichende Berichtspflichten rund um die Nachhaltigkeit umfasst (2). Waren hiervon bislang nur börsennotierte Großunternehmen betroffen, müssen ab 2026 auch viele große Mittelständler der Agrar- und Ernährungswirtschaft und des Lebensmittelhandels Nachhaltigkeitsberichte veröffentlichen (3). Darüber hinaus werden auch zahlreiche land- und forstwirtschaftliche Betriebe und das Lebensmittelhandwerk, die selbst gar nicht berichtspflichtig sind, indirekt von der Regulierung betroffen sein. Denn sie sehen sich heute schon steigenden Informationsbedarfen ihrer berichtspflichtigen Geschäftspartnern – seien es Kunden, Zulieferer oder Finanzpartnern gegenübergestellt. Eine Studie des Instituts für Mittelstandsforschung, IFM im Auftrag der Bertelsmann Stiftung (4) hat gezeigt, dass Unternehmen hierfür oft erst Strukturen zur Informationserhebung schaffen.

In der Agrar-, Forst- und Ernährungswirtschaft in Europa arbeitet man durch unterschiedliche EU- und nationale Programme bereits seit einigen Jahren daran, beides – die digitale und die ökologische Transformation und den Wandel der Ernährungssysteme, voranzubringen. Für die kleinen Familienbetriebe in der Agrarwirtschaft ist im Zuge dieser Entwicklungen im genossenschaftlichen Verbund die unabhängige EQA-Plattformgenossenschaft etabliert worden (5). Die webbasierten

Cloud-Strukturen und digitalen Tools eröffnen Unternehmen der gesamten Wertschöpfungskette von der Primärproduktion bis zur Letztverteilerstufe, den Lebensmitteleinzelhandel oder die Gastronomie und Gemeinschaftsverpflegung neue Chancen für zukunftsorientierte nachhaltige Ernährungssysteme (6). Sie können zur Identifikation von Einsparungen- oder Innovations-Potentialen sowie zur Weiterentwicklung innovativer Geschäftsmodelle in sehr unterschiedlicher Weise beitragen (7). Exemplarisch wird im Folgenden bezogen auf drei Stufen der Wertschöpfungskette erläutert, wie das Qualitätsmerkmal Nachhaltigkeit bezogen auf die gesamte Wertschöpfungskette zum Treiber für digitale Prozesse des Datenaustauschs zwischen den Marktpartnern und für den Aufbau digitaler Ökosysteme wird. Beispiele für digitale Systeme sind hierbei Bulkvision (8), atrify (9), Ventopay (10).

2 Methodische Vorgehensweise

Die folgenden drei Tab. 1–3 geben jeweils eine Übersicht über die Forschungsfragen und methodischen Vorgehensweisen in drei parallel in den Stufen Primärerzeugung, Logistik und Transport sowie Lebensmittelverarbeitung und Gemeinschaftsverpflegung durchgeführten Teilprojekten.

Gemeinsames Ziel der noch laufenden Studien ist es, Prozesse überbetrieblich zu digitalisieren, um zusätzliche Daten für ein internes und/oder externes ESG-Rating für das einzelne Unternehmen oder eine Wertschöpfungspartnerschaft zu gewinnen. Systeme die in den jeweiligen Stufen der Agrar- und Ernährungswirtschaft implementiert wurden, sind zum einen selbstentwickelte Systeme wie das Q-Farm-Hub und bulkvision und zum anderen Systeme von bestehenden Anbietern wie atrify und ventopay (siehe Abb. 1).

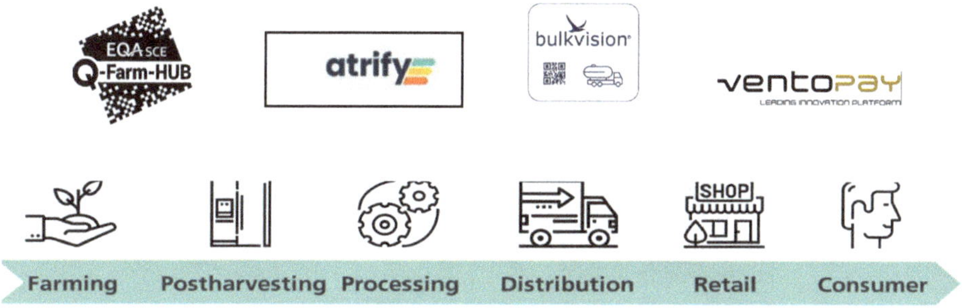

Abb. 1: Wertschöpfungskette der Agri-Food (vereinfacht) incl. digitaler Systeme

In Teilprojekt 1 (land- und forstwirtschaftliche Erzeugerstufe) wird ein generisches Vorgehensmodell zur Organisation und webbasierten Unterstützung des Austauschs von Daten und Zertifikaten zwischen agrarischen Unternehmen und ihren Lieferanten, Dienstleistern und Kunden entwickelt.

Tab. 1: Übersicht über Forschungsfragen und methodische Vorgehensweise in einem in der Kunden-Lieferanten-Beziehung land- und forstwirtschaftlicher Betriebe mit ihren Marktpartnern und Dienstleistern durchgeführten Teilstudie

Wertschöpfungsstufe	Forschungsfragen	Methoden	Involvierte Akteure	ESG-Daten**
Land- und forstwirtschaftliche Erzeugerstufe	Wie lässt sich über eine webbasierte Cloud-Lösung ein digitales Ökosystem zentriert auf land- und forstwirtschaftliche Betriebe und Agrargenossenschaften als Dienstleistungsorganisationen aufbauen? Welche Rolle spielt die Daten-Souveränität bei der Bewertung der Vorteile der digitalen Kommunikation zwischen Marktpartnern? Welchen Beitrag leistet die Kombination aus Koordinationsdienstleitung und Software-as-a-Service im Zusammenhang mit der „doppelten Transformation“ von Wertschöpfungspartnerschaften	Entwicklung organisatorischer digitaler Lösungen über ein Reallabor-Format Empirische Studien bei Verantwortlichen im Management tierhaltender landwirtschaftlicher Betriebe und ihrer Marktpartner	2 OGs aus EIP agri NRW und SH-Programm* 14 tierhaltende landwirtschaftliche Betriebe, 2 genossenschaftliche Erzeugergemeinschaften, 2 Forschungseinrichtungen, 1 Systementwickler Online und Expertenbefragungen bei Lieferanten und Kunden zu landwirtschaftlichen Betrieben (1083 verschickte Fragebögen)	**Umwelt:** CO_2-Bilanz Wasser Energieverbrauch **Arbeitsbedingungen:** Daten zur Berufsgenossenschaft, Daten zu Tierhaltungsbedingungen **Geschäftspraktiken:** Zertifikate Qualitätsmanagement Biosicherheitssystem usw

*Gefördert durch die EU und Mittel der Bundesländer NRW und Schleswig-Holstein
**ESG (Umwelt, Arbeitsbedingungen und Geschäftspraktiken)

Das Teilprojekt 2 durchleuchtet Veränderungen von Kunden-Lieferanten-Beziehungen in der Stufe Logistik und Transport unter dem Aspekt von Ressourcen-Verbrauch und CO_2-Footprint (s. Tab. 2).

Tab. 2: Übersicht über Forschungsfragen und methodische Vorgehensweise von Studien innerhalb der Logistik und des Transports

Wertschöpfungsstufe	Forschungsfragen	Methoden	Involvierte Akteure	ESG-Daten**
Transport- und Logistik	Wie kann die Sicherheit und Transparenz in der Supply Chain speziell Transport erhöht werden?	Entwicklung eines digitalen Zwillings blockchaingesicherte Datenweitergabe Webbasierte Cloudanwendung App-Entwicklung	ENFIT Speditionen, Transport-Unternehmen, Depots	**Umwelt:** Energieverbrauch **Arbeitsbedingungen:** Entlastung von Fahrern der Transporte **Geschäftspraktiken:** Daten zur Rückverfolgbarkeit HACCP-Konzept

Auf landwirtschaftlicher Ebene wurde die Entwicklung organisatorischer, digitaler Lösungen erarbeitet. Einige empirische Analysen durchleuchten die Logistik und Transport-Ebene. Die Einführung eines digitalen Bestellsystems von Kunden optimierte die Stufe der Lebensmittelindustrie. Die Analyse von unterschiedlichen digitalen Systemen durch eine Kosten-Nutzen-Analyse führte zur Auswahl eines digitalen Patientenbestellsystems, sodass weniger Lebensmittelverluste generiert werden und ein effizienterer Prozess eingeführt wird (siehe Tab. 1). Eine Kosten-Nutzen-Analyse des Einsatzes unterschiedlicher digitaler Tools zur individuellen Auswahl von Mahlzeiten über ein Bestellsystem für Patienten in Krankenhäusern steht im Mittelpunkt des 3. Teilprojektes. Dabei wird der Forschungsfrage nachgegangen, ob und inwieweit dem Problem der Lebensmittelverschwendung entgegengewirkt werden kann und der Aspekt der Nachhaltigkeitsberichterstattung hier ein Treiber für die Digitalisierung in der Gemeinschaftsverpflegung werden kann (siehe Tab. 3).

3 Ergebnisse

In allen derzeit laufenden Teilstudien werden digitale Tools unter dem Aspekt der doppelten Transformation betrachtet.

Die ersten Zwischenergebnisse demonstrieren exemplarisch mit welchen Vorgehensmodellen Nachhaltigkeit als Qualitätsmerkmal in spezifischen Kunden/Konsumenten-Lieferanten Beziehungen vereinbart werden kann. Zum geforderten Wandel von Ernährungssystemen tragen die entwickelten und in der Praxis erprobten digitalen Lösungen dann bei, wenn mit ihnen zusätzliche entscheidungsrelevante Informationen im einzel- und überbetrieblichen Management bereitgestellt werden. Dabei ändern sich in den drei Teilstudien oft nicht nur traditionelle Kunden-Lieferanten-Beziehungen, sondern auch Verantwortlichkeiten und Verhaltensweisen im Zusammenhang mit dem Erreichen von Klimazielen oder Verringerung der Lebensmittelverschwendung.

Tab. 3: Übersicht über Forschungsfragen und methodische Vorgehensweise von Studien innerhalb der Lebensmittelherstellung und Gemeinschaftsverpflegung

Wertschöpfungsstufe	Forschungsfragen	Methoden	Involvierte Akteure	ESG-Daten**
Lebensmittelherstellung	Studie 1: Welches System kann eine Unterstützung bei der Bestellung von Produkten zwischen Lieferanten und Kunden bieten, indem der aktuelle Prozess optimiert wird?	Einführung eines digitalen Systems; Interviews; Schulungen	Unternehmen der Lebensmittelindustrie + Studentin der Hochschule Osnabrück	**Umwelt:** Reduzierung von Foodwaste in Menge **Arbeitsbedingungen** Zeitersparnis **Geschäftspraktiken:** HACCP-Konzept
Gemeinschaftsverpflegung	Studie 2: Wie können die Prozesse in der Gemeinschaftsverpflegung optimiert werden, um Lebensmittelverluste zu minimieren?	Einführung eines digitalen Systems; Nutzwertanalyse; Interviews	Mitarbeiter der Küche eines Klinikums Patienten in einem Klinikum Studentin der Hochschule Osnabrück Digitaler Systemanbieter	**Umwelt** Reduzierung von Foodwaste in Menge **Arbeitsbedingungen:** Zeitersparnis **Geschäftspraktiken** HACCP-Konzept

3.1 Stufe land- und forstwirtschaftliche Primärerzeugung: Digitales Ökosystem Q-Farm-HUB (EQA)

Das in zwei EIP.Agri. Projekten konzipierte und in einem Reallabor-Format erprobte digitale Ökosystem Q-Farm-HUB ist das erste auf land- und forstwirtschaftliche Betriebe zentrierte webbasierte Cloud-System. Es ermöglicht landwirtschaftlichen Betrieben, ihre Daten zentral zu sammeln und die Freigabe ihrer Daten selbst vorzunehmen und zu verwalten.

Das generische Modell hinter der Cloud-Plattform Q-Farm-HUB besteht aus drei Hauptakteuren mit unterschiedlichen Funktionen:

- Broker: EQAsce fungiert als unabhängige Europäische Genossenschaft und stellt die Lizenz für den Q-Farm-HUB zur Verfügung.
- Anbieter: Dies sind landwirtschaftliche Betriebe, die in Viehvermarktungs- und Agrargenossenschaften organisiert sind und ihre organisatorischen und digitalen Dienstleistungen sowie Daten zur Verfügung stellen.
- Kunden: Dies sind die Marktpartner, die Zugang zu den freigegebenen Daten der landwirtschaftlichen Betriebe erhalten.

Aufgaben des Brokers:

- Unterstützung bei der Präsentation von Q-Farm-HUB bei Marktpartnern land- und forstwirtschaftlicher Betriebe
- Übernahme von Arbeitsschritten z. B. Onboarding in das System, Schulung Kontaktpersonen bei den Anbietern
- Datenauswertung, Vermittlung und Vernetzung mit Kunden für KI-Anwendungen
- Qualitätssicherung, Prüfung von Assets der Anbieter vor Vertrauensabschluss zur Sicherstellung der Datensouveränität land- und forstwirtschaftlicher Betriebe
- Streitigkeiten vorbeugen, Festlegung von Standards im Umgang mit Daten aus land- und forstwirtschaftlichen Betrieben

Eine derzeit in der Praxis getestete Funktionalität des Q-Farm-HUBs ist der digitale Lieferschein. Am Datenaustausch über die webbasierte Cloud-Plattform beteiligt sind tierhaltende landwirtschaftliche Betriebe, Speditionen, Vermarktungsgenossenschaften und Schlachthöfe. Die Praxiserprobung hat als Zwischenergebnis folgende Vorteile ergeben: Der digitale Lieferschein ermöglicht eine papierlose Abwicklung, verbessert die Terminierung und spart Zeit. Daten werden simultan an alle relevanten Akteure wie Erzeugergemeinschaften, Landwirte, Speditionen und Schlachthöfe übermittelt. Dies fördert die Nachhaltigkeit durch den Wegfall des Postwegs und bietet eine sichere Datenablage sowie die Möglichkeit digitaler Unterschriften. Darüber hinaus bietet der Q-Farm-HUB eine Plattform für den Austausch und die Analyse von Nachhaltigkeitsdaten. Landwirte können entscheiden, welche Daten von ihren Dienstleistern verarbeitet und ausgewertet werden. Diese Daten werden ihren Marktpartnern angeboten, die sie in weiteren Verarbeitungsstufen im Zusammenhang mit Anforderungen an Qualitätssicherheit und Nachhaltigkeit benötigen. Dadurch ergibt sich eine zusätzliche Wertschöpfung für land- und forstwirtschaftliche Betriebe aus ihren Daten. Ein wichtiger Aspekt des Q-Farm-HUBs ist die webbasierte Kommunikation zwischen landwirtschaftlichen Betrieben und Zertifizierungsstellen sowie Laboren. Dies ermöglicht einen effizienten Datenaustausch und die Erstellung verdichteter Informationen wie personenbezogene oder betriebsbezogene Zertifikate.

In Abb. 2 sind die Interaktionen zwischen den Akteuren und vertraglichen Abstimmungen dargestellt.

Der Q-Farm-HUB zeigt, wie digitale Technologien genutzt werden können, um Nachhaltigkeit in der Landwirtschaft zu fördern und gesetzliche Anforderungen zu erfüllen. Die Plattform ermöglicht eine optimierte Datenverwaltung und -analyse, fördert die Transparenz entlang der Lieferkette und eröffnet neue Wertschöpfungspotenziale durch die Erfassung und Nutzung von Nachhaltigkeitsdaten.

Von den 1087 digitalen Fragebögen, die von vier Fachverbänden an ihre Mitglieder verschickt wurden, gab es eine Rücklaufquote von knapp 10 % an EQA. Allerdings waren nur 89 Fragebögen vollständig ausgefüllt.

Die in die empirische Studie einbezogenen Lieferanten- und Kundengruppen landwirtschaftlicher Betriebe zeigten ein sehr unterschiedliches Engagement bei der Teilnahme und der Rücksendung der beantworteten Fragebögen. In den Lieferantengruppen Futtermittelwirtschaft und Stallbautechnik sowie in den Kundengruppen Schlachthöfe und Molkereien lag die Rücklaufquote unter 1 %. Dagegen zeigte die Gruppe der Anbieter von Zuchtprodukten, Pflanzenschutz- und Arzneimitteln ein

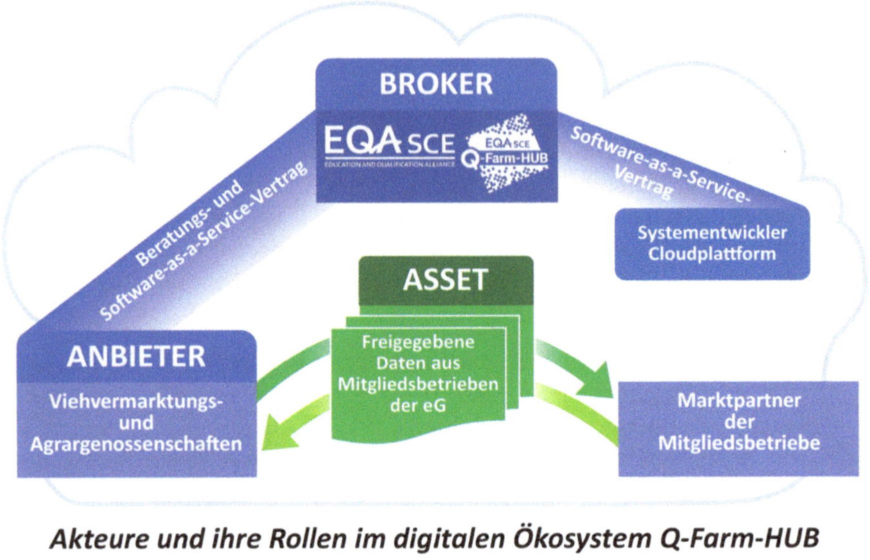

Abb. 2: Generisches Modell für die Organisation eines digitalen Ökosystems für die Stufe land- und forstwirtschaftliche Betriebe

deutlich höheres Interesse an digitalisierten Daten aus den landwirtschaftlichen Betrieben. Eine Rücklaufquote von weit über 5 % wurde in den Kundengruppen Lebensmittelverarbeitende Betriebe, Lebensmittelhandel sowie Gastronomie und Gemeinschaftsverpflegung verzeichnet.

Dieses Interesse setzt sich auch in Folgestudien fort, besonders bei konkreten Anfragen über den Q-Farm HUB an die landwirtschaftlichen Betriebe von Marktpartnern hinsichtlich der ESG-Daten. Besonders großes Interesse besteht an verdichteten Informationen aus vier Prozessen im Qualitätsmanagement land- und forstwirtschaftlicher Betriebe. Tab. 4 gibt einen Überblick darüber, welche Informationen von den Marktpartnern besonders geschätzt und in der überbetrieblichen Kommunikation entsprechend honoriert werden, da sie für die eigene Qualitäts- und Nachhaltigkeitsstrategie oder den Aufbau langfristiger Wertschöpfungspartnerschaften von Bedeutung sind.

3.2 Logistik und Transport

Sicherheit und Transparenz durch Digitalisierung in der Supply Chain
In der modernen Supply Chain gewinnt die Transparenz und Nachverfolgbarkeit von Transportbehältern, den Vorladungen und der Qualität der Reinigung immer mehr an Bedeutung, insbesondere im Bereich der Lebensmittelsicherheit. Die Bulkvision Blockchain-Cloud Software bietet hier eine innovative Lösung. Behälter werden mit einer ENFIT-GID (Global Identification Number) ausgestattet, und ein digitaler Zwilling des Transportbehälters mit allen technischen Details wird im System angelegt.

Tab. 4: Prozentualer Anteil interessierter befragter Kunden und Lieferanten landwirtschaftlicher Betriebe an den Prozessen Qualifikation, Self-Assessment, Second-/Third-Party-Audit erfassten digitalen Informationen. (Modifiziert nach 5)

Prozesse	% befragter Kunden	% befragter Lieferanten
Qualifikation Digitale Bildungsnachweise Sachkundenachweise	62	56
Self-Assessment Daten aus produktionsbegleitender Leistungskontrolle Sensordaten Bilder	78	69
Second-Party Audit Zertifikat über stattgefundene Beratung Bestandsbetreuungsvertrag Produkt-Zertifikate	57	52
Third-Party Audit Prozess-Zertifikate System-Zertifikate Branchen-Zertifikate	73	69

Die dauerhaft angebrachte GID stellt den Zugang zur Nutzung aller Daten per Scan mit dem Smartphone oder Tablet zur Verfügung. Damit wird die Supply Chain erstmals über jedes einzelne Event in der Transportkette transparent und sicher.

Funktionsweise der Bulkvision Blockchain Cloud Technologie

Die GID wird von verschiedenen Akteuren der Supply Chain, darunter Belader, Transportunternehmen, Entlader und Reinigungsstationen, per Scan an sogenannten Points of Interest (POI) verwendet. Diese POIs ermöglichen es den Nutzern, wichtige Informationen über den aktuellen Standort des Behälters, Vorladungen, Reinigungsstatus und andere relevante Daten in Echtzeit abzurufen. Durch einfaches Scannen der GID mit einem Smartphone oder Tablet erhalten die Beteiligten genau die Informationen, die sie für ihre jeweiligen Prozesse benötigen. Dies führt zu einer deutlichen Effizienzsteigerung und einer besseren Koordination innerhalb der Lieferkette.

Vorteile für die Nutzer Transportunternehmen

Echtzeit-Überwachung: Durch das Scannen der GID können Transportunternehmen den Standort und Status der Behälter in Echtzeit verfolgen. Dies ermöglicht eine präzisere Planung und Steuerung der Transporte. Optimierte Logistik: Die gesammelten Daten helfen durch Nutzung der integrierten KI (Künstliche Intelligenz) bei der Optimierung der Routenplanung und der Minimierung von Leerfahrten. Disponenten können digitale Reinigungsaufträge verwenden, die Fahrer von zeitraubender Papier- und Verwaltungsarbeit entlasten. Prozesse wie Beladung, Entladung und Reinigung werden komplett per Scan erfasst, wodurch Fahrer sich auf das Fahren konzentrieren können. Und dies alles erfolgt sprachenunabhängig.

Produzierende Industrie

Qualitätssicherung: Informationen über Vorladungen und Reinigungsstatus stellen sicher, dass alle für die Lebensmittelsicherheit relevanten Informationen vorliegen und die Behälter für den Transport von Lebensmitteln geeignet sind, wodurch die Produktqualität erhalten bleibt. Rückverfolgbarkeit: Im Falle eines Rückrufs können Produkte schnell und präzise zurückverfolgt werden.

Reinigungsstationen
Effizienzsteigerung: Reinigungsstationen erhalten detaillierte Informationen über die letzten Nutzungen der Behälter und direkt die ENFIT Reinigungsempfehlung, nach der der Behälter optimal gereinigt werden kann. Zusätzlich wird mit der Bulkvision Software die gesamte Auftragsbearbeitung in der Reinigungsstation automatisiert und Fehler eliminiert. Am Ende der Reinigung erstellt die Bulkvision Software ein digitales ENFIT Reinigungszertifikat aus, welches fälschungssicher und in der Blockchain gesichert ist.

Compliance: Durch die Erfassung und Speicherung von Reinigungsdaten wird die Einhaltung von Sicherheits- und Hygienestandards nachgewiesen.

Depots
Bestandsmanagement: Depots können den Status und die Verfügbarkeit von Behältern in Echtzeit überwachen, was die Lagerverwaltung und Disposition erheblich vereinfacht. Kostenreduktion: Durch die effiziente Nutzung und Überwachung der Behälter können Betriebskosten gesenkt werden.

3.3 Lebensmittelherstellung und Gemeinschaftsverpflegung: Atrify-System

Studie 1: Digitalisierung Bestellsystem in der Lebensmittelherstellung
Die Ergebnisse einer Marktanalyse haben gezeigt, dass in den letzten Jahren die Varianz und Menge an tiefgekühlten Snacks angestiegen sind und Unternehmen, die diese herstellen mit einer erhöhten Nachfrage konfrontiert sind. Innerhalb eines Projekts galt es zu prüfen, wie das aktuelle Bestellsystem optimiert werden kann, um die erhöhte Nachfrage der Kunden effizient bedienen zu können. Die Auswahl fiel auf das digitale Bestellsystem „Atrify" der GS1 Gruppe. Dabei standen die Fragen im Vordergrund, inwieweit das digitale System Atrify zum einen vorhandene Spezifikationssysteme ersetzen und zum anderen die Kommunikation mit den Kunden erleichtern kann. Atrify ist ein digitales System, welches von der Firma GS1 entwickelt wurde und eine Vereinfachung des Bestellsystems verfolgt. Das Ziel innerhalb dieses Pilot-Projektes ist es, eine vollständige Integration dieses Systems in die Prozesse eines Lebensmittelunternehmens zu realisieren. Das Vorgehensmodell für die Digitalisierung besteht aus drei Schritten:

1. Die Einspeisung der Produktartikel in Atrify,
2. Die Erstellung der Handbücher für alle betroffenen Abteilungen und
3. Das Durchführen von Schulungen der Mitarbeiter.

Zunächst bedurfte es an Vorbereitungszeit, in der eine selbständige Einarbeitung in Atrify, die Sortierung der Artikel und eine abteilungsübergreifende Kommunikation stattfand. Anschließend wurden die Artikel des Lebensmittelherstellers in Atrify erfasst und parallel die Handbücher erstellt. Danach fanden die Schulungen für die jeweiligen Abteilungen statt. Nach den Schulungen gab es eine Übergangsphase, in der sowohl das alte als auch das neue System genutzt wurden. Das Ziel dieses Projektes wurde erreicht und zum Schluss evaluiert. Atrify bietet Chancen in der Kommunikation mit Kunden und bewirkt eine zukunftsorientierte Gestaltung der internen Prozesse.

Aus Perspektive der QM-Abteilung hat sich eine enorme Zeitersparnis ergeben, die bereits prognostiziert wurde. Mit Hilfe der Vorlagen, der automatischen Übersetzungen sowie dem Ausfüllen von Drop-Down-Attributen entsteht zusätzlich eine geringe Fehlerquote. Die Eintragungen finden anhand der Überschriften in Atrify statt. Durch die Integration von Atrify werden mehrere Kunden über ein zentrales System abgedeckt. Es fallen separate Eintragungen in einigen Kundenportalen weg. Zudem wird das Ausfüllen von Informationsblättern minimiert, da die Angaben über Atrify abrufbar sind. Zusätzlich können die Veränderungen bei Bedarf per E-Mail kommuniziert werden. Die Betrachtungsweise der Mitarbeiter konnte mithilfe des anschließenden Feedbacks in den Schulungen eingeordnet werden. Seit fast 10 Jahren wurde das alte System genutzt und ist im Alltagsgeschäft etabliert. Die Umstellung ist zunächst herausfordernd, da einige Elemente stark beachtet werden müssen. Die Umstellung hat aber auch viele positive Aspekte. Dadurch werden weitere Kunden aufmerksam, dass die Produktspezifikationen über Atrify bereitgestellt werden und können somit ihre GLN weitergeben. Die Kommunikation zwischen Kunden und Lieferanten erfolgt über dieses System, sodass parallel wesentlich weniger E-Mails geschrieben werden müssen. Anhand des direkten Feedbacks der Kunden innerhalb des Systems, kann die Kundenzufriedenheit direkt gemessen werden und Optimierungen erfolgen. Wie bereits bei den anderen Perspektiven ist der Austausch über Atrify besonders vorteilhaft. Allerdings erweist sich dies nur als Vorteil für Kunden, die ein GDSN-System nutzen. Neben den Mitarbeitern haben sich auch die Kunden an die Produktspezifikationen gewöhnt. Für die Neukunden hingegen ist die Umstellung nicht relevant und wird entsprechend ohne Eingewöhnungszeit direkt angewendet. Die Reduktion von falschen Bestellungen wird durch die Umstellung reduziert und Mitarbeiter haben eine hohe Zeitersparnis im Bestellvorgang.

2. Studie: Gemeinschaftsverpflegung
Aktuell wird in einem Klinikkonzern ein analoges Essensbestellsystem verwendet, welches aus Heftchen besteht, in denen die Patienten ihre Essensbestellungen eintragen können. Durch eine Digitalisierung des Bestellsystems sollten zum einen die aktuellen analogen Bestellheftchen abgelöst werden sowie eine erhöhte Prozesseffizienz erfolgen und zum anderen die Lebensmittelportionen durch Empfehlungen auf eine angemessene Portionsgröße gebracht werden.

Das Verschmutzen, die erschwerte Lesbarkeit und die unpünktliche Abgabe des Bestellheftchens durch die Patienten können durch die digitale Technik gelöst werden. Um dies Umzusetzen, sollten wesentliche Prozesse innerhalb der Bestellung des Essens in der Küche und bei der Bestellung des Essens durch die Patienten verändert werden. Momentan bestellen die Patienten, die in kleinen Gruppen zusammenwohnen, gemeinsam in Heften ihre Lebensmittel für das Abendbrot und Frühstück. Um die digitale Technik umzusetzen, soll das aktuelle Bestellsystem zukünftig vom analogen zum digitalen System umgestellt werden. Mit Hilfe der Nutzwertanalyse wurden unterschiedliche Bestellsysteme von unterschiedlichen Anbietern analysiert und ausgewertet. Das Ergebnis zeigt, dass das System VentoPay die Voraussetzungen für diesen Klinikkonzern am besten erfüllen würde. Die Integration dieses Bestellsystems würde den Patienten die Möglichkeit geben, eine App auf ihr Smartphone zu laden. Über dieses System können die Patienten ihre Lebensmittel bestellen. Durch eine Hinterlegung von Portionsgrößen entsprechend der DGE-Qualitätsstandards und DGE-Empfehlungen sollten sich die oft sehr großen Mahlzeitenportionen auf ein empfohlenes Maß reduziert haben, sodass die Menge an Lebensmitteln, die nicht verzehrt werden und zu Lebensmittelverlusten führen, sich voraussichtlich reduzieren. Dennoch sollte beachtet werden, dass die Digitalisierung nicht einfach so umgesetzt werden kann, so sieht beispielsweise das Personal einige Probleme bezüglich der Umsetzungsschwierigkeiten. Aus diesem Grund ist eine intensive Schulung des Personals im Umgang mit dem digitalen System eine entscheidende Voraussetzung, um einen reibungslosen Übergang zu gewährleisten.

4 Schlussfolgerung und Ausblick

In allen drei Stufen der Wertschöpfungsketten für Lebensmittel hat die geforderte doppelte Transformation, d. h. die digitale und die ökologische, an vielen Stellen inzwischen begonnen (11). Der jüngste Bericht des Wissenschaftsrates (12) fordert in diesem Handlungsfeld nicht nur eine Veränderung und neue Strukturen in der Zusammenarbeit zwischen Markt- und Wirtschaftspartnern, sondern auch in der Forschung. Transdisziplinäre Forschung in Reallaboren ist dringend erforderlich, bei dem konkrete Nachhaltigkeitsprobleme gemeinsam mit nichtakademischen Gruppen der Gesellschaft bearbeitet wird.

Stufe Agrar- und Forstwirtschaft
Bei der Weiterentwicklung des digitalen Ökosystems EQA-Q-Farm-HUB ist damit in den beiden Reallaboren Smart.Regina (13) und Smart.Bodo (13) begonnen worden. Der auf land- und forstwirtschaftliche Betriebe zentrierte Datenaustausch über das digitale Ökosystem Q-Farm-HUB unterscheidet sich deutlich von allen 138 vom Fraunhofer Institut in einem White-Paper beschriebenen Ökosystem in der deutschen Wirtschaft (14). Ein Alleinstellungsmerkmal ist die auf genossenschaftlichen Werten aufgebaute Infrastruktur der Plattform. Sowohl in der Funktion als Broker als auch der Funktion als Anwender handelt es sich um nicht gewinnorientierte genossenschaftliche Unternehmen. Die Unabhängigkeit und die Neutralität des Brokers EQAsce erleichtert den Datenaustausch auch mit kommunalen und behördlichen Organisationen im Sinne eines Public-Private-Partnership-Ansatzes.

Stufe Lebensmittelherstellung und Gemeinschaftsverpflegung
In der Gemeinschaftsküche kann nicht davon ausgegangen werden, dass Mitarbeiter mit digitalen Bestellsystemen vertraut sind, wodurch eine Schulung der Mitarbeiter dringend erforderlich ist und es kann nicht vorausgesetzt werden, dass alle Patienten mit einer App umgehen können. Innerhalb einer Befragung der Mitarbeiter wurden diese Bedenken festgestellt und bei der Durchführung der Nutzwertanalyse (NWA) zur Ermittlung des optimalen digitalen Bestellsystems beachtet. Nach den durchgeführten Interviews und der NWA wurde analysiert, dass VentoPay der geeignetste Anbieter für die Anforderungen des Klinikums ist. Die Einführung dieses Systems ist in Erarbeitung und bietet neben den genannten Nutzen die Möglichkeit, entsprechende

Portionsgrößen vorzugeben, die dazu führen sollen, dass neben der Erhöhung der Prozesseffizienz auch eine Reduzierung der Lebensmittelverschwendung erfolgen soll. Die DGQ-Qualitätsstandards geben Empfehlungen bezüglich Portionsgrößen in unterschiedlichen Altersgruppen und bieten eine entscheidende Grundlage für die Reduzierung von Lebensmittelverlusten (15). Das Qualitätskriterium Nachhaltigkeit steht damit bei der Einführung dieses Digitalisierungstools im Vordergrund. Die Optimierung dieses Prozesses und der nachhaltigeren Lebensmittelverarbeitung wird nach der Umsetzung auch innerhalb des Nachhaltigkeitsberichts implementiert (10).

In Tab. 5 sind die Schritte der doppelten Transformation in der Agrar- und Ernährungswirtschaft als Reifegradmodell dargestellt. Alle in der Publikation vorgestellten Beispiele haben gezeigt, dass beim Aufbau von neuen Ernährungssystemen und Systemen in der Agrarwirtschaft in 5 Bereichen Kompetenzen für jene Personen erworben werden müssen, die Führungspositionen innerhalb der Transformationsprozesse übernehmen. In allen Bereichen steht die Agrar- und Ernährungswirtschaft bislang erst am Anfang.

Tab. 5: Leadership Reifegradmodell für die doppelte Transformation in regionalen Wertschöpfungspartnerschaften und grenzübergreifenden Netzwerken in der Agrar- und Ernährungswirtschaft (16, 17)

Dimensionen	Anfangsphase	Entwicklung	Fortgeschritten	Kompetent	Exzellenz
Digitales Ökosystem Vision + Strategie	Erste Ideen erkennbar, aber noch nicht strategisch integriert	Team entwickelt klare Vision Umsetzung steht noch am Anfang	Team integriert Gesamtziel in die Organisation Beginnt mit der Implementierung	Team setzt Vision konsequent in der Gesamtstrategie um	Team gilt als Vorreiter in der Branche Strategie ist vollständig integriert + wird kontinuierlich weiterentwickelt
Technologische Kompetenz	Grundkenntnisse vorhanden	Team versteht und nutzt zunehmend digitale Technologien	Team nutzt und bewertet aktiv neue Technologien für die Optimierung von Prozessen	Team hat tiefes Verständnis + breites Wissen und setzt dieses Effektiv ein	Team besitzt umfassende Expertise + setzt dies innovativ ein
Changemanagement + Agilität	Erste Schritte in Richtung eines adaptiven Mindsets Änderungen immer noch reaktiv	Beginn eine Change-Management-Strategie zu entwickeln + gleichgesinnte Partner zu finden	Team setzt Change-Management aktiv um und fordert eine agile Kultur im Verantwortungsbereich	Team führt Veränderungen proaktiv und agil durch, Ziel Resilienz + Flexibilität	Gestaltet und lebt eine Kultur des Wandels und der Agilität, Vorbildcharakter

(Fortsetzung)

Tab. 5: (Fortsetzung)

Dimensionen	Anfangsphase	Entwicklung	Fortgeschritten	Kompetent	Exzellenz
Daten und CSR-Kompetenz	Erkennen der Bedeutung von Daten- und CSR Noch keine Strategie	Nutzung von beidem bei Entscheidungen Analysetiefe noch begrenzt	Macht Daten- und CSR- gesteuerte Entscheidungen zum Standard Nutzt fortgeschrittene Analyse Tools	Team nutzt die Kompetenzen, um komplexe Entscheidungen zu treffen + Innovationen voranzutreiben	Team nutzt Daten- und CSR-Kompetenz auf höchstem Niveau für strategische Innovationen und Entscheidungen
Datensouveränität. und Transparenz von Verantwortlichkeiten	Bewusstsein zwar vorhanden, aber noch keine Vorstellung wie beides umzusetzen ist	Berücksichtigt werden beide Aspekte bei Investitionsentscheidungen in neue Systeme	Team implementiert Standards für beides Schult Mitarbeitende in diesem Bereich	Team setzt Best Practices für beides um, Vorbildcharakter	Team ist Branchenführer für Datensouveränität und Services zur Verbesserung der Transparenz und setzt nun Standards
Kommunikation + Kollaboration	Kommunikation findet überwiegend in traditioneller Form statt	Nutzung digitaler Kommunikationstools, Förderung der digitalen Kollaboration im Team	Integriert digitale Tools fest in die Kommunikations- und Kollaborationsprozesse	Team fördert eine Kultur der digitalen Kommunikation und Kollaboration nutzt innovative Tools zur Effizienzsteigerung	Team nutzt und entwickelt führende digitale Kommunikation- und Kollaborationstools Fördert Branchenübergreifenden Austausch
Lernbereitschaft Anpassungsfähigkeit	Erste Ansätze zur Weiterbildung erkennbar	Team zeigt Offenheit für digitales Lernen und fördert berufsbegleitende Weiterbildung	Investiert in kontinuierliche digitale Weiterbildung und passt sich schnell an neue Trends an	Lernbereitschaft und Anpassungsfähigkeit sind stark ausgeprägt Aktive Förderung der Kompetenzentwicklung im Team	Verkörpert lebenslanges Lernen Treibt die doppelte Transformation durch kontinuierliche persönliche und teambasierte Entwicklung voran

(Fortsetzung)

5 Fazit

Diese Beispiele zeigen, dass der Bedarf an ESG-Daten für die Nachhaltigkeitsberichterstattung die digitale Transformation in allen Stufen der Lebensmittel-Wertschöpfungsketten vorantreibt. Der geforderte Wandel von Ernährungssystemen setzt eine noch engere Zusammenarbeit in den traditionellen Kunden-Lieferanten Beziehungen voraus und setzt Impulse für tiefgreifende Veränderungen der Verantwortlichkeiten beim Informations- und Datenaustausch zwischen den Marktpartnern untereinander. Die webbasierte und genossenschaftlich organisierte unabhängige Cloud-Plattform Q-Farm HUB steht für einen Paradigmenwechsel der Agrarwirtschaft. Denn erstmals verschafft sie land- und forstwirtschaftlichen Betrieben die organisatorischen und technischen Voraussetzungen, durch Freigabe und Ermittlung von Daten aus ihren eigenen Betrieben zusätzlich ein immaterielles Produkt an ihre Geschäftspartner zu vermarkten. Dies sind Mess- und Erhebungsdaten sowie verdichtete Informationen wie Zertifikate oder Bildmaterial aus ihren Betrieben, die für die Qualitäts- und Nachhaltigkeitsstrategie der Folgestufen erforderlich sind. Sind bereits einzel- und überbetriebliche Management-Systeme eingerichtet, können die Anforderungen an CSRD in diese integriert werden.

Die Erzeugung, die Verarbeitung von und der Handel mit Lebensmitteln ist mit einem hohen Verbrauch von Ressourcen wie Wasser, Rohstoffen und Energie verbunden. Energiebilanzen und Klimabilanzen werden inzwischen innerhalb regionaler Wertschöpfungspartnerschaften aber auch internationalen Zulieferketten auf der Grundlage von geschätzten Werten vorgenommen. Die Messung konkreter ESG-Daten in allen Stufen der Lebensmittelerzeugung, der Verarbeitung, des Transports und Handels werden in den nächsten Jahren auf Grundlage neugeschaffener digitaler Tools möglich werden. Damit lässt sich zukünftig mehr Transparenz und eine Veränderung von Verantwortlichkeiten sowie Verhaltensänderungen bei Konsumenten erzielen.

Denn fast 1/3 der erzeugten Lebensmittel gelangen nicht bis zum Verzehr, sondern werden entlang der Lebensmittelkette verschwendet. Dem entgegenzuwirken, bedeutet, bis 2030 die Anforderungen der 17 SDGs konsequent in Abstimmung mit allen Beteiligten der Lebensmittelkette umzusetzen. Digitalisierung bietet hierbei eine große Unterstützung, auch bei der Erstellung der geforderten Nachhaltigkeitsberichte.

Die Bulkvision Software revolutioniert die Supply Chain durch die Bereitstellung von Echtzeitinformationen und die einfache Nutzung der GID-Technologie. Sie ermöglicht eine höhere Effizienz, Transparenz und Sicherheit in der gesamten Lieferkette, was insbesondere für die Lebensmittelsicherheit von großer Bedeutung ist. Indem alle Beteiligten genau die Informationen erhalten, die sie benötigen, können Prozesse optimiert und Kosten gesenkt werden.

Acknowledgement. Die Entwicklung des digitalen Ökosystems Q-Farm-HUB wurde gefördert durch zwei EIP-Projekte: Gemeinschaftsleistung Tierwohl (GeTie) aus dem EIP-Agri NRW-Projekt und Smart Service Zukunft aus dem EIP-Projekt SH. Die beiden operationellen Gruppen bedanken sich für die Förderung der EU und der Landwirtschaftsministerien in NRW und Schleswig-Holstein.

Literatur

1. Pietrzyck, K.: The role of quality management in the context of the Transatlantic Trade and Investment Partnership (TTIP): the case of the polish Agri-food sector. Doctoral dissertation, Rheinische Friedrich-Wilhelms-Universität Bonn (2023)
2. Huck und Wacker: Nachhaltigkeitsbericht wird Pflicht. Herausgeber: Deutsche Gesellschaft für Qualität e. V. Jahrgang 69 (2024) 5. Hanser, München (2024)
3. European Union: Verordnung (EU) 2023/772 des Europäischen Parlaments und des Rates vom 23. März 2023 zur Festlegung spezifischer Hygienevorschriften für Lebensmittel tierischen Ursprungs. Amtsblatt der Europäischen Union, L 125, 1–64. https://eur-lex.europa.eu/legal-content/DE/TXT/?uri=OJ:L_202302772 (2023)
4. Rieger-Fels, M., Löher, J.: Nachhaltigkeit im Mittelstand – Die CSRD als Chance oder Herausforderung? Gütersloh: Bertelsmann Stiftung. https://www.bertelsmann-stiftung.de (2024)
5. Kenntner, C., Birkle, I., Havenith, C., Lahmann, T., Schönen, C., Plümpe, J., Ellebrecht, A., O'Hagan, J., Wichterich, C.: Plattformgenossenschaft zur Verbesserung der produktionsbegleitenden Kommunikation und Bewertung der Gemeinschaftsleistung Tierwohl, 1. Aufl. EQAsce, Bonn. https://www.researchgate.net/publication/357900197_EQA_Wissen_kompakt_II_-_Plattformgenossenschaft_zur_Verbesserung_der_produktionsbegleitenden_Kommunikation_und_Bewertung_der_Gemeinschaftsleistung_Tierwohl (2021). Zugegriffen: 8. Juli 2024
6. BMEL: www.bmel.de/DE/themen/digitalisierung/digitalisierung_node.html (2024)
7. Krieger-Guss, S., Hannus, T. (Hrsg.): Qualitätsmanagement in der Lebensmittelindustrie, 1. Aufl. Behr's. https://buchleiteritz.de/shop/item/9783954688906/qualitatsmanagement-in-der-lebensmittelindustrie-von-stephanie-krieger-guss-thomas-hannus-gebundenes-buch (2020). Zugegriffen: 8. Juli 2024
8. Bulkvision: www.enfit.eu/de/blockchain (2024). Zugegriffen: 12. Juli 2024
9. Stroh, V., Krieger-Güss, S.: Integration des GS1-Systems Atrify in einem mittelständischen Unternehmen der Lebensmittelindustrie. Bachelorarbeit (2024)
10. Richter, A., Krieger-Güss, S.: Digitalisierung des Bestellprozesses in der Gemeinschaftsverpflegung. Bachelorarbeit (2024)
11. Haufe, L.M.: Spannungsfelder und Chancen tierischer Veredelung. Herausgeber: Bauernblatt, Ausgabe 1, S. 12–13. Bauernblatt GmbH (2024)
12. Wick, W.: Wie Wissenschaft besser zum Agar- und Ernährungswandel beitragen kann. Wissenschaftsrat empfiehlt Neuorientierung der Agrar-, Lebensmittel- und Ernährungswissenschaften. Empfehlung des Wissenschaftsrats vom 8. Juli 2024 (2024)
13. Petersen, B.: Vorstellung des Reallabors Smart.Bodo am Welttag des Bodens 5. Dezember 2023 https://eqasce.de/2023/12/05/welttag-des-bodens-zusammenarbeit-im-reallabor-smart-bodo-wichtiger-denn-je/ https://eqasce.de/2023/11/29/reallabore-als-inkubatoren-fuer-digitale-und-soziale-innovationen/ (2023)
14. Koch M., Polst S., Naab M., Bartels N. A., Storck S., Trapp M., Rauch B., Jeswein T.: Digitale Ökosysteme in Deutschland – Inspirierende Beispiele zur Stärkung der deutschen Wirtschaft. Whitepaper. Fraunhofer IESE (2023)
15. DGE-Qualitätsstandards: www.dge.de/gemeinschaftsgastronomie/dge-qualitaetsstandards/ (2024)
16. Petersen, B.: Initiieren und Entwickeln der digitalen Kommunikation in Public-Privat-Partnerships im Rahmen der doppelten Transformation, Präsentation Berufsbegleitendes Trainingsprogramm „Aufbau erfolgreicher Partnerschaften und Netzwerke in Wertschöpfungsketten der Agrar und Ernährungswirtschaft" EQA-Academy, 11.04.2024 (2024)
17. Petersen, B.: Chancen der Selbstorganisation land- und forstwirtschaftlicher Betriebe – Beschleunigung der „doppelten Transformation" durch digitale Dienstleistungsbündel. Ceres-Tag 2024 Schloss Birlinghoven FIT, 14. Mai 2024 (2024)

Qualitätsmanagement 4.0: Entwicklungen zur KI-gestützten Entscheidungsunterstützung in der Automobilmontage

Andreas Schoch[1(✉)], Sebastian Beckschulte[2], Robert Refflinghaus[3], und Robert H. Schmitt[4,5]

[1] Datagon AI GmbH, München, Deutschland
andreas.schoch@datagon.ai
[2] MAN Truck & Bus SE, München, Deutschland
[3] Fachgebiet Qualitäts- und Prozessmanagement, Universität Kassel, Kassel, Deutschland
[4] Werkzeugmaschinenlabor (WZL), RWTH Aachen University, Aachen, Deutschland
[5] Fraunhofer-Institut für Produktionstechnologie IPT, Aachen, Deutschland

Zusammenfassung. Das Qualitätsmanagement 4.0 profitiert zunehmend von einem Anstieg der Datenqualität und der Verfügbarkeit großer Datenmengen sowie der Entwicklung und Anwendung fortschrittlicher Algorithmen, die eine immer präzisere Vorhersage der produkt- und prozessbezogenen Qualität ermöglichen. Diese technologischen Entwicklungen sind wesentlich für das Konzept der KI-gestützten Entscheidungsunterstützung in der Automobilmontage. Hierbei werden KI-basierte Vorhersagemodelle eingesetzt, um die Qualitätssicherung in der Montage in Echtzeit zu unterstützen. Die KI-gestützten Empfehlungen können beispielsweise dazu verwendet werden den Prüfaufwand gezielt zu reduzieren. Damit tragen KI-basierte Ansätze entscheidend zur Optimierung der qualitätsbezogenen Kosten bei. Eine Fallstudie aus der Automobilmontage demonstriert die erfolgreiche Implementierung eines Ansatzes zur KI-gestützten Entscheidungsunterstützung bei Qualitätsprüfungen. Unter Berücksichtigung der jeweiligen Fahrzeugkonfiguration und der an einem Fahrzeug dokumentierten Nacharbeiten wird für jedes Produkt in Echtzeit prognostiziert, ob die Durchführung der Qualitätsprüfung Dichtheitsprüfung zielführend ist oder übersprungen werden kann. Die Ergebnisse der Fallstudie verdeutlichen, dass KI-gestützte Entscheidungsunterstützung eine transformative Wirkung auf das Qualitätsmanagement in der Montage hat und wesentlich zur Aufrechterhaltung der Wettbewerbsfähigkeit im Zeitalter von Industrie 4.0 beiträgt.

Best Paper Award. Der vorliegende Beitrag ist auf der GQW Tagung 2024 mit dem „Best Paper Award“ ausgezeichnet worden.

R. Jochem und M. Meyer (Hrsg.), *Rethinking Quality – Wandel des Qualitätsmanagements durch Digitalisierung und Künstliche Intelligenz*,
https://doi.org/10.1007/978-3-658-47213-9_10

Schlüsselwörter: Automobilmontage · Datenanalyse · Entscheidungsunterstützung · Künstliche Intelligenz · Prüfung · Qualitätsmanagement 4.0

1 Einleitung

Im Rahmen von Industrie 4.0 durchlebt die Automobilindustrie einen fundamentalen Wandel, der durch die Integration fortschrittlicher Technologien wie künstliche Intelligenz (KI), maschinellem Lernen (ML) und dem Internet der Dinge (IoT, engl. Internet of Things) geprägt ist [1–3]. Diese Transformation beeinflusst entscheidend die Art und Weise, wie das Qualitätsmanagement gestaltet wird, insbesondere durch den zunehmenden Anstieg der Datenqualität und der Verfügbarkeit großer Datenmengen [4, 5]. Dieser Paradigmenwechsel markiert einen Schritt von reaktiven Ansätzen der Qualitätskontrolle hin zu proaktiven Strategien, die auf präzisen Datenanalysen und KI-gestützter Entscheidungsunterstützung basieren, vgl. Abb. 1. [6]

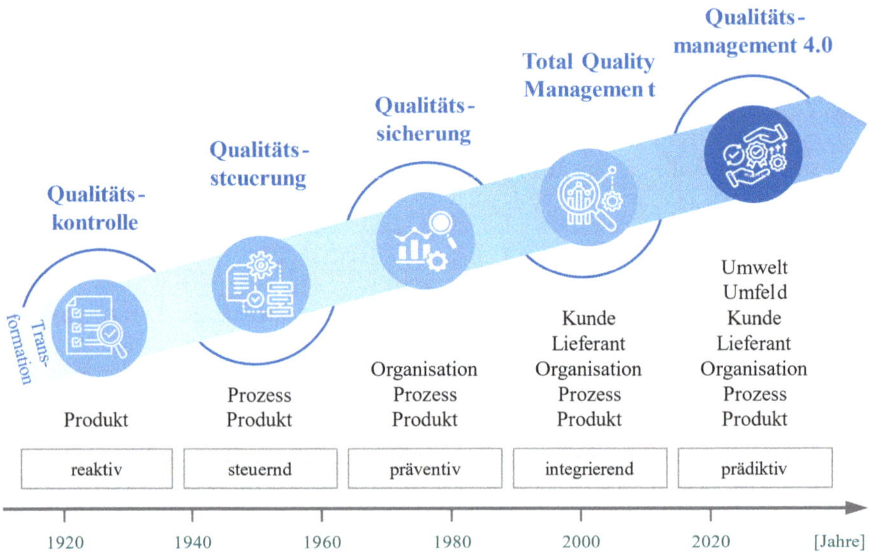

Abb. 1. Evolution der Qualität

Das Qualitätsmanagement 4.0 zielt darauf ab, Qualität nicht nur als Ergebnis nachgelagerter Prüfungen zu gewährleisten, sondern sie bereits während des gesamten Produktionsprozesses zu integrieren [7–10]. Dies geschieht durch die kontinuierliche Überwachung und Analyse von Daten aus verschiedenen Quellen, einschließlich sensorbasierter Daten und visueller Inspektionen. Diese technologischen Fortschritte ermöglichen nicht nur eine genauere Vorhersage produkt- und prozessbezogener Qualitätsmerkmale, sondern auch eine Echtzeit-Optimierung von Produktionsprozessen [1, 6, 9]. Signifikant ist dabei die Anwendung von KI-gestützten Modellen, die unter anderem in einem hoch technologisierten Umfeld wie der Automobilmontage entscheidende Unterstützung bieten können [11, 12]. Diese Modelle erlauben es, individuelle Qualitätsprüfungen in Abhängigkeit von Fahrzeugkonfigurationen und spezifischen Produktionsverläufen zu generieren, was zu einer Effizienzsteigerung in der Qualitätssicherung führen kann. Durch die Entwicklung gezielter und datenbasierter Unterstützungen in der Entscheidungsunterstützung können Unternehmen nicht nur die Qualität ihrer Produkte optimieren, sondern auch maßgeblich zur Reduktion qualitätsbezogener Kosten beitragen. [9–13]

Dieser Beitrag untersucht die aktuellen Entwicklungen und Anwendungen von Qualitätsmanagement 4.0 in der Automobilmontage, wobei eine Fallstudie die erfolgreiche Implementierung eines KI-gestützten Ansatzes zur Entscheidungsunterstützung bei Qualitätsprüfungen darstellt. Das Ziel ist es, die transformative Wirkung dieser Technologien auf das Qualitätsmanagement herauszustellen und aufzuzeigen, wie dies durch die individuelle Anpassung von Qualitätsprüfungen mittels KI-gestützter Modelle erreicht werden kann.

2 Stand der Forschung

Für die kontinuierliche Verbesserung und Optimierung der Produktionsprozesse und Produkte spielt die KI eine zunehmend bedeutende Rolle. Aktuelle Entwicklungen in der Forschung fokussieren sich darauf, wie KI in der Produktion eingesetzt werden kann, um die Effizienz und Qualität zu steigern [14–16]. Neben der KI nimmt die Datenanalyse eine zentrale Rolle ein, indem sie die Entscheidungsunterstützung durch die Auswertung umfangreicher und komplexer Datenmengen ermöglicht [17]. In dem folgenden Abschnitt werden zunächst die methodisch relevanten Ansätze der KI und anschließend die Bedeutung von Neuronalen Netzen (NN) zur Beurteilung der Leistungsfähigkeit im Kontext dieser Arbeit vorgestellt.

2.1 Künstliche Intelligenz im Kontext der Produktion

Obwohl verschiedene Definitionen von KI existieren, wird allgemein anerkannt, dass KI im Produktionskontext die Entwicklung intelligenter Maschinen und Programme umfasst, die kognitive Systeme nachahmen, um zu lernen oder Probleme zu lösen [18]. KI umfasst eine Vielzahl von Fähigkeiten, die zunehmend von Unternehmen im Produktionskontext angewandt werden, um Prozesse zu optimieren und die Produktivität zu steigern. [19, 20] Zu den Wettbewerbsvorteilen zählen beispielsweise eine erhöhte Effizienz in Produktionsabläufen, Verbesserungen in der Projektplanung und Qualitätssicherung sowie dem optimierten Einsatz von Ressourcen und Kosteneinsparungen [21]. Wie in Abb. 2 dargestellt, umfassen die wichtigsten Teilgebiete der KI das maschinelle Lernen, wissensbasierte Systeme, Computer Vision (CV), Robotik, Natural Language Processing (NLP), Automated Planning and Scheduling sowie die Optimierung. [22, 23] Diese Teilgebiete der KI arbeiten oft zusammen und ergänzen sich, um komplexe Probleme zu lösen und fortschrittliche Anwendungen zu entwickeln.

Maschinelles Lernen. ML befasst sich mit der Entwicklung von Algorithmen und Techniken, die es Computern ermöglichen, aus Daten zu lernen und automatisch Erkenntnisse zu gewinnen, ohne explizit programmiert zu werden. Es ist ein zentraler Bereich der KI, der unter anderem in der Vorhersage, Klassifikation und Entscheidungsfindung Anwendung findet. [24]

Wissensbasierte Systeme. Wissensbasierte Systeme (engl. Knowledge-Based Systems) sind computergestützte Systeme, die auf Wissen und inferenziellen Mechanismen basieren, um Probleme zu lösen, Entscheidungen zu treffen oder Beratung zu leisten. Sie verwenden spezialisiertes Wissen, das in Form von Regeln, Ontologien oder Frames repräsentiert wird. [25]

Computer Vision. CV beschäftigt sich mit der Entwicklung von Algorithmen und Techniken, die es Computern ermöglichen, Bilder und Videos zu verstehen, zu interpretieren und zu verarbeiten. Dies umfasst die Erkennung von Objekten, Szenen, Gesichtern, Bewegungen und die Extraktion relevanter Informationen aus visuellen Daten. [26]

Robotik. Robotik kombiniert Prinzipien aus Mechanik, Elektronik und Software, um autonome oder teilautonome Roboter zu entwickeln. Diese Roboter können physische Aufgaben ausführen, wie z. B. Manipulation von Objekten, Navigation in der Umwelt oder Zusammenarbeit mit Menschen. [27]

Natural Language Processing. NLP befasst sich mit der Interaktion zwischen Computern und menschlicher Sprache. Es umfasst Aufgaben wie Spracherkennung, maschinelle Übersetzung, Textverarbeitung und die Generierung von natürlicher Sprache. NLP ermöglicht es Computern, menschliche Sprache zu verstehen und darauf zu reagieren. [28]

Automated Planning and Scheduling. Automatisierte Planung und Terminierung beschäftigt sich mit der Entwicklung von Algorithmen, die es Computern ermöglichen, sequenzielle Aktionen zu planen und Zeitpläne zu erstellen, um bestimmte Ziele oder Aufgaben unter gegebenen Einschränkungen zu erreichen. Dies ist besonders wichtig in der Logistik, Produktion und anderen industriellen Anwendungen. [29]

Optimierung. Optimierung beschäftigt sich mit der Entwicklung von mathematischen Techniken und Algorithmen, um die bestmögliche Lösung unter gegebenen Bedingungen zu finden. Dies kann in verschiedenen Bereichen angewendet werden, wie z. B. bei der Ressourcenallokation, der Netzwerkoptimierung oder der Prozesssteuerung. [30]

Im Rahmen dieser Arbeit wird das Teilgebiet des maschinellen Lernens forciert. Hierzu zählt insbesondere die Bedeutung von neuronalen Netzen (NN) zur Beurteilung der Leistungsfähigkeit.

2.2 Neuronale Netze und Maße zur Beurteilung der Leistungsfähigkeit

Neuronale Netze. NN sind eine wichtige Klasse von Algorithmen im Bereich des ML, die von der Funktionsweise des menschlichen Gehirns inspiriert sind. Diese Netzwerke bestehen aus miteinander verbundenen Einheiten, die Neuronen genannt werden und zusammenarbeiten, um komplexe Aufgaben zu lösen. Ursprünglich wur-

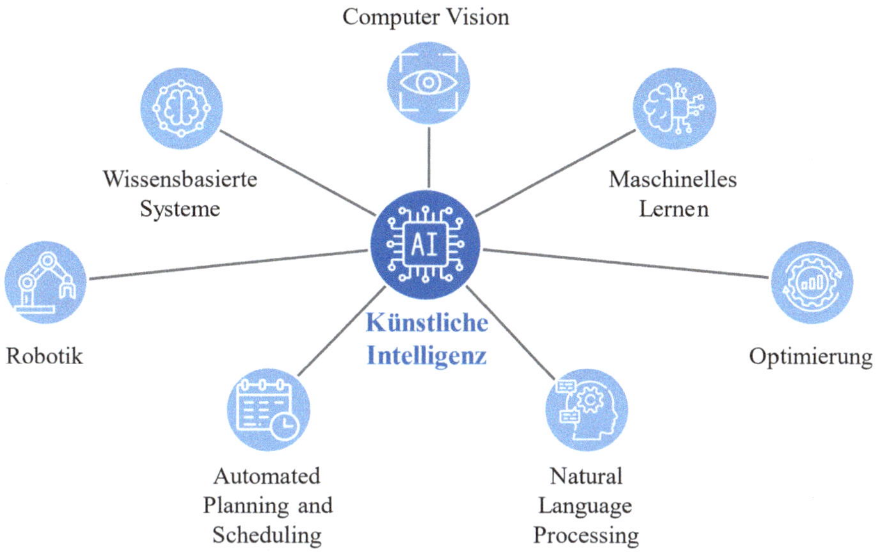

Abb. 2. Teilgebiete der Künstlichen Intelligenz [31, 32]

den sie entwickelt, um die Arbeitsweise des menschlichen Gehirns nachzuahmen und auf digitale Systeme zu übertragen. [33]

Ein NN besteht aus mehreren Schichten von Neuronen: Einer Eingabeschicht, versteckter Schichten und einer Ausgabeschicht. Jedes Neuron empfängt Signale von Neuronen der vorherigen Schicht, gewichtet diese Eingaben, summiert sie und gibt das Ergebnis an Neuronen der nächsten Schicht weiter. Dieser Prozess wird durch Aktivierungsfunktionen gesteuert, die oft nichtlineare Transformationen anwenden, um komplexe Muster zu lernen. Zu den gebräuchlichen Aktivierungsfunktionen gehören die Sigmoid-Funktion, die ReLU-Funktion (Rectified Linear Unit) und die Tanh-Funktion (Hyperbolic Tangent). [34]

Das Training von NN erfolgt in der Regel durch einen Prozess namens Backpropagation. Dieser Algorithmus minimiert den Fehler zwischen den vorhergesagten und den tatsächlichen Ausgaben, indem er die Gewichte im Netzwerk anpasst. Dies geschieht bei durch Gradient Descent, einen Optimierungsalgorithmus, der die Gewichte in kleinen Schritten aktualisiert, um den Fehler zu minimieren. [35]

NN bieten mehrere Vorteile im Vergleich zu traditionellen ML: Sie sind in der Lage, komplexe Muster und Beziehungen in den Daten zu erkennen, die für lineare Modelle schwer zugänglich sind. Im Gegensatz zu herkömmlichen Methoden, die oft eine manuelle Merkmalsextraktion erfordern, können NN relevante Merkmale aus den Rohdaten lernen. Sie können problemlos auf sehr große Datenmengen und komplexe Probleme skaliert werden, was durch Fortschritte in der Rechenleistung und der Verfügbarkeit großer Datensätze unterstützt wird. Trotz ihrer Vorteile haben neuronale Netze auch einige Nachteile: Das Training tiefer neuronaler Netze erfordert erhebliche Rechenressourcen und kann zeitaufwendig sein. Die Entscheidungsprozesse innerhalb NN sind oft schwer zu interpretieren, was ihre Anwendung in Bereichen mit hohen Anforderungen an die Nachvollziehbarkeit einschränken kann. Darüber hinaus neigen NN dazu, sich an die Trainingsdaten anzupassen, was zu Überanpassung führen kann. Dies kann durch Techniken wie Regularisierung, Dropout und Cross-Validation gemildert werden. [33–35]

Maße zur Beurteilung der Leistungsfähigkeit. Da es sich in der vorliegenden Fallstudie um eine binäre Klassifikationsaufgabe handelt, werden ausschließlich Leistungsbewertungsmaße der Klassifikation erörtert. Das häufigste Kriterium zur Bewertung der Leistungsfähigkeit eines Klassifikators ist die Bewertung der Genauigkeit (Accuracy), d. h. das Verhältnis aller richtigen Vorhersagen zu allen durchgeführten Vorhersagen. Die Genauigkeit allein reicht jedoch oft nicht aus, um die Qualität eines Klassifikators ganzheitlich zu beurteilen.

Konfusionsmatrix. Im Gegensatz dazu hilft eine Konfusionsmatrix dabei, die besonderen Stärken und Schwächen des Modells zu bewerten. Tab. 1 zeigt eine exemplarische Konfusionsmatrix zur Auswertung der Vorhersagen von Prüfergebnissen.

Tab. 1. Konfusionsmatrix zur Bewertung von Klassifikationsfehlern [36].

		Vorhergesagte Klasse	
		Prüfung n. i. O	Prüfung i. O
Tatsächliche Klasse	Prüfung n. i. O	True Negative (TN)	False Positives (FP)
	Prüfung i. O	False Negative (FN)	True Positive (TP)

Die Zeilen der Konfusionsmatrix stellen die tatsächlichen Kennzeichnungen der Datenpunkte dar, während die Spalten die vom Modell vorhergesagten Kennzeichnungen repräsentieren. Das Ergebnis einer binären Klassifizierungsaufgabe ist eine 2×2 Kontingenztabelle. Der Inhalt der Zellen ist die Anzahl der Instanzen, die sowohl die Bedingung des tatsächlichen Labels als auch die des vorhergesagten Labels erfüllen. Zum Beispiel enthält die Zelle mit der Bezeichnung True Positive (TP) die Anzahl aller Datenpunkte, die korrekt als positiv klassifiziert wurden, während die Zelle True Negative (TN) alle Datenpunkte enthält, die korrekt als negativ klassifiziert wurden. Ein perfekter Klassifikator würde nur Werte auf seiner Diagonale enthalten, da dann jede vorhergesagte Bezeichnung mit der tatsächlichen Bezeichnung übereinstimmt [36].

Wenn der Klassifikator einen Fehler macht, kann es sich um zwei mögliche Arten von Fehlern handeln: Ein falsch negativer Fehler (FN), wenn der Klassifikator ein negatives Label zuweist, obwohl es eigentlich positiv ist, oder ein falsch positiver Fehler (FP), wenn der Klassifikator ein positives Label zuweist, obwohl das negative Label korrekt gewesen wäre. Je nach Anwendung des Klassifikators hat entweder ein FN oder ein FP Fall schwerwiegendere Folgen. In der vorliegenden Fallstudie führt beispielsweise ein FP dazu, dass das Fahrzeug einen Test durchlaufen hat, dort aber kein Fehler detektiert wurde. Dies wird nicht als ernsthaftes Problem angesehen, da der Status quo darin besteht, dass jedes Fahrzeug ohnehin geprüft wird und das Ziel darin besteht, diese Zahl um einen gewissen Prozentsatz zu reduzieren. Das Gegenteil, nämlich ein FN Fall, ist deutlich schwerwiegender. Der Klassifikator sagt voraus, dass das Fahrzeug keinen Mangel am Fahrzeug detektieren würde, so dass die Prüfung komplett umgangen wird und das Fahrzeug an den Kunden ausgeliefert wird, obwohl es tatsächlich in irgendeiner Weise fehlerhaft ist. Die Anzahl dieser Fälle sollte für jeden potentiellen Klassifikator daher nahe bei „Null“ gehalten werden.

Im Folgenden werden wichtige Kenngrößen vorgestellt, die alle anhand der Werte aus der Konfusionsmatrix berechnet werden können. Wie oben beschrieben, ist die Genauigkeit das grundlegendste Maß, das den Anteil der richtigen Vorhersagen angibt. Die Genauigkeit berechnet sich wie folgt [36, 37]:

$$Accuracy = \left(\frac{\mathrm{TP} + \mathrm{TN}}{\mathrm{TP} + \mathrm{FN} + \mathrm{FP} + \mathrm{TN}}\right) \tag{1}$$

Wenn die Klassen sehr schief sind, wie beispielsweise bei der vorliegenden Klassifizierungsaufgabe, dann ist es möglich sehr vielversprechende Werte für die Genauigkeit zu erhalten, ohne tatsächlich einen guten Klassifikator zu haben. Die negative Klasse in diesem Beispiel sind fehlerfreie Autos, die etwa 99 % des Datensatzes ausmachen, während die positive Klasse – Fahrzeuge mit einem Fehler – nur etwa 1 % ausmacht. Wenn der Klassifikator also einfach blind jeder Instanz des Datensatzes die negative Klasse zuordnen würde, läge die erwartete Genauigkeit immer noch bei genau 99 %. Diese Tatsache macht die Einführung weiterer Leistungsmaße erforderlich.

Die Präzision (engl. Precision) beispielsweise berücksichtigt nur die Instanzen, in denen der Klassifikator die positive Klasse zugewiesen hat, und berechnet die Genauigkeit dieser Teilmenge. Die Präzision berechnet sich daher wie folgt [36, 37]:

$$Precision = \left(\frac{\mathrm{TP}}{\mathrm{TP} + \mathrm{FP}}\right) \tag{2}$$

Auch hier ist es für jeden Klassifikator ziemlich trivial eine Präzisionsrate von 100 % zu erreichen, indem er nur einem Datenpunkt die positive Klasse zuordnet und damit richtig liegt. Daher ist dieses Maß ohne das dazugehörige Gegenstück, den Recall, wertlos. Der Recall berechnet den Anteil der tatsächlich positiven Label, die vom Modell richtig klassifiziert wurden. Es ist auch möglich, die beiden Maße zu einer einzigen Metrik, dem F1-Score, zu kombinieren. Dazu wird das harmonische Mittel aus Precision und Recall gebildet. Es errechnet sich wie folgt [36, 37]:

$$F_1 = 2 * \frac{\mathrm{Precision} * \mathrm{Recall}}{Precision + Recall} = \frac{TP}{TP + \frac{1}{2}(FP + FN)} \tag{3}$$

Präzisions-Recall-Kurve. Ein binäres Klassifizierungsmodell liefert in der Regel einen reellen Wert zwischen 0 und 1, wenn es einen Datenpunkt klassifiziert. Wenn ein bestimmter Schwellenwert überschritten wird, sagt der Klassifikator die positive Bezeichnung voraus, andernfalls die negative. Dieser Schwellenwert ist standardmäßig auf 0,5 festgelegt. Wählt man einen Schwellenwert nahe bei 0, so wird fast jeder Datenpunkt der positiven Klasse zugeordnet, was dazu führt, dass es fast keine falsch-negativen Ergebnisse gibt und somit ein hoher Recall-, aber ein niedriger Precision-Wert erreicht wird. Wählt man dagegen einen Schwellenwert nahe 1, so werden fast keine Instanzen der positiven Klasse zugeordnet, was zu fast keinen falsch-positiven Ergebnissen und damit zu einer hohen Präzision, aber einem niedrigen Recall-Wert führt. Dies ist der Kern des Konzepts, das als Precision-Recall-Trade-off bezeichnet wird [37, 38]. Wenn die Präzision erhöht wird, sinkt in der Regel der Recall und umgekehrt. Ziel ist es, einen optimalen Kompromiss zwischen Präzision und Recall für den jeweiligen Anwendungsfall zu finden.

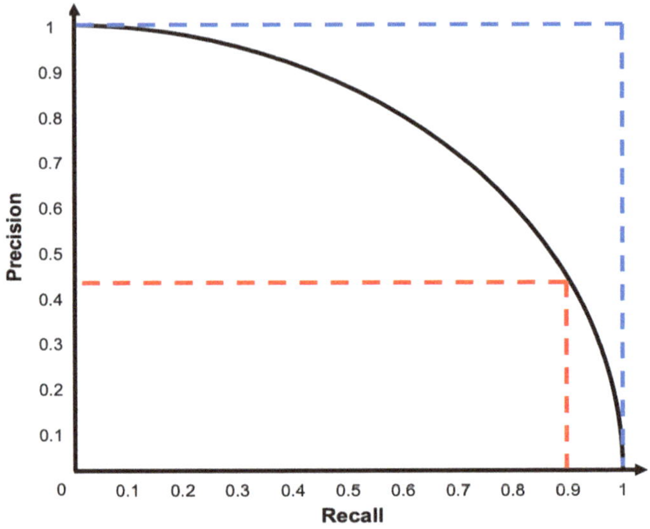

Abb. 3. Darstellung einer exemplarischen der Precision-Recall-Kurve [37, 38]

Dies kann durch die Darstellung der Präzisions-Recall-Kurve erleichtert werden, die die Präzision gegen den Recall für jeden möglichen Schwellenwert zwischen 0 und 1 aufträgt (siehe Abb. 3). In der Abb. 3 zeigen die roten Linien, dass bei einem festen Recall-Wert von 0,9 kein besserer Präzisionswert als 0,43 erreicht werden kann. Wollte man die Präzision erhöhen, müsste man im Gegenzug den Recall-Wert senken. Eine gute Möglichkeit, die Gesamtleistung des Klassifikators zu messen, ist die Berechnung der Fläche unter dieser Kurve (AUC, engl. Area under the curve). Ein perfekter Klassifikator hätte AUC = 1, was bedeutet, dass sowohl Präzision als auch Recall gleichzeitig einen Wert von 1 haben können [37, 38].

3 KI-gestützte Entscheidungsunterstützung in der Automobilmontage am Beispiel der Dichtheitsprüfung

Predictive Quality. Im Zeitalter von Industrie 4.0 und KI versucht das Qualitätsmanagement das Potential von KI zu erforschen, um beispielsweise Vorhersagen über zukünftige qualitätsrelevante Ereignisse in der Produktion zu treffen. Der Bereich des Qualitätsmanagements, der sich mit der Vorhersage der produkt- und prozessbezogenen Qualität beschäftigt, wird als Predictive Quality bezeichnet. Predictive Quality beschreibt die Befähigung des Anwenders zu einer datengetriebenen Vorhersage der produkt- und prozessbezogenen Qualität in der Herstellung und Nutzung physischer Produkte. [10]

Vorhersage des Prüfergebnisses der Dichtheitsprüfung (DHP). Ein Anwendungsgebiet von Predictive Quality in der Automobilmontage ist beispielsweise die Vorhersage von Ergebnissen in Qualitätsprüfungen. Qualitätsprüfungen spielen eine entscheidende Rolle bei Sicherstellung einer hohen Produktqualität, weswegen jedes Fahrzeug während des gesamten Produktionsprozesses verschiedenen Qualitätsprüfungen unterzogen wird. [39] Wie in Abb. 4 dargestellt, führen Menschen und Bildverarbeitungsstationen im Laufe des Produktionsprozesses verschiedene Sichtprüfungen durch, speziellen Prüfsoftwaresoftware führt automatisiert elektrische Funktionsprüfungen durch und darüber hinaus gibt es kundenorientierte Qualitätsprüfungen, die die Gesamtqualität der Fahrzeuge in Richtung Dichtheit und Geräusch prüfen. [39] Die DHP, bei der die Fahrzeuge einige Minuten lang von außen mit Wasser besprüht werden, um die Dichtheit der Fahrzeuge zu prüfen, wird als Praxisbeispiel im vorliegenden Beitrag behandelt. Eines der wesentlichen Probleme von Dichtheitsprüfungen ist ihre mangelhafte Prüfeffizienz. Die Prüfeffizienz errechnet sich aus dem Quotienten der Anzahl der gefundenen Fehler und der Anzahl der durchgeführten Tests. [39] Je mehr Fehler eine Qualitätsprüfung entdeckt, desto effizienter ist sie. Da die Prüfeffizienz der Dichtheitsprüfung in der Automobilindustrie niedrig ist (< 5 %), drängt sich die Frage auf, ob es durch den Einsatz von KI möglich ist, für Fahrzeuge mit einer hohen Wahrscheinlichkeit für keinen Fehler in der DHP, den Test auszulassen? Ein solcher KI-basierter Ansatz zur Selektion von Fahrzeugen für die DHP ließe sich dann verwirklichen, wenn die KI in der Lage ist, Fahrzeuge, die in der DHP wahrscheinlich einen Fehler haben von solchen zu unterscheiden, die mit hoher wahrscheinlich keinen Fehler haben. Fahrzeuge mit einer geringen Wahrscheinlichkeit für einen Fehler in der DHP könnten sich beispielsweise dadurch auszeichnen, dass sie keine kritischen Probleme während des Produktionsprozesses aufgewiesen haben. Ziel der vorliegenden Fallstudie ist es daher, zu untersuchen, ob es durch den Einsatz von KI möglich ist, die DHP-Prüfquote um 50 % zu reduzieren bzw. die Prüfeffizienz um 100 % zu steigern.

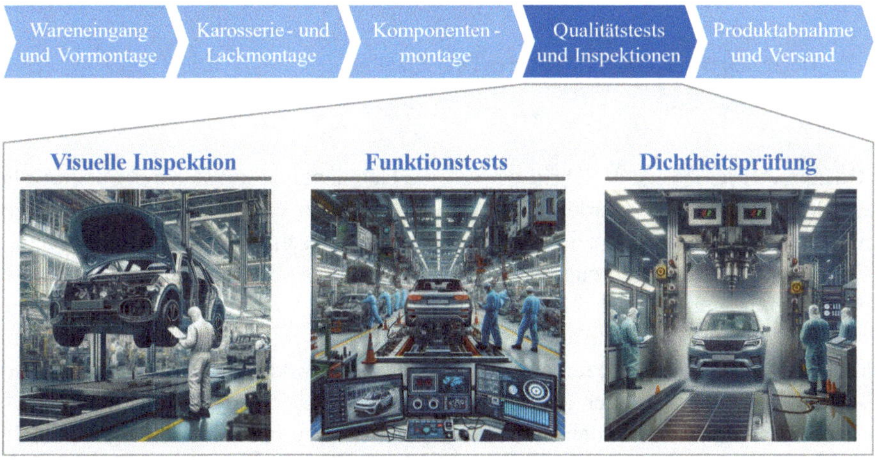

Abb. 4. Beispielhafte Qualitätsprüfungen in der Fahrzeugmontage

3.1 KI-basierte Auswahl von Fahrzeugen für die Dichtheitsprüfung (DHP)

Predictive DHP Quality. In der vorliegenden Fallstudie werden, wie in Abb. 5 dargestellt, zunächst die relevanten Produkt-, Prozess- und Qualitätsdaten auf Fahrzeugebene miteinander verknüpft. Dabei werden die individuelle Fahrzeugkonfiguration (Produktdaten) und die im Laufe der Produktion an einem Fahrzeug durchgeführten Nacharbeiten (Prozessdaten) verwendet, um vorherzusagen, ob ein bestimmtes Fahrzeug einen Fehler in der DHP (Qualitätsdaten) aufweisen wird oder nicht. Etwa 4 % der in der DHP geprüften Fahrzeuge weisen dabei einen Fehler auf. Da dementsprechend 96 % der geprüften Fahrzeuge keinen Fehler in der DHP aufweisen, wird nun untersucht, ob es möglich ist, für 50 % der Fahrzeuge die DHP auszulassen. Die Kernfrage lautet daher, ob es möglich ist, DHP-positive (Fahrzeuge mit einem Fehler in der DHP) und DHP-negative Fahrzeuge (Fahrzeuge mit keinem Fehler in der DHP) anhand ihrer individuellen Konfiguration und anhand ihrer durchgeführten Nacharbeiten zu klassifizieren.

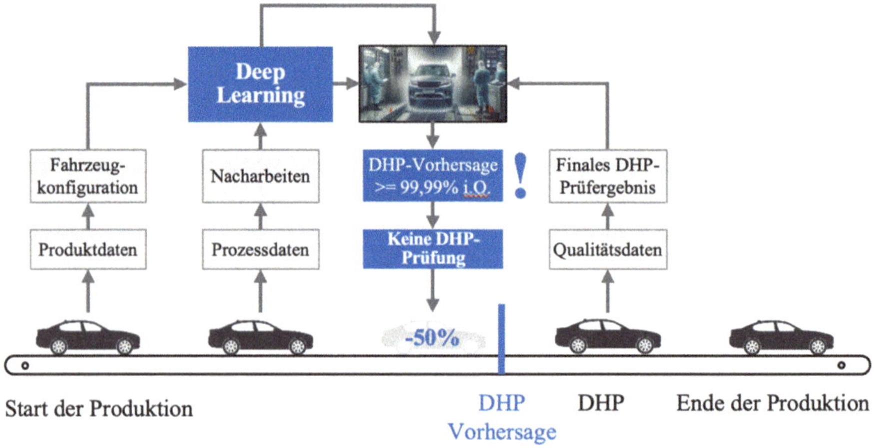

Abb. 5. Überblick des Konzepts Predictive DHP Quality

Datenanalyse. Im ersten Schritt wurde eine Datenanalyse auf Basis der historischen Daten angefertigt. Dabei wurden zunächst die Rohdaten von 236.426 Fahrzeugen bereinigt und auf 202.475 reduziert. Diese Bereinigung schloss Fahrzeuge mit fehlenden Werten und Sonderfahrzeuge aus, deren Produktionsprozesse nicht regulär waren. Jedes Fahrzeug wurde entsprechend dem Ergebnis der DHP als „i. O." (kein Fehler) oder „n. i. O." (Fehler) gekennzeichnet, wobei 8089 Fahrzeuge (ca. 4 %) der Fahrzeuge fehlerhaft waren. Die Produktdaten bestanden aus zwölf kategorialen Merkmalen, die die Ausstattungsmerkmale der Fahrzeuge beschrieben. Um die Abhängigkeit zwischen den Produktmerkmalen und den DHP-Prüfergebnissen zu bestimmen, wurde der Chi^2-Test verwendet. Sechs der zwölf Merkmale wiesen eine signifikante Abhängigkeit auf und wurden als relevante Prädiktoren für die Vorhersage ausgewählt. Tab. 2 zeigt die Ergebnisse des Chi²-Tests für die zwölf kategorialen Merkmale der Produktdaten.

Tab. 2. Ergebnisse des Chi²-Tests für die zwölf kategorialen Merkmale der Produktdaten

Merkmal	Ausprägungen	χ2-Score	p-Wert	Relevant
$X1$	16	93,090	1,666 e^{-12}	ja
$X2$	91	210,829	2,810 $e-^{116}$	ja
$X3$	68	800,898	6,037 e^{-116}	ja
$X4$	12	434,465	1,153 $e-^{84}$	ja
$X5$	8	90,683	1,686 e^{-21}	ja
$X6$	6	121,431	4,280 $e-^{27}$	ja
$X7$	8	2,999	0,002	nein
$X8$	2	2,648	0,103	nein
$X9$	4	3,278	0,089	nein
$X10$	4	2,921	0,101	nein
$X11$	2	3,192	0,087	nein
$X12$	2	2,793	0,092	nein

Parallel dazu wurden die Prozessdaten, die alle Nacharbeiten während der Fahrzeugmontage umfassten, analysiert. Jede Nacharbeit wurde in eine eindeutige fünfstellige Nummer kodiert. Um aussagekräftige Nacharbeiten zu identifizieren, wurden seltene Nacharbeiten, die bei weniger als 0,1 % der Fahrzeuge auftraten, ausgeschlossen. Dies reduzierte die Anzahl der Nacharbeiten von 1931 auf 292. Anschließend wurde der Zusammenhang zwischen den Nacharbeiten und den in der DHP auffälligen Fahrzeugen analysiert. Die Nacharbeiten wurden in kritische, nicht-informative und unkritische Muster unterteilt, basierend auf ihrer Häufigkeit und der Wahrscheinlichkeit, dass sie zu einem DHP-Fehler führen. Insgesamt wurden 17 kritische und unkritische Nacharbeiten als relevante Prädiktoren für das KI-Modell identifiziert und selektiert.

KI-Modellierung. Zur Modellierung wurden die selektierten 23 Merkmale, bestehend aus sechs Produktkonfigurationsattributen und 17 Nacharbeiten, zur Erstellung eines Vorhersagemodells verwendet. Der Datensatz wurde dabei in Trainings- und Testdatensatz aufgeteilt, wobei 80 % der Daten für das Training und 20 % für die Tests verwendet wurden. Dies gewährleistete eine ausgewogene Verteilung der Klassen in beiden Datensätzen. Anschließend wurde ein NN zur binären Klassifikation trainiert. Das neuronale Netz verwendete Standard-Hyperparameter, darunter zehn versteckte Schichten mit jeweils 100 Neuronen, einen stochastischen Gradientenabstiegsoptimierer und die ReLU-Aktivierungsfunktion. [40] Das NN wurde gewählt, da es im Allgemeinen besser in der Lage ist, komplexe, nichtlineare Beziehungen in großen Datensätzen zu modellieren. Die Leistung des KI-Modells wurde mit einer geschichteten k-fachen Kreuzvalidierung bewertet, wobei k auf fünf gesetzt wurde, um eine ausreichende Trainings- und Testdatenmenge zu gewährleisten. Die Kreuzvalidierung stellte sicher, dass die Klassenverteilung in jeder der fünf Mengen annähernd gleich war, was die Generalisierungsfähigkeit des KI-Modells verbessert.

Ergebnis der KI-Modellierung. Wie in Abb. 6 dargestellt, wurde zur Bewertung der Leistungsfähigkeit des KI-Modells die Precision-Recall-Kurve (PR-Kurve) herangezogen und die durchschnittliche Fläche unter der Kurve (AUC-Score) analysiert und bewertet. Ein zufälliger Klassifikator hätte einen AUC-Score von 0,5, während ein perfekter Klassifikator einen AUC-Score von 1,0 erreichen würde. Das NN erreichte einen AUC-Score von 0,751 bei einer Standardabweichung von 0,036. Die Trainings- und Testkurven lagen nahe beieinander, was auf eine gute Generalisierungsfähigkeit des KI-Modells hinweist. Um die Anzahl der FN Fälle zu minimieren, wurde der Schwellenwert angepasst. Standardmäßig ist der Schwellenwert auf 0,5 festgelegt, was bedeutet, dass die positive Klasse vorhergesagt wird, wenn der Klassifikator einen Wert über 0,5 liefert, und die negative Klasse, wenn der Wert darunter liegt. Für diese Anwendung wurden jedoch verschiedene Schwellenwerte gewählt, um verschiedene DHP-Reduktionsquoten ins Verhältnis zum Risiko (Schlupf) zu setzen. Die Tabelle in Abb. 6 zeigt für die drei gewählten Schwellenwerte 0,1, 0,02 und 0,004 die korrespondierenden DHP-Reduktionen und das entsprechende Risiko. So wird bei einem gewählten Schwellenwert von 0,02 eine Reduktion der DHP-Prüfquote von 50 % bei einem Schlupf von 0,03 % erreicht. Ein Schlupf von 0,03 % bedeutet z. B., dass drei aus 1.000 nicht in der DPH geprüften Fahrzeuge einen Fehler enthalten.

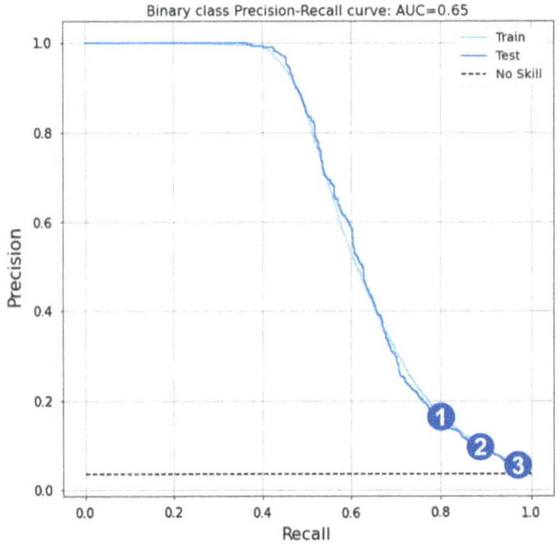

Schwellenwert p	DHP-Reduktion	Risiko (Schlupf)
❶ 0,1	90 %	1,8 %
❷ 0,02	50 %	0,3 %
❸ 0,004	20 %	0,08 %

Abb. 6. Ergebnis aus dem Training des neuronalen Netzes

3.2 Einsatz von Predictive Quality zur Optimierung der Prüfeffizienz

Einsatz des KI-Modells am Shopfloor. Die Abb. 7 fasst die vier Schritte zusammen, wie ein Werker am Shopfloor die Applikation Predictive DHP Quality verwendet, um die Effizienz und Genauigkeit der DHP zu verbessern. Im ersten Schritt wird ein Prüfplan generiert, der anzeigt, welche Fahrzeuge in die DHP müssen und welche nicht.

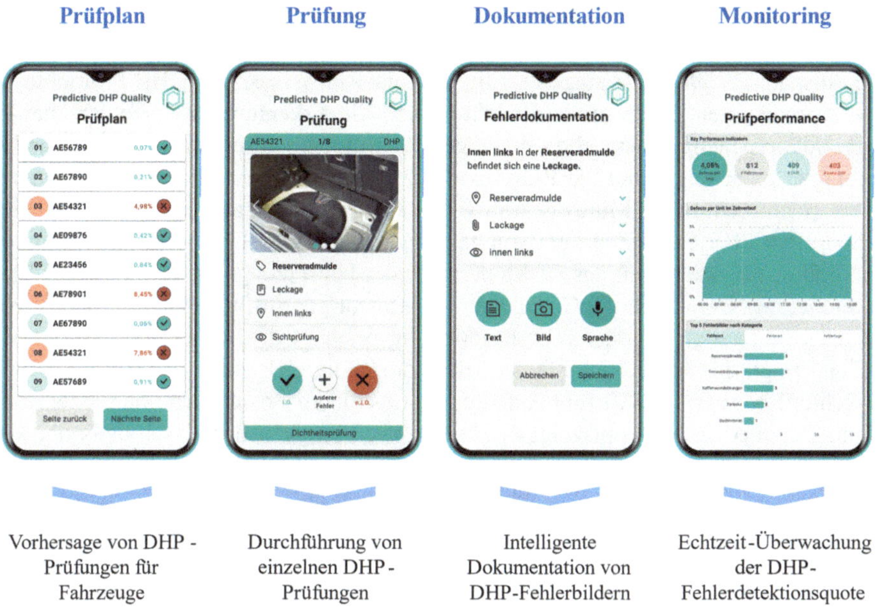

Abb. 7. Einsatz von Predictive DHP Quality am Shopfloor

Fahrzeuge, die geprüft werden müssen, sind rot eingefärbt, während Fahrzeuge, die nicht geprüft werden müssen, grün eingefärbt sind. Diese Farbkennzeichnung ermöglicht es dem Werker, schnell und effizient zu erkennen, welche Fahrzeuge überprüft werden müssen, was die Planung der Prüfungen erheblich erleichtert. Wenn ein Fahrzeug in die DHP muss, nutzt der Werker den in der Abb. 7 dargestellten Prüfvorschlag in Form einer Karte. Ein Werker nutzt diesen Prüfvorschlag, um gezielt nach Fehlern zu suchen und dokumentiert jede durchgeführte Prüfung durch das Klicken auf i. O. (keinen Fehler gefunden) bzw. n. i. O. (Fehler gefunden). In der Darstellung wird beispielsweise gezeigt, wie in der Reserveradmulde innen links auf eine Leckage geprüft wird. Diese gezielte Anleitung hilft dem Werker, systematisch und effektiv nach spezifischen Fehlern zu suchen, wodurch die Genauigkeit der Prüfungen erhöht wird. Findet der Werker einen Fehler, hat er im dritten Schritt die Möglichkeit, diesen per Bild, Text oder Sprache zu dokumentieren. Diese umfassende Dokumentation ermöglicht eine detaillierte Beschreibung des Fehlerbildes und beschleunigt den Dokumentationsprozess erheblich. Durch die Nutzung verschiedener Dokumentationsmethoden wird sichergestellt, dass alle relevanten Informationen schnell und effizient erfasst werden. Im vierten Schritt hat der Werker die Möglichkeit, die Fehlerdetektionsquote (DPU, engl. Defects per Unit) der in der DHP geprüften Fahrzeuge zu überwachen. Durch dieses Monitoring kann die Prüfstrategie kontinuierlich überwacht, angepasst und optimiert werden. Diese vier Schritte verdeutlichen, wie Predictive DHP Quality in der Praxis am Shopfloor Anwendung findet, um die Prüfeffizienz der DHP zu steigern und die Produktionsqualität weiterhin auf einem hohen Niveau zu halten.

Ergebnisse aus dem Live-Betrieb. Links in der Abb. 8 wird die Ausgangssituation und Zielsetzung der Fallstudie dargestellt. Ausgangspunkt ist eine 100 % DHP, bei der, ohne Ausnahme, alle Fahrzeuge geprüft werden. Ziel ist es, die DHP-Prüfquote um 50 % zu reduzieren. Trotz dieser Reduktion soll die Erkennung aller Fehler, die 4 % der Produktionsmenge ausmachen, sichergestellt werden. Dieser Ansatz zielt darauf ab, Ressourcen zu schonen und die Prüfeffizienz zu steigern, ohne die Endproduktqualität zu beeinträchtigen. In der Mitte der Abb. 8 sind die Ergebnisse aus der Live-Anwendung am Shopfloor über einen Zeitraum von acht Wochen dargestellt. Die Konfusionsmatrix zeigt die Leistungsfähigkeit des KI-Modells bei der Umsetzung des Ansatzes. Auf Basis des trainierten NN wurden 52 % der Fahrzeuge nicht geprüft, während 48 % weiterhin einer DHP unterzogen wurden. Diese Verteilung bestätigt die Vorhersagen des KI-Modells und zeigt, dass die Reduktion der Prüfquote erfolgreich umgesetzt werden konnte. Der Schlupf betrug 8 von 21.809 Fahrzeugen, was einem Prozentsatz von 0,036 % entspricht. Der niedrige Schlupf zeigt die hohe Zuverlässigkeit des KI-Modells und dessen Fähigkeit, potenziell fehlerhafte von unkritischen Fahrzeugen zu unterscheiden. Rechts in der Abb. 8 werden die Schlussfolgerungen und Implikationen dieser Ergebnisse dargestellt. Die erfolgreiche Reduktion der Prüfquote bei gleichzeitiger Sicherstellung der Fehlererkennung demonstriert das Potenzial von Predictive DHP Quality, die Prüfeffizienz in der Fahrzeugmontage signifikant zu steigern. Der niedrige Schlupf von 0,036 % zeigt, dass die Implementierung des KI-Modells eine zuverlässige und effiziente Alternative zur 100 % Dichtheitsprüfung darstellt. Dies erlaubt es, Ressourcen gezielter einzusetzen und Produktionskosten zu senken, ohne die Qualität der Fahrzeuge zu gefährden. Die kontinuierliche Überwachung und Anpassung der KI-basierten Prüfstrategie ist entscheidend, um langfristig höchste Qualitätsstandards zu gewährleisten und gleichzeitig die Effizienz der Produktionsprozesse zu maximieren.

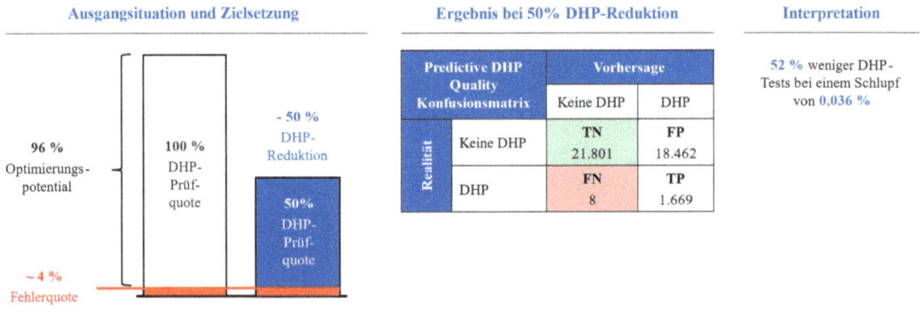

Abb. 8. Ergebnisse aus dem Live-Betrieb von Predictive DHP Quality

4 Herausforderungen bei der Implementierung von KI-gestützten Empfehlungssystemen in der Produktion

Die Implementierung von KI-gestützten Empfehlungssystemen in der Produktion steht vor einer Vielzahl von Herausforderungen. Eine der zentralen technologischen Hürden besteht in der Integration von KI-Systemen in bereits bestehende Produktions- und

IT-Umgebungen. Diese Systeme erfordern nicht nur die Entwicklung und Anpassung komplexer Algorithmen, sondern auch die Bereitstellung und Verwaltung großer Datenmengen. Insbesondere müssen Daten aus verschiedenen Quellen wie Sensoren, Produktionsmaschinen und manuellen Inspektionen konsolidiert und in ein einheitliches Format gebracht werden, um eine effektive Datenanalyse zu ermöglichen [8]. Ein weiteres bedeutendes Hindernis ist die Anpassung der Infrastruktur. Produktionsanlagen sind oft nicht für die Integration fortschrittlicher Technologien wie KI ausgelegt. Dies erfordert erhebliche Investitionen in neue Hardware und Software sowie Anpassungen an bestehenden Systemen, um eine nahtlose Datenkommunikation zu gewährleisten. Hinzu kommt die Notwendigkeit einer robusten IT-Sicherheitsstrategie, da die Vernetzung von Produktionssystemen das Risiko von Cyberangriffen erhöht [6]. Ein weiterer wichtiger Aspekt ist die kulturelle Akzeptanz. Die Einführung von KI-Systemen verändert die Arbeitsabläufe und erfordert neue Fähigkeiten von den Mitarbeitern, was zu Widerstand führen kann, insbesondere wenn die Belegschaft befürchtet, dass ihre Arbeitsplätze durch Automatisierung gefährdet sind. Daher ist es entscheidend, umfassende Schulungsprogramme anzubieten und die Mitarbeiter aktiv in den Veränderungsprozess einzubeziehen [7]. Darüber hinaus gibt es regulatorische und ethische Bedenken. Die Nutzung von KI im Qualitätsmanagement wirft Fragen zur Datensicherheit und zum Datenschutz auf. Unternehmen müssen sicherstellen, dass sie die geltenden gesetzlichen Bestimmungen einhalten und ethische Standards wahren. Dies beinhaltet die transparente Kommunikation darüber, wie Daten gesammelt, verwendet und geschützt werden [12]. Die erfolgreiche Implementierung von KI im Qualitätsmanagement erfordert zudem eine kontinuierliche Anpassung und Optimierung der eingesetzten Modelle. Diese müssen regelmäßig überwacht und aktualisiert werden, um ihre Genauigkeit und Zuverlässigkeit zu gewährleisten. Dies setzt eine enge Zusammenarbeit zwischen Datenwissenschaftlern, IT-Spezialisten und Qualitätsexperten voraus [9].

Obwohl KI-gestützte Systeme signifikante Vorteile für das Qualitätsmanagement bieten, bleibt die Qualität und Verfügbarkeit der benötigten Daten eine der größten Herausforderungen. Produktionsdaten sind häufig unvollständig oder inkonsistent, was die Leistung der KI-Modelle beeinträchtigen kann [8]. Zusätzlich erschwert die Interpretierbarkeit der Ergebnisse die Anwendung in Bereichen, die hohe Anforderungen an die Nachvollziehbarkeit stellen. Neuronale Netzwerke agieren oft als 'Black Box', was es schwierig macht, ihre Entscheidungen zu erklären [33–35]. Schließlich ist die Berücksichtigung der ethischen und datenschutzrechtlichen Dimension entscheidend, um den sicheren und verantwortungsvollen Umgang mit sensiblen Produktionsdaten zu gewährleisten [12].

5 Zusammenfassung und Ausblick

Die Integration von KI-gestütztem Qualitätsmanagement in der Automobilmontage bietet enorme Potenziale zur Verbesserung der Produktqualität und Effizienz. Wie die vorgestellte Fallstudie und theoretischen Modelle zeigen, können KI-Systeme präzise Vorhersagen über die Qualität von Produkten und Prozessen treffen und somit die

Qualitätssicherung in Echtzeit unterstützen. [35] Ein zentraler Vorteil der KI-gestützten Entscheidungsunterstützung ist die Möglichkeit, qualitätsbezogene Kosten signifikant zu senken. Durch den gezielten Einsatz von Prüfressourcen und die frühzeitige Identifikation potenzieller Fehler können Unternehmen ihre Produktionsprozesse optimieren und Ausschuss reduzieren. Dies führt nicht nur zu Kosteneinsparungen, sondern auch zu einer erhöhten Kundenzufriedenheit. [11] Für die Zukunft sind weitere Entwicklungen und Verbesserungen zu erwarten. Insbesondere die Kombination von KI mit anderen fortschrittlichen Technologien, wie dem IoT und der Blockchain, könnte neue Möglichkeiten zur Verbesserung des Qualitätsmanagements eröffnen. IoT-Sensoren können beispielsweise in Echtzeit Daten über den Zustand von Produktionsanlagen und Produkten liefern, während Blockchain-Technologien eine sichere und transparente Datenverwaltung ermöglichen. [13] Ein weiterer vielversprechender Ansatz ist die Nutzung von KI zur Unterstützung der Mitarbeiter bei komplexen Entscheidungsprozessen. Dies könnte durch die Entwicklung von Assistenzsystemen erfolgen, die den Mitarbeitern in Echtzeit relevante Informationen und Handlungsempfehlungen bereitstellen. Solche Systeme könnten die Effizienz und Qualität der Arbeitsprozesse weiter steigern und gleichzeitig die Akzeptanz der Technologie fördern. [20] Abschließend lässt sich festhalten, dass die erfolgreiche Implementierung von KI im Qualitätsmanagement nicht nur technologische, sondern auch organisatorische und kulturelle Veränderungen erfordert. Unternehmen müssen bereit sein, in neue Technologien zu investieren, ihre Infrastruktur anzupassen und ihre Mitarbeiter kontinuierlich zu schulen. Nur so können sie die vollen Potenziale der KI nutzen und ihre Wettbewerbsfähigkeit langfristig sichern. [22]

Literatur

1. Faber, O.: Digitalisierung – ein Megatrend: Treiber & Technologische Grundlagen. In: Erner, M. (Hrsg.) Management 4.0 – Unternehmensführung im digitalen Zeitalter, S. 3–42. Springer Gabler, Berlin (2019)
2. Ahlborn, K., et al.: Technologieszenario „Künstliche Intelligenz in der Industrie 4.0“. Bundesministerium für Wirtschaft und Energie, Berlin (2019)
3. Behrendt, A., et al.: Industrielles IoT und führende Technologien als Treiber der digitalen Transformation in der Produktion. McKinsey & Company, Köln (2021)
4. Statista, Volumen der jährlich generierten/replizierten digitalen Datenmenge weltweit von 2010 bis 2022 und Prognose bis 2027. (18.05.2023) In: Statista. https://de.statista.com/statistik/daten/studie/267974/umfrage/prognose-zum-weltweit-generierten-datenvolumen/ (2023). Zugegriffen: 1. Mai 2024.
5. Beckschulte, S., Huebser, L., Günther, R., Kaden, M., Schmitt, R.H.: Fehlerdatenaufnahme in der manuellen Montage: Informationsbedarfsanalyse für Fehleranalyse und -abstellung im Fehlermanagement. In: Gröger, S. (Hrsg.) Nachhaltiges Qualitätsdatenmanagement, S. 1–20. Springer Vieweg, Wiesbaden (2023)
6. Buschmann, D., Ellerich, M., Huebser, L., Lindemann, M., Schlegel, P., Schmitt, R.H.: Zukunftsfähige Produktionssysteme durch Predictive Quality. In: Pfeifer, T., Schmitt, R.H. (Hrsg.) Masing Handbuch Qualitätsmanagement, S. 800–830, 7. Aufl. Carl Hanser Verlag, München (2021)
7. Beckschulte, S., Günther, R., Huebser, L., Schmitt, R.H.: Mit Predictive Quality in die Zukunft sehen: Qualität 4.0 – Verborgene Data Analytics Potenziale in produzierenden Unternehmen. Z. wirtsch. Fabrik. **115**(10), 715–718 (2020)

8. Schmitt, R.H., Pfeifer, T.: Qualitätsmanagement: Strategien-Methoden-Techniken, 5. Aufl. Carl Hanser Verlag, München (2015)
9. Fiałkowska-Filipek, M., Dobrowolska, A.: Quality 5.0: Towards sustainable quality improvement in organizations. Ekonom. Wroc. **104**(9), 49–61 (2014)
10. Beckschulte, S., Güngör, B.: Einführung in Predictive Quality. In: Schmitt, R.H., Dietrich, E. (Hrsg.) Handbuch Messtechnik in der industriellen Produktion, S. 771–784. Carl Hanser Verlag, München (2023)
11. Sommerhoff, B.: Die Entwicklung des Qualitätsmanagements im 20. und 21. Jahrhundert. In: Pfeifer, T., Schmitt, R.H. (Hrsg.) Masing Handbuch Qualitätsmanagement, S. 16–39, 7. Aufl. Carl Hanser Verlag, München (2021)
12. Breunig, M., Kässer, M., Klein, H., Stein, J.P.: Building smarter cars with smarter factories: How AI will change the auto business. McKinsey & Company, Hamburg (2017)
13. Khanna, A.: How AI Is Reshaping Five Manufacturing Industries. Forbes, New Jersey (2024)
14. Liu, H,C., Liu, R., Gu, X., Yang, M.: From total quality management to Quality 4.0: A systematic literature review and future research agenda. Front. Eng. Manag. **10**(2), 191–205 (2023)
15. Rosak-Szyrocka, J., Żywiołek, J., Shahbaz, M.: Quality Management, Value Creation, and the Digital Economy. Routledge, Oxon (2024)
16. Saihi, A., Awad, M., Ben-Daya, M.: Quality 4.0: leveraging Industry 4.0 technologies to improve quality management practices – a systematic review. Int. J. Qual. Reliab. Manag. **40**(2), 628–650 (2023)
17. Beckschulte, S., Padrón Hinrichs, M., Pirrone, L., Grothkopp, M., Sohnius, F., Schmitt, R.H., Friedli, T.: Manufacturing Data Analytics Study 2023 – Empirical Industry Study. Apprimus Verlag, Aachen (2023)
18. Sheikh, H., Prins, C., Schrijvers, E.: Mission AI: The New System Technology. Springer Nature, Cham (2023)
19. Yigitcanlar, T.: Greening the artificial intelligence for a sustainable planet: An editorial commentary. Sustainability. **13**(24), 3508 (2021)
20. Yigitcanlar, T., Cugurullo, F.: The sustainability of artificial intelligence: An urbanistic viewpoint from the lens of smart and sustainable cities. Sustainability. **12**(20), 8548 (2020)
21. Chien, C.F., Dauzère-Pérès, S., Huh, W.T., Jang, Y.J., Morrison, J.R.: Artificial intelligence in manufacturing and logistics systems: Algorithms, applications, and case studies. Residential. **58**(9), 2730–2731 (2020)
22. O'Brien, W.J.: Fiatech: The next generation of the capital projects technology roadmap. J. Constr. Eng. Manag. **143**(9), 02517003 (2017)
23. Regona, M., Yigitcanlar, T., Xia, B., Li, R.Y.M.: Opportunities and adoption challenges of AI in the construction industry: A PRISMA review. J. Open Innov. Technol. Mark. Complex. **8**(1), 45 (2022)
24. Shinde, P.P., Shah, S.: A review of machine learning and deep learning applications. Proc. IEEE ICCUBEA **2018**, 1–6 (2018)
25. Hayes-Roth, F., Jacobstein, N.: The State of Knowledge-Based Systems. Commun. ACM **37**(3), 27–39 (1994)
26. Keller, J.M., Wang, X.: Comparison of spatial relation definitions in computer vision. Proc. IEEE ISUMA-NAFIPS **1995**, 679–684 (1995)
27. Decker, M.: Robotik. In: Grunwald, A., Hillerbrand, R. (Hrsg.) Handbuch Technikethik, S. 393–397, 2. Aufl. J. B. Metzler Verlag, Berlin (2021)
28. Chowdhary, K.R.: Natural language processing. In: Chowdhary, K.R. (Hrsg.) Fundamentals of Artificial Intelligence, S. 603–649. Springer Nature, New Delhi (2020)

29. Maruthi, S., Babu Dodda, S., Reddy Yellu, R., Thuniki, P., Byrapu Reddy, S.R.: Automated planning and scheduling in AI: Studying automated planning and scheduling techniques for efficient decision-making in artificial intelligence. Afr. J. Artif. Int. Sust. Dev. **2**(2), 14–25 (2022)
30. Dutta, A.: Integrating AI and optimization for decision support: a survey. Decis. Support Syst. **18**(3–4), 217–226 (1996)
31. Greco, M., Grimaldi, M., Locatelli, G., Serafini, M.: How does open innovation enhance productivity? An exploration in the construction ecosystem. Technol. Forecast. Soc. Change. **168**, 120740 (2021)
32. Bhardwaj, M., Kumar, S.: Scope of computer integrated manufacturing (CIM) in future technology as artificial intelligence. J. Adv. Res. Electron. Eng. Technol. **7**(2), 15–19 (2021)
33. Bear, M., Connors, B., Paradiso, M.A.: Neuroscience: Exploring the brain, 4. Aufl. Jones Bartlett Learning, Burlington (2020)
34. Kruse, R., Borgelt, C., Braune, C., Mostaghim, S., Steinbrecher, M., Klawonn, F., Moewes, C.: Computational intelligence – A methodological introduction, 3. Aufl. Springer Nature, Cham (2022)
35. Geron, A.: Hands-on machine learning with scikit-learn, keras, and tensorflow: Concepts, tools, and techniques to build intelligent systems, 2. Aufl. O'Reilly Media, Beijing (2019)
36. Geron, A.: Praxiseinstieg Machine Learning mit Scikit-Learn, Keras und TensorFlow: Konzepte, Tools und Techniken für intelligente Systeme, 2. Aufl., O`Reilly, Heidelberg (2020)
37. Guillet, F., Hamilton, H.J.: Quality measures in data mining. Springer, Berlin (2007)
38. Unbekannter Autor: Precision-Recall. In: scikit-learn. https://scikit-learn.org/stable/auto_examples/model_selection/plot_precision_recall.html#:~:text=The% 20precision%2Drecall%20curve%20shows,a%20low%20false%20negative%20rate (2023). Zugegriffen: 11. Juli 2024.
39. Brückner, C.: Qualitätsmanagement, Das Praxishandbuch für die Automobilindustrie, 2. Aufl. Carl Hanser Verlag, München (2019)
40. Chollet, F.: TensorFlow, The Sequential Model (27.07.2023). In: TensorFlow. https://www.tensorflow.org/guide/keras/sequential_model (2023). Zugegriffen: 11. Juli 2024.

Anwendung von KI zur automatischen Segmentierung von Schweissnähten im Wire Arc Additive Manufacturing

Minh Thanh Vu(✉), Frank Segel, und Sophie Gröger

Fakultät für Maschinenbau, Professur Fertigungsmesstechnik, TU Chemnitz, Chemnitz, Deutschland
minh-thanh.vu@mb.tu-chemnitz.de

Zusammenfassung. Beim Wire Arc Additive Manufacturing (WAAM) handelt es sich um ein drahtbasiertes additives Fertigungsverfahren aus dem Bereich der Metallverarbeitung mit Metallschutzgas-Schweißprozessen. Bislang erfolgt die Charakterisierung der Oberflächentopografie WAAM-gefertigter Bauteile durch die Berechnung von R_a, R_z oder ihrer flächenhaften Äquivalente S_a und S_z nach DIN EN ISO 21920-2 und 25178-2. Daraus lassen sich nur wenige Aussagen zum Fertigungsprozess ableiten. Hierfür bietet sich die Charakterisierung von typischen Strukturen (Merkmale) an, welche bei Verwendung dieses Fertigungsverfahrens entstehen. Fertigungsbedingt resultiert als Oberflächenerscheinung eine charakteristische Schichtstruktur bestehend aus kontinuierlich aufgeschichteten Schweißnähten. Daraus ergibt sich die Anforderung, diese Schweißnähte zu identifizieren und über dimensionale Größen zu beschreiben. In dieser Arbeit wird die merkmalsbasierte Auswertemethode zur quantitativen Beschreibung der Oberflächentopografie vorgestellt, welche bislang vorwiegend bei pulverbasierten additiven Verfahren, wie dem Laser Powder Bed Fusion (LPBF), angewandt wird. Eine Voruntersuchung basierend auf einem manuellen Ansatz zeigte, dass die merkmalsbasierte Auswertung beruhend auf unterschiedlichen Segmentierungsverfahren eine geeignete Methode zur geometrischen Beschreibung von individuellen Strukturen auf WAAM-Oberflächen ist. Die zugehörige Auswertestrategie ist allerdings aufwendig und zeitintensiv. Weiterhin erfordert dieses Vorgehen die Eingabe von subjektiven Auswerteparametern und erfahrungsabhängiges Wissen zum Fertigungsprozess. Im Fokus dieses Beitrages liegt daher ein skaleninvarianter, KI-basierter Ansatz zur Segmentierung durch die Adaption von zero-shot Bildsegmentierungsmodellen. Dies ermöglicht eine robuste, wiederholbare Segmentierung, unabhängig von Prozessparametern und ohne die Notwendigkeit einer manuellen Anpassung der Auswertestrategie. Es wird weiterhin die Ermittlung der geometrischen Parameter aufgezeigt und ein Ausblick auf deren Verwertung gegeben.

Schlüsselwörter: Additive Fertigung · Oberflächencharakterisierung · Segmentierung · Wire Arc Additive Manufacturing · Zero-Shot

R. Jochem und M. Meyer (Hrsg.), *Rethinking Quality – Wandel des Qualitätsmanagements durch Digitalisierung und Künstliche Intelligenz*,
https://doi.org/10.1007/978-3-658-47213-9_11

1 Einleitung

Die additive Fertigung hat in den letzten Jahren einen revolutionären Wandel in der Fertigungsindustrie eingeleitet. Ein Verfahren auf Basis des Metalldruckes ist das Wire Arc Additive Manufacturing (WAAM), welches sich als vielversprechende Methode im Bereich des 3D-Drucks etabliert hat. Dieses Verfahren ermöglicht die schichtweise Herstellung von metallischen Bauteilen durch das lokale Aufschmelzen von Drahtmaterial mittels eines Lichtbogens. Ein typisches Merkmal, dass sich bei diesem Verfahren zeigt, ist die Schichtstruktur, bestehend aus einzelnen Schweißnähten. Untersuchungen zur Charakterisierung von LPBF-Oberflächen zeigen, dass die geometrische Beschreibung individueller Strukturen auf der Oberfläche, wie Schweißnähte, im Vergleich zu R_a, R_z oder deren flächenhaften Äquivalenten einen höheren Informationsgehalt über den Fertigungsprozess bieten [1, 2, 3]. Eine eigene Voruntersuchung zur quantitativen Charakterisierung von Schweißnähten auf WAAM-Oberflächen auf Basis einer manuellen Vorgehensweise und dem Segmentierungsverfahren der Wasserscheidenzerlegung erwies sich als eine geeignete Methode, um Rückschlüsse zu Fertigungsparametern zu ermöglichen.

Die quantitative Beschreibung der Werkstückoberfläche unter Verwendung des händischen Ansatzes erfordert in der Regel Kenntnisse über den Fertigungsprozess. Darüber hinaus ist eine manuelle Anpassung der Auswerteparameter erforderlich. Eine Lösung dafür bietet Künstliche Intelligenz (KI), insbesondere Deep Learning, die eine rasante Entwicklung und Verbreitung erfährt. So werden Deep Learning Modelle in der Industrie zur Fehlerdiagnose, Schadensvorhersage oder Prozessoptimierung eingesetzt. Die Verwendung dieser Modelle ermöglicht nicht nur eine höhere Genauigkeit und Geschwindigkeit, sondern auch die Automatisierung von Aufgaben, die bisher menschlicher Expertise bedurften.

In dieser Arbeit wird die Segmentierung von nahezu parallelen Schweißnähten eines WAAM-gefertigten Bauteils durch Deep Learning vorgestellt. Im Fokus steht dabei ein zero-shot Modell.

2 Stand der Technik

2.1 Wire Arc Additive Manufacturing

In der Industrie entstehen technische Oberflächen durch verschiedene Fertigungsverfahren, z. B. spanbildende oder additive Verfahren. Additive Fertigungsverfahren, wie das Wire Arc Additive Manufacturing, gewinnen zunehmend an Bedeutung und kommen häufiger für die Herstellung von Bauteilen zum Einsatz. Das WAAM ist eine Methode im Bereich der Metallverarbeitung, welches der Verfahrensgruppe des Direct Energy Deposition (DED) zugeordnet ist. In der Regel erfolgt die Unterteilung beim DED in pulver- und drahtbasierte Verfahren, wobei als Energiequellen ein Elektronenstrahl, Laser oder Plasmabogen zum Einsatz kommen [4, 5]. Das WAAM entspricht einer drahtbasierten Methode, bei dem das Metall-Schutzgasschweißen (MSG) oder Wolfram-Inertgasschweißen (WIG) als Grundlage dient. Beim WIG-Schweißen wird unter Zuhilfenahme eines Lichtbogens der extern zugeführte Schweißdraht abgeschmolzen. Demgegenüber kommt beim MSG-Schweißen eine abschmelzende Elektrode zum Einsatz, die von einer Rolle zugeführt wird. Zugleich fungiert diese Elektrode als Schweißzusatz. Im Allgemeinen fährt ein MSG-Schweißbrenner die aufzubauende Geometrie automatisiert Schicht für Schicht ab. Mit Unterstützung einer Slicer-Software werden die erforderlichen Bahnbewegungsalgorithmen aus dem CAD-Modell des Werkstückes berechnet. Das erstarrte Schmelzbad, nach vorherigem Aufschmelzen des Drahtes im Lichtbogen, erzeugt im Bahnverlauf eine Schicht der Bauteilgeometrie. Zur Vermeidung der Oxidation des Schweißbades erfolgt die Fertigung mittels WAAM unter dem Einsatz eines Schutzgases. In Abb. 1 ist das Prinzip des WAAM auf Basis des MSG-Schweißens schematisch dargestellt [5, 6].

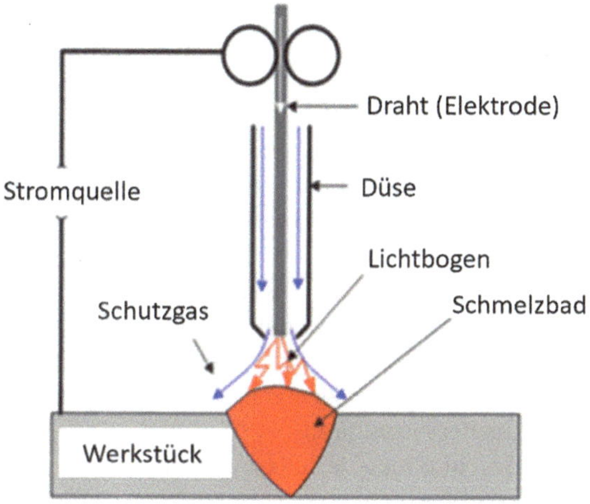

Abb. 1. Verfahrensprinzip WAAM (MSG-Schweißen) [6]

In der Regel können beim WAAM-Verfahren dieselben Materialen eingesetzt werden, die auch bei konventionellen Schweißverfahren zur Anwendung kommen. Darunter zählen unterschiedliche Arten von Stählen, Leichtmetalle wie Aluminium- und Magnesiumlegierungen, Kupfer und seine Legierungen bis hin zu verschiedenen Legierungen von Titan und Nickel. Der drahtförmig zur Verfügung stehende Werkstoff kann entweder als Einzel- oder Mehrdraht zugeführt werden [7].

Beim WAAM spielt das verwendete Schutzgas eine wichtige Rolle. Die Hauptaufgabe des Gases ist der Schutz des Schmelzbades vor der Reaktion bzw. dem Zutritt von Atmosphärengasen. Somit hat es einen entscheidenden Einfluss auf die Qualität der Schweißraupe und die Ausbildung von Unregelmäßigkeiten, z. B. Risse, Poren und Spritzer. In der Regel kommen die inerten Gase Argon und Helium oder deren Gemische zum Einsatz. Zur Verbesserung der Qualität und mechanischen Eigenschaften einer Schweißnaht können aktive Komponenten, wie Kohlenstoffdioxid, Wasserstoff, Sauerstoff oder Stickstoff, hinzugefügt werden. Die Auswahl des jeweiligen Schutzgases hängt vom verwendeten Drahtwerkstoff und den Qualitätsanforderungen der WAAM-gefertigten Bauteile ab [7].

WAAM-gefertigte Bauteile sind in einer Vielzahl von Branchen zu finden, darunter in der Luftfahrtindustrie, im Schiffbau, in der Automobilindustrie, in der Bauindustrie sowie in der Elektroindustrie. Beispielsweise werden einzelne Teile eines Flugzeugflügels oder der Türbeschlag einer Boeing 787 durch das WAAM-Verfahren gefertigt. Weitere Beispiele sind Schiffspropeller, Motorrad-Chassis und sogar eine begehbare Fußgängerbrücke [8]. Dabei sind Bauteile vorzufinden, die klein und filigran sind, komplexe Strukturen besitzen, aber auch großvolumig, also mit Seitenlängen im Meterbereich, sein können [9]. Im Vergleich zu konventionellen Verfahren, wie dem Fräsen, eignet sich WAAM insbesondere für die Erzeugung komplexer Geometrien, da hier sowohl an Fertigungszeit als auch Material und somit Kosten eingespart wird [5].

2.2 Charakterisierung der Oberflächentopografie von WAAM-Bauteilen

Bisher durchgeführte Untersuchungen hinsichtlich der Charakterisierung der Oberflächentopografie WAAM-gefertigter Werkstücke beruhen hauptsächlich auf Berechnungen von 2D- und 3D-Kenngrößen, wie R_a, R_z oder S_a [10, 11, 12, 13, 14]. Diese Kennwerte werden vorrangig in der Industrie zur Beurteilung der Oberflächengüte verwendet, da sie dort etabliert sind. Die Berechnung dieser Kenngrößen beruht jedoch lediglich auf der Betrachtung von Höhendifferenzen, wodurch verschiedene Oberflächentexturen identische Werte besitzen können und erlauben somit nur wenig Rückschluss zu den Fertigungsparametern. Aus diesem Grund ist die Auswertung dieser Oberflächenkennwerte nur bedingt geeignet [1, 15]. Hier bietet sich die direkte Charakterisierung individueller Strukturen (= Merkmale) an. In diesem Kontext eröffnet die geometrische Beschreibung der Oberflächenstruktur von LPBF-Proben eine weitere Möglichkeit der Auswertung, die sogenannte merkmalbasierte Auswertung, welche auf einer Segmentierung der Oberfläche basiert [1, 2, 3, 15, 16, 17, 18, 19, 20]. Im Vergleich zu den Parametern gemäß DIN EN ISO 21920-2 [21] bzw. DIN EN ISO 25178-2 [22] können hier benutzerdefinierte geometrische Größen (Länge, Breite, Höhe, etc.) festgelegt werden. Weiterhin bietet DIN EN ISO 25178-2 [22] eine Variante der Segmentierung und die Berechnung von Elementparametern. Dadurch können einzelne relevante Merkmale einer Oberfläche betrachtet und geometrisch beschrieben werden.

Nachfolgend wird die manuelle Vorgehensweise aus der Voruntersuchung vorgestellt.

Im Allgemeinen setzt sich die merkmalsbasierte Auswertung aus vier Schritten zusammen [23, 24]:

1. Merkmalsidentifizierung
2. Merkmalsextraktion
3. Merkmalsklassifizierung
4. Merkmalsauswertung

In den bereits durchgeführten Arbeiten zur merkmalsbasierten Charakterisierung von LPBF-Oberflächen erfolgte die quantitative Beschreibung in erster Linie anhand der Schweißnähte. Für die Extraktion der einzelnen Nähte wurde in den bisherigen

Studien sowie beim manuellen Ansatz das Segmentierungsverfahren der Wasserscheidenzerlegung gemäß DIN EN ISO 16610-85 [25] angewendet [1, 2, 3]. Im Rahmen der händischen Methode erfolgte im ersten Schritt der Merkmalsidentifizierung ein Ausrichten der Oberfläche. Anschließend folgte ein Filtervorgang bestehend aus der Anwendung eines S-Filters mit einem Verfeinerungsindex von 240 µm und eines L-Filters mit einem Wert von 1,9 mm. Beide Filter entsprachen dem Gauß-Filter. Für die Segmentierung und anschließende Extraktion der Schweißraupen wurde der Algorithmus der Wasserscheidenzerlegung auf die resultierende Rauheitsoberfläche (S-L-Oberfläche) angewandt. Die Festlegung des Prunenschwellwertes erfolgte hierbei so, dass die Nähte einzeln erkennbar bzw. voneinander unterscheidbar sind. Hierfür wurde der Schwellwert schrittweise eingestellt. Zur Vermeidung einer Übersegmentierung wurde der höchstmögliche Schwellwert genommen, bei dem das geforderte Kriterium noch erfüllt ist. Aufgrund der manuellen Auswahl der zu einer Schweißraupe gehörenden Bereiche führte eine Übersegmentierung zu einem erhöhten Aufwand bei der Extraktion einer solchen Naht. Für die Auswertung wurden nur vollständige Nähte berücksichtigt und unvollständige Raupen am Randbereich entfernt (Merkmalsklassifizierung). Nach erfolgreicher Extraktion einer Schweißnaht aus der Rauheitsoberfläche, wurde diese manuell auf die Primäroberfläche umgerechnet und anschließend die geometrischen Parameter bestimmt (Merkmalsauswertung). Die Ergebnisse der geometrischen Beschreibung der Schweißnähte sind in Abschn. 4 vorgestellt.

Bisher erfolgten die Segmentierung und Extraktion der Schweißnähte lediglich manuell mit computergestützter Hilfe. Zur Identifizierung der Raupen waren mehrere Filterschritte notwendig. Des Weiteren mussten die umliegenden segmentierten Bereiche, welche nicht zur betrachteten Naht gehörten, händisch ausgewählt und entfernt werden. Angesichts größerer Datensätze und großflächigeren Bauteilen führt dieser Ansatz zu einem erhöhten Aufwand. Eine Lösung hierfür bietet die Implementierung von Deep Learning Methoden für die automatische Segmentierung von Schweißnähten.

2.3 Deep Learning in der Bildsegmentierung

Die Bildsegmentierung stellt einen der zentralen Bereiche innerhalb der Bildverarbeitung dar. Es handelt sich hierbei um die Unterteilung eines Bildes in zwei oder mehrere Segmente, d. h. einzelne Objekte eines Bildes werden extrahiert und voneinander getrennt [26, 27, 28]. Hierfür existieren unterschiedliche Segmentierungsverfahren. Häufig kommen Methoden wie Watersheds, Thresholding, Region-growing, Clustering oder Edge detection zum Einsatz [26]. Diese sind meist mit manuellen Prozessschritten verbunden, was angesichts großer Datenmengen zeitintensiv und aufwendig ist. Weiterhin bedarf es an Wissen zum Fertigungsprozess und die Eingabe von subjektiven Auswerteparametern. Der Einsatz von Deep Learning Methoden zielt darauf ab, manuelle Schritte durch automatische Abläufe zu ersetzen, um eine wiederholbare und robuste Segmentierung zu gewährleisten. Entsprechend wird der Zeitaufwand minimiert und eine subjektive Bewertung vermieden. Wie bei traditionellen Segmentierungsverfahren existieren auch für das Deep Learning vielseitige Modelle.

Zu den häufig verwendeten Methoden zählen U-Net, Mask R-CNN und DeepLab [26, 29].

Grundlegend werden diese Methoden für semantische, panoptische oder Instanz-Segmentierung angewandt. Die einfachste Form der Bildsegmentierung stellt die semantische Segmentierung dar. Hierbei wird jedes Pixel einer Klasse zugeordnet, sodass Pixel derselben Klasse in einem Bild zu einer eindeutigen semantischen Einheit gehören. Demgegenüber werden bei der Instanz-Segmentierung die einzelnen Instanzen berücksichtigt, d. h. mehrere Instanzen desselben Objektes werden erkannt und abgegrenzt, z. B. einzelne Personen. Die Kombination aus semantischer Segmentierung und Instanz-Segmentierung ergibt eine panoptische Segmentierung [26, 28].

Deep Learning Modelle lassen sich in verschiedene Lernstile untergliedern. Dazu zählen beispielsweise das überwachte und unüberwachte Lernen. Beim überwachten Lernen werden gelabelte Daten für das Modelltraining verwendet. Dazu werden dem Modell sowohl die Eingaben als auch die passenden Ausgaben mitgeliefert. Im Gegensatz dazu soll das System beim unüberwachten Lernen aus den ungekennzeichneten Daten grundlegende Muster erkennen, d. h. das Modell erhält nur Eingaben. Eine weitere Variante ist das sogenannte zero-shot Lernen. Ein wesentlicher Vorteil hierbei ist die Möglichkeit der Erkennung und Klassifizierung neuer Objekte, ohne zuvor während des Trainings Beispiele für diese gesehen zu haben [26, 28, 29].

In der Regel finden Deep Learning Modelle Anwendung in der medizinischen Bildsegmentierung, beispielsweise zur Erkennung und Abgrenzung von Tumoren. Weitere Anwendungsgebiete umfassen autonome Fahrzeuge (z. B. Kategorisierung der Umwelt), die Qualitätskontrolle (z. B. Erkennung und Abgrenzung unterschiedlicher Defekte), die Landwirtschaft oder auch Satelliten- und Luftbilder [26, 28].

2.4 Segment Anything Model

Eine vielversprechende Variante im Bereich der zero-shot Systeme ist das von Meta AI entwickelte Prompt-basierte Segment Anything Model (SAM), das ohne zusätzliches Training auf unbekannte Objekte und Bilder angewandt werden kann. Zu diesem Zweck wurde SAM mit 11 Mio. Bildern und mehr als 1 Milliarde Masken trainiert (SA-1B-Datensatz). Es wurde konzipiert, um für verschiedene Eingabeaufforderungen (Prompts) gültige Segmentierungsmasken zu generieren. Verwendbare Prompts sind Punkte, Boxen, Masken oder Textaufforderungen. Durch die Verwendung beispielweise von Punkten lassen sich Objekte in einem Bild mit nur einem oder mehreren Klicks erkennen und segmentieren. Des Weiteren können mittels der Eingabeaufforderungen die Masken iterativ verfeinert werden und helfen somit die Genauigkeit der erzeugten Segmentierungsmasken zu erhöhen. Dies wird ermöglicht durch eine Architektur aus: Image Encoder, Prompt Encoder und Mask Decoder, siehe Abb. 2. Der Image Encoder ist ein Vision Transformer und stellt die zentrale Komponente der SAM-Architektur dar, der für die Extrahierung von visuellen Features aus dem Eingabebild verantwortlich ist. Mithilfe eines Transformer-basierten Ansatzes komprimiert der Encoder das Bild in eine Dense Feature Matrix. Diese Matrix bildet die Grundlage für das Verständnis, auf der das Modell verschiedene Bildelemente identifiziert. Der Prompt-Encoder übersetzt die Prompts in ein Embedding, das den Segmentierungsprozess steuert und legt damit den Fokus auf bestimmte Objekte oder Bereiche innerhalb eines Bildes. Der Mask Decoder kombiniert Informationen aus Image Encoder und Prompt Encoder, um eine Segmentierungsmaske zu erzeugen, die das interessierende Objekt oder den Bereich im Bild abgrenzt. Der Decoder ist somit für die endgültige Ausgabe verantwortlich und bestimmt die genauen Konturen und Bereiche jedes Segments innerhalb des Bildes [30].

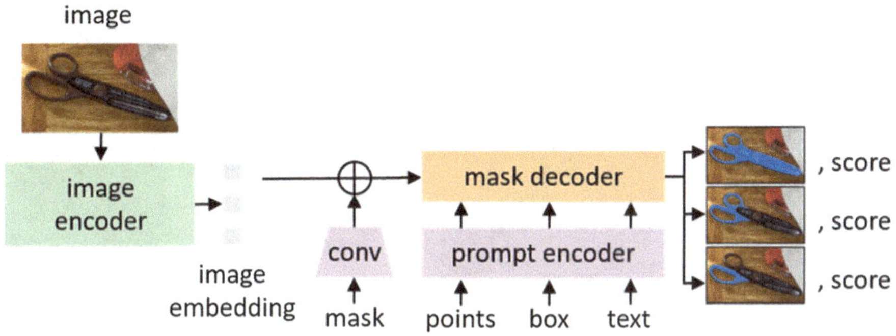

Abb. 2. Architektur SAM [30]

3 Segmentierung von Schweissnähten

3.1 Probe und Messungen

Die in dieser Arbeit verwendete Probe ist ein dünnwandiges WAAM-gefertigtes Bauteil. Zur automatisierten Herstellung der Probe kam ein 6-achsiger Roboter (Typ Kuka KR22) zum Einsatz, an dem der Schweißbrenner der Energiequelle (Typ Fronius TPS500i) befestigt wurde. Während der Fertigung bewegt sich der Brenner über einen Drehkipptisch, der als Werkstückaufnahme dient, und fährt dabei die aufzubauende Geometrie schichtweise ab. Als Drahtmaterial diente eine niedriglegierte, hochfeste Elektrode (Typ Böhler 3dprint AM80HD) mit einem Durchmesser von 1,2 mm. Die Fertigung des Bauteils erfolgte unter einem Winkel von 0°. Dabei wurde der Schweißbrenner in einer Linie mit der Aufbaurichtung gehalten (siehe Abb. 3a, b). Die Probe (Abb. 3c) besitzt eine Breite und Höhe von (24 × 63) mm. Die mittlere Breite der Schweißnähte (Schichthöhe) beträgt 1,9 mm. Die Fertigungsparameter sind in Tab. 1 gezeigt [31].

Tab. 1. Fertigungsparameter WAAM-Probe [31]

Probe	Eingestellte Parameter		Temperaturbedingungen		Gemessene Werte			
	V_{Draht} in m/min	$V_{Schweiß}$ in cm/min	IPT in °C	Kühlung	I in A	U in V	V_{Draht} in m/min	E in kJ/cm
0°	2	25	200	Druckluft	82±1,5	13,6±0,2	2,5±0,04	2,7

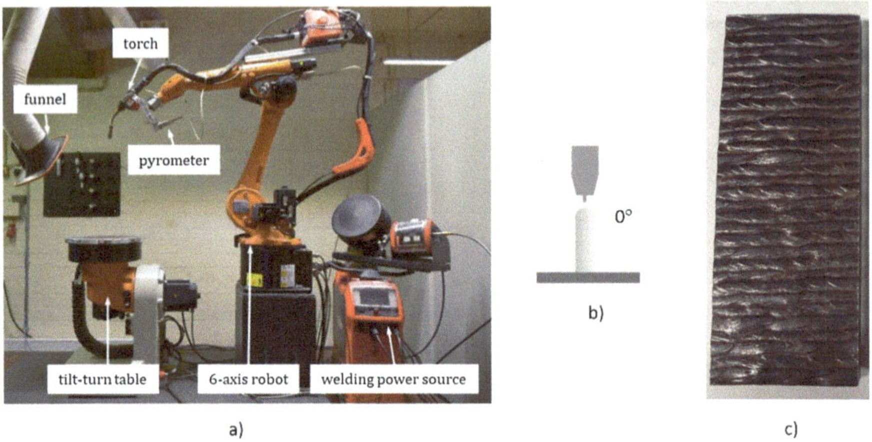

Abb. 3. Herstellung WAAM-Probe: **a** Aufbau Fertigungsanlage, **b** Aufbauwinkel, **c** resultierendes 0°-Werkstück [31]

Für die Messung der Testoberfläche wird der berührungslos arbeitende optische 3D-Scanner GOM ATOS Core 150 MV200 (5MP), beruhend auf dem Prinzip der Streifenprojektion, verwendet. Die Oberfläche wird einmal erfasst. Zu diesem Zweck wird die Probe während des Scanvorgangs auf einem 360°-Drehteller positioniert. Für die Sicherstellung der vollständigen Erfassung der Oberfläche und somit des Erhalts der Bauteilansichten aus allen Winkeln muss die Anzahl der Einzelaufnahmen über den 360°-Bereich festgelegt werden. Auf Basis von Vorversuchen wird hier eine Anzahl von 12 festgelegt. Unter Verwendung der ZEISS-eigenen Software ZEISS Quality Suite werden die aus unterschiedlichen Ansichten aufgenommenen Scans zueinander orientiert und zu einer gemeinsamen dreidimensionalen Punktwolke zusammengefügt.

3.2 Implementierung von SAM

Anpassung der Messdaten. Da SAM mit Bilddaten trainiert wurde, kann eine direkte Anwendung von Höhendaten nicht erfolgen [30]. Zweidimensionale Bilddaten enthalten üblicherweise ausgeprägte Informationen zu Kontrast, Textur und Farbe. Die Textur beinhaltet Details zur Orientierung, Ausprägung und Variation von Mustern und

Strukturen der Oberfläche und ist damit von besonderem Interesse, um Beziehungen benachbarter Punkte zu beschreiben. Die Projektion dreidimensionaler Tiefendaten auf eine zweidimensionale Ebene besteht hingegen lediglich aus räumlichen Informationen jedes Punktes relativ zu einem Referenzpunkt. Es ist daher erforderlich texturähnliche Eigenschaften aus den Tiefendaten zu generieren und integrieren ($z_{texturiert}$). Verallgemeinert lässt sich Textur mittels Höhengradienten, Oberflächennormalen oder Krümmungen der Oberfläche mathematisch beschreiben. Gradienten beschreiben die Änderungsraten der Höhen in x und y Richtung und können somit als Steigungswinkel α zusammengefasst werden (Gl. 1). Hohe Gradienten- oder Steigungswerte sind typisch für raue Oberflächen, während niedrige Werte auf glatte Flächen hinweisen. Die Variation der Normalenvektoren benachbarter Punkte charakterisiert die Veränderung der Oberflächenorientierung, welche als Steigungsrichtung β ausgedrückt wird (Gl. 2). Die Krümmung gibt Aufschluss zur lokalen Wölbung der Oberfläche, d. h. bspw. hohe Krümmungen deuten auf ausgeprägte Texturmerkmale hin. Auf eine gesonderte Berechnung der Krümmung kann verzichtet werden, da die Tiefendaten die Ausprägungen von Texturmerkmalen ausreichend beschreiben. Ziel ist es diese Features als Informationen zu benachbarten Punkten in einem Skalar zu vereinen. Dazu wurden verschiedene Skalierungen der Features am SAM-Modell empirisch untersucht. Unsere Untersuchungen haben gezeigt, dass eine Normalisierung der Features im gleichen Wertebereich und deren Zusammenfassung als L2-Norm Texturdaten generieren, welche problemlos vom SAM-Modell segmentiert werden können (Gl. 3).

$$\alpha = arctan\left(\sqrt{{g_x}^2 + {g_y}^2}\right).\frac{180}{\pi} \tag{1}$$

$$\beta = \left(mod\left(atan2\left(-g_x, g_y\right), 2\pi\right)\right).\frac{180}{\pi} \tag{2}$$

$$z_{texturiert} = \sqrt{z_{norm}^2 + \beta_{norm}^2 + \alpha_{norm}^2} \tag{3}$$

Die Tiefenbilder sowie texturierten Bilder für die untersuchte Probe sind Abb. 4 dargestellt.

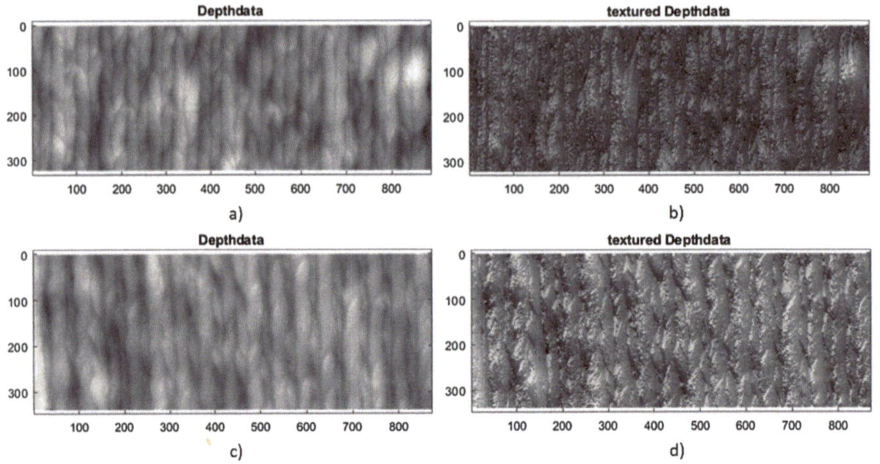

Abb. 4. Tiefenbilder und texturierte Bilder: Oberseite: **a** Tiefenbild, **b** texturiertes Tiefenbild, Rückseite: **c** Tiefenbild, **d** texturiertes Tiefenbild

Anwendung und Ergebnisse bei automatischer Segmentierung. Bei der automatischen Segmentierung, welche ohne Benutzereingabe erfolgt, werden alle ermittelten Objekte durch Maskierungen hervorgehoben. Abb. 5 zeigt das Ergebnis für die Oberseite der untersuchten Probe. Hierfür wurde das Modell nicht zusätzlich trainiert bzw. es hat keine Beispiele für solche Oberflächen gesehen. Es ist ersichtlich, dass SAM in der Lage ist einzelne Schweißnähte aus dem WAAM-Prozess über die Breite des Werkstückes zusammenhängend zu segmentieren und voneinander zu trennen. Dies lässt sich an der einfarbigen Darstellung einer Raupe erkennen. Zum Teil erkennt SAM auch einzelne Nähte, die nicht zusammenhängend sind. Insbesondere ist dies der Fall, wenn innerhalb einer Naht eine Kerbe bzw. Vertiefung auftritt, wodurch das Deep Learning Modell eine einzelne Naht in zwei oder mehrere Segmente unterteilt. Ein weiteres Problem sind vereinzelt zusammengewachsene Stellen benachbarter Nähte. In diesen Bereichen ist eine eindeutige Trennung der Raupen nicht möglich, weshalb SAM diese Stellen oder auch zwei nebeneinanderliegende Nähte als ein

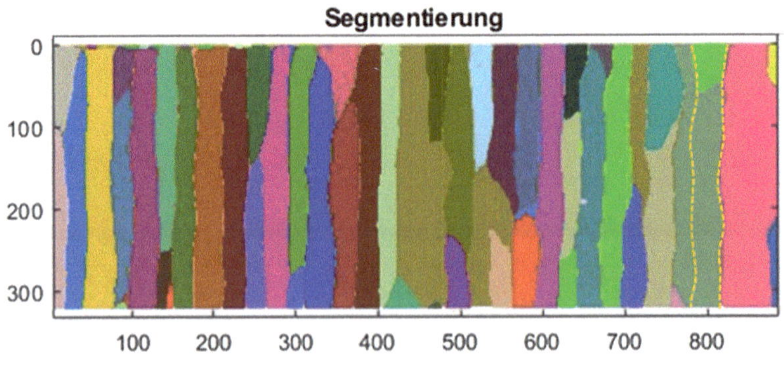

Abb. 5. Segmentierungsergebnis Oberseite

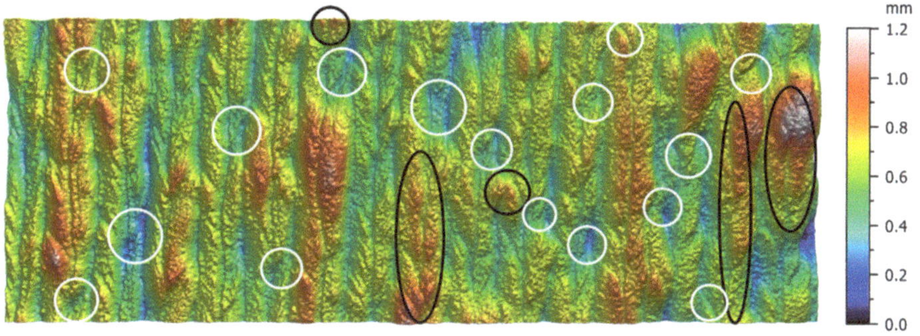

Abb. 6. 3D-Ansicht Oberseite: Vertiefungen und Kerben (weiß markiert), zusammengewachsene Bereiche (schwarz markiert)

gemeinsames Segment betrachtet (z. B. gelb gestrichelte Einzelnaht in Abb. 5). Entsprechend Abb. 6 lassen sich die genannten Kerben bzw. Vertiefungen (weiß markiert) sowie zusammengeschmolzenen Bereiche (schwarz markiert) erkennen.

Bei Betrachtung des Segmentierungsbildes der Rückseite (Abb. 7) ist ersichtlich, dass die einzelnen Nähte von SAM nicht mehr zusammenhängend segmentiert werden, sondern eine Raupe in zwei oder mehr Segmente untergliedert wird. Grund hierfür ist die ungleichmäßigere Höhenverteilung entlang einer individuellen Naht, die wiederum in einer höheren Anzahl an Vertiefungen resultiert. Weitere Ursachen sind die bereits erwähnten Kerben. Außerdem führen auch hier zusammengeschmolzene Areale zu einer nicht korrekten Trennung benachbarter Nähte, welche anschließend als eine Einheit segmentiert werden.

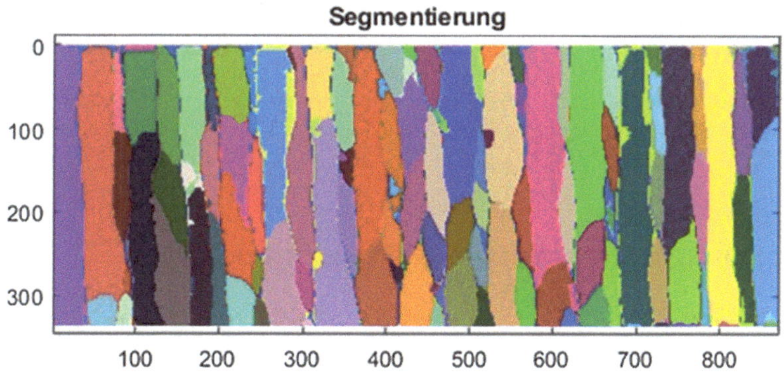

Abb. 7. Segmentierungsergebnis Rückseite

Anwendung und Ergebnisse bei Prompt-basierter Segmentierung. Durch die Verwendung von beispielsweise Punkten, lässt sich auch eine einzige zusammenhängende Naht, die von Interesse ist, mit nur einem oder wenigen gesetzten Punkten extrahieren (Abb. 8). Die gewählte Naht konnte bei der automatischen Segmentierung nicht als eine einzelne Raupe segmentiert werden, sondern als eine Einheit mit der danebenliegenden Naht, aufgrund zusammengeschmolzener Bereiche, siehe Abb. 5 (gelb gestrichelte Naht). Außerdem wurde die Naht in zwei Segmente geteilt. Durch das Setzen von nur zwei Punkten konnte diese Naht beim Prompt-basierten Ansatz als eine zusammenhängende von ihrer benachbarten Raupe getrennte Naht extrahiert werden.

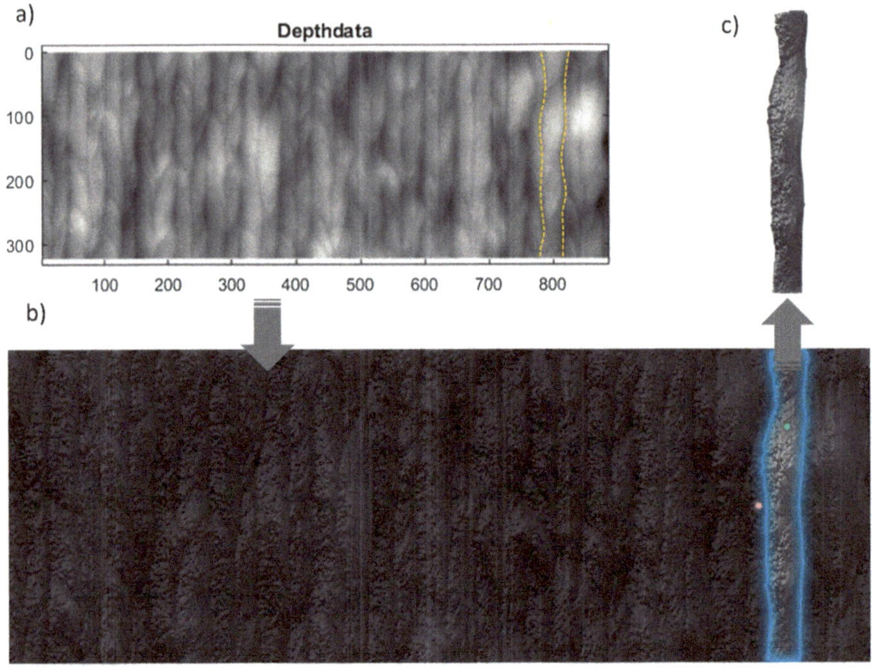

Abb. 8. Extrahierung Einzelnaht auf Oberseite durch Prompts (hier Punkte): **a** Tiefenbild, **b** Prompt-basierte Segmentierung auf texturiertem Tiefenbild, **c** extrahierte Einzelnaht

4 Ermittlung der merkmalsbasierten Parameter

Wie bereits im Abschn. 2.2 erwähnt, werden beim manuellen Ansatz nach Extraktion einer Schweißnaht die merkmalsbasierten Parameter bestimmt. Zu erwähnen sei, dass die aus der Segmentierung erhaltenen Strukturgrenzen als Raupenbegrenzung dienen. Außerdem bilden die Nahtgrenzen die Grundlage zur Berechnung der Kennwerte. Für die geometrische Beschreibung der Schweißnähte werden folgende benutzerdefinierte Parameter ermittelt:

- Nahtbreite B_S
- globale Nahthöhe H_{gS}

- Nahtform F_S
- Nahtvolumen V_S

Die Nahtbreite ist definiert als der mittlere horizontale Abstand zwischen den Nahtgrenzen. Hierzu wird die Schweißnaht über die Länge in 10 gleichmäßige Abschnitte unterteilt und jeweils ein Profilschnitt entnommen (Abb. 9a). Anschließend wird der horizontale Abstand zwischen dem sich am weitesten links und rechts befindenden Punkt bestimmt. Die Ermittlung der Breite an einer extrahierten Naht ist beispielhaft in Abb. 9b dargestellt.

Die globale Höhe ist der größte vertikale Abstand der gesamten zu betrachtenden Naht, siehe Abb. 9c.

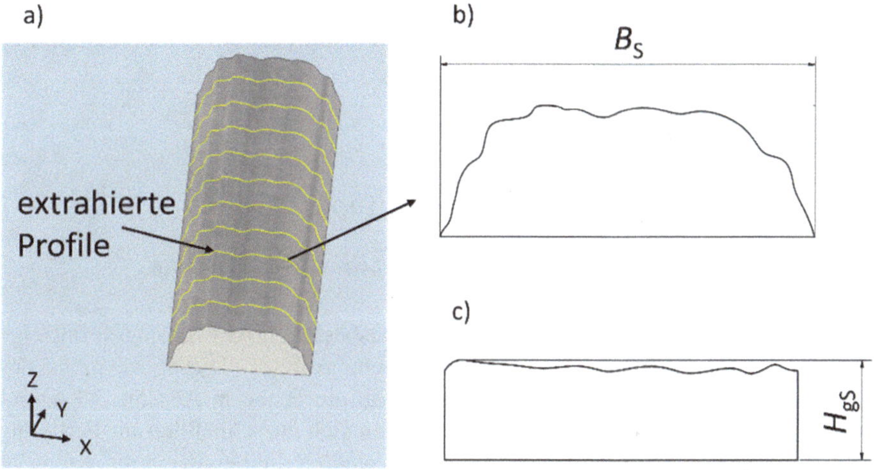

Abb. 9. Benutzerdefinierte geometrische Parameter Schweißnaht: **a** Profilschnitte (10), **b** Nahtbreite, **c** globale Nahthöhe (Schweißnaht in der Seitenansicht)

Eine weitere geometrische Größe ist die Nahtform. Darunter ist die mittlere Abweichung zwischen einer Schweißnahtgrenze und einer aus ihr berechneten Best-Fit-Linie zu verstehen (Abb. 10).

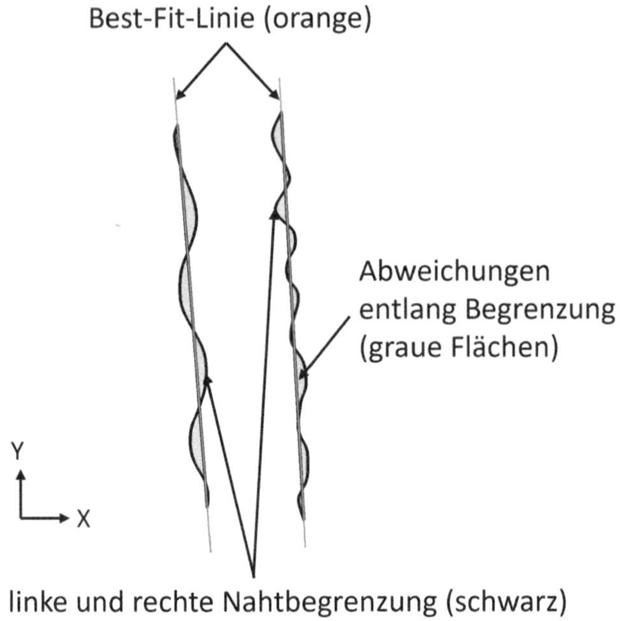

Abb. 10. Benutzerdefinierte geometrische Parameter Schweißnaht: Nahtform

Um die Vorteile und Eigenschaften der merkmalsbasierten Auswertung aufzuzeigen, wird eine zusätzliche Probe herangezogen, siehe Abb. 11. Dieser Versuchskörper wurde unter denselben Fertigungsparametern wie die Probe in Abschn. 3.1 schichtweise aufgebaut. Beide Werkstücke unterscheiden sich ausschließlich im Fertigungswinkel, der hier bei 75° liegt. Für beide Proben werden die benutzerdefinierten Parameter berechnet und miteinander verglichen. Hierfür werden insgesamt sechs Auswerteflächen von jeweils (20 × 20) mm extrahiert. Um die unterschiedlichen Bereiche voneinander unterscheiden zu können, wird folgende Kennzeichnung verwendet: XS_BY. Der Index XS kennzeichnet entweder die Oberseite, hierbei nimmt X den Buchstaben O an oder die Rückseite ($X = \text{R}$). BY steht hingegen für den zu betrachtenden Bereich ($Y = \{1,2,3\}$). Nachfolgend sind die Ergebnisse gegenübergestellt. Als Referenz dient die Probe, welche unter einem Winkel von 0° gefertigt wurde.

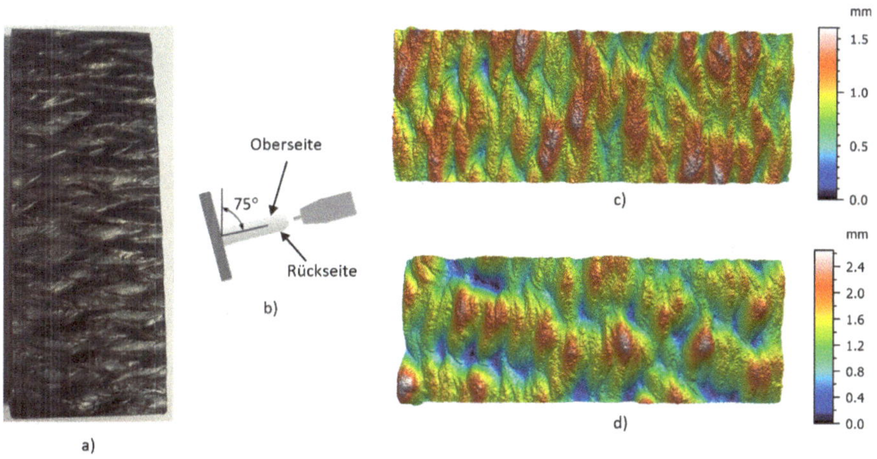

Abb. 11. WAAM 75°-Probe: **a** Werkstück, **b** Aufbauwinkel, gemessene Oberfläche **c** Oberseite und **d** Rückseite

Aus den grafischen Auswertungen in Abb. 12 ist zu erkennen, dass die Ergebnisse der schräg gefertigten Probe prinzipiell für die Nahtbreite und -form höhere Werte aufweisen. Des Weiteren sind die Resultate des schrägen Aufbauwinkels im Vergleich zur vertikalen Position ersichtlich. Die Nahtbreite der 0°-Probe weist nahezu den Idealwert von 1,9 mm auf, während die Breite der 75°-Probe oberhalb von 2 mm liegt und bis zu 300 µm größer ist. Die Ergebnisse für die Nahtform spiegeln den Einfluss des Winkels ebenfalls wider. So sind die Werte bei der 75°-Probe mehr als doppelt so groß. Das lässt darauf schließen, dass die Schräglage in Verbindung mit der wirkenden Schwerkraft zur ungleichmäßigen Materialverteilung des noch schmelzflüssigen Werkstoffes und somit stellenweisen Verformung der Raupe führt, was eine teilweise Erhöhung der Nahtbreite zur Folge hat. Dadurch erhalten die Schweißnähte eines schräg gefertigten Werkstückes eine wellige Erscheinung.

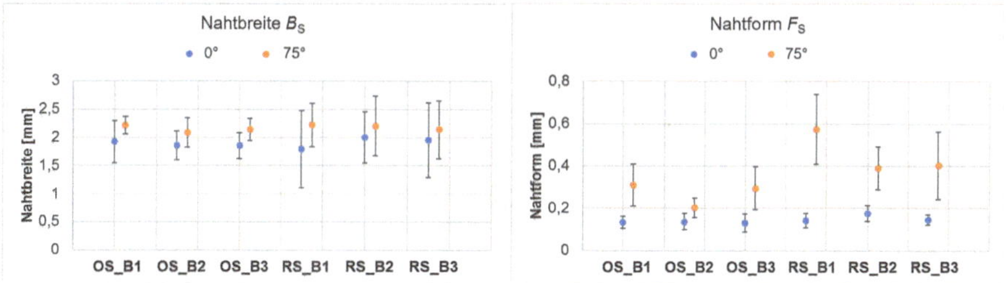

Abb. 12. Grafische Auswertung Nahtbreite (links) und Nahtform (rechts)

Dieser Aspekt ist exemplarisch anhand von zwei extrahierten Nähten in Abb. 13 gezeigt. Es ist ersichtlich, dass die Raupengrenzen der 0°-Probe deutlich geringere

Abweichungen in Bezug zur Best-Fit-Linie besitzen. Für eine bessere Übersicht sind die Abweichungen über die Nahtlänge hinweg in zweifacher Vergrößerung dargestellt (orange und grün markiert).

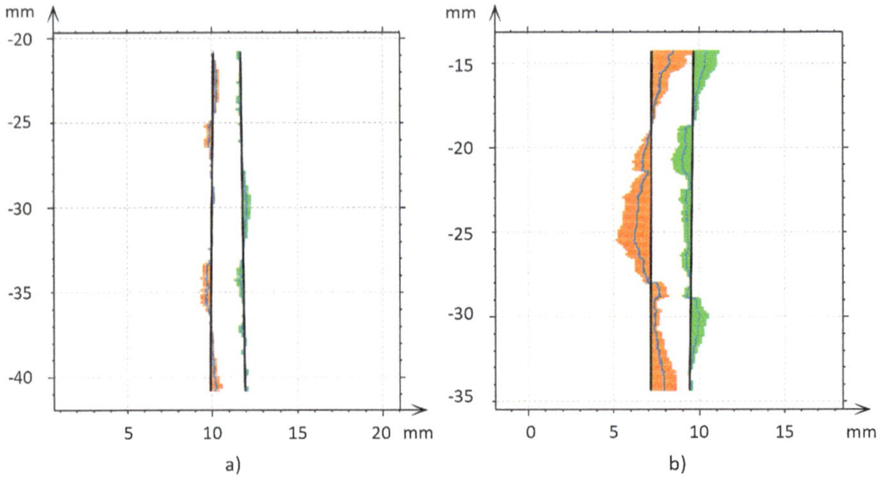

Abb. 13. Vergleich Nahtform zweier extrahierter Nähte: **a** 0°-Probe, **b** 75°-Probe

Die Gegenüberstellung der Oberseiten beider Proben zueinander zeigt kleinere Differenzen im Gegensatz zum Vergleich der Rückseiten miteinander. Insbesondere sind deutliche Abweichungen bei den Parametern globale Nahthöhe, Nahtform und Nahtvolumen ersichtlich, siehe Abb. 12 und 14. Hier ist der Einfluss des Aufbauwinkels und der Schwerkraft am größten. Dies gilt speziell für die Rückseite der 75°-Probe, da das schmelzflüssige Material bis zur vollständigen Erstarrung nahezu ungehindert in Richtung der Schwerkraft fließen kann. So zeigt deren Rückseite bei diesen geometrischen Größen fast dreifach so große Werte im Vergleich zur Rückseite des vertikalen Werkstücks.

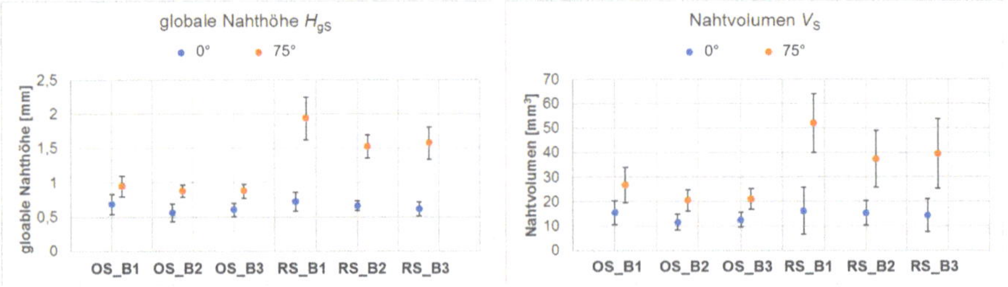

Abb. 14. Grafische Auswertung globale Nahthöhe (links) und Nahtvolumen (rechts)

5 Zusammenfassung und Ausblick

Im Rahmen der vorliegenden Arbeit wurde die automatische und Prompt-basierte Segmentierung von Schweißnähten auf der Oberfläche von mit dem WAAM-Prozess hergestellten Probewerkstücken vorgestellt. Ohne vorheriges Training und ohne Beispiele gesehen zu haben, konnte es durch seine zero-shot Fähigkeit auf WAAM-Oberflächen angewandt werden. Die Ergebnisse zeigen, trotz aufgezeigter Defizite, das Potenzial von SAM zur automatischen Segmentierung nahezu paralleler Schweißnähte. Das Deep Learning Modell ist in der Lage selbst beim automatischen Ansatz zusammenhängende Nähte zu segmentieren. In mehrere Segmente unterteilte Raupen konnten durch die Anwendung von Prompts mit wenigen Klicks zusammenhängend extrahiert werden und es wurde aufgezeigt, dass keine Eingaben von Auswerteparametern notwendig waren und unabhängig von Prozessparametern eine Segmentierung erfolgen konnte.

Weiterhin wurde ein Ansatz für die geometrische Charakterisierung der Schweißnähte vorgestellt. Im Vergleich zur Beschreibung der Oberflächentopografie durch die in den Normen DIN EN ISO 21920-2 und DIN EN ISO 25178-2 definierten etablierten profilhaften sowie flächenhaften Kenngrößen bietet die vorgeschlagene Methode, auch bezeichnet als merkmalsbasierte Auswertung, eine Lösung für den direkten Erhalt von Informationen über die Größe und Form der Schweißnähte. Die vorgestellte Auswertestrategie verdeutlicht, dass anhand der extrahierten Schweißraupen und festgelegten geometrischen Parametern eine Verknüpfung zu den Fertigungsparametern, in diesem Fall insbesondere dem Fertigungswinkel, festgestellt werden konnte. Somit ist die merkmalsbasierte Auswertung eine geeignete Methode, um die Oberflächentopografie von WAAM-gefertigten Werkstücken zu charakterisieren.

Die bisherige Auswertung beruht auf einem manuellen Ansatz. Im weiteren Fortgang wird eine automatische Schweißnahtmerkmalsextraktion angestrebt. Hierzu sind weitere Messungen und Trainingsdaten notwendig. Außerdem kann eine Segmentierung von nicht parallelen Raupen durchgeführt werden. Bisher stand nur die Betrachtung von Schweißnähten im Fokus. Als nächster Schritt sollen Untersuchungen zu anderen Merkmalen auf WAAM-Oberflächen, wie Spritzer oder Poren, erfolgen. Auch dort kann untersucht werden, ob SAM ohne zusätzliches Training und Beispiele dafür gesehen zu haben in der Lage ist diese Merkmale zu erkennen sowie zu segmentieren und extrahieren.

Literatur

1. Senin, N.; Thompson, A.; Leach, R.: Feature-based characterisation of signature topography in laser powder bed fusion of metals. In: Measurement Science and Technology 29 045009, S. 1–12 (2018)
2. Thompson, A. et al.: Correlating volume and surface features in additively manufactured metal parts. In: Proceedings ASPE/euspen Advancing Precision in Additive Manufacturing, S. 116–120, Berkeley, USA (2018)
3. Zou, Y. et al.: Multiscale characterization and analysis of additive manufacturing surfaces based on confocal laser scanning microscopy. Int. J. Adv. Manuf. Technol. **122**, 2475–2491 (2022)

4. DIN EN ISO/ASTM 52900, März 2022: Additive Fertigung – Grundlagen – Terminologie (ISO/ASTM 52900:2021). Deutsche Fassung EN ISO/ASTM **52900**, 2021 (2022)
5. Kusch, M., Matthes, K.-J., Schneider, W.: Schweißtechnik: Schweißen von metallischen Konstruktionswerkstoffen. Carl Hanser Verlag GmbH & Co. KG, München (2022)
6. Höfer, K.; Hälsig, A.; Mayr, P.: Lichtbogenbasierte additive Fertigung mit Draht und Pulver als Zusatzwerkstoff. https://werkstoffzeitschrift.de/lichtbogenbasierte-additive-fertigung-mit-draht-und-pulver-als-zusatzwerkstoff/. Zugegriffen: 17. Sept. 2023.
7. Shah, A. et al.: A review of the recent developments and challenges in wire arc additive manufacturing (WAAM) process. J. Manuf. Mater. Process. **7**, 97, 1–30 (2023)
8. Saleh, B. et al.: Fundamentals and advances of wire arc additive manufacturing: materials, process parameters, potential applications, and future trends. Arch. Civil Mech. Eng. 23:96, 1–71 (2023)
9. Lachmayer, R., Lippert, R.B., Kaierle, S. (Hrsg.): Additive Serienfertigung: Erfolgsfaktoren und Handlungsfelder für die Anwendung. Springer Vieweg, Berlin (2018)
10. González, J. et al.: Additive manufacturing with GWAM welding and CMT technology. Procedia Manuf. 13, 840–847 (2017)
11. Knezović, N.; Garašić, I.; Jurić, I.: Influence of the interlayer temperature on structure and properties of wire and arc additive manufactured duplex stainless steel product. Materials **13**, 5795, 1–16 (2020)
12. Laghi, V. et al.: On the influence of the geometrical irregularities in the mechanical response of Wire-and-Arc Additively Manufactured planar elements. J. Construct. Steel Res. **178** 106490, 1–23 (2021)
13. Lee, J. et al.: Characterization of surface topography features for the effect of process parameters and their correlation to quality monitoring in metal additive manufacturing. Metrology **2**, 73–83 (2022)
14. Tonelli, L. et al.: AA5083 (Al-Mg) plates produced by wire-and-arc additive manufacturing: effect of specimen orientation on microstructure and tensile properties. Prog. Addit. Manuf. **6**, 479–494 (2021)
15. Buchenau, T. et al.: Surface features of as-built metal additive AlSi7Mg0.6. In: Preprints 2023030174, S. 1–6 (2023)
16. Buchenau, T.; Brüning, H.; Amkreutz, M.: Elementparameter zur Oberflächencharakterisierung additiv gefertigter Metall-Komponenten. In: Zimmerman, M. (Hrsg.). Werkstoffe und Bauteile auf dem Prüfstand. DGM – Deutsche Gesellschaft für Materialkunde e. V., S. 117–123 (2022)
17. Krishna, A. V.: Towards topography characterization of additive manufacturing surfaces. Licentiate Engineering Thesis, Chalmers University of Technology, Gothenburg, Schweden (2020)
18. Lou, S. et al.: Watershed segmentation of topographical features on freeform surfaces and its application to additively manufactured surfaces. Precis. Eng. **63**, 177–186 (2020)
19. Newton, L. et al.: Comparison and validation of surface topography segmentation methods for feature-based characterisation of metal powder bed fusion surfaces. Surf. Topogr. Metrol. Prop. **7** 045020, 1–15 (2019)
20. Newton, L. et al.: Feature-based characterisation of Ti6Al4V electron beam powder bed fusion surfaces fabricated at different surface orientations. In: Addit. Manuf. **35** 101273 (2020)
21. DIN EN ISO 21920-2, Dezember 2022: Geometrische Produktspezifikation (GPS) – Oberflächenbeschaffenheit: Profile – Teil 2: Begriffe und Kenngrößen für die Oberflächenbeschaffenheit (ISO 21920-2:2021, korrigierte Fassung 2022-06). Deutsche Fassung EN ISO **21920-2**, 2022 (2022)

22. DIN EN ISO 25178-2, September 2023: Geometrische Produktspezifikation (GPS) – Oberflächenbeschaffenheit: Flächenhaft – Teil 2: Begriffe und Kenngrößen für die Oberflächenbeschaffenheit (ISO 25178-2:2021). Deutsche Fassung EN ISO **25178-2**, 2022 (September 2023)
23. Hartmann, W. D.: Mess- und Auswertestrategien zur modellbasierten Bewertung funktionaler Eigenschaften mikrostrukturierter Oberflächen. Dissertation, Friedrich-Alexander-Universität Erlangen-Nürnberg, Erlangen (2014)
24. Senin, N.; Moretti, M.; Blunt, L. A.: Identification of individual features in areal surface topography data by means of template matching and the ring projection transform. Surface Topogr. Metrol. Proper. **2** 014007, 1–18 (2014)
25. DIN EN ISO 16610-85, Mai 2013: Geometrische Produktspezifikation (GPS): Filterung – Teil 85; Morphologische Flächenfilterung: Segmentierung (ISO 16610-85:2013); Deutsche Fassung EN ISO 16610-85-2013 (2013)
26. Ghosh, S. et al.: Understanding deep learning techniques for image segmentation. ACM Computing Surveys (CSUR), **52**(4), 1–35 (2019)
27. Jähne, B.: Digitale Bildverarbeitung und Bildgewinnung. Springer Vieweg, Berlin (2012)
28. Minaee, S. et al.: Image segmentation using deep learing: A survey. IEEE Trans. Pattern Anal. Mach. Intell. **44**(7), 3523–3542 (2022)
29. Bucher, M. et al.: Zero-shot semantic segmentation. Adv. Neural Inf. Process. Syst. 33rd Conference, Vancouver, Canada (2019)
30. Kirillov, A. et al.: Segment anything. arXiv preprint. arXiv:2304.02643 (2023)
31. Hensel, J. et al.: The effects of building position on surface and fatigue of DED-arc steel components. Weld. World **67**, 859–872 (2022)

Systematische Entwicklung eines smarten Fehlermanagementsystems in der Produktion für KMU

Turgut Refik Caglar(✉), Elena Andrushchenko, Lennart Müller-Stein, und Roland Jochem

Fachgebiet Qualitätswissenschaft, Technische Universität Berlin, Berlin, Deutschland
{t.caglar,e.andrushchenko, l.mueller-stein,roland.jochem}@tu-berlin.de

Zusammenfassung. Unternehmen müssen in einem zunehmend wettbewerbsintensiven Umfeld ihre Produkte und Dienstleistungen schneller, kostengünstiger und in höherer Qualität als ihre Konkurrenten anbieten, um zu bestehen. Produktionsfehler sind hierbei ein wesentlicher Störfaktor, da sie sowohl Kosten als auch Zeitaufwand erhöhen und die Produktqualität beeinträchtigen können. Studien und Projekte in der Industrie haben ein erhebliches Optimierungspotenzial im Fehlermanagement identifiziert. Insbesondere kleine und mittlere Unternehmen (KMU) verfügen selten über ein digitales Assistenzsystem zur Erfassung von Fehlerdaten. Auch Unternehmen, die bereits Fehlerdatenbanken besitzen, nutzen die darin enthaltenen Informationen meist nur für deskriptive Analysen. Die systematische und wertschöpfende Auswertung von Know-how und produktionsrelevanten Daten wird auf dem Markt nur teilweise angewendet und findet bei KMU kaum Einsatz.

Diese Publikation zielt darauf ab, die spezifischen Herausforderungen von produzierenden Unternehmen, primär von KMU, im Fehlermanagement zu identifizieren und zu analysieren. Anschließend wird ein Konzept für ein smartes Fehlermanagementsystem entwickelt, das diese Herausforderungen systematisch bewältigen kann. Dabei liegt der Fokus auf der Nutzung moderner digitaler Technologien zur Fehlerdatenerfassung und -auswertung, um die Effizienz und Qualität in der Produktion zu steigern. Digitale Technologien ermöglichen eine saubere Datenerfassung, erleichtern die Datenpflege und somit die Auswertung der Daten. Dadurch wird nicht nur die Effizienz der Prozesse gesteigert, sondern auch die Arbeit der Mitarbeiter erleichtert. Dies soll KMU ermöglichen, ihre Wettbewerbsfähigkeit zu verbessern und langfristig am Markt erfolgreich zu bleiben.

Schlüsselwörter: Produktionsfehler · Smartes Fehlermanagementsystem · Fehlerdatenanalyse · Digitales Assistenzsystem

R. Jochem und M. Meyer (Hrsg.), *Rethinking Quality – Wandel des Qualitätsmanagements durch Digitalisierung und Künstliche Intelligenz*,
https://doi.org/10.1007/978-3-658-47213-9_12

1 Einleitung

Unternehmen müssen ihre Produkte und Leistungen in besserer Qualität, in kürzerer Zeit und zu geringeren Kosten als ihre Konkurrenten erstellen, um in einem sich ständig verschärfenden Wettbewerb zu überleben [1]. Auftretende Fehler in der Produktion sind ein schwerwiegender Störfaktor bei der Herstellung hochwertiger Produkte, weil sie sowohl Kosten als auch Zeitaufwand verursachen und im Falle der Fehlertolerierung zur Qualitätssenkung führen [2]. Ein wichtiger Wettbewerbsfaktor zwischen erfolgreichen und weniger erfolgreichen Unternehmen ist hierbei, wie sie mit dem Fehlerwissen umgehen [3]. Jedoch ist Fehlerwissen in Unternehmen ein Tabuthema [4].

Das Fehlermanagement benötigt die Einbeziehung aller Mitarbeitenden im Problemlösungsprozess (PLP) [5]. Dabei spielt Erfahrungswissen als Regler bei der Problemlösung eine zentrale Rolle [6]. Infolge steigender Individualisierung wird eine flexiblere Produktion vorausgesetzt, in welcher die Aktivitäten und Anforderungen durch die zunehmende Variantenvielfalt für die Mitarbeitenden immer komplexer werden [7]. Weiterhin erhöhen problemlösende Tätigkeiten die mentale Beanspruchung der Mitarbeitenden [8]. 2022 erklärte die Europäische Kommission, dass die Industrie 4.0 nicht ausreicht, um die europäischen Ziele für 2030 zu erreichen, da sie sich hauptsächlich auf Effizienzsteigerungen durch digitale Konnektivität und künstliche Intelligenz konzentriert. Stattdessen wird mit der Industrie 5.0 eine Transformation angestrebt, die den menschlichen Fortschritt und Wohlstand in den Vordergrund stellt und die Befähigung der Arbeitnehmenden durch digitale Werkzeuge fördert. In diesem Sinne muss der Mensch im Mittelpunkt stehen [9].

Um die mentale Beanspruchung der Mitarbeitenden entgegenzuwirken, Fehler im Produktionsprozess zu minimieren, Fehlerkosten zu reduzieren und die Produktqualität zu steigern, müssen Mitarbeitende in die Lage versetzt werden, durch eine geringere Komplexität Entscheidungen im PLP zu treffen [8, 13]. Diese Bedarfe können durch den Einsatz der Methoden/Werkzeuge der Qualitätswissenschaft, der innovativen und neuartigen Datenanalysemethoden (*Data Mining* Methoden – z. B. *Machine Learning*-) und die systematische Nutzung des historischen Fehlerwissens beseitigt werden [10].

Um diese Potenziale besser auszuschöpfen, entwickelt dieses Paper als Kernfokus ein smartes Fehlermanagementsystem für KMU, welches die systematische Nutzung der Fehlerwissensbasis ermöglicht und sich durch die Interaktion mit Mitarbeitenden im ständigen Lernprozess befindet. Das zu entwickelnde Fehlermanagementsystem soll über seine Fehlerwissensbasis (fehlermanagementbasierte Wissensbasis) zukünftige Fehlerereignisse vorhersagen, Fehlerzusammenhänge in der Produktion frühzeitig erkennen, mögliche Problemursachen identifizieren und daraus Maßnahmen ableiten. In das Fehlermanagementsystem wird auch eine Problemlösungswissensbasis (problemlösungsmethodenbasierte Wissensbasis) als Bestandteil des zu entwickelnden Berliner-Problemlösungskreises integriert. Wenn die Fehlerart, die Ursache oder die Maßnahme nicht bekannt ist, soll das Fehlermanagementsystem über seine problemlösungsmethodenbasierte Wissensbasis die computergestützte und dialogbasierte Auswahl und Durchführung von Problemlösungsmethoden im Rahmen eines systematischen

PLP ermöglichen. Zu diesem Zweck wird der Berliner-Problemlösungskreis Bestandteile des *PDCA-*[1] und *CRISP-DM*[2]-Zyklus in einem wissensbasierten Expertensystem (ES) verschmelzen, um Mitarbeitende beim PLP im Rahmen des Fehlermanagements zu unterstützen (vgl. Abb. 1). Der Berliner-Problemlösungskreis zielt auf digitalisierte und dialogbasierte Unterstützung der Fachkräfte bei der Methodenauswahl und -durchführung sowie der Ergebnisinterpretation ab. Weiterhin wird das smarte Fehlermanagementsystem um eine *E-Learning* Plattform erweitert, auf der kompetenzärmere Mitarbeitende ihre Problemlösungsmethodenkenntnisse durch digitalisierte Lernmethoden verbessern können.

2 Bedarfsanalyse für produzierende KMU

In diesem Kapitel werden die Bedarfe produzierender KMU hergeleitet, die sich an die Zielsetzung dieses Papers und den Aufbau des gesamten Fehlermanagementsystems richten. In diesem Zusammenhang wird der Forschungsstand hinsichtlich der Anforderungserfüllung für das Fehlermanagementsystem mit seinen Bestandteilen „Systematischer Problemlösungsprozess“ und „Aufbau der E-Learning-Plattform“ analysiert, und ein daraus abgeleiteter Forschungs- und Handlungsbedarf aufgezeigt.

2.1 Bedarf am Aufbau des Fehlermanagementsystems

Da Fehler bei kleinen und mittleren Unternehmen (KMU) häufig in manuell ausgefüllten Fehlersammellisten oder in lokal abgespeicherten Dateien (z. B. *Microsoft Excel*) erfasst werden, sind der Aufbau der Fehlerwissensbasis, die datenbasierte Fehleranalyse sowie der nachhaltige Umgang mit Fehlern kaum möglich, obwohl eine gut gepflegte Wissensbasis den Kern des smarten Fehlermanagementsystems bildet [12]. Die manuelle Erfassung von Daten ist sehr aufwändig und mit einem großen Personal- und Zeitaufwand verknüpft, was zur begrenzten Erhebungsmenge der Fehlerdaten sowie hoher Latenzzeit zur Fehlererkennung und zum PLP führt [13, 14]. Die Fehlerursachenanalyse bindet bei einer auftretenden Störung ebenfalls viel Zeit und Arbeitskraft [14]. Des Weiteren haben viele KMU keine Systematik zur Fehlerbeschreibung und berücksichtigen die umfangreiche Beschreibung und Dokumentation eines Fehlerereignisses meistens nicht [15].

Die in KMU durchgeführten Studien, Forschungs- und Industrieprojekte identifizierten großes Optimierungspotenzial im Bereich des Fehlermanagements [12]. Einerseits besitzen KMU nur selten eine Methodik zur digitalen Erfassung von Fehlerdaten, andererseits nutzen Unternehmen, die schon eine Fehlerdatenbank besitzen, die in diesen Daten verborgenen Informationen nur zu deskriptiven Analysezwecken [2]. Dass das *Know-how* und produktionsrelevante Daten systematisch und wertschöpfend ausgewertet werden, findet am Markt nur teilweise Anwendung und

[1] Plan-Do-Check-Act.

[2] *Cross Industry Standard Process for Data Mining.*

kommt bei KMU gewöhnlich nicht zum Einsatz [16]. Laut einer anderen durchgeführten Studie bewerten ca. 80 % der befragten Unternehmen den Informationsgehalt der internen Fehlerdaten (ein Fehler tritt auf der Shopfloor Ebene auf) als unzureichend für ein effektives und effizientes Fehlermanagement [17]. Obwohl in vielen Unternehmen die externen Fehler (z. B. Kundenreklamationen) detailliert und explizit untersucht werden, herrscht bei der Bearbeitung von internen Fehlern oftmals Intransparenz [5]. Dies führt zu Problemen in der Prozessqualität, wesentlichen Mängeln an den Endprodukten und damit zu unwirtschaftlichen Produktionsergebnissen.

Im Jahr 2022 betrug der Anteil des produzierenden Gewerbes an der gesamten Bruttowertschöpfung in Deutschland 24 %. Damit ist das produzierende Gewerbe in Deutschland nach dem Dienstleistungsbereich der wichtigste Wirtschaftsfaktor [18]. Im Jahr 2021 machten KMU 99,3 % der deutschen Unternehmen aus [19]. Da Fehlerkosten in produzierenden Unternehmen ca. 2,8 % des Jahresumsatzes entsprechen, belaufen sich Fehlerkosten bei einem produzierenden KMU mit dem Jahresumsatz von 50 Mio. EUR auf etwas mehr als 115.000 EUR pro Monat [20]. Nur verarbeitende KMU in Deutschland erwirtschafteten im Jahr 2020 einen Jahresumsatz mehr als 546 Mrd. EUR [21]. In diesem Zusammenhang verursachten Fehlerkosten in Deutschland für verarbeitende KMU, welche nur einen Teil der produzierenden KMU ausmachen, mehr als 15 Mrd. EUR für das Jahr 2020[3]. Fehlerkosten entsprechen häufig deutlich mehr als 30 % der Herstellkosten [21, 22]. In diesem Zusammenhang ist der Aufbau eines smarten Fehlermanagementsystems von eminenter Bedeutung für produzierende Gewerbe, um die Qualitäts-, Fehler- und Herstellkosten zu senken [23].

Nur wenn Fehler am Entstehungsort (Arbeitsplätzen) behandelt werden, ist es möglich, Zeitverluste zu senken und die Reaktionsgeschwindigkeit für auftretende Probleme zu erhöhen [24]. Die richtige und kurzfristige Entscheidungsfindung ist der wichtigste Hebel zum Unternehmenserfolg [25]. Weiterhin wird die Durchführung von Routineaufgaben wie der Fehlerbeschreibung oder Kreativarbeiten, wie der Ursachenbestimmung, im Fehlermanagementprozess bei KMU aufgrund mangelnder Zeit und Mitarbeiterkompetenz vernachlässigt, was eine nicht nachhaltige Fehlervermeidung zur Folge hat [3]. Unter diesem Gesichtspunkt haben die durchgeführten Kompetenzanalysen bei Mitarbeitenden in produzierenden Unternehmen verdeutlicht, dass Mitarbeitende über umfassende Kenntnisse der Problemlösungsmethoden verfügen und deren einschlägigen Methoden sicher anwenden sollen, um Arbeitsprozesse aktiv mitzugestalten sowie kontinuierlich zu verbessern [24]. Eine wichtige Strategie ist dabei, Mitarbeitenden im Bereich PLP zu qualifizieren und zu unterstützen [11, 24].

2.2 Bedarf an der Integrierung des systematischen PLP ins Fehlermanagementsystem

Obwohl der Einsatz von Qualitätsmethoden ein wesentlicher Beitrag zum Erfolg für KMU und der Hauptbestandteil des PLP ist, werden diese Methoden bei KMU nur mäßig bis selten angewendet [26, 27]. Insbesondere datenbasierte Qualitätsmethoden

[3] Bei der Berechnung wurden nur verarbeitende Unternehmen berücksichtigt, die weniger als 250 tätige Personen haben.

und *Data Mining* Methoden werden von KMU kaum angewendet [27]. Beispielsweise kennen laut einer Umfrage zwar 63 % der KMU die Qualitätsmethode „*Six Sigma*“, aber nur 13 % setzen diese ein, obwohl sich die durchschnittlich erzielte Einsparung eines *Six Sigma* Projekts (Net-Benefit) auf 125.000 € beläuft [28]. Während große Unternehmen häufig eigene Qualitätsabteilung haben, bei der einzelne Mitarbeitende beispielsweise für die statistische Analyse von Produktionsdaten verantwortlich ist, muss dies in KMU nebenbei bearbeitet werden [29]. Dies stellt eine andere Herausforderung für KMU dar, da die große Menge der Problemlösungsmethoden es selbst für Experten schwer macht, die für eine spezifische Anwendungssituation geeignetste Methode zu bestimmen [30]. An diesem Punkt kann die Auswahl einer ungeeigneten Methode zu falschen Interpretationen und mehr Kosten führen [10]. Fehlende Methodenkenntnisse, missverständliche Schulungen, fehlende Methodenbeschreibung/-begleitung und fehlerhafte Methodendurchführung zählen zu den wichtigsten Barrieren für die Methodenanwendung [27].

2.3 Bedarf an der Integration der *E-Learning* Plattform

KMU besitzen oftmals unzureichende Kapazitäten und fehlendes *Know-how* für ein systematisches Weiterbildungsmanagement für die Fachkräfte [31]. In diesem Zusammenhang kann der Einsatz digitaler Lernmethoden (z. B. eine vom Sachzusammenhang losgelöste Fallstudie in Form von *Gamification)* eine zukunftsweisende Bildungsalternative darstellen [32]. Allerdings können Unternehmen dank Lernmethoden in Form von digitalen Weiterbildungsangeboten direkte und indirekte Kosten sparen, welche aus den Teilnahmegebühren, Reisen, Verpflegungen und Beschäftigungsausfällen während der Weiterbildung bestehen. Unter diesem Aspekt stellt die Qualifizierung von Mitarbeitenden hinsichtlich problemorientierter Methoden auf einer digitalen Learning Plattform ein weiteres Optimierungspotenzial bei KMU dar.

3 Stand der Technik

Der Fokus des Papers liegt auf dem Aufbau eines intelligenten Fehlermanagementsystems. In Abschn. 2 wurden Bedarfe von KMU an einem solchen Fehlermanagementsystem und dessen Bestandteilen, dem „systematischen Problemlösungsprozess“ und der „*E-Learning*-Plattform“, hergeleitet. In Abschn. 3.1 wird der Begriff „Fehlermanagementsystem“ und seine Bestandteile näher betrachtet. Ziel ist es, Kriterien für den Aufbau eines intelligenten Fehlermanagementsystems abzuleiten. In Abschn. 3.2 werden die bereits existierenden Fehlermanagementsysteme anhand der hergeleiteten Kriterien miteinander verglichen, um die Eigenschaften des im Rahmen dieses Papers zu entwickelnden intelligenten Fehlermanagementsystems festzulegen.

3.1 Smartes Fehlermanagementsystem

In der Qualitätsmanagementnorm (ISO 9001:2015) wird Fehler als „Nichtkonformität: Nichterfüllung einer Anforderung“ definiert [33]. Fehler treten auf, wenn ein

Ziel- oder Teilzielzustand existiert und dieser vom Ist-Zustand abweicht [15]. Bei Abweichungen vom Ist-Zustand zum Soll-Zustand werden Problemlösungsmethoden eingesetzt, um diese Abweichungen zu beseitigen [34]. Ein Fehler gilt als Problem, wenn er negative Folgen mit sich bringt [11]. In diesem Kontext verfolgt das Fehlermanagement das Ziel, Fehler auf effiziente, schnelle und stressfreie Weise zu korrigieren, um negative Folgen zu vermeiden [11]. Der Begriff „smartes Fehlermanagement" bezieht sich auf ein digitalisiertes, personalisierbares und vernetztes System zur Fehlerbehebung [12].

Auftretende Fehler in der Produktion binden zeitliche Ressourcen sowie Personal und verursachen Kosten [3]. Insbesondere aufgrund begrenzter personeller und finanzieller Ressourcen kommen Fehlermanagementsysteme bei KMU nicht zum Einsatz [34]. Um in dem wachsenden globalen Wettbewerb zu überleben, ist der Einsatz eines Fehlermanagements für Unternehmen aber notwendig [17]. Bei einem Fehlermanagement soll ein Regelkreis aufgebaut werden, welcher mit der Fehlererkennung und -erfassung beginnt und mit der Maßnahmenumsetzung und -bewertung geschlossen wird [35]. Ein Fehler soll am Entstehungsort von Mitarbeitenden erkannt, erfasst, kommuniziert und gelöst werden, um die Latenzzeit so gering wie möglich zu halten und den PLP zu beschleunigen [36]. Dabei ist eine interaktive Kommunikation mit einer Fehlerwissensbasis unabdingbar, um Problemlösungstools aus vorhandenem Fehlerwissen abzurufen und Mitarbeitende gezielt zu qualifizieren [35]. In diesem Zusammenhang bieten wissensbasierte Expertensysteme, die Möglichkeit, Problemlösungswissen von Experten in Form einer Wissenspräsentation darzustellen und in einer Fehlerwissensbasis direkt zu speichern [37].

Im Rahmen des vorgestellten smarten Fehlermanagementsystems soll das Problemlösungstool im Falle eines bekannten Problems (für ein in der Fehlerwissensbasis vorhandenes Fehlerbild) als Fehlerursachen- und (Abstell-)Maßnahmenkatalog und für ein unbekanntes Fehlerbild als systematischer PLP zum Einsatz kommen. Im Falle eines unbekannten Problems soll die richtige Methodenauswahl und -anwendung durchgeführt werden. Dabei soll ein systematischer PLP durchgeführt werden, bei dem geeignete Methoden und Werkzeuge in der richtigen Reihenfolge ausgewählt und eingesetzt werden. Zum Erwerb der benötigten theoretischen Methodenkenntnisse kann von einer *E-Learning*-Plattform profitiert werden.

In diesem Zusammenhang entsteht der Bedarf an der Entwicklung eines smarten Fehlermanagementsystems, das ein Expertensystem (ES), eine *E-Learning*-Plattform und einen systematischen Problemlösungsprozess integriert.

Wissensbasierte Expertensysteme:
Zur nachhaltigen und systematischen Lösung von Fehlern in der Zuliefererkette ist eine interaktive Kommunikation mit einer Wissensbasis unabdingbar, um gezielte Ursachen und Maßnahmen aus vorhandenem Fehlerwissen abzurufen und Mitarbeitende gezielt zu qualifizieren [38]. Wissensbasierte ES besitzen die Fähigkeit, Probleme zu verstehen, zu lösen, Lösungen zu erklären und zu bewerten, Wissen zu erwerben und zu strukturieren [39]. Im Falle einer Problementstehung können Mitarbeitende benötigte Informationen zur Lösung eines Problems aus der Wissensbasis abrufen, bewerten, interpretieren und wieder abspeichern [40]. Obwohl ein wissensbasiertes ES ein Teilgebiet der künstlichen Intelligenz (KI) ist, benötigt es keine großen Trainingsdatensätze zum Modellaufbau [41].

In diesem Zusammenhang kann das smarte Fehlermanagementsystem mit intelligenten Algorithmen ohne große Mengen an Trainingsdaten aufgebaut werden.

Systematischer PLP im Fehlermanagementsystem

Bei Abweichungen vom Ist-Zustand zum Soll-Zustand werden Problemlösungsmethoden eingesetzt, um diese Abweichungen zu beseitigen [29]. Zur systematischen Erfassung und Behandlung von Fehlern werden Methoden und Werkzeugen des Qualitätsmanagements angewendet, beispielsweise Fehlersammelliste, Histogramm, Pareto-Diagramm, Balanced Scorecard, 8D-Methode, Reklamationswesen, Fehlermöglichkeits- und -einflussanalyse (FMEA), Qualitätszirkel, Kaizen und Ursache-Wirkungs-Diagramm [8]. In diesem Zusammenhang werden unterschiedliche Problemlösungsmethoden je nach Fehlerkomplexität eingesetzt, um Fehler nachhaltig und dauerhaft zu beheben anstatt Symptomen zu eliminieren [42]. Die Anwendung von Qualitätsmethoden beim PLP hat einen positiven Einfluss auf den Unternehmenserfolg, was auch Kostenreduktionen in bestimmten Bereichen von bis zu 30 % ermöglicht [35]. Verschiedene Untersuchungen zeigen, dass die richtige Auswahl und der erfolgreiche Einsatz von Qualitätsmanagementmethoden die schnellere Herstellung von Produkten mit hoher Qualität, geringere Fehlerquoten und Kostenreduktion fördern [43, 44]. Des Weiteren soll eine hohe Produkt- und Prozessqualität ungeachtet des zunehmenden Individualisierungsbestrebens und der steigenden Prozesskomplexität in der Produktion kosteneffizient gewährleistet werden [45]. Dabei erlauben es die Methoden des *Data Mining*, komplexe Zusammenhänge zwischen Prozessparametern/Einflussgrößen und Qualitätsmerkmalen zu erklären und damit systematisch zur ganzheitlichen Prozessverbesserung und zu Kostenreduktionen beizutragen [8, 46]. Der verbreitetste Industrieleitfaden ist der *CRISP-DM* zur systematischen Anwendung von Algorithmen des *Data Mining* (z. B. *ML*), welcher im Rahmen eines Forschungsprojekts mit Industriebeteiligung entwickelt wurde [47, 48].

Der *CRISP-DM* besteht aus sechs Phasen und teilt sich in *Business Understanding* (Geschäftsverständnis), *Data Understanding* (Datenverständnis), *Data Preparation* (Datenvorbereitung), *Modeling* (Modellierung), *Evaluation* (Evaluierung) and *Deployment* (Bereitstellung) ein [48]. Weiterhin soll ein strukturierter PLP in Unternehmen festgelegt werden, damit sich Mitarbeitende an dem kontinuierlichen Verbesserungsprozess (KVP) beteiligen [49]. Zu diesem Zweck wird der *PDCA*-Zyklus eingesetzt [49]. Neben den neuartigen Datenanalysenmethoden (*Data Mining* Algorithmen) zur Problemlösung ist der *PDCA*-Zyklus das stärkste Instrument für die Prozessoptimierung, welches in 70 % der produzierenden Industrieunternehmen etabliert ist [50]. Der *PDCA*-Zyklus besteht aus den iterativen Phasen *Plan, Do, Check, Act* und zielt auf einen strukturierten PLP mit dem Aufbau einer positiven Fehlerkultur ab, bei der Mitarbeitende eigene Initiativen bei der Problemlösung übernehmen [51]. In den vier Phasen des *PDCA*-Zyklus können verschiedene Arten von Qualitätswerkzeugen zum Einsatz kommen [52]. In seinem Buch ordnete *Linß* die aus seiner Sicht wichtigsten Tools des Qualitätsmanagements den Phasen des *PDCA*-Zyklus zu [52]. *Kersten* und *Ehni* haben ebenfalls im Rahmen eines Forschungsprojekts mehr als 90 Methoden betrachtet und einige davon in die Phasen des *PDCA*-Zyklus eingeordnet [53]. **Jedoch stellt die Auswahl der geeignetsten Methode aus einem großen Methodenkatalog für Unternehmen eine große Herausforderung dar** [30].

3.2 Kritische Betrachtung der existierenden Fehlermanagementsysteme

In den letzten Jahren wurden einige Fehlermanagementsysteme aufgebaut. Diese Fehlermanagementsysteme wurden auf Basis der Kriterien „digitale Lernumgebung (*E-Learning*)“, „systematische und dialogbasierte Auswahl/Anwendung von Problemlösungsmethoden“ und „Implementierung von wissensbasierten ES“ miteinander verglichen.

Das Projekt *SmartFM* besteht aus drei Phasen. In der ersten Phase werden Fehler über Handys oder Tablets erfasst, im nächsten Schritt werden unternehmensspezifische Inhalte angelegt und ein transparenter Fehlerabstellprozess über eine Benutzeroberfläche durchgeführt. Die dritte Phase gilt als *KPI* (*Key Performance Indicator*) – *Cockpit* und ermöglicht die deskriptive Analyse der Fehlerinformationen. Außerdem wurde in diesem Projekt die Eigenschaft „*Gamification*“ als Erweiterungspotenzial für die Zukunft angedacht[4]. Von einem wissensbasierten ES sowie der dialogbasierten Auswahl und Anwendung von diversen Arten von Problemlösungsmethoden wird nicht profitiert [12].

Im Rahmen des Projekts *oraKel* wird versucht, anhand von Trainingsdaten, die aus Prozessdaten (z. B. Temperaturen, Drücken) bestehen, neuronale Netze (NN) zu entwickeln, welche eine automatisierte Fehlerursachenanalyse ermöglichen [54, 55]. Dabei werden die digitale Lernumgebung, die Einbeziehung des Expertenwissens und die anwenderorientierte Auswahl sowie die Anwendung von Problemlösungsmethoden über ein Assistenzsystem (AS) nicht berücksichtigt.

Die Zielsetzung des Projekts *LeaF* war die Befähigung von KMU zur Analyse von Fehlerdaten mittels datenbankbasierter Analysemethoden, um Fehlerzusammenhänge zu erkennen und Maßnahmen aus Fehlerwissen abzuleiten [56, 57]. Das Projekt fokussierte sich auf die digitalisierte Anwendung von Algorithmen des *Data Mining*. Die dialogbasierte Auswahl und Anwendung von Methoden/Werkzeugen der Qualitätswissenschaft findet keine Berücksichtigung. Des Weiteren wurde die Methode „Fallbasiertes Schließen“ ins *LeaF*-Fehlermanagementsystem integriert. In seinem 2021 veröffentlichten Buch hat *Ertel* darauf hingewiesen, dass der Einsatz der Methode „Fallbasiertes Schließen“ aus den Gründen *Modellierung*, *Ähnlichkeit* und *Transformation* in der Praxis als sehr schwierig bezeichnet wird und diese Methode aus den gleichen Gründen in ihrer Flexibilität und Leistungsfähigkeit weit hinter menschlichen Experten zurücksteht [47]. An diesem Punkt stellt die Methode „Schließen mit Unsicherheit“ mit dem Verfahren Bayes-Netz (*Bayesian network*) eine sehr gute Alternative dar, die auch bei beschränkten Ressourcen im Alltag eine zentrale Rolle einnimmt und eine Problemrepräsentation mit Wahrscheinlichkeiten sehr gut abbilden kann [47, 58]. Des Weiteren wurde mit *LeaF* kein Lösungsansatz entwickelt, um das Wissen nach unscharfen und individualisierten Anforderungsangaben an Arbeitsplätzen zu erhalten. Außerdem ist der Forschungsbereich „Verbesserung von Vorschlagsalgorithmen des Fehlermanagementsystems durch Interaktion mit Mitarbeitenden“ ausgeschlossen.

---

[4] In der Literaturrecherche wurde keine Information über die Implementierung der Eigenschaft „*Gamification*“ gefunden.

Im Rahmen dieses Papers werden Bayes-Netze (BN) im ES aufgebaut, welche ein Teilbereich der KI sind, aber auch mit einem kleinen Trainingsdatensatz komplexe kausale Zusammenhänge mit einer einfachen mathematischen Sprache erklären können [59]. Der Vorteil von BN besteht darin, dass sie mehrere Variablen einbeziehen, Beziehungen und Wahrscheinlichkeitstabellen (*conditional probability table*) selbst erstellen, Beobachtungen machen, auf Basis von diesen Beobachtungen (Feedbacks) ihre Algorithmen aktualisieren und die Unsicherheit verwalten können, wodurch eine erklärende Umgebung geschaffen wird, die die Entscheidungsfindung erleichtert [47, 60, 61]. Mit fehlenden Daten und unsichereren Informationen (Schließen mit Unsicherheit) können BN auch in ES erfolgreich eingesetzt und unter der Betrachtung von aktuellen Beobachtungen (Evidenzen) Abhängigkeiten bzw. Unabhängigkeiten zwischen Ereignissen dargestellt sowie automatisierte Aussagen über *A-priori- und* bedingte Wahrscheinlichkeiten getroffen werden [47, 62]. Obwohl die Methode NN auch mit gutem Ergebnis kausale Zusammenhänge mit Wahrscheinlichkeiten abbilden kann, braucht diese einen großen Trainingsdatensatz und betrachtet die Unschärfe der Ausdrücke sowie die Übergabe des Expertenwissens an das Netz nicht [61].

4 Systematische Entwicklung des smarten Fehlermanagementsystems

Mit diesem Paper wird ein smartes Fehlermanagementsystem aufgebaut, welches sich durch die Interaktion mit den Mitarbeitenden in einem ständigen Lernprozess befindet und auf diese Weise kognitive Problemlösungsfähigkeiten der Mitarbeitenden erlernt und nachahmt. Dieses Fehlermanagementsystem kann kausale problemlösungsrelevante Zusammenhänge im Shopfloor entdecken und erklären. Auf diese Weise können Fehlerereignisse frühzeitig prognostiziert und einschlägige Maßnahmen ergriffen werden. Des Weiteren können nach der Fehlerbeschreibung (über eine Anforderungseingabemaske) die richtigen Problemlösungstools rechtzeitig ausgewählt werden. Dieses Tool kommt **im Falle eines bekannten Problems** (für ein in der Fehlerwissensbasis vorhandenes Fehlerbild) als Fehlerursachen- und (Abstell-)Maßnahmenkatalog und für ein unbekanntes Fehlerbild als systematischer PLP zum Einsatz. **Im Falle eines unbekannten Problems** kann eine dialogbasierte und wenig aufwändige Methodenauswahl und -anwendung durchgeführt und Ergebnisse mit Chatbots interpretiert werden. Dabei werden die geeigneten Methoden und Werkzeuge in der korrekten Reihenfolge im PLP ausgewählt. Die während der Methodenauswahl und -anwendung gewonnen Informationen (z. B. Recherche der möglichen Problemursachen mit dem Ishikawa Diagramm) werden in der Problemlösungswissensbasis gespeichert und bei ähnlichen aber unbekannten Problemarten als Vorschläge zur Verfügung gestellt. Zum Erwerb der benötigten theoretischen Methodenkenntnisse kann von einer E-Learning-Plattform profitiert werden.

Die meisten Firmen wenden über die Jahre einen firmenspezifischen PLP an [63]. Aber nicht jeder PLP leistet einen positiven Beitrag für eine effiziente und nachhaltige Problemlösung [15]. Aus diesem Grund zielt der im Rahmen dieses Papers zu entwickelnde PLP auf die Entwicklung eines strukturellen und einheitlichen PLP auf

Basis des stärksten KVP-Instruments „*PDCA*" ab [50]. In diesem Sinne wird ein systematischer PLP aufgebaut, welcher den *PDCA*- mit dem *CRISP-DM*-Zyklus in einem wissensbasierten ES zusammenbringt. Aus dieser Synergie ergibt sich der Berliner-Problemlösungskreis.

Beim Auftreten eines Fehlers soll der/die Mitarbeitende die Fehler mit entsprechenden Informationen (z. B. Fehlerort und Fehlerdatum) über eine Eingabemaske in das digitale System eintragen. Anschließend muss kontrolliert werden, ob das beschriebene Fehlerbild in der Fehlerwissensdatenbank vorhanden ist. Dabei können Problembeschreibungen individuelle, nicht strukturelle oder unscharfe Aussagen enthalten. Zum Beispiel kann der Mitarbeitende bei der Problemdefinition die Begriffe „wenig", „zu wenig", „ein bisschen" verwenden. Obwohl diese Aussagen keine eindeutige Bedeutung haben, müssen sie auch klassifiziert und Problemlösungstools aus der Fehlerwissensbasis abgerufen werden (Schließen mit Unsicherheit) [64]. Zu diesem Zweck kommt der Inferenzmechanismus des ES mit BN zum Einsatz [47].

Das ES wurde in Anlehnung an [47] in Abb. 1 dargestellt. In einem ES wird das Wissen aus verschiedenen Quellen, wie z. B. aus historischen Daten oder Fachexperten (Mitarbeitenden) erworben (Knowledge Engineering) und in einer Wissensbank gespeichert. Der Wissenserwerb kann auch auf ML-Algorithmen basieren, die sich in ständiger Interaktion mit der Umgebung oder Datenbank befindet. Der/Die Anwendende kann das Wissen in der Wissensbasis mit dem Inferenzmechanismus verwenden, durch das z. B. Schlüsse gezogen oder Anfragen beantwortet werden können [47].

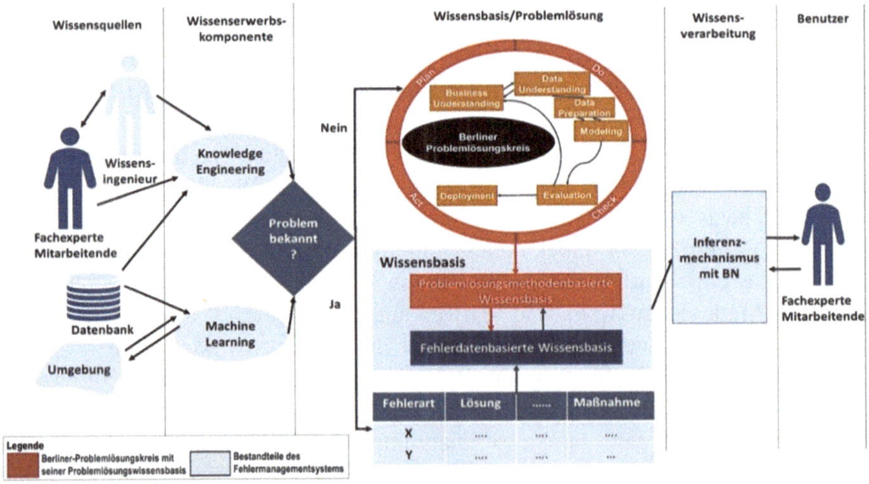

Abb. 1 Aufbau des smarten Fehlermanagementsystems mit dem Berliner-Problemlösungskreis in einem ES, Eigene Darstellung in Anlehnung an [47, 65]

Wenn ein Problem bekannt ist (in der Wissensbasis Ähnlichkeiten mit den anderen Problemarten aufweist), werden Problemlösungstools (mögliche Ursachen und Maßnahmen) mit Wahrscheinlichkeiten zur Verfügung gestellt. In diesem Fall kann der/die Mitarbeitende eine Auswahl aus dem vorgeschlagenen Katalog treffen, oder eine neue Ursache oder Maßnahme eintragen, da BN die Erweiterung der zugrundeliegenden Wissensbasis mit neuen Informationen und automatisierte Aktualisierung der Wahrscheinlichkeitsalgorithmen durch *Feedbacks* erlauben [60, 62]. **Durch Einführung des BN-basierten ES befindet sich das Assistenzsystem (AS) im ständigen Lernprozess mit der Anwenderinteraktion.**

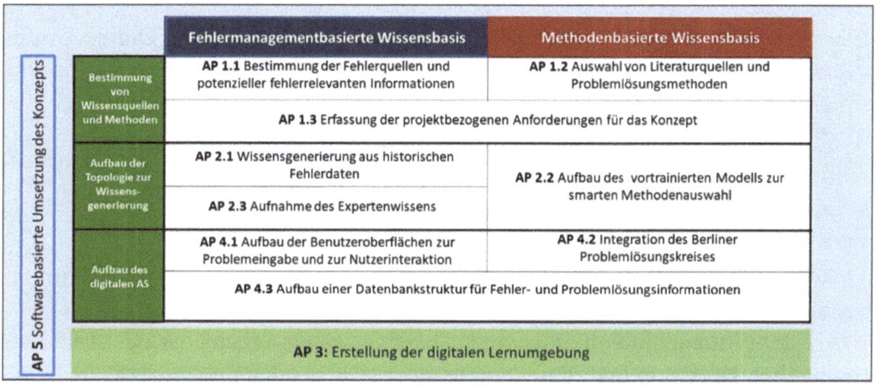

Abb. 2. Übersicht über Arbeitspakete zum Aufbau des smarten Fehlermanagementsystems

Im Falle eines unbekannten Problems (Fehlerbild existiert nicht in der Wissensbasis) kann der Mitarbeitende (oder das Problemlösungsteam) den PLP systematisch durchführen und geeignete Problemlösungsmethoden auswählen, die den Phasen des Berliner-Problemlösungskreises zugeordnet werden. Zur Unterstützung bei der Auswahl, Durchführung und Interpretation dieser Methoden werden digitalisierte und dialogbasierte Benutzeroberflächen als Bestandteil des AS aufgebaut; das in sieben Arbeitspakete (AP) unterteilt wird (vgl. Abb. 2).

AP 1 – Anforderungserhebung. Das Ziel des ersten Arbeitspakets (AP 1) ist die Erhebung der Anforderungen für das zu erstellende Konzept des Assistenzsystems sowie die Identifizierung relevanter Daten und Datenquellen.

Um die vorhandenen Quellen zum Aufbau der Fehlerwissensbasis zu bestimmen, wurden Literaturstudien, Analysen von datengetriebenen Unternehmen und Brainstormings durchgeführt, um einen Katalog potenzieller Fehlerquellen und relevanter Informationen zu erstellen. Basierend auf diesem Katalog wurde ein standardisierter Fragebogen entwickelt, der zur Erfassung der Verfügbarkeit dieser Fehlerquellen und -daten in produzierenden Unternehmen diente (Abb. 3).

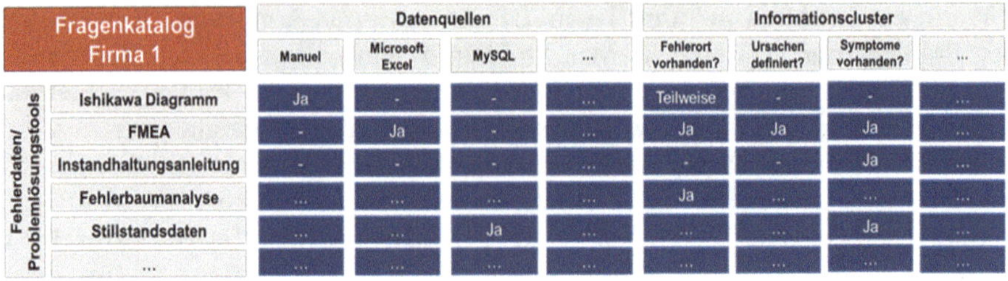

Abb. 3. Exemplarische Darstellung des Katalogs

Der Fragebogen für alle Unterarbeitspakete des AP 1 wurde als Online-Umfrage konzipiert über den Server der TU Berlin bereitgestellt. Bis zum 30.06.2024 haben 50 Unternehmen an der Umfrage teilgenommen. Ergebnisse der Umfrage:

- 70 % der Unternehmen erfassen und speichern Fehlerdaten.
  - 86 % davon erfassen sowohl interne als auch externe Fehler.
  - 79 % davon erfassen Fehler manuell.
- 55 % der Unternehmen nutzen noch kein Fehlermanagementsystem.
- 82 % der Unternehmen sind an einem smarten Fehlermanagement mit vorgestellten Bestandteilen (vgl. Abschn. 2 und 3) interessiert.
- 100 % der Firmen, die Fehlerdaten auf Papier erfassen, sehen eher oder sehr hohen potentiellen Nutzen in der Digitalisierung der bestehenden Fehlerdaten.

Des Weiteren wurden die Anforderungen der Unternehmen an Bestandteile eines Fehlermanagements mit dieser Umfrage erfasst. Zu diesem Zweck werden die wichtigsten Bestandteile des Assistenzsystems als „Oberfläche zur manuellen Fehlererfassung", „Grafische Aufbereitung von Fehlerdaten" und „Lernplattform zur Vermittlung von Methodenkenntnissen" festgelegt.

AP 2 Aufbau der Topologien eines wissensbasierten Expertensystems. Ziel des Arbeitspaketes 2 ist der Aufbau der Topologien eines wissensbasierten Expertensystems, welches entweder Mitarbeitende bei der Methodenauswahl und -durchführung unterstützt oder mögliche Problemursachen und Abstellmaßnahmen nach der Problembeschreibung zur Verfügung stellt.

Im Rahmen des AP 2 wurde ein Modell entwickelt, um Methoden im Berliner-Problemlösungskreis auszuwählen. Zu diesem Zweck wurde untersucht, aus welchen Unterphasen der Berliner Problemlösungskreis besteht und welche Werkzeuge in diese Unterphasen eingeordnet werden können (vgl. Abb. 4 und 5).

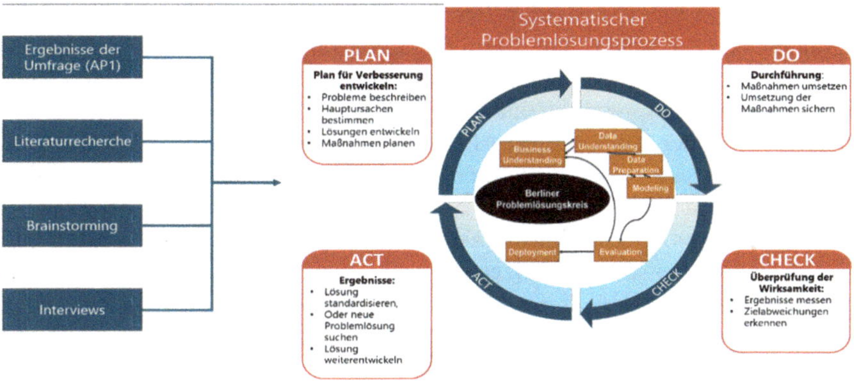

Abb. 4. Methodische Vorgehensweise zur Auswahl von Problemlösungswerkzeuge und Ihre Zuordnung in Phasen des Berliner-Problemlösungskreises

Im nächsten Schritt wurden die Vorgänger-Nachgänger-Beziehungen zwischen einzelnen Werkzeugen untersucht. Dann wurde eine Bewertungsmatrix erstellt, um die Werkzeuge im Berliner Problemlösungskreis anhand verschiedener Kriterien (z. B. Komplexität, Datenintensität) miteinander zu vergleichen. Ein exemplarischer Auszug dieser Bewertungsmatrix in Abb. 5 dargestellt.

			Mitarbeiter		Programmierer		
			Komplexität der Methode/ Schwierigkeitsgrad	**Vorkenntnisse**	**Datenintensität**	**Verbesserungs-potenzial durch Digitalisierung**	**Zeitaufwand für Digitalisierung**
PLAN	Problem definieren/ identifizieren	Fehlersammelkarte/ Fehlersammelliste	◔	Grundlegende Qualitätskenntnisse			
		Qualitätsregelkarte	◑	Statistische Grundkenntnisse			
		7W-Fragen (5W2H)	◔	Grundlegende Analysefähigkeiten			
		FMEA	●	Technisches und Prozessverständnis			
		Pareto-Diagramm	◑	Grundkenntnisse in Datenanalyse			
		Mindmap	◔	Kreativität, keine spezifischen Vorkenntnisse			
		FTA	◕	Technisches und analytisches Verständnis			
	Daten über die aktuelle Situation sammeln	Flussdiagramm	◔	Grundverständnis für Prozessabläufe			
		CTQ-Matrix	◑				
	Ursachen identifizieren und priorisieren	Ishikawa-Diagramm	◑	Verständnis für Ursache-Wirkungs-Zusammenhänge			
		5-Warum Fragen	◑	Grundlegende Analysefähigkeiten			
		Pareto-Analyse/ Pareto-Diagramm	◑	Grundkenntnisse in Datenanalyse			
		FMEA	●	Technisches und Prozessverständnis			
		Flussdiagramm	◔	Grundverständnis für Prozessabläufe			

Abb. 5. Ein exemplarischer Auszug der Bewertungsmatrix zur Auswahl und Zuordnung von Werkzeugen in Phasen des Berliner-Problemlösungskreises

AP 3 Aufbau der E-Learning Plattform. Das Ziel des Arbeitspaketes 3 ist die Erstellung einer *E-Learning* Plattform, die es Nutzern ermöglicht, ihre theoretischen Kenntnisse und praktischen Fähigkeiten der Anwendung von Methoden im Berliner-Problemlösungskreis spielerisch und interaktiv zu verbessern.

Als Ergebnis der Umfrage von AP 1 und der durchgeführten Experteninterviews wurde der Fokus auf grundlegende Methodenkenntnisse und anpassbaren Lehrinhalt gesetzt. Zu diesem Zweck wurden die Methoden ausgewählt, die auf der *E-Learning*-Plattform existieren sollen. Um die *E-Learning*-Plattform interaktiv und effektiv zu gestalten, wurden verschiedene Szenerien mit entsprechenden Videos, Quiz-Fragen und Case-Studies zu ausgewählten Methoden erstellt. Für jede Methode wird ein eigenes Video sowie ein Quiz erstellt. Die Quizfragen variieren zwischen Multiple Choice, Single Choice und Wahr/Falsch-Fragen. Darüber hinaus sind Fragen mit interaktiven Elementen geplant, wie zum Beispiel das Ausfüllen von Lückentexten mittels Drop-down-Menüs oder Drag & Drop, um das Lernerlebnis zu vertiefen. Mit diesen Merkmalen wurde eine Lernumgebung geschaffen, die in Abb. 6 dargestellt ist und die effektive Vermittlung von Methodenkenntnissen unterstützt.

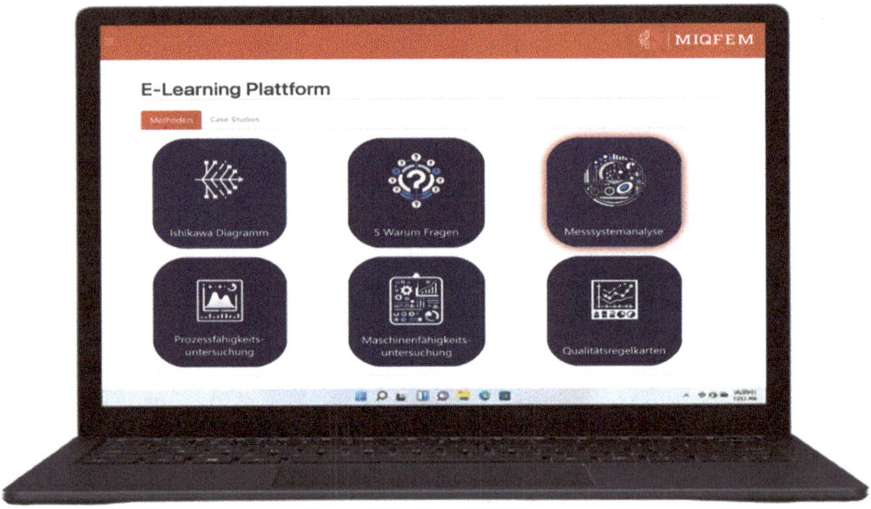

Abb. 6. Benutzeroberfläche für die E-Learning Plattform

AP 4 Integration des gesamten Konzepts in ein Assistenzsystem. Ziel des Arbeitspakets 4 ist es, das Konzept als Assistenzsystem mit Open-Source-Software begleitend zur Bearbeitung der Arbeitspakete 1–3. Basierend auf den Anforderungen aus der Umfrage von AP 1 und den durchgeführten Experteninterviews wurden die Eigenschaften der Benutzeroberfläche festgelegt. Daraufhin wurden die Benutzeroberflächen mit entsprechenden Paketen der Open-Source-Programmiersprache *Python* entwickelt.

Im Rahmen der Umsetzung des gesamten Fehlermanagementsystems (inklusive der Integration des systematischen PLP) wird der Fokus auf *Open-Source-Softwares* gelegt, welche von der EU (Europäische Union) empfohlen werden [66]. *Open-Source-Softwares* sind kostenlos, ermöglichen Eigenschaftserweiterungen, Optimierungen des Quellcodes, Anpassungen der bestehenden Software in anderen möglichen Einsatzbereichen und erhöhen die Datensicherheit mittels unabhängiger Audits und offener Überprüfung von Algorithmen [66]. An diesem Punkt bietet der Lösungsansatz dieses Papers einen kostenfreien Lösungsansatz für den Einsatz eines smarten Fehlermanagementsystems und schafft den Transfereffekt in andere produzierende Unternehmen, Produktionsbereiche und Projektvorhaben (vgl. Abb. 7).

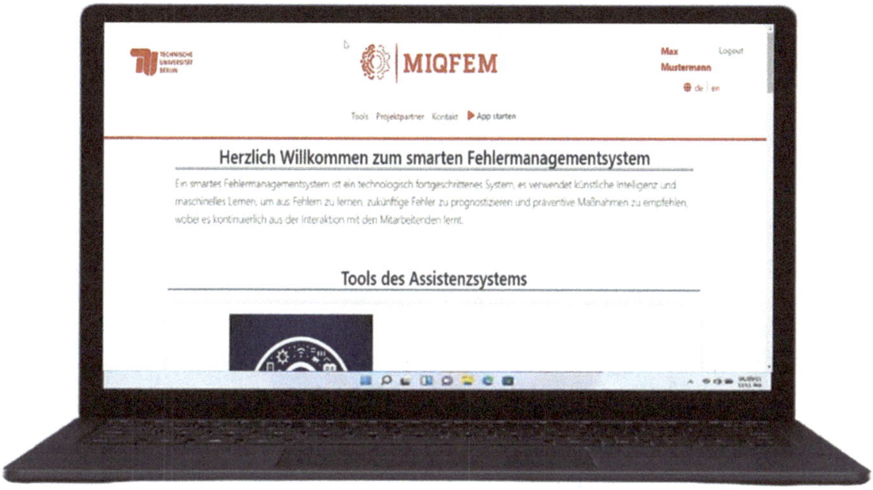

Abb. 7. Homepage der entwickelten smartes Fehlermanagementsystems

AP 5 Softwarebasierte Umsetzung des Konzepts. Die Umsetzung des gesamten AP 4 wird in ausgewählten KMU sowie großen Unternehmen durchgeführt. Dazu werden dreitägige Workshops und Schulungen veranstaltet, um die Anwendung des gesamten Konzepts vorzustellen und sicherzustellen, dass alle Beteiligten es verstehen und anwenden können. Im Rahmen dieser Aktivitäten werden Daten erfasst und in einer Wissensbasis gespeichert, die auf dem neuen Konzept basiert. Diese Wissensbasis dient als zentrale Ressource für zukünftige Anwendungen und Verbesserungen des Systems.

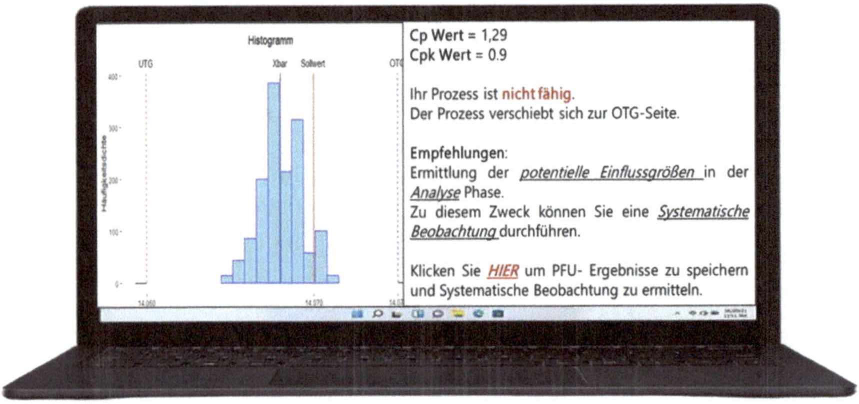

Abb. 8. Darstellung der Unterstützungseigenschaft des smarten Fehlermanagementsystems bei der Methodenanwendung und -interpretation

Im Rahmen des AP 5 sollen mögliche Problemursachen und Maßnahmen mit Wahrscheinlichkeiten in Anlehnung an Problembeschreibung zu Problembilderklassen, Ursachen und Maßnahmen mit *a-priori Wahrscheinlichkeiten* angezeigt werden. Der Endnutzer muss in der Lage sein, sein Expertenwissen ins Fehlermanagementsystem zu übertragen. Zu diesem Zweck werden Ebenen firmenspezifisch mit Expertengesprächen aufgebaut, welche aus Fehlerkategorisierung, Fehlerbild, Symptome, Ursachen und Maßnahmen bestehen. Diese Ebenen werden Schritt für Schritt dem Anwendenden mit Wahrscheinlichkeiten zur Verfügung gestellt. Der Anwendende trifft eine Entscheidung auf einer Ebene und wechselt dann zur nächsten Ebene. Wenn Vorschläge mit der Wahrheit nicht übereinstimmen, soll der Anwendende eine neue Problembeschreibung mit Lösungstools in die Wissensbasis eintragen. Wenn das geeignete Tool in der entsprechenden Ebene mit Wahrscheinlichkeiten im Lösungstoolkatalog gelistet ist, kann der Anwendende dieses Tool auswählen. Nach dieser Auswahl werden Vorschlagswahrscheinlichkeiten fortlaufend aktualisiert (vgl. Abb. 8).

Des Weiteren erfolgt die Durchführung der deskriptiven und diagnostischen Analyse, wie beispielsweise der Korrelationsanalyse und des Laufdiagramms (Run Chart), für die abgeschlossenen Fehlerfälle. Ziel ist es festzustellen, welche Fehlerarten wann und wie oft auftreten sowie welche Prozessschritte vermehrt von welchen Fehlerbildern betroffen sind.

Zudem wird die Auswertung der Übergaben von Mitarbeiterpräferenzen an die BN durchgeführt. Dies umfasst beispielsweise die Auswertung der Ursachenauswahl aus dem vorgeschlagenen Katalog. Neue Zusammenhänge, die dabei entdeckt werden, werden in die Wissensbasis integriert.

Darüber hinaus werden statistische Modelle entwickelt, die der frühzeitigen Fehlerprognose mittels modifizierter Regressionsverfahren oder Zeitreihenanalysen dienen. Das Ziel besteht darin, zukünftige Fehlerereignisse vorherzusagen. Anschließend werden reaktive Maßnahmen ergriffen, um die Fehlerbilder, die mit den statistischen Modellen prognostiziert wurden, zu eliminieren.

5 Fazit

Die systematische Entwicklung eines smarten Fehlermanagementsystems für KMU stellt einen bedeutenden Fortschritt im Bereich der Produktionsqualität und Effizienz dar. Durch die Integration eines Expertensystems (ES), einer *E-Learning* Plattform und eines systematischen Problemlösungsprozesses (PLP) adressiert das entwickelte System die wesentlichen Herausforderungen, denen KMU in der Fehlervermeidung und -behebung gegenüberstehen.

Aus bisher geführten Gesprächen mit produzierenden KMU (u. a. auf digitalen Workshops und Projekten) wurde ein großes Interesse an der Anwendung eines smarten Fehlermanagementsystems und systematischen PLP im Shopfloor festgelegt. Unter diesem Gesichtspunkt wird das *Paper*-Konzept speziell unter der Berücksichtigung der Anforderungen der produzierenden KMU entwickelt. Da alle Tools im Rahmen des Papers mit *Open-Source-Quellen* zur Verfügung gestellt und die Anforderungen von KMU berücksichtigt werden, schätzen Autors dieses Papers die Umsetzungsmöglichkeiten der Ergebnisse für die unternehmerische Praxis als sehr gut ein.

Das entwickelte System bietet eine doppelte Wissensbasis: eine für Fehlerwissen und eine für Problemlösungsmethoden. Diese Basen ermöglichen eine präzise und effiziente Fehleranalyse und -behebung. Der Berliner-Problemlösungskreis, der die PDCA- und CRISP-DM-Zyklen integriert, bietet einen strukturierten Ansatz zur Fehlervermeidung und kontinuierlichen Verbesserung. Durch die digitale und dialogbasierte Unterstützung werden Mitarbeitende in die Lage versetzt, fundierte Entscheidungen zu treffen und somit die Reaktionszeit und die Qualität der Problemlösungen zu verbessern.

Die Einführung einer *E-Learning* Plattform innerhalb des Fehlermanagementsystems adressiert das häufige Problem des mangelnden methodischen Wissens in KMU. Diese Plattform ermöglicht es den Mitarbeitenden, ihre Fähigkeiten im Problemlösungsprozess spielerisch und interaktiv zu erweitern und zu vertiefen. Dies fördert nicht nur die individuelle Kompetenzentwicklung, sondern trägt auch zur gesamten Prozessoptimierung bei.

Zusammenfassend lässt sich feststellen, dass das vorgestellte smarte Fehlermanagementsystem ein wertvolles Instrument für KMU darstellt, um die Herausforderungen der modernen Produktion zu meistern. Es unterstützt nicht nur die effiziente und nachhaltige Fehlerbehebung, sondern trägt auch zur Steigerung der Produktqualität und zur Reduzierung der Produktionskosten bei. Die kontinuierliche Interaktion und Anpassung des Systems an die spezifischen Bedürfnisse und Feedbacks der Mitarbeitenden gewährleisten eine hohe Flexibilität und Effizienz im Produktionsumfeld. Damit leistet dieses Paper einen entscheidenden Beitrag zur Weiterentwicklung des Fehlermanagements und zur Wettbewerbsfähigkeit von KMU in einem dynamischen Marktumfeld.

Förderhinweis und Danksagung. Das IGF-Vorhaben 22.530 N (Bewilligungszeitraum: 01.01.2023 – 31.12.2024) „*MIQFEM – Mitarbeiterorientierte Qualitätsregelkreise in der Produktion zum smarten Fehlermanagement*“ der Forschungsvereinigung Forschungsgemeinschaft Qualität e. V. (FQS), August-Schanz-Straße 21A, 60.433 Frankfurt am Main wurde über den DLR-PT im Rahmen des Programms zur Förderung der industriellen Gemeinschaftsforschung (IGF) vom Bundesministerium für Wirtschaft und Klimaschutz aufgrund eines Beschlusses des Deutschen Bundestages gefördert.

Literatur

1. Wappis, J., Jung, B.: Null-Fehler-Management: Umsetzung von Six Sigma. 4. überarbeitete und erweiterte Auflage. Hanser Verlag, München Wien (2014)
2. Kukulies, J., Pohlmann, G.: Fehlermanagement profitiert von Digitalisierung. Qualität und Zuverlässigkeit (QZ), Heft 10. Carl Hanser Verlag, München (2019)
3. Plach A., Hornfeck R., Rieg F., Roth J.: FAMOS – ein ganzheitlicher Ansatz zum Fehlermanagement; gefördert vom Bundesministerium für Bildung und Forschung. Georg-Simon-Ohm-Hochschule Nürnberg-Universität Bayreuth (2012)
4. Hornfeck R., Plach A., Höhn J.: Wissensbasiertes Unternehmerisches Fehlermanagementsystem: Fehlerwissen ist Macht. Qualität und Zuverlässigkeit (QZ), Heft 16. Carl Hanser Verlag, München (2011)
5. Barsalou, M., Perkin, R.: Statistical problem-solving teams: A case study in a global manufacturing organization in the automotive industry. Qual. Reliab. Eng. Int. **40**, 513–523 (2024). https://doi.org/10.1002/qre.3404
6. Mark, B. G., Rauch, E., Matt, D. T.: Systematic selection methodology for worker assistance systems in manufacturing. Comput. Ind. Eng. **166**, 107982 (2022). ISSN 0360-8352. https://doi.org/10.1016/j.cie.2022.107982
7. Deuse, J., Weisner, K., Hengstebeck, A., Busch, F.: Gestaltung von Produktionssystemen im Kontext von Industrie 4.0. In: Bosse, C.-K., Zink, K.-H. (Hrsg.) Arbeit 4.0 im Mittelstand – Chancen und Herausforderungen des digitalen Wandels für KMU, Springer Verlag, Berlin (2019)
8. Kersten, W., Koller H., Lödding H. (Hrsg.): Industrie 4.0 Wie intelligente Vernetzung und kognitive Systeme unsere Arbeit verändern. GITO mbH Verlag, Berlin (2014)
9. Dixson-Declève, S.: Industry 5.0: A Transformative vision for europe, governing systemic transformations towards a sustainable industry. ESIR Policy Brief No. 3, European commission, directorate-general for research and innovation, Brussels (2022). https://doi.org/10.2777/17322
10. Günther R., Beckschulte, S., Bennerscheid, N., Schmitt R.: (Selbst-) lernendes Fehlermanagement: Expertise der Fehlerbearbeitung systematisch nutzbar machen. Qualität und Zuverlässigkeit (QZ), Heft 10. Carl Hanser Verlag, München (2021)
11. Zapf, D., Frese, M., Brodebeck, F. C.: Fehler und Fehlermanagement. In: Frey, D., Graf Hoyos, C., Stahlberg, D. (Hrsg.) Arbeits- und Organisationspsychologie. Beltz, Weinheim (1999)
12. Rüßmann, M., Haghi, S., Bergstein, D., Schmitt, R. H.: Smartes Fehlermanagement auf dem Shop Floor. Ein Lösungsansatz für KMU. In: Bosse, C.-K., Zink, K.-H. (Hrsg.) Arbeit 4.0 im Mittelstand – Chancen und Herausforderungen des digitalen Wandels für KMU, Springer Verlag, Berlin (2019)
13. Parlings, M., Lindemann, M., Kühn, A.: Künstliche Intelligenz im Mittelstand: Potenziale und Anwendungsbeispiele. Mittelstand 4.0 Kompetenzzentrum Dortmund, Dortmund (2020)
14. Bitsch, G.: Digitales Shopfloor-Management: Ein adaptives Informations- und Entscheidungsinstrument im Umfeld von Industrie-4.0-Produktionssystemen. In: Obermaier, R.

(Hrsg.) Handbuch Industrie 4.0 und Digitale Transformation. Betriebswirtschaftliche, technische und rechtliche Herausforderungen. Springer, Wiesbaden (2019)

15. Ohlig, J., Pötters, P., Leyendecker, B.: Planspielkonzept zur Quantifizierung des Effekts von digitalem Shopfloor Management bei der Anwendung der Problemlösungsmethode 8D im Qualitätswesen. In: Schmitt, R. H. (Hrsg.)
16. Buxmann P., Schmidt H.: Ökonomische Effekte der Künstlichen Intelligenz. In: Buxmann P., Schmidt H. (Hrsg.) Künstliche Intelligenz. Springer Gabler, Berlin, Heidelberg (2019)
17. Crostack, H.-A., Klute, S.: Die Bedeutung von Fehlerfolgekosten im Rahmen des Fehlermanagements. ZWF, Band 103, Heft 6. Carl Hanser Verlag, München (2008)
18. Statistisches Bundesamt: Verteilung der Bruttowertschöpfung[1] in Deutschland nach Wirtschaftszweigen im Jahr 2023 [Graph]. https://de.statista.com/statistik/daten/studie/36846/umfrage/anteil-der-wirtschaftsbereiche-am-bruttoinlandsprodukt/. Zugegriffen: 22. Mai 2024
19. Statistisches Bundesamt: Verteilung der Unternehmen in Deutschland nach Unternehmensgröße im Jahr 2021. https://de.statista.com/statistik/daten/studie/731901/umfrage/verteilung-unternehmen-in-deutschland-nach-unternehmensgroesse/. Zugegriffen: 22. Mai 2024
20. Günther R., Wangerow K., Schmitt R.: Fehlermanagement 4.0: Effiziente Fehlerabstellung und -vermeidung mittels Künstlicher Intelligenz. Qualität und Zuverlässigkeit (QZ), Heft 12. Carl Hanser Verlag, München (2020)
21. Destatistis: Produzierendes Gewerbe: Betriebe, Tätige Personen und Umsatz des Verarbeitenden Gewerbes sowie des Bergbaus und der Gewinnung von Steinen und Erden nach Beschäftigtengrößenklassen. Fachserie 4 Reihe 4.1.2. https://www.destatis.de/DE/Themen/Branchen-Unternehmen/Industrie-Verarbeitendes-Gewerbe/Publikationen/Downloads-Struktur/betriebe-taetige-personen-2040412207004.pdf;jsessionid=E8229057F-B18E014449BD4092562539D.live722?__blob=publicationFile. Zugegriffen: 10. Juli 2024
22. Quality-engineering: Fehlermanagement in Ausnahmesituationen. https://quality-engineering.industrie.de/allgemein/fehlermanagement-in-ausnahmesituationen/. Zugegriffen: 10. Juli 2024.
23. Ehrlenspiel, K., Kiewert, A., Lindemann, U., Mörtl, M.: Einflüsse auf die Herstellkosten und Maßnahmen zur Kostensenkung. In: Ehrlenspiel, K., Kiewert, A., Lindemann, U., Mörtl, M. (Hrsg.) Kostengünstig Entwickeln und Konstruieren. Springer, Berlin (2014)
24. Lendzian, H., Martin-Martin, R.: Shopfloor-Management: Nachhaltige Problemlösungen schaffen. In: Künzel, H. (Hrsg.) Erfolgsfaktor Lean Management 2.0. Erfolgsfaktor Serie. Springer Gabler, Berlin, Heidelberg. https://doi.org/10.1007/978-3-662-49752-4_5 (2016)
25. acatech, Hrsg.: Deutschlands Zukunft als Produktionsstandort sichern: Umsetzungsempfehlungen für das Zukunftsprojekt Industrie 4.0. Abschlussbericht des Arbeitskreises Industrie 4.0. https://www.acatech.de/wp-content/uploads/2018/03/Abschlussbericht_Industrie4.0_barrierefrei.pdf. Zugegriffen: 10. Juli 2024
26. Nendel, N., Bojko, M., Riedel, R.: Rechnergestützte Auswahl von Qualitätsmethoden. In: Heutige und zukünftige Herausforderungen an die Qualitätswissenschaft in Forschung und Praxis, hrsg. von Otten, H., Götzt, J., Pollak, S., Erlangen: FAU University Press. https://opus4.kobv.de/opus4-fau/files/8328/GQW+Tagungsband_2017_OPUS.pdf. Zugegriffen: 10. Juli 2024
27. Schober, J.: Systematische Methodenanwendung im dynamischen Qualitätsmanagement bei KMU. TU Berlin, Fraunhofer Verlag Stuttgart, Diss. (2019)
28. Gericke, J., Keferstein, C.: Qualitätsmanagement im Mittelstand: Eine Studie zur Akzeptanz von Qualitätsmanagement-Systemen im Mittelstand. Bd. No. 20, MV Wissenschaft, Münster: Verl.-Haus Monsenstein und Vannerdat, Münster (2011)
29. Wagner, K.W., Zacharnick, M.: Qualitätsmanagement für KMU: Qualität sensibilisieren, realisieren, leben, Bd. 046. Hanser-Verlag, München, Pocket-Power (2006)

30. Bojko, M., Nendel, N., Riedel, R.: Per Mausklick zum Durchblick: Rechnergestützte Auswahl von Qualitätsmethoden. Qualität und Zuverlässigkeit (QZ), Heft 8. Carl Hanser Verlag, München (2017)
31. Vollmar, M.: Berufliche Weiterbildung in Unternehmen 2010. Methodik und erste Ergebnisse der CVTS4-Studie. Wiesbaden: Statistisches Bundesamt (2013)
32. Peter, B.: Kombinieren wie Poirot. Wirksame Schulung zur Abweichungsanalyse am Beispiel eines Krimis. QZ Qualit. Zuverlässigk. **64**(4) (2019)
33. ISO 9000:2015: Quality Management Systems – Basics and Terms. Beuth, Berlin (2015)
34. Kakuliesm, J., Oellers, P., Hemmers, P.: Digitales Fehlermanagement für kleine und mittlere Unternehmen: Fehler passieren. Zeitschrift: Quality Engineering (QE). https://quality-engineering.industrie.de/top-news/fehler-passieren/#slider-intro-2. Zugegriffen: 10. Juli 2024
35. Ellouze, W.: Entwicklung eines Modells für ein ganzheitliches Fehlermanagement: Ein prozessorientiertes Referenzmodell zum effizienten Fehlermanagement. Dissertation, Dortmund (2014)
36. Lendzian H., Martin-Martin R.: Shopfloor-Management: Nachhaltige Problemlösungen schaffen. In: Künzel H. (Hrsg.) Erfolgsfaktor Lean Management 2.0. Erfolgsfaktor Serie. Springer Gabler, Berlin, Heidelberg. https://doi.org/10.1007/978-3-662-49752-4_5 (2016)
37. Weyrich, M., Abele, S.: Automatisierte Datenauswertung zur Fehlerdiagnose und Absicherungssysteme. Presented at the AUTOMATION 2016 – "Secure & Reliable in the Digital World" (2016)
38. wik (Hrsg.): Künstliche Intelligenz im Mittelstand: Relevanz, Anwendungen, Transfer. https://www.mittelstand-digital.de/MD/Redaktion/DE/Publikationen/kuenstliche-intelligenz-im-mittelstand.pdf?__blob=publicationFile&v=5. Zugegriffen: 10. Juli 2024
39. Styczynski, Z.A., Rudion, K., Naumann, A.: Einführung in Expertensysteme: Grundlagen. Anwendungen und Beispiele aus der elektrischen Energieversorgung. Springer Vieweg, Berlin (2017)
40. Hartmann, K.: Einführung in die Expertensystem Technologie. http://www.hartmann.hs-merseburg.net/uploads/tx_twpublication/XPS-Technologie_pdf.pdf. Zugegriffen: 10. Juli 2024
41. wik (Hrsg.): Künstliche Intelligenz im Mittelstand: Relevanz, Anwendungen, Transfer. https://www.mittelstand-digital.de/MD/Redaktion/DE/Publikationen/kuenstliche-intelligenz-im-mittelstand.pdf. Zugegriffen: 10. Juli 2024
42. Staufen: Quality Excellence: Beherrschen von Abweichungen durch effektive Problemlösung. https://www.staufen.ag/fileadmin/HQ/02-Company/05-Media/1-Brochures/2-Brochures-DE/STAUFEN.-broschuere-quality-excellence-de_DE.pdf. Zugeriffen: 10. Juli 2024
43. Heiliger, S.: Rapid Quality Deployment, Qualitätsorientierte Produktentstehung durch modularisierte Qualitätsmethoden. Fortschrittsberichte VDI, Reihe 16, Nr.: 156, VDI Verlag, Düsseldorf (2003)
44. Theden, P.: Analyse und Rentabilität von Qualitätstechniken. Berichte aus dem Produktionstechnischen Zentrum Berlin, zugl. Dissertation, Berlin (1997)
45. Wuest, T., Irgens, C., Thoben, K.-D.: An approach to monitoring quality in manufacturing using supervised machine learning on product state data. J. Intell. Manuf. **25**(5), 1167–1180 (2013). https://doi.org/10.1007/s10845-013-0761-y
46. Dogan, M., Kevser, M.: Veri Madenciliği Yönteminin Finans Sektörüne Uygulanmasina Yönelik Kavramsal Bir Değerlendirme. TÜRK KAMU YÖNETİMİ DERGİSİ, **2**(1). https://doi.org/10.51229/TUJPA.2021.10 (2021)
47. Ertel, W.: Grundkurs Künstliche Intelligenz, Computational Intelligence, Eine praxisorientierte Einführung. 5. überarbeitete Auflage, Springer Vieweg, Wiesbaden. https://doi.org/10.1007/978-3-658-32075-1 (2021)

48. Freitag, M., Kück, M., Ait, A.A., Lütjen, M.: Potenziale von Data Science in Produktion und Logistik: Teil 2 – Vorgehensweise zur Datenanalyse und Anwendungsbeispiele. Bremer Institut für Produktion und Logistik an der Universität Bremen, Bremen (2015)
49. Peters, R.: Shopfloor Management. Führen am Ort der Wertschöpfung. LOG_X Verlag, Stuttgart (2009)
50. Pötters, P., Leyendecker, B., Ohlig, J., Schmitt R.: Verbreitungsgrad von Optimierungsmethoden in der Produktion – Eine quantitative Untersuchung. In: Wissenschaftliche Schriften des Fachbereichs Wirtschaftswissenschaften, Hochschule Koblenz – University of Applied Sciences, Nr. 28 (2018)
51. Ghatorha K.S., Sharma R., Singh G.: Lean Manufacturing Through PDCA: A Case Study of a Press Manufacturing Industry. In: Pratap Singh R., Tyagi D.M., Panchal D., Davim J.P. (Hrsg.) Proceedings of the International Conference on Industrial and Manufacturing Systems (CIMS-2020). Lecture Notes on Multidisciplinary Industrial Engineering. Springer, Cham. https://doi.org/10.1007/978-3-030-73495-4_12 (2022)
52. Linß, G.: Qualitätsmanagement für Ingenieure, 3. Aufl. Carl Hanser Verlag, München, Wien (2011)
53. Kersten W., Ehni, M.: Ganzheitliches Qualitätsmanagementsystems für die Logistik (LQMS), Schlussbericht, IGF Vorhaben 17256 N/1, Institut für Logistik und Unternehmensführung (2014)
54. oraKel: App-basierte Qualitätsvorhersage und Fehlerursachenanalyse mit Künstlichen Neuronalen Netzen – oraKel. https://www.wzl.rwth-aachen.de/go/id/dgdre?. Zugegriffen: 10. Juli 2024
55. qm-aktuell: „oraKel“ entwickelt App-basierte Qualitätsvorhersage. https://www.qm-aktuell.de/orakel-entwickelt-app-basierte-qualitaetsvorhersage/. Zugegriffen: 10. Juli 2024
56. igf_leaf: Projektstartbrief: Learning Failure Management (LeaF), Vorhaben-Nr: 19931 N. https://igf.aif.de/innovationsfoerderung/industrielle-gemeinschaftsforschung/igf-steckbrief.php?id=21922&suchtext=19931. Zugegriffen: 10. Juli 2024
57. leaf: Learning Failure Management. http://www.leaf.wzl.rwth-aachen.de/en/bd5c854ada8a-e668c12582c70049307c.html. Zugegriffen: 10. Juli 2024
58. Bal, M.: Kaba Küme Akış Çizgelerinin Olasılıksal Yapısı. Avrupa Bilim ve Teknoloji Dergisi **23**, 730–741 (2021)
59. Dollmann, M.: Bayesian Networks: Combining Machine Learning and Expert Knowledge into Explainable AI. https://medium.com/eliiza-ai/bayesian-networks-combining-machine-learning-and-expert-knowledge-into-explainable-ai-efaf6f8e69b. Zugegriffen: 10. Juli 2024
60. Koshi, T., Noble, J.: Bayesian networks an introduction; Wiley Series in Probability and Statistics. Wiley, Hoboken (2009)
61. Terán-Bustamante, A., Martínez-Velasco, A., Dávila-Aragón, G.: Knowledge management for open innovation bayesian networks through machine learning. J. Open Innovation Technol. Mark. Complex. **7**(1), 40. https://doi.org/10.3390/joitmc7010040 (2021)
62. Tietjen, T., Egbert, L., Zitnikov, A., Thoben, K.-D., Klein, A.: Sensorüberwachter Zustand von ausfallkritischen Komponenten einer EinspritzeinCloft, P.W., Kennedy, M.N., Kennedy, B.M.: Success is Assured: Decision-Focused Mapping of Reusable Knowledge and Innovation to Achieve First-Time Quality. Taylor & Francis, Milton Park (2018)
63. Cloft, P.W., Kennedy, M.N., Kennedy, B.M.: Success is Assured: Decision-Focused Mapping of Reusable Knowledge and Innovation to Achieve First-Time Quality. Taylor & Francis, Milton Park (2018)
64. Nasev, D.: German BERT Applications: Google BERT – deutschsprachige Anwendungen entwickeln und bereitstellen. https://next-rtc.com/publications/German_Bert_Applications.pdf. Zugegriffen: 10. Juli. 2024. (2020)

65. Caglar, T., & Jochem, R.: A system approach for creating employee-oriented quality control loops in production for smart failure management system in SMEs. In: Ahram T, Karwowski, W., Bucchianico, P. D., Taiar, R., Casarotto, L., Costa, P. (Hrsg.) Intelligent Human Systems Integration (IHSI 2023): Integrating People and Intelligent Systems. AHFE (2023) International Conference. AHFE Open Access, vol 69. AHFE International, USA. https://doi.org/10.54941/ahfe1002835 (2023)
66. Beckert, B., Schleife, K., Dupuis, D., Wydra, S., Niemann, F.: The economic and social impact of software & services on competitiveness and innovation. Directorate-General for Communications Networks, Content and Technology (European Commission) (2017)

NLP-gestützte Reklamationsanalyse zur effizienten Ermittlung von Haftungsverantwortlichkeiten

Insa Lemke und Nadine Schlüter(✉)

Fachgebiet Produktsicherheit und Qualität, Bergische Universität Wuppertal, Wuppertal, Deutschland
psq@uni-wuppertal.de, schlueter@uni-wuppertal.de

Zusammenfassung. Steigende Produkt- und Prozesskomplexitäten stellen produzierende Unternehmen vor zahlreiche Herausforderungen. Von diesen sieht sich auch das Qualitäts- und speziell das Reklamationsmanagement betroffen, welches bei langen Wertschöpfungsketten zunehmend komplexer wird. Insbesondere, wenn in der Produktnutzungsphase Defekte auftreten, die zu rechtlichen Ansprüchen seitens der Kund*innen führen können, ist eine schnelle und exakte Bestimmung etwaiger Haftungsrisiken unerlässlich. Um diesem Problem zu entgegnen, wurde im DFG-Projekts AlGeWert ein Algorithmus entwickelt, der auf Basis von Natural Language Processing (NLP) Reklamationen automatisiert auf Kriterien für auf deutschem Recht basierende Haftungsgrundlagen überprüft und konkrete Handlungsanweisungen für Mitarbeitende generiert. Im Rahmen des Projektes erfolgt eine Fokussierung auf die grundlegenden Rechtsfälle nach deutschem Gewährleistungsrecht, der Produzentenhaftung nach dem BGB sowie dem Produkthaftungsgesetz. Ziel ist es, diese voneinander zu unterscheiden und die entsprechenden Kriterien mithilfe von NLP aus geschriebenen Kundenbeschwerden zu extrahieren. Die vorliegende Ausarbeitung stellt den aktuellen Stand der Technik im Bereich der automatisierten Reklamationsbearbeitung dar und untersucht die damit verbundenen Herausforderungen und Risiken im Hinblick auf die Identifizierung von Haftungsfällen. In diesem Kontext wird der AlGeWert-Algorithmus präsentiert, wobei die Chancen und Limitationen einer derartigen automatisierten Reklamationsbearbeitung beleuchtet werden.

Schlüsselwörter: Reklamationsmanagement · Haftungsmanagement · Natural Language Processing

R. Jochem und M. Meyer (Hrsg.), *Rethinking Quality – Wandel des Qualitätsmanagements durch Digitalisierung und Künstliche Intelligenz*,
https://doi.org/10.1007/978-3-658-47213-9_13

1 Einleitung

Im Rahmen der Kundennutzungsphase können Defekte an einem verkauften Produkt auftreten, was in der Folge zu Reklamationen führt. Die Bearbeitung von Reklamationen stellt für viele Unternehmen nach wie vor eine ungeliebte Tätigkeit dar. Allerdings bietet sie die Möglichkeit, die Beziehung zu den Kunden zu verbessern und sowohl die bisherigen als auch die neuen Produkte zu optimieren [1]. Besonders wenn Reklamationen rechtliche Risiken und Haftungsansprüche seitens der Kunden mit sich bringen, ist in der Reklamationsbearbeitung eine schnelle Reaktion wichtig [2]. Denn in diesen Fällen ist nicht nur die Kundenzufriedenheit gefährdet, auch Verluste in der Unternehmensreputation und finanzielle Strafen können damit einhergehen [3, 4]. Die Überprüfung von Haftungsrisiken sowie eine schnelle Reaktion in etwaigen Fällen stellen folglich entscheidende Faktoren für ein effektives Reklamationsmanagement dar. Die folgende Ausarbeitung befasst sich mit dem DFG-Projekt AlGeWert, welches zum Ziel hat, einen Algorithmus zu entwickeln, mit dem eine automatisierte Reklamationsanalyse hinsichtlich der Beurteilung der Eintrittswahrscheinlichkeiten verschiedener Haftungsrisiken nach deutschem Recht ermöglicht werden soll. Im Folgenden werden die Ziele und Ergebnisse des Projekts vorgestellt und bewertet.

In Abschn. 2 werden zunächst die Motivation und Notwendigkeit für das AlGeWert-Projekt geschildert. Hierfür werden aktuelle Herausforderungen und Probleme in der Reklamationsbearbeitung ebenso wie der derzeitige Stand der Technik zur automatisierten Reklamationsanalyse geschildert. Abschn. 3 widmet sich im Anschluss den Grundlagen für die Entwicklung des Algorithmus. Dabei werden zum einen die rechtlichen Grundlagen, die für den Algorithmus relevant sind, erläutert. Zum anderen werden die technischen und strategischen Rahmenbedingungen, in denen der Algorithmus entwickelt werden soll, erläutert. Abschn. 4 stellt den Algorithmus in seiner Umsetzung und den relevanten Beispielen vor und gibt einen Einblick in die Funktionsweise und Testergebnisse. Abschn. 5 diskutiert zuletzt die Ergebnisse und den Erfolg des Projekts, bevor Abschn. 6 mit einem Fazit und Forschungsausblick abschließt.

2 Stand der Technik und Herausforderungen in der Reklamationsbearbeitung

Eine zeitnahe Reaktion sowie eine effiziente Bearbeitung von Beschwerden können für die Produktentwicklung und die Kundenbindung von entscheidender Bedeutung sein [5]. Dabei stehen jedoch weniger die rechtlichen oder haftungsrechtlichen Implikationen im Vordergrund als die persönlichen Kundeninteressen oder Produktentwicklung relevanten Informationen. Im Folgenden werden zunächst aktuell angewandte Methoden und Techniken im Reklamationsmanagement vorgestellt. Anschließend werden unterschiedliche Forschungsvorhaben in Bezug auf automatisiertes Reklamationsmanagement und automatisierte Haftungsidentifizierung präsentiert.

Die sogenannte 8D-Methode stellt eine im deutschsprachigen Raum weit verbreitete Methode des Reklamationsmanagements dar. Der in acht Stufen gegliederte

Problemlösungsansatz bietet eine systematische Aufarbeitung von Reklamationen. Der 8D-Report umfasst acht Schritte: Der Prozess beginnt mit der Bildung eines Teams (D1) und der Problembeschreibung (D2). Anschließend umfasst er die Implementierung von Sofortmaßnahmen (D3), die Ursachenanalyse (D4) und die Entwicklung von Korrekturmaßnahmen (D5). Zuletzt erfolgt eine Bewertung der Maßnahmen (D6), gefolgt von präventiven Schritten (D7) und der Dokumentation der Erkenntnisse sowie der Würdigung des Teams (D8) [6]. Damit bietet der 8D-Report bereits eine strukturierte Vorgehensweise, um Reklamationen zu analysieren. Der Prozess ist jedoch umfangreich, bedarf eines hohen Personalaufwands und eignet sich somit nicht jede eingehende Reklamation zu bearbeiten. Zudem geht er nicht gesondert auf das Risiko von rechtlichen und haftungsrelevanten Aspekten, entstehend durch Reklamationen, ein.

Neben der 8D-Methode können im Reklamationsmanagement auch andere Methoden aus dem Qualitätsmanagement eingesetzt werden, die weniger umfangreich sind. Lösungen wie das Ishikawa-Diagramm oder Kundenfeedbacksysteme können zwar dabei helfen Ursachen zu identifizieren, eigene sich jedoch nicht für eine vollumfängliche Reklamationsbearbeitung und insbesondere nicht für eine schnelle Übersicht haftungsrelevanter Kriterien [5–7]. Verschiedene Softwaresysteme bieten der Industrie die Lösung, Reklamationen digital zu managen, dabei fokussieren sie sich jedoch zumeist auf die Anwendung der 8D-Methode.

Dabei ist der Bedarf an neuen Lösungen in der Wissenschaft bereits ermittelt. Zaby und Wilde [8] untersuchen in einer Literaturrecherche die bisherige Forschung zum Beschwerdemanagement, insbesondere aus der Perspektive des Kundenbeziehungsmanagements. Trotz einer umfangreichen Literaturrecherche kommen sie zu dem Schluss, dass es einen großen Bedarf an einer umfassenden Untersuchung des Beschwerdemanagements gibt, aber nur wenige Publikationen das Thema behandeln. Es gibt jedoch eine Handvoll Veröffentlichungen, die sich mit der Notwendigkeit des Beschwerdemanagements zur Verbesserung der Kundenzufriedenheit sowie der Produktsicherheit und -qualität befassen.

Schmitt und Lindner [9] orten das Potential einer Untersuchung des Beschwerdemanagements auch über das Kundenbeziehungsmanagement hinaus. Insbesondere im Hinblick auf die Produktqualität und die kontinuierliche Verbesserung könnten wertvolle Informationen generiert werden. Der vorgestellte Ansatz für ein technisches Beschwerdemanagement enthält keine Ausführungen zu Rechtsquellen und haftungsrechtlichen Anforderungen. Behrens, Wilde und Hoffmann [10] erkennen die Notwendigkeit, Lieferanten und Kunden in die Wertschöpfungsketten einzubeziehen. Nur so kann ein Prozess zur Kontrolle der Produktqualität etabliert werden. Der kombinierte Ansatz beinhaltet die 8D-Methode, die jedoch noch nicht die Möglichkeit bietet, gezielt Aspekte abzufragen, die das Auftreten von Haftungsfällen in Betracht ziehen würden. Auch Hake et al. [11] widmen sich der Analyse des Automatisierungspotenzials der 8D-Methode in der Medizintechnik. Dabei werden die einschlägigen gesetzlichen Regelungen berücksichtigt, wobei aufgrund der spezifischen Anforderungen in diesem Bereich auf die Thematik der Produkthaftung nicht eingegangen wird. Die Autoren betonen zudem die Notwendigkeit standardisierter, idealerweise automatisierter Prozesse, um die Effizienz und Genauigkeit der Beschwerdebearbeitung zu optimieren, bieten jedoch kein vollumfängliches Konzept, um eine automatisierte Anwendung in der Industrie einzuführen. Stauss and Seidel [1] betonen die Relevanz der Einbeziehung haftungsrelevanter Daten in das Beschwerdemanagement. Allerdings fehlt eine Auseinandersetzung mit der praktischen Umsetzung sowie eine Berücksichtigung automatisierter Anwendungen.

Auf Basis der durchgeführten Literaturanalysen können somit für den konkreten Betrachtungsraum dieser Arbeit die folgenden Teilziele festgelegt werden:

1. Entwicklung eines Frameworks zur effizienten, schnellen und eindeutigen Bearbeitung von Reklamationen.
2. Integrierung einer Möglichkeit zur eindeutigen Abgrenzung relevanter Eintrittskriterien für verschiedene Haftungsfälle in das entwickelte Framework.

Basierend auf diesen Teilzielen wurde im Rahmen des Projekts die Entwicklung eines Algorithmus fokussiert, der in ein Softwaretool eingebettet eine automatisierte Lösung für die Teilziele bieten soll. Bevor die konkrete technische Umsetzung vorgestellt wird, erläutert das folgende Kapitel zunächst die grundlegenden Inhalte des Algorithmus

3 Grundlagen für die Entwicklung

In diesem Kapitel werden die grundlegenden Inhalte dargelegt, die die Basis für die Entwicklung und Umsetzung des AlGeWert-Algorithmus (folgend abgekürzt als AGWA) bilden. Wie im vorangegangenen Kapitel erläutert, wurden basierend auf den Ergebnissen der Literaturrecherche zwei Teilziele ermittelt. Einerseits ist ein Framework zu entwickeln, welches eine einheitliche Vorgehensweise bei der Weiterbearbeitung von Reklamationen ermöglicht und Nutzer*innen mit den relevanten Informationen versorgt. Andererseits sind klare Faktoren zu ermitteln, die eine Beurteilung der Haftungsrisiken ermöglichen, und in ein Vorgehensmodell zu überführen, sodass der Algorithmus in der Lage ist, klare Entscheidungen zu treffen und Nutzerhinweise auszugeben. Die beiden Aspekte sowie die geplante Umsetzung werden in den folgenden Unterkapiteln erörtert.

3.1 Framework für den Algorithmus

Die Ergebnisse der Literaturrecherche legen nahe, dass für eine effektive Bearbeitung von Kundenbeschwerden standardisierte Prozesse und ein einheitliches Vorgehen erforderlich sind. Das AlGeWert-Projekt zielt daher darauf ab, sich nahtlos in einen üblichen Reklamationsprozess zu integrieren. Zudem ist es wichtig, dass die Ergebnisgenerierung und das Vorgehen einheitlich gestaltet sind und Ergebnisse anschließend einheitlich weiterverwendet werden können. Um dies zu gewährleisten, wurde vor der technischen Umsetzung ein Framework für die Vorgehensweise des Algorithmus entwickelt. Die Bestandteile des Frameworks werden folgen erläutert.

Der AGWA, in Form des Softwaretools, soll damit eine Zwischenstelle zwischen Erhalt der Reklamation und Weiterbearbeitung und konkrete Handlungsanweisungen im Falle von Haftungsrisiken geben. Da bedeutet, dass Mitarbeitende die Reklamationstexte in die Oberfläche des Tools einfügen und anschließend Informationen über die Bestellung, vorliegende Fehler, die Einschätzung eines Haftungsrisikos und weitere Handlungsinformationen erhalten. Um die Einheitlichkeit von Vorgehen und Ergebnissen zu gewährleisten, ist es erforderlich, die Beeinflussbarkeit durch die Nutzenden gering zu halten. Für die spätere Umsetzung deshalb kein Input von Nutzerseite, abgesehen von dem eingehenden Reklamationstext vorgesehen. Die Idee besteht darin, dass Kundenreklamationen in Textform in die Oberfläche des AGWA eingefügt werden und anschließend alle weiteren Prozesse basierend auf diesem Input-Text ablaufen. Um die Qualität der Informationen zu steigern, die auf Basis dieser Input-Texte für die Reklamationsanalyse verwendet werden, wird der AGWA mit einer Datenbank verknüpft. Dadurch werden die Fehlerquellen für falsche oder fehlinterpretierte Informationen minimiert. So ist es nicht notwendig, dass sich alle Informationen zu der betroffenen Bestellung in dem Reklamationstext befinden und durch den Algorithmus extrahiert werden. Sobald eine korrekte Zuordnung zur betroffenen Bestellung durch die Identifikation von z. B. Bestellnummer oder Kundennummer und Kaufdatum getroffen werden kann, können alle weiteren relevanten Informationen aus der Datenbank entnommen werden. Hierzu gehören die Daten aller Kunden, Produkte, Bestellungen und bisherigen Reklamationen. Durch die Identifikation der betroffenen Bestellung und der Analyse der im Reklamationstext enthaltenen Fehlerbeschreibung erfolgt eine Beurteilung über das Vorliegen eines Haftungsrisikos. Das weitere Vorgehen richtet sich anschließend danach, ob ein entsprechendes Haftungsrisiko ermittelt werden konnte oder nicht. Ist dies nicht der Fall, so kann die Reklamation nach den üblichen unternehmensinternen Prozessen weiterbearbeitet werden. Sollte allerdings die Möglichkeit eines Haftungsrisiko erkannt werden, so können zusätzlich zur üblichen Weiterbearbeitung die relevanten Informationen gesondert gespeichert und an involvierte Stellen (z. B. betroffene Zulieferer, Produktplanung und Produktion oder Rechtsabteilung) weitergegeben werden. Zwar bedeutet das Vorliegen für ein Haftungsrisiko nicht zwangsläufig, dass der Kunde auch in einem gerichtlichen Verfahren Anspruch darauf erhebt, die frühzeitige Identifikation dieser Risiken und der dazu gehörigen Daten bietet allerdings die Möglichkeit, schnell zu reagieren und ggf. systematische Fehler aufzudecken und – falls notwendig – Produktrückrufe einzuleiten. Die üblichen Prozesse zur Reklamationsbearbeitung und Rückmeldung an den Kunden laufen dabei ebenfalls wie gewohnt ab. Die Abb. 1 zeigt den Ablauf des Frameworks in Form eines Flussdiagramms.

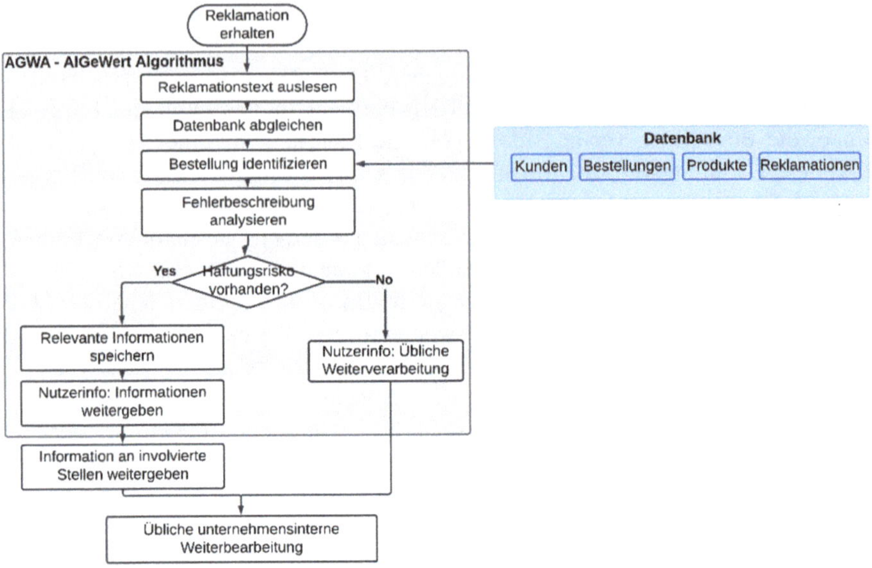

Abb. 1. AGWA-Framework zur Beurteilung von Haftungsrisiken in Kundenreklamationen

Kern des Vorgehens ist dabei die korrekte Identifizierung der Haftungsrisiken, ausschließlich aus den Kunden- und Bestellinformationen und der Fehlerbeschreibung in der Reklamation. Welche Informationen hierfür relevant sind, um ein funktionierendes Entscheidungsschema in das Framework zu integrieren erläutert das folgende Kapitel.

3.2 Entscheidungsstruktur zu den die gesetzlichen Rahmenbedingungen in Deutschland

Wie in der Framework-Vorstellung bereits dargelegt, muss der AGWA in der Lage sein, nur auf Basis der geschriebenen Kundenreklamationen eine Einschätzung über das Vorliegen eines Haftungsrisikos treffen zu können. Um hierfür eine funktionierende technische Umsetzung zu erarbeiten, muss zunächst eine generelle Überprüfung der Unterscheidbarkeit von Haftungsfällen vorgenommen werden. Da sich im Rahmen des Projektziels nicht auf eine bestimmte Branche oder bestimmte Produkte fokussiert werden soll, wurden die allgemeinen rechtlichen Grundlagen, nach denen in Deutschland Haftungsverantwortlichkeiten zugeordnet werden können, als Basis genommen. In Bezug auf die Rechtsgrundlagen differenziert Bauer [12] zwischen der sogenannten vertraglichen und der gesetzlichen Haftung. Letztere unterteilt sich wiederum in die deliktische Haftung des Herstellers und die Produkthaftung. Insgesamt werden damit für nach deutschem Recht geltende Maßstäbe drei Haftungsfälle relevant: die Gewährleistung, die Produzentenhaftung und die Produkthaftung. Diese drei gesetzlichen Grundlagen werden im Folgenden vorgestellt.

Gewährleistungsrecht nach deutschem Recht

Neben weiteren Vereinbarungen, die im Rahmen des Vertragsabschlusses getroffen werden, ist diese Art der Haftung für jeden Kaufvertrag, der in Deutschland abgeschlossen wird, gesetzlich vorgeschrieben. Zum Zeitpunkt der Übergabe muss ein Produkt frei von Mängeln sein. Zeigt sich jedoch innerhalb einer Frist von 24 Monaten (bei Neuware) bzw. 12 Monaten (bei Gebrauchtware) ein Mangel, so haftet der Verkäufer oder Händler. Eine Ausnahme von den genannten Fristen gilt für den Verkauf von Baumaterialien und Bauteilen, für die eine Garantiezeit von fünf Jahren gilt.

Gemäß Bürgerlichem Gesetzbuch (BGB) wird für einen Zeitraum von einem Jahr nach dem Kauf vermutet, dass der aufgetretene Mangel bereits beim Kauf vorhanden war. Dies bedeutet, dass der Verkäufer im Zweifelsfall das Gegenteil beweisen muss. Nach Ablauf eines Jahres kehrt sich die Beweislast um. Der Kunde muss dann beweisen, dass der Mangel bereits beim Kauf vorhanden war [13]. Nach Hess und Gördes [13] wird das Eintrittskriterium der vertraglichen Haftung durch den sogenannten Mängelbegriff definiert. Dabei wird ein Mangel als eine Abweichung des Ist-Zustandes vom vertraglichen Soll-Zustand definiert.

Deliktische Produzentenhaftung nach §823 BGB

Die von Hess und Gördes [13] beschriebene deliktische Produzentenhaftung (im Folgenden nur noch als Produzentenhaftung bezeichnet) setzt immer Fahrlässigkeit voraus. Dies bedeutet, dass sie nur greift, wenn der Hersteller fahrlässig Gefahrenquellen schafft oder seine Beobachtungspflicht vernachlässigt und damit ein fehlerhaftes Produkt in den Verkehr bringt. Im Rahmen der deliktischen Produzentenhaftung besteht keine Haftung des Herstellers, sofern das fehlerhafte Produkt lediglich einen Ausreißer innerhalb einer Charge darstellt. Maßgeblich für die Produzentenhaftung ist nicht der Begriff des Fehlers, sondern der Begriff des Verschuldens. Letzterer wird unterteilt in Konstruktionsfehler, Fertigungsfehler, Instruktionsfehler, Beobachtungsfehler und Organisationsfehler.

Produkthaftung nach ProdHaftG

Die Produkthaftung ähnelt der Produzentenhaftung, deckt aber auch andere Ereignisse ab, einschließlich Personenschäden [13]. Nach dem Produkthaftungsgesetz trägt grundsätzlich der Geschädigte die Beweislast. Eine Beweislastumkehr tritt ein, wenn zunächst nicht klar ist, ob das Produkt bereits beim Inverkehrbringen beschädigt war oder ob der Hersteller das Produkt erst gar nicht zum Verkauf hergestellt hat [13]. Im Gegensatz zur deliktischen Produzentenhaftung haftet der Hersteller nach dem Produkthaftungsgesetz ausdrücklich für jedes fehlerhafte Produkt, also auch für Ausreißer in einer Produktionscharge [13]. Es geht lediglich um das Inverkehrbringen eines fehlerhaften Produkts. Auch die Produkthaftung basiert auf der Berücksichtigung des Fehlerbegriffs, der jedoch anders definiert ist als bei der Produzentenhaftung. Gemäß § 3 des Produkthaftungsgesetzes gilt ein Produkt als fehlerhaft, sofern es nicht die Sicherheit bietet, die man von ihm erwarten kann. Bei der Beurteilung der Sicherheit sind insbesondere die Aufmachung, der Verwendungszweck und der Zeitpunkt der Vertriebsfreigabe zu berücksichtigen. Ferner ist festgelegt, dass ein Produkt nicht allein deshalb als fehlerfrei angesehen werden kann, weil der Fehler zu einem späteren Zeitpunkt behoben wurde.

Der obenstehenden Beschreibung lässt sich bereits entnehmen, dass die Unterscheidung von Produzenten- und Produkthaftung nicht immer einfach bzw. eindeutig vorzunehmen ist. Die untenstehende Tabelle stellt noch einmal die wichtigsten Unterscheidungskriterien der beiden Haftungsarten dar.

Tab. 1. Unterscheidung Produkthaftung und Produzentenhaftung (in Anlehnung an [14])

	Produkthaftung	Produzentenhaftung
Verschulden notwendig?	✗	✓
Haftung für Ausreißer?	✓	✗
Haftung begrenzt?	≤85 Mio. €	✗
Personenschäden?	✗	✓
Sachschäden	Nur privat	✓

Im Rahmen einer projektzugehörigen Ausarbeitung wurde diese Unterscheidbarkeit nach objektiven Kriterien überprüft [15]. Eine eindeutige Differenzierung der Haftungsszenarien, insbesondere zwischen Produzentenhaftung und Produkthaftung, ist jedoch nicht ohne weiteres vollständig objektiv möglich. Dennoch können einige Faktoren die Entscheidung eingrenzen. So wurde ein Entscheidungskonzept erarbeitet, welches der technischen Umsetzung des AGWA zugrunde liegt. Eine vereinfachte schematische Darstellung dieser Unterscheidung findet sich in Abb. 2.

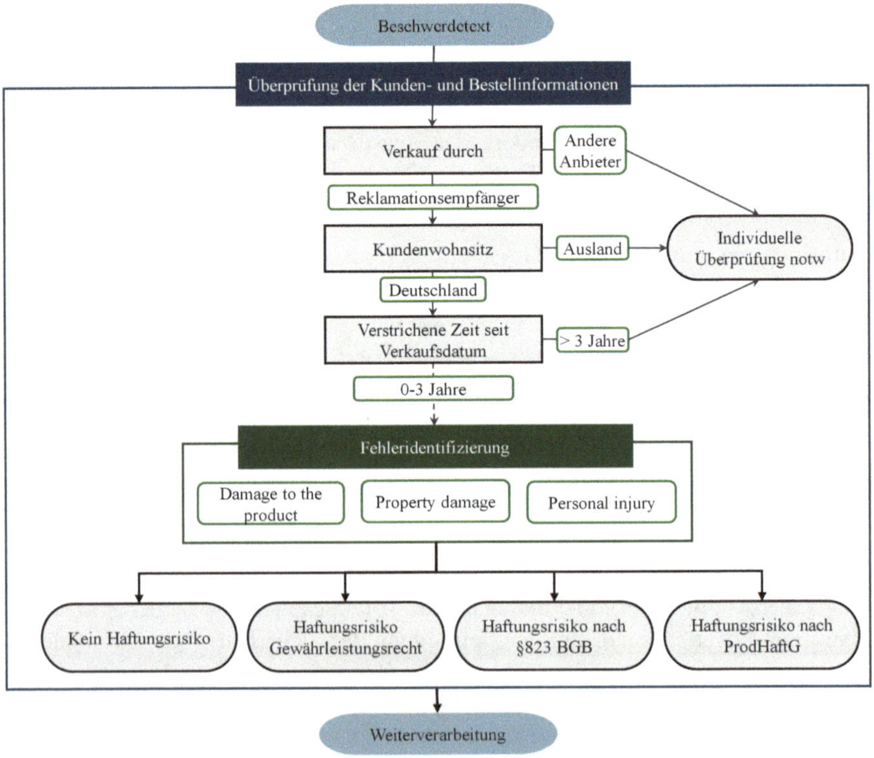

Abb. 2. Entscheidungsschema in Anlehnung an Lemke und Schlüter [15]

Basierend auf dieser ermittelten Struktur wurde der AGWA in Form eines Softwaretools realisiert. Wie dabei die verschiedenen Kriterien umgesetzt wurden, zeigt das folgende Kapitel.

4 Technische Umsetzung des AlGeWert-Algorithmus

Um das vorgestellte Framework und das zugehörige Entscheidungsschema praktisch nutzbar zu machen, wurde im Rahmen des Projekts ein Prototyp für den AGWA in Form einer Softwareanwendung entwickelt, welche die beiden Elemente technisch umsetzt. Das Abschn. 4.1 präsentiert die arbeitete Umsetzung, um das vorgestellte Framework in ein Software-Tool zu implementieren. Dabei wird zunächst das grundlegende Konzept und der Aufbau des AGWA, ebenso wie die Ermittlung von Haftungsrisiken über die Fehleridentifikation mittels NLP und die Generierung von Handlungsanweisungen an Mitarbeitende erläutert. Abschn. 4.2 befasst sich im Anschluss mit der Ergebnisauswertung von Anwendungsszenarien und der Bewertung der Einsatzbarkeit des Algorithmus.

4.1 Funktionsweise des Algorithmus zur Überprüfung von schriftlichen Kundenreklamationen

Die Umsetzung des AGWA wurde durch ein in Python geschriebenes Softwareprogramm gelöst. Dabei wurde ein grafisches Interface (GUI) entwickelt, welches den Nutzer durch den gesamten Reklamationsanalyse-Prozess führt. Auf der Startseite muss dafür der Reklamationstext eingefügt werden. Eine automatische Schnittstelle zu E-Mail-Programmen oder etwaigen Online-Portalen ist für den Prototypen nicht vorgesehen. Die Gewährleistung der Funktionalität basiert auf einer Datenbank, welche alle relevanten Informationen zu Produkten, Kunden, Bestellungen und Reklamationen beinhaltet. In diesem Kontext wurde eine SQL-Datenbank erstellt und eine Verbindung mit dem kostenlosen Dienst MySQL hergestellt. Die ordnungsgemäße Pflege der Datenbank ist von besonderer Bedeutung, da sie den Erfolg der späteren Fehleridentifizierung maßgeblich beeinflusst. Um die Nutzungsanweisungen, insbesondere in Bezug auf die Zuordnung von Verantwortlichkeiten in der organisationalen Nutzungskette, korrekt ausgeben zu können, ist es für den AGWA von entscheidender Bedeutung, dass die hinterlegten Informationen korrekt sind. Dabei sind die Informationen über Kunden und Bestellungen von Bedeutung, insbesondere in Bezug auf den Wohnort der Kunden und das Kaufdatum. Für die Verantwortungszuordnung sind jedoch auch die Produktinformationen von besonderer Relevanz. Es sollte für jedes Produkt vermerkt sein, welche Zulieferer für Software und Hardware verantwortlich sind.

Zu Beginn erhält der Nutzer eine kurze einführende Information über das Tool (siehe Abb. 3). Hier hat er zum einen die Möglichkeit, sich über die Funktionsweise und Anwendung zu Informieren. Zum anderen erhält er die Option, die verknüpfte Datenbank und die zugehörigen Informationen zu überprüfen und zu ändern.

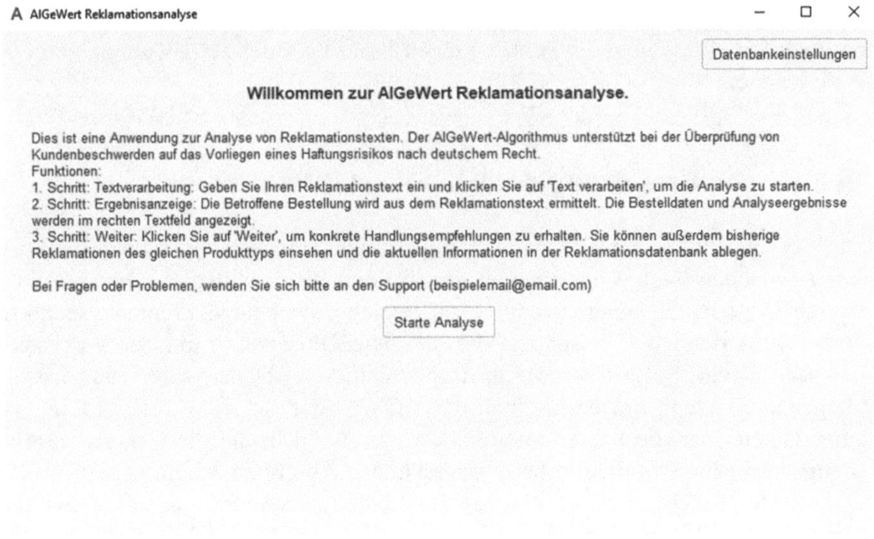

Abb. 3. Seite 1 des AGWA, Startseite

Mit dem Start der Analyse bekommt der Nutzer die Möglichkeit den erhaltenen Reklamationstext in eine Eingabemaske einzufügen um diesen anschließend auf die Bestellinformationen und den Reklamationsgegenstand hin zu überprüfen.

Erkennung der Fehlerkategorien mithilfe von Natural Language Processing (NLP)
Aus dem in Abschn. 3.2 vorgestellten Entscheidungsschema zur Unterscheidung der Haftungsfälle geht hervor, dass neben den Informationen über das Kaufdatum und den Kundenwohnsitz die Art des Fehlers ausschlaggebend ist, wenn es um die Unterscheidung der Haftungsgrundlagen geht. Somit stellt die Identifizierung der vorliegenden Fehlerart, die für die Reklamation ausschlaggeben war, einen wichtigen Bestandteil für den AGWA dar.

Die Fehlererkennung wurde mittels eines NLP-Modells implementiert, welches mit einer pre-trained spaCy-Pipeline trainiert wurde. spaCy stellt eine Vielzahl von NLP-Pipelines in unterschiedlichen Sprachen und Umfängen zur Verfügung, die kostenlos und Open Source für die Nutzung mit Python zur Verfügung stehen. Die verschiedenen sprachlichen Pipelines werden beispielsweise anhand von Web-Artikeln und Nachrichten trainiert [16]. Für die spezifische Anwendung im Falle des AGWA ist für das Modell noch ein zusätzliches Training erforderlich. Dieses muss anhand von Fehlerbeschreibungen in den unterschiedlichen Kategorien erfolgen. Für den AGWA wurde das Modell auf die Unterscheidung der folgenden fünf Kategorien trainiert:

1. CustomerDissatisfaction
2. ProductDefect
3. PropertyDamage

4. PersonalInjury
5. DeliveryDamage

Die Kategorien 2, 3 und 4 orientieren sich an der in Abb. 2 dargestellten Entscheidungsstruktur. Die Kategorie 5 „Delivery Damage" stellt eine zusätzliche Kategorie dar, die im Falle einer Beschädigung von Eigentum oder des Produkts bei der Lieferung gilt und einer gesonderten Einschätzung bedarf. Die Kategorie 1 „Customer Dissatisfaction" dient der Abgrenzung zwischen Beschwerden, die aufgrund defekter Produkte auftreten, und allgemeiner Unzufriedenheit mit dem Produkt, dessen Design oder dessen Performance.

Zur Erstellung des NLP-Modell wurde mithilfe der „spacy.blank" Funktion ein leeres Sprachmodell basierend auf der spaCy Pipeline erstellt, in das mithilfe einer Kategorisierungsfunktion verschiedene Labels trainiert wurden. Mithilfe dieser „textcat"-Funktion ermöglicht dabei eine Zuordnung selbst erstellter Labels zu beispielhaften Lerninhalten. Für das Training des Modells wurden dabei ausschließlich die Kategorien „ProductDefect", „PropertyDamage", „PersonalInjury" und „DeliveryDamage" genutzt. Da es sich bei der Kategorie „CustomerDissatisfaction" um eine Vielzahl verschiedener Textarten mit unterschiedlichsten Inhalten handelt, wäre ein Training mithilfe eines Ausschnitts dieser Beschwerden sehr fehleranfällig. Stattdessen arbeitet das Modell mit einem Threshold, der die Kategorie „CustomerDissatisfaction" zuordnet, sobald das Modell für einen analysierten Beschwerdetext keine Übereinstimmung mit den anderen Kategorien findet, die über 0,8 liegt. Das Modell wurde mit unterschiedlichem Input trainiert. Eine Reihe von Kundenbeschwerden verschiedener Haushaltsprodukte von Amazon wurde extrahiert, manuell auf die verschiedenen Fehlerkategorien hin überprüft und anschließend in Trainings- und Validierungstexte unterteilt. Insgesamt lagen hierbei 850 durch Amazon als „negativ" kategorisierte Produktbeschreibungen vor, von denen der Großteil den Kategorien „CustomerDissatisfaction" und „ProductDefect" entsprach. Diese reellen Beschwerdetexte mit fiktiven ergänzt, um eine gleichmäßige Verteilung der verschiedenen Kategorien für das Training des Modells gewährleisten. Diese zusätzlichen fiktiven Daten waren notwendig, da sich nur wenige Produktbeschwerden auf derart kritische Fälle mit Personen- und Sachschäden beziehen. Bei ca. 850 Beschwerden zu 10 Haushaltsprodukten wurden lediglich 13 (PropertyDamage), 5 (PersonallyInjury) und 3 (DeliveryDamage) Beschwerden ermittelt, bei denen genau diese Fehlerkategorie festgestellt werden konnten. Um dennoch eine gleichmäßige Verteilung der Kategorien für das Training zu gewährleisten, wurden somit fiktive Beschwerdetexte entworfen, um das NLP-Modell zu trainieren. Insgesamt wurden aus den Kategorien „CustomerDissatisfaction" und „ProductDefect" jeweils 100 Beschwerdetexte randomisiert entnommen und alle anderen Kategorien auf jeweils 100 Texte ergänzt. So ergaben sich insgesamt 500 Beschwerdetexte, die nach dem 80/20 Prinzip für das Training (80%) und das Testen (20%) aufgeteilt wurden (Abb. 4).

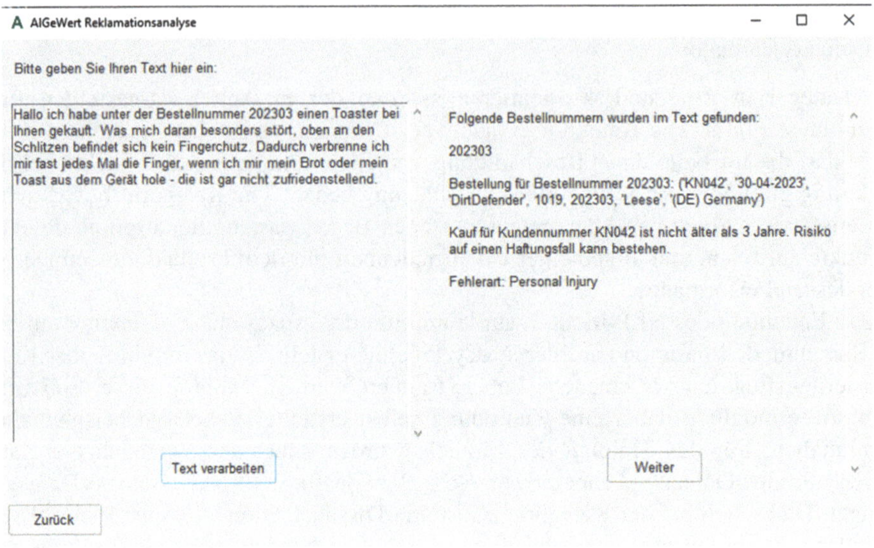

Abb. 4. Seite 2 des AGWA, Fehlererkennung und Bestellidentifikation

Nachdem dieser Schritt abgeschlossen und die Basisinformationen aus dem Reklamationstext ermittelt wurden, kann sich der Anwender mit Klick auf den „Weiter“-Button zusätzliche Informationen und Handlungshilfen generieren lassen.

Generierung von Handlungsanweisungen für Mitarbeitende

In einem letzten Schritt der Anwendung werden relevante Informationen und Nutzungshinweise an die Anwender des Tools ausgegeben, basierend auf der Fehlererkennung und Einschätzung des Haftungsrisikos. Dies soll dazu beitragen, dass Mitarbeitende in der Reklamationsbearbeitung auch bei komplexen Fällen schnell reagieren können. Dadurch soll die Handlungssicherheit der Mitarbeitenden gesteigert werden. Die Empfehlungen fallen je nach erörterter Fehlerkategorie unterschiedlich aus. Sofern ein Risiko für das Vorliegen eines Haftungsfalls nach Produkt- oder Produzentenhaftung besteht, besteht für den Nutzer ebenfalls die Möglichkeit, sich basierend auf der verknüpften Datenbank die Zulieferer des betroffenen Produkts bzw. die involvierten Abteilungen anzeigen zu lassen. Des Weiteren wird dem Nutzer eine Übersicht über bereits eingetragene Reklamationen bereitgestellt, sodass er eine Einschätzung darüber treffen kann, ob es sich um einen einmaligen oder einen systematischen Fehler handelt. Dies ist von Bedeutung, um eine Voreinschätzung der Priorität der Reklamationsbearbeitung vornehmen zu können. Abb. 6 zeigt beispielhaft, wie die Darstellung der Handlungsempfehlungen und der Reklamationshistorie dargestellt wird (Abb. 5).

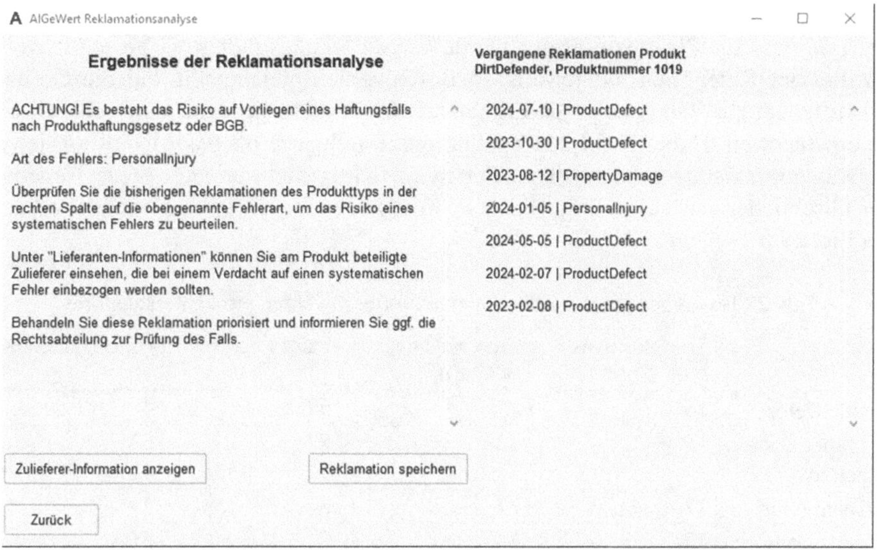

Abb. 5. Seite 3 des AGWA, Generierung der Handlungsanweisungen

Es ist zu beachten, dass keine rechtliche Absicherung gewährleistet werden kann und der Algorithmus die persönliche Bearbeitung nicht vollständig ersetzt. Er ermöglicht jedoch eine kompakte Zusammenstellung der erforderlichen Informationen, sodass sich Nutzer bereits ein Bild über die vorliegende Situation machen können. Anschließend besteht die Möglichkeit, die ermittelten Informationen in die Datenbank einzuspeisen.

Das grundsätzliche Framework des AGWA steht damit in einem funktionsfähigen Prototyp zur Verfügung, der für die Reklamationsanalyse eingesetzt werden kann. Ausschlaggebend für die Qualität der Beurteilung der tatsächlichen Nutzbarkeit ist das NLP-Modell und wie gut es die verschiedenen Fehlerkategorien in Reklamationstexten erkennen kann. Im folgenden Unterkapitel werden die Ergebnisse eines Anwendungstests vorgestellt und die Anwendbarkeit des Algorithmus bewertet.

4.2 Ergebnisse der Anwendungsszenarien und Tests

Sowohl für das Training des NLP-Modells als auch für die anschließende Erprobung standen keine konkreten Reklamationsdaten von Unternehmen zur Verfügung. Einerseits handelt es sich bei Reklamationen um sensible Daten, andererseits werden die Rohdaten der Reklamationen, die für eine effektive Überprüfung unerlässlich sind, von den meisten Unternehmen nicht aufbewahrt. Diese beiden Aspekte erschweren es, ohne langzeitige Planung die entsprechenden Daten zu sammeln und nutzbar zu machen. Aus diesem Grund wurde für die Überprüfung der Funktionalität des Algorithmus wie auch für das NLP-Training eine Mischung aus realen Amazon-Bewertungen verschiedener Produkte sowie künstlich generierten Reklamationsdaten verwendet.

Ein Auszug von insgesamt 100 Beschwerden, der sich aus der 80/20 Aufteilung der Trainings- und Testtexte ergibt wurde für die erste Validierung gewählt, wobei sich die vier Kategorien mit jeweils 20 Beschwerden gleichmäßig auf die Gesamtzahl aufteilen. Die Tab. 1 zeigt die Ergebnisse der Tests für jede der unterschiedlichen Fehlerkategorien. Dabei ist in den Spalten dargestellt, wie oft das Modell die jeweilige Kategorie richtig erkannt (True Positive), richtig nicht erkannt (True Negative) oder fälschlicherweise als richtig (False Positive) bzw. falsch (False Negative) erkannt hat (Tab. 2).

Tab. 2 Testergebnisse des AGWA bei je 20 Beschwerden pro Fehlerkategorie

	True Positives (von 20)	True Negatives (von 80)	False Positives	False Negatives
ProductDefect	16	75	5	4
Customer Dissatisfaction	14	72	8	6
Personal Injury	17	77	3	3
PropertyDamage	15	78	2	5
DeliveryDamage	18	78	2	2

Aus der Tabelle lässt sich bereits entnehmen, dass sowohl die True Positives als auch die True Negatives hohe Werte für alle Kategorien haben, was für eine gute Akkuratheit spricht. Die Konfusionsmatrix in der Abb. 6 zeigt noch einmal detaillierter das Verhältnis von korrekt und inkorrekt zugeordneten Fehlerkategorien zueinander an. Dabei werden die tatsächlichen Kategorien auf der y-Achse gegen die durch das NLP-Modell ermittelten Kategorien gemappt.

Die Konfusionsmatrix zeigt, dass die Kategorien durch das NLP-Model zu einem großen Teil richtig zugeordnet werden können, die Qualität der Modellaussage unterscheidet sich jedoch stark in den verschiedenen Fehlerkategorien. Die größte Unsicherheit bestehen bei den Kategorien „CustomerDissatisfaction" und „PropertyDamage". Beschwerdetexte der Kategorie „CustomerDissatisfaction" wurden in fast der Hälfte der Fälle als „ProductDefect" klassifiziert. Dies ist auf verschiedene Ursachen zurückzuführen. Zum einen kann es vorkommen, dass in einer Beschwerde beide Fehlerarten durch den Algorithmus identifiziert werden. Der zweite Grund liegt in der Art der verwendeten Daten. So ist bereits die vorherige manuelle Zuordnung der Kategorien eine Herausforderung und nicht immer eindeutig zu lösen. Ob ein Kunde lediglich mit dem Produkt an sich unzufrieden ist oder ob ein Produktdefekt dahintersteckt, lässt sich anhand einer einzelnen Bewertung nicht immer direkt erkennen, weshalb es hier zu Inkonsistenzen kommen kann. Unterschiede gibt es auch bei der Bewertung von fiktiven und realen Daten. Da die fiktiv generierten Reklamationen in der Regel konkreter und ohne Umschweife das Problem beschreiben, sind sie für den Algorithmus deutlich leichter einzuordnen. Auch die Kategorie „PropertyDamage" weicht häufiger ab als die restlichen drei Kategorien, die fehlerhafte Zuordnung erfolgt hierbei aber nicht eindeutig zu einer der anderen Kategorien. Der Grund hierfür wird darin vermutet, dass das Modell Schwierigkeiten hat, Beschreibungen von Schäden am Produkt selbst mit Beschreibungen von Schäden an

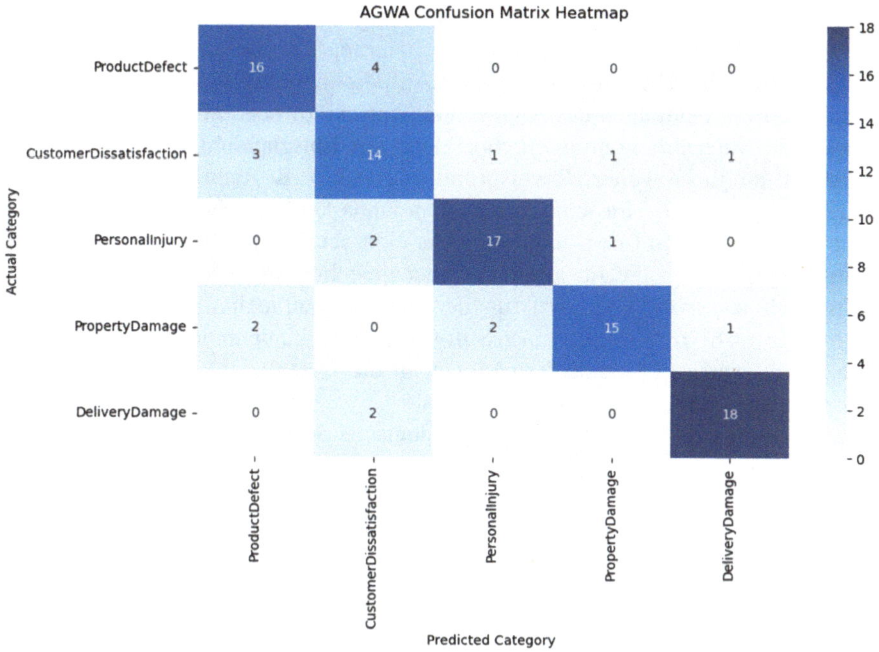

Abb. 6. Konfusionsmatrix des NLP-Modells

anderen Elementen des Produkts oder Personen auseinanderzuhalten. Auch hier stellt möglicherweise das Vorliegen von zwei Fehlerkategorien im Beschwerdetext eine Herausforderung für die Identifikation dar. Denn der Fehler am Eigentum kann nur durch einen Produktdefekt entstehen, was die Differenzierung für den Algorithmus schwierig gestaltet.

5 Diskussion

Der AGWA ist in der Lage, schriftliche Kundenreklamationen auf das Risiko eines Haftungsfalles hin zu überprüfen. Dies geschieht durch einen Abgleich der in der Reklamation enthaltenen Informationen mit einer verknüpften Datenbank und einer NLP-basierten Textanalyse, um die vorhandenen Fehlerkategorien zu identifizieren. Dabei sind jedoch noch verschiedene Herausforderungen zu bewältigen. Zum einen können weitere und aussagekräftigere Daten erforderlich sein, um das NLP-Modell weiter zu trainieren. Da es sich wie bei jeder KI-Anwendung um eine Blackbox handelt, ist das Training mit weiteren Daten die einzige sinnvolle Möglichkeit, die Ergebnisse zu verbessern. Hinsichtlich der praktischen Anwendbarkeit und Nutzbarkeit sind die Schnittstellen im aktuellen Zustand noch eingeschränkt.

Da es sich lediglich um eine prototypische Entwicklung handelt, wurden zunächst keine weiteren Schnittstellenimplementierungen, wie z. B. die Anbindung an verschiedene Datenbanktypen und Softwares, vorgenommen. Neben der technischen Umsetzung stellt jedoch die korrekte Differenzierung der Haftungsfragen eine große Herausforderung dar. Hier ist eine manuelle Aufbereitung der Informationen unerlässlich, um die Entscheidungen des Algorithmus korrekt zu begründen. Für den Einsatz in der Praxis wäre eine kontinuierliche Pflege des Entscheidungsszenarios auch im Hinblick auf mögliche weitere Rechtsgrundlagen, wie z. B. Richtlinien für bestimmte Produkte, unabdingbar. Hinsichtlich der Zuordenbarkeit der Haftungsverantwortung ist eine Verknüpfung mit den beteiligten Parteien schwierig. Hier gibt es keine allgemeingültige Lösung, die für alle Anwender gerecht wäre. Dies hängt sowohl von der Unternehmensgröße und -struktur, der Produktkomplexität und den beteiligten Akteuren als auch vom Einsatz einer Software zur Dokumentation ab. Mit der Aufnahme der relevanten Produktinformationen in die Datenbank wurde jedoch bereits eine praxisnahe Lösung geschaffen.

Derzeit ist das NLP-Modell nur für die deutsche Sprache trainiert, d. h. nur deutsche Reklamationen können korrekt gelesen werden. SpaCy bietet auch eine Multi-Language-Option an, was bedeutet, dass eine Anpassung des Modells relativ einfach erfolgen kann. Allerdings müssten dann wieder neue Trainingsdaten für das Training extrahiert werden.

Es verbleiben also noch einige Schnittstellen, die für eine tatsächliche Umsetzung in die Praxis notwendig sind. Dabei handelt es sich jedoch hauptsächlich um technische Mittel, die nicht direkt mit der Forschungsarbeit des Projektes in Verbindung stehen. Grundsätzlich lässt sich aus den vorangegangenen Kapiteln erkennen, dass der AlGeWert-Algorithmus bereits weitgehend in der Lage ist, Reklamationen automatisiert auf das Risiko von Haftungsfällen zu prüfen und damit die Handlungssicherheit der Mitarbeiterinnen und Mitarbeiter in der Reklamationsbearbeitung zu stärken. Mit diesem Aspekt können bestehende Modelle der Reklamationsbearbeitung um einen wichtigen Faktor – nämlich das schnelle Erkennen von rechtlichen Risiken und das Einleiten von Handlungslösungen – ergänzt werden.

6 Fazit und Ausblick

Das AlGeWert-Projekt zielt darauf ab, einen Algorithmus zu entwickeln, der die Handlungssicherheit in der Reklamationsbearbeitung stärkt und die Identifizierung etwaiger Haftungsrisiken entlang der organisatorischen Wertschöpfungskette ermöglicht. Mit der Entwicklung des Prototyps für den diesen Algorithmus (AGWA) wurde eine mögliche Lösung dieses Problems geschaffen.

Der AGWA nutzt eine automatisierte Reklamationsanalyse, unterstützt durch ein NLP-Modell, um schriftliche Kundenreklamationen innerhalb von Sekunden auf das Vorliegen von Haftungsrisiken hin zu überprüfen. Der entwickelte Algorithmus überprüft dabei Kundenbeschwerden auf der Grundlage deutscher Haftungsgrundlagen und bietet konkrete Handlungsanweisungen für Mitarbeitende. Die Implementierung des Algorithmus erfolgte durch ein in Python geschriebenes Softwareprogramm, das eine grafische Benutzeroberfläche beinhaltet und die Nutzer durch den gesamten Reklamationsanalyse-Prozess führt. Erste Tests des trainierten NLP-Modells zeigten bereits zufriedenstellende Ergebnisse in Bezug auf Akkuratheit und Sensitivität, jedoch steht eine vollumfängliche Validierung des Algorithmus noch aus. Eine der größten Herausforderungen bei der praktischen Anwendung ist die Differenzierung der Haftungsangelegenheiten, die eine manuelle Aufbereitung der Informationen erfordert, um die Entscheidungen des Algorithmus korrekt zu begründen. Insgesamt zeigt das Projekt, dass eine automatisierte Reklamationsanalyse mit Hilfe von NLP-Modellen eine vielversprechende Möglichkeit bietet, die Effizienz und Genauigkeit der Reklamationsbearbeitung zu verbessern. Es bleibt jedoch notwendig, weitere aussagekräftige Daten zu sammeln, um die Aussagekraft und Ergebnisse des NLP-Modells zu verbessern

Danksagung. Die Autoren danken der Deutschen Forschungsgemeinschaft (DFG) für die Unterstützung des Projekts „AlGeWert“ (Förderkennzeichen: SCHL 2225/7–1).

Literatur

1. Stauss, B., Seidel, W.: Effective Complaint Management. The Business Case for Customer Satisfaction. Management for Professionals. Springer, Cham (2019)
2. Marucheck, A., Greis, N., Mena, C., Cai, L.: Product safety and security in the global supply chain: issues, challenges and research opportunities. J. Oper. Manag. **29**(7–8), 707–720 (2011). https://doi.org/10.1016/j.jom.2011.06.007
3. Hardin, W.: Minimizing Liability Risk in Engineering Product Design. GlobalSpec (2015)
4. Otto, P.N., Anton, A.I.: Addressing Legal Requirements in Requirements Engineering 15th IEEE International Requirements Engineering Conference (RE 2007), S. 5–14. IEEE (2007)
5. Effey, T., Schmitt, R.: Efficient analysis handling and use of customer complaints. 476–481 (2012). https://doi.org/10.1007/978-3-642-23860-4_78
6. Helmold, M.: Problemlösungs-Tools im Qualitätsmanagement. In: Helmold, M., Laub, T., Flashar, B., Fritz, J., Dathe, T. (Hrsg.) Qualität neu denken. Innovative, virtuelle und agile Ansätze entlang der Wertschöpfungskette, S. 395–402. Springer Gabler, Wiesbaden (2023)
7. Wong, K.C., Woo, K.Z., Woo, K.H.: Ishikawa diagram. In: O'Donohue, W., Maragakis, A. (Hrsg) Quality Improvement in Behavioral Health, S. 119–132. Springer International Publishing, Cham (2016)
8. Zaby, C., Wilde, K.D.: Intelligent business processes in CRM. Bus. Inf. Syst. Eng. **60**(4), 289–304 (2018). https://doi.org/10.1007/s12599-017-0480-6
9. Linder, A., Schmitt, S., Schmitt, R.: Technical complaint management from a quality perspective. Total Qual. Manag. Bus. Excell. **25**(7–8), 865–875 (2014). https://doi.org/10.1080/14783363.2014.906111
10. Behrens, B.-A., Wilde, I., Hoffmann, M.: Complaint management using the extended 8D-method along the automotive supply chain. Prod. Eng. Res. Devel. **1**(1), 91–95 (2007). https://doi.org/10.1007/s11740-007-0028-6
11. Hake, P., Rehse, J.-R., Fettke, P.: Toward automated support of complaint handling processes: an application in the medical technology industry. J Data Semant **10**(1–2), 41–56 (2021). https://doi.org/10.1007/s13740-021-00124-z
12. Bauer, C.-O.: Produkthaftung. Herausforderung an Manager und Ingenieure. Springer, Berlin (1994)
13. Hess, H.-J., Gördes, T.: Produkthaftung in Deutschland und Europa. Das Praxishandbuch für Unternehmer und Führungskräfte – Mit Fallbeispielen, Mustern und Checklisten, 2. Aufl. Kontakt & Studium, Bd 688. expert, Tübingen (2019)

14. Riether, M.: Leitfaden für Einsteiger: Produkthaftung und Produzentenhaftung. https://www.ihk.de/bodensee-oberschwaben/innovation/innovation-und-technologie/produktentwicklung/leitfaden-fuer-einsteiger-produkthaftung-und-produzentenhaftung-3346678. Zugegriffen: 9. Juli 2024
15. Lemke, I., Schlüter, N.: Identification and Assessment of Various Liability Cases Based on Written Customer Complaints 2023 IEEE International Conference on Industrial Engineering and Engineering Management (IEEM), S. 254–258 (2023)
16. spaCy Trained Models & Pipelines. ExplosionAI GmbH. https://spacy.io/models. Zugegriffen: 9. Juli 2024

KI-basierte (IVD-)Medizinprodukte – Neue gesetzliche Anforderungen an das Qualitäts- und Risikomanagement im Zusammenspiel der MDR/IVDR und des EU AI Acts

Ozan Aykurt[1,2](✉), Pauline Kaufmann[2], Folker Spitzenberger[3], und Wen-Huan Wang[4]

[1] Fraunhofer IMTE, Fraunhofer-Einrichtung für Individualisierte und Zellbasierte Medizintechnik, Lübeck, Deutschland ozan.aykurt@imte.fraunhofer.de
[2] Technische Hochschule Lübeck, Centre for Regulatory Affairs in Biomedical Sciences, Lübeck, Deutschland
[3] Professur für Regulatory Affairs für Mediziprodukte, Technische Hochschule Lübeck, Centre for Regulatory Affairs in Biomedical Sciences, Lübeck, Deutschland
[4] Professur für Qualitätsmanagement und Qualitätssicherung, Technische Hochschule Lübeck, Labor für Qualitätsmanagement, Lübeck, Deutschland

Zusammenfassung. Der technologische Fortschritt durch KI erfordert einen Wandel im Qualitäts- und Risikomanagement von Medizinprodukten/In-vitro-Diagnostika, um ihre Sicherheit, Effektivität und Leistung zu gewährleisten. Bislang wurden KI-spezifische Risiken in der Regulierung kaum berücksichtigt, aber mit dem neuen EU AI Act wird ein Rahmen geschaffen, um diese Risiken zu adressieren. Ziel dieser Arbeit ist es, den Einfluss des EU AI Acts und der aktuellen europäischen Harmonisierungsrechtsvorschriften für Medizinprodukte/In-vitro-Diagnostika auf das Qualitäts- und Risikomanagement von KI-basierten Medizinprodukten/In-vitro-Diagnostika zu untersuchen, um darauf aufbauend ein regulatorisches Konzept für die Konformitätsbewertung zu entwickeln und anhand eines Produktbeispiels in eine zukünftige Validierung zu überführen.

Durch eine Analyse der Verordnung (EU) 2017/745 (MDR)/Verordnung (EU) 2017/746 (IVDR) und der Verordnung (EU) 2024/1689 (EU AI Act) wurden Gemeinsamkeiten und Unterschiede hinsichtlich der Anforderungen identifiziert. Darüber hinaus wurden Normen und Spezifikationen untersucht und hinsichtlich ihrer Relevanz für das Qualitäts- und Risikomanagement bewertet.

Der EU AI Act und die MDR/IVDR weisen zwar zahlreiche Überschneidungen auf. Aufgrund des bestehenden Interpretationsspielraums ergeben sich für die Stakeholder jedoch Herausforderungen bei der Umsetzung.

R. Jochem und M. Meyer (Hrsg.), *Rethinking Quality – Wandel des Qualitätsmanagements durch Digitalisierung und Künstliche Intelligenz*, https://doi.org/10.1007/978-3-658-47213-9_14

Das in dieser Arbeit entwickelte regulatorische Konzept zeigt Optionen der praxisnahen Integration der Anforderungen auf und erläutert dieses anhand eines Beispiels.

1 Einleitung

Durch den technologischen Fortschritt hat sich die Entwicklung von KI-basierten Medizinprodukten (im Folgenden wird der Begriff Medizinprodukte verwendet, um sowohl In-vitro-Diagnostika (IVD) als auch Nicht-IVD zu beschreiben) beschleunigt, die das Potenzial haben, die Gesundheitsversorgung signifikant zu verbessern. Der regulatorische Rahmen im Medizinproduktesektor unterscheidet dabei zwischen zwei Haupttypen von KI-Systemen: statischen/regelbasierten KI-Systemen und dynamischen/datengetriebenen ML-Systemen [1–3].

Regelbasierte KI-Systeme nutzen vordefinierte Regeln und Entscheidungsbäume zur Aufgabenbewältigung. Im Gegensatz dazu lernen datengetriebene ML-Systeme aus Datenmustern und verbessern sich kontinuierlich, ohne spezifisch programmiert worden zu sein [2, 3]. Vor allem datengetriebene ML-Systeme bieten enormes Potenzial für Innovationen und Fortschritte in der medizinischen Diagnostik und Therapie. Diese innovativen Produkte können unter anderem Diagnosen präziser stellen, Therapieentscheidungen unterstützen und die Patientenüberwachung optimieren. Sie bringen jedoch auch neue Risiken und Herausforderungen mit sich, die ordnungsgemäß gelenkt werden müssen, um die Sicherheit, Effektivität und Leistung dieser Produkte zu gewährleisten.

Die EU hat erkannt, dass bestehende Rechtsvorschriften, wie die Verordnung (EU) 2017/745 (MDR) für Nicht-IVD-Medizinprodukte und die Verordnung (EU) 2017/746 (IVDR) für IVD-Medizinprodukte, nicht ausreichend auf die speziellen Herausforderungen von KI-basierten Medizinprodukten eingehen. Dies hat unter anderem zur Entwicklung des sog. EU AI Acts geführt, der als horizontale Verordnung einen umfassenden Rahmen für die Regulierung aller Arten von KI-Technologien unabhängig vom Produktsektor im europäischen Wirtschaftsraum schaffen soll. Damit sollen im Wesentlichen ein hohes Maß an Schutz für Verbraucher und Nutzer gewährleistet und gleichzeitig Innovationen nicht behindert werden [4–6].

In der MDR und IVDR werden die Anforderungen an Medizinprodukte und die allgemeinen Pflichten der Hersteller definiert. Vor allem bei risikoreichen Produkten, wie i. d. R. KI-basierten Medizinprodukten, müssen die Hersteller ein Qualitätsmanagementsystem (QMS) und ein Risikomanagementsystem (RMS) einrichten, dokumentieren, anwenden und aufrechterhalten [5, 6]. Die Konformitätsvermutung in Bezug auf die Erfüllung der Anforderungen an das QMS und RMS der MDR/IVDR werden durch harmonisierte Normen im Bereich Qualitätsmanagement, EN ISO 13485, und Risikomanagement, EN ISO 14971, erzeugt [5, 6, 8]. Allerdings berücksichtigt die MDR und IVDR die spezifischen Risiken, die durch den Einsatz von KI entstehen, nur unzureichend. Dies betrifft insbesondere dynamische/datengetriebene ML-Systeme, die sich über die Zeit innerhalb ihres Produktlebenszyklus verändern können [1–3].

Nach dem EU AI Act sind KI-basierte Medizinprodukte, für die die MDR oder IVDR anwendbar ist und die einer mittleren oder hohen Risikoklasse angehören und somit ein Konformitätsbewertungsverfahren unter Einbezug einer Benannten Stelle durchlaufen müssen, als Hochrisiko-KI-Systeme einzustufen [4]. Dies wird fast alle KI-basierten Medizinprodukte betreffen, da es auf Grundlage der Klassifizierungsregeln unwahrscheinlich ist, dass diese nach MDR und IVDR in die niedrigste Risikoklasse eingeordnet werden [5, 6]. Für Hochrisiko-KI-Systeme ist gemäß des EU AI Acts – wie bei MDR und IVDR auch – die Einrichtung eines QMS und RMS verpflichtend [4–6]. Der EU AI Act könnte daher diese Lücken schließen, indem er spezifische Anforderungen an diese Managementsysteme festlegt, die die Besonderheiten von KI-Technologien berücksichtigen [4]. Zusätzlich könnten – analog zu den harmonisierten Normen im Medizinproduktesektor – auf der Basis des sog. Entwurfs des Standardisation Request der EU-Kommission zum EU AI Act harmonisierte Normen für KI-Systeme entwickelt werden. Diese Normen sollen als Grundlage für die Konformitätsbewertung dienen und sicherstellen, dass KI-basierte Systeme den hohen, an sie gestellten Anforderungen entsprechen [7]. Die Normung spielt damit eine entscheidende Rolle, um die Qualität der Produkte zu gewährleisten und das Vertrauen der Nutzer in diese Technologien zu stärken.

Die Forschungsfrage dieser Arbeit ist es, zu untersuchen, welchen Einfluss der EU AI Act und korrespondierenden Normen auf die bestehenden Anforderungen an das QMS und RMS von KI-basierten Medizinprodukten nach der MDR und/oder der IVDR haben. Durch eine detaillierte Analyse der MDR und der IVDR im Vergleich zum EU AI Act werden Gemeinsamkeiten und Unterschiede hinsichtlich der regulatorisch relevanten Anforderungen und Spezifikationen identifiziert. Darüber hinaus werden bestehende Normen und Spezifikationen hinsichtlich ihrer Relevanz für das QMS und RMS bewertet.

Basierend auf diesen Erkenntnissen wird ein regulatorisches Konzept entwickelt, das die Anforderungen der drei Harmonisierungsrechtsvorschriften und relevanten Normen aufzeigt und eine praxisnahe Integration derer Vorgaben auf ein KI-basiertes Medizinprodukt ermöglichen kann. Dieses Konzept wird anschließend anhand eines Produktbeispiels veranschaulicht, um Umsetzungsoptionen darzustellen und als Grundlage für eine zukünftige Validierung in der Praxis zu dienen. Ziel ist es, eine fundierte Grundlage für die Konformitätsbewertung von KI-basierten Medizinprodukten zu schaffen und damit einen Beitrag zur Sicherheit und Leistung dieser innovativen Technologien zu leisten.

2 Materialien und Methodik

2.1 Forschungsdesign

Um die Anforderungen an das QMS und RMS von KI-basierten Medizinprodukten zu analysieren, wurde ein qualitativer Forschungsansatz gewählt. Dieser Ansatz ermöglicht eine tiefgehende Untersuchung der relevanten Rechtsvorschriften und ihrer Implikationen für die Praxis. Die Forschung umfasst die Analyse relevanter und anwendbarer gesetzlicher Dokumente wie Verordnungen sowie von Normen und Spezifikationen.

2.2 Datensammlung

Die Datensammlung erfolgt auf der Grundlage einer Analyse relevanter Dokumente im europäischen Wirtschaftsraum:

1. MDR (Verordnung (EU) 2017/745 über Medizinprodukte) vom 5. April 2017
2. IVDR (Verordnung (EU) 2017/746 über In-vitro-Diagnostika) vom 5. April 2017
3. EU AI Act (Verordnung (EU) 2024/1689 über künstliche Intelligenz) vom 13.06.2024
4. DIN EN ISO 13485:2021-12 – Medizinprodukte – Qualitätsmanagementsysteme – Anforderungen für regulatorische Zwecke (ISO 13485:2016)
5. ISO/IEC 42001:2023-12 – Informationstechnik – Künstliche Intelligenz – Managementsystem
6. DIN EN ISO 14971:2022-04 – Medizinprodukte – Anwendung des Risikomanagements auf Medizinprodukte (ISO 14971:2019)
7. BS/AAMI 34971:2023-05-30 – Application of ISO 14971 to machine learning in artificial intelligence. Guide

2.3 Datenauswertung zur Entwicklung eines regulatorischen Konzepts

Auf Basis der Analyseergebnisse wurde ein mehrstufiges, regulatorisches Konzept entwickelt, das die Anforderungen der MDR und der IVDR mit denen des EU AI Acts zusammenführt. Dieses Konzept umfasst folgende Schritte:

1. **Integration der Anforderungen:** Die spezifischen Anforderungen der drei Rechtsvorschriften (MDR, IVDR und EU AI Act) sowie der korrespondierenden Normen (EN ISO 13485, ISO/IEC 42001, EN ISO 14971, BS/AAMI 34971) wurden zu einem umfassenden Anforderungskatalog zusammengeführt. Dabei wurde darauf geachtet, dass die Besonderheiten von KI-basierten Medizinprodukten, wie ihre Lernfähigkeit und die Notwendigkeit kontinuierlicher Anpassung, angemessen berücksichtigt werden.
2. **Entwicklung von Werkzeugen:** Um die praktische Umsetzung der Anforderungen zu erleichtern, wurden spezifische Werkzeuge wie Vorlagen für das QMS/RMS entwickelt.
3. **Demonstration eines möglichen Umsetzungskonzepts anhand eines Produktbeispiels:** Das entwickelte Konzept wurde anschließend anhand eines Produktbeispiels veranschaulicht, um Umsetzungsoptionen darzustellen und als Grundlage für eine zukünftige Validierung in der Praxis zu dienen.

3 Anforderungen an ein QMS für KI-basierte Medizinprodukte

In diesem Kapitel werden die Anforderungen an ein QMS für KI-basierte Medizinprodukte detailliert beschrieben, wobei der Fokus auf die MDR, die IVDR, den EU AI Act, die EN ISO 13485 sowie die ISO/IEC 42001 gelegt wird.

3.1 Vergleich der MDR und IVDR zum EU AI Act

Um Gemeinsamkeiten und Unterschiede herauszustellen, werden im Folgenden die Anforderungen an ein QMS aus Art. 10 Abs. 9 der MDR und aus Art. 10 Abs. 8 der IVDR mit denen des Art. 17 des EU AI Acts vergleichend analysiert [4, Art. 17] [5, Art. 10 (9.)] [6, Art. 10 (8.)].

Gemäß der MDR und IVDR besteht für Hersteller („Anbieter" nach dem EU AI Act [4, Art. 3 (3)]) unabhängig von der Risikoklasse des Medizinprodukts die Pflicht, ein QMS einzurichten [5, Art. 10 (9.)] [6, Art. 10 (8.)]. Der EU AI Acts schreibt die Umsetzung eines QMS nur Herstellern von Hochrisiko-KI-Systemen vor [4, Art. 17].

Das QMS umfasst laut der MDR, der IVDR und dem EU AI Act mindestens eine Strategie zur regulatorischen Compliance [4, Art. 17 (1. (a))] [5, Art. 10 (9. (a))] [6, Art. 10 (8. (a))]. Während die MDR und die IVDR hierbei die Identifikation der anwendbaren grundlegenden Sicherheits- und Leistungsanforderungen sowie deren Erfüllung fokussieren, die i. d. R. durch die Umsetzung (harmonisierter) Normen eingehalten werden, setzt der EU AI Act auf technische Spezifikationen, Normen und Methoden, ohne zu beschreiben, in welcher Form diese dargelegt werden sollen [4, Art. 17 (1. (e))] [5, Art. 10 (9. (b))] [6, Art. 10 (8. (b))].

Die Verantwortlichkeit der Leitung ist nach allen drei Rechtsvorschriften ein Aspekt des QMS [4, Art. 17 (1. (m))] [5, Art. 10 (9. (c))] [6, Art. 10 (8. (c))]. Im EU AI Act wird zusätzlich auf die Verantwortung des sonstigen Personals verwiesen [4, Art. 17 (1 (m))].

Das Ressourcenmanagement ist Bestandteil des QMS der MDR, der IVDR und des EU AI Acts [4, Art. 17 (1. (l))] [5, Art. 10 (9. (d))] [6, Art. 10 (8. (d))]. Während MDR und IVDR die „Auswahl und Kontrolle von Zulieferern und Unterauftragnehmern" hervorheben [5, Art. 10 (9. (d))] [6, Art. 10 (8. (d))], betont der EU AI Act „Maßnahmen im Hinblick auf die Versorgungssicherheit" [4, Art. 17 (1. (l))].

Das RMS ist laut MDR, IVDR und EU AI Act ein Teil des QMS [4, Art. 17 (1. (g))] [5, Art. 10 (9. (e))] [6, Art. 10 (8. (e))]. Ein Unterschied besteht darin, dass die in der MDR geforderte klinische Bewertung einschließlich der klinischen Nachbeobachtung nach dem Inverkehrbringen und die in der IVDR geforderte Leistungsbewertung einschließlich der Nachbeobachtung der Leistung nach dem Inverkehrbringen als ein Aspekt des QMS angesehen wird [5, Art. 10 (9. (f))] [6, Art. 10 (8. (f))]. Im EU AI Act wird allgemeiner auf die vor, während und nach der Entwicklung eines Hochrisiko-KI-Systems durchzuführenden Verfahren der Untersuchung, des Testens und der Validierung verwiesen [4, Art. 17 (1. (d))].

Ein weiterer Unterschied besteht darin, dass MDR und IVDR „die Produktrealisierung einschließlich Planung, Auslegung, Entwicklung, Herstellung und Bereitstellung von Dienstleistungen" als Aspekt des QMS nennen [5, Art. 10 (9. (g))] [6, Art. 10 (8. (g))]. Der EU AI Act hingegen erwähnt „Design Control", „Design Verification", „Quality Control" und „Quality Assurance" [4, Art. 17 (1. (b)] [4, Art. 17 (1. (c))].

Nur in der MDR und IVDR ist die Überprüfung und Validität der Zuteilung der sog. Unique Device Identifier (UDI), eine einmalige Produktkennung zur eindeutigen Identifizierung einzelner Produkte auf dem Markt, als ein Aspekt des QMS genannt [5, Art. 2 (15)] [5, Art. 10 (9. (h))] [6, Art. 2 (15)] [6, Art. 10 (8. (h))]. Im EU AI Act fehlt bisher eine solche Anforderung für die Produkte und damit die Notwendigkeit zur Umsetzung eines entsprechenden Prozesses.

Gemäß der drei Rechtsvorschriften ist das System zur Beobachtung bzw. Überwachung nach dem Inverkehrbringen ein Element des QMS [4, Art. 17 (1. (h))] [5, Art. 10 (9. (i))] [6, Art. 10 (8. (i))].

Alle drei Verordnungen verlangen die Kommunikation mit Behörden, Benannten Stellen und anderen Akteuren wie Kunden als Teil des QMS [4, Art. 17 (1. (j))] [5, Art. 10 (9. (j))] [6, Art. 10 (8. (j))]. Gemäß dem EU AI Act sind hierbei explizit Behörden, die Zugang zu Daten erteilen, eingeschlossen [4, Art. 17 (1 (j))].

Ein Verfahren zur Meldung schwerwiegender Vorkommnisse/Vorfälle ist ebenfalls laut allen drei Rechtsvorschriften Teil des QMS [4, Art. 17 (1. (i))] [5, Art. 10 (9. (k))] [6, Art. 10 (8. (k))]. Allerdings unterscheidet sich die Definition des schwerwiegenden Vorkommnisses/Vorfalles. Während gemäß der MDR und IVDR nur gesundheitliche Schäden unter diesen Begriff fallen [5, Art. 2 (65.)] [6, Art. 2 (68.)], zählen laut dem EU AI Act auch schwerwiegende Schäden an Eigentum oder Umwelt, Betriebsstörungen kritischer Infrastrukturen und Verletzungen europäischer Grundrechte dazu [4, Art. 3 (49.)].

Laut MDR und IVDR muss im Rahmen des QMS auch das Management korrektiver und präventiver Maßnahmen (engl. „Corrective And Preventive Action" (CAPA)) [5, Art. 10 (9. (l))] [6, Art. 10 (8. (l))] erfolgen. Obwohl in Art. 20 des EU AI Acts Anforderungen für Korrekturmaßnahmen aufgeführt sind, ist im Gegensatz zu den Anforderungen der MDR und der IVDR das Management von korrektiven und präventiven Maßnahmen nicht explizit als Aspekt eines QMS nach EU AI Act genannt [4, Art. 17] [4, Art. 20] [5, Art. 10 (9. (l))] [6, Art. 10 (8. (l))].

In der MDR und IVDR werden zudem als Bestandteil des QMS explizit „Verfahren zur Überwachung und Messung der Ergebnisse, Datenanalyse und Produktverbesserung" [5, Art. 10 (9. (m))] [6, Art. 10 (8. (m))] genannt, welche im EU AI Act fehlen.

Als zusätzlicher Aspekt wird im EU AI Act ein Datenmanagementverfahren [4, Art. 17 (1. (f))] aufgeführt, dass in den Anforderungen der MDR und der IVDR nicht explizit enthalten ist.

Im EU AI Act wird explizit auf Verfahren zur Aufzeichnung (engl. „Record-keeping") verwiesen [4, Art. 17 (1. (k))]. Der Begriff „Record-keeping" wird im EU AI Act auch für die in Art. 12 aufgeführten Protokollierung im Zuge der Überwachung des Funktionierens des KI-Systems verwendet [4, Art. 12].

Ein weiterer Unterschied ist, dass der EU AI Act betont, dass die Implementierung der QMS-Aspekte in Verbindung mit der Größe des Herstellers erfolgen soll [4, Art. 17 (2.)], während MDR und IVDR dies im Verhältnis zu der Risikoklasse und der Produktart des Produkts sehen [5, Art. 10 (9.)] [6, Art. 10 (8.)].

Die Anforderungen des EU AI Acts an ein QMS können in diejenigen der MDR/IVDR integriert werden [4, Art. 17 (3.)].

Der Vergleich zeigt, dass viele Anforderungen an ein QMS des EU AI Acts den Vorgaben der MDR/IVDR ähneln. Darüber hinaus enthält der EU AI Act zusätzliche Anforderungen u. a. an ein spezifisches Verfahren für das Datenmanagement, die in das QMS eines Herstellers von KI-basierten Medizinprodukten zu integrieren sind [4, Art. 17 (1.(f))] [4, Art. 17 (3.)]. Zudem legt der EU AI Act besonderen Wert auf die

Transparenz und Nachvollziehbarkeit von KI-Systemen, um das Vertrauen der Nutzer zu stärken und die Sicherheit der KI-Systeme zu gewährleisten [4].

3.2 EN ISO 13485

Die EN ISO 13485 ist sowohl nach MDR als auch IVDR harmonisiert [8]. In den informativen Anhängen ZA und ZB dieser Norm ist hierbei dargestellt, inwieweit diese Norm die Anforderungen des Art. 10 der MDR und der IVDR an ein QMS abdeckt [9, Anh. ZA, S. 6–11] [9, Anh. ZB, S. 17–22].

Viele der Anforderungen des EU AI Acts an das QMS, die denjenigen der MDR und der IVDR ähneln, einschließlich ihrer zusätzlich enthaltenen Informationen, sind durch die EN ISO 13485 bereits abgedeckt. Einerseits verweist die EN ISO 13485 allgemein auf regulatorische Anforderungen, ohne spezifische Verordnungen zu nennen. Andererseits deckt die Norm aber Aspekte ab, die in der MDR, der IVDR und dem EU AI Act enthalten sind, führt diese jedoch nicht so spezifisch aus wie die entsprechenden Rechtsakte [9, Anh. ZA, S. 6–11] [9, Anh. ZB, S. 17–22]. Zu den zusätzlichen Anforderungen des EU AI Acts, die durch die EN ISO 13485 abgedeckt sind, gehören u. a. Anforderungen an die Spezifikationen und Normen zur Gewährleistung der Erfüllung der Anforderungen des EU AI Acts an Hochrisiko-KI-Systeme, an das RMS nach dem EU AI Act, an das Design- und Entwicklungsverfahren, sowie an das System zur Beobachtung bzw. Überwachung nach dem Inverkehrbringen [4, Art. 17] [9].

Im Rahmen der Nennung von Aufzeichnungsverfahren der Norm als Bestandteil des QMS können neben allgemeinen Aufzeichnungen auch die spezifischen Aufzeichnungspflichten gemäß Art. 12 des EU AI Acts fallen [4, Art. 12] [4, Art. 17 (1. (k))]. Da die Dokumentationsanforderungen in der EN ISO 13485 allgemein formuliert sind und auf anwendbare regulatorische Anforderungen im Allgemeinen referenzieren, sind auch die Verfahren für die spezifischen Aufzeichnungspflichten gemäß Art. 12 von der Norm abgedeckt [9, S. 41–42]. Die EN ISO 13485 enthält zudem, ähnlich wie der EU AI Act, die Aussage, dass die Organisationsgröße die Umsetzung des QMS beeinflusst [4, Art. 17 (2.)] [9, S. 30]. Es existieren in der EN ISO 13485 jedoch keine Anforderungen an das spezifische Datenmanagement für KI-Systeme, und Maßnahmen im Hinblick auf die Versorgungssicherheit werden als Bestandteil des Ressourcenmanagements nicht explizit erwähnt, sodass diese Punkte nicht durch diese Norm abgedeckt werden können [4, Art. 17 (1. (f))] [4, Art. 17 (1. (l))].

3.3 ISO/IEC 42001

Gemäß dem zum EU AI Act gehörenden Entwurf eines Standardisation Request sollen bis zum 31.01.2025 Normen und Spezifikationen für ein QMS entwickelt werden, welche die Konformitätsvermutung mit den entsprechenden Anforderungen des EU AI Acts ermöglicht [4, Art. 40] [7]. Bisher gibt es noch keine offizielle Stellungnahme, welche Normen und Spezifikationen dies ermöglichen sollen. Die ISO/IEC 42001 stellt Anforderungen an ein KI-Managementsystem dar und „is intended for use by an organization providing or using products or services that utilize AI systems“

[10, S. 1]. Damit könnte sie die Anforderungen an ein solches QMS nach dem EU AI Act, wie im Entwurf des Standardisation Request dargelegt, erfüllen [7]. Dies wird im Weiteren untersucht.

Die Analyse hat ergeben, dass viele der Anforderungen aus dem Art. 17 des EU AI Acts durch die Norm nicht abgedeckt werden können, da die ISO/IEC 42001 keine Anforderungen an ein QMS, sondern an ein KI-Managementsystem beschreibt [4, Art. 17] [10, S. 1]. Im Wesentlichen enthält die Norm auf dieser Basis auch keine produktbezogenen Anforderungen, wie z. B. die nach Art. 17 geforderten Verfahren zur Auslegung und Entwicklung des Produktes, sondern organisationsbezogene Anforderungen [4, Art. 17] [10, S. 1–16]. Der normative Anhang B enthält einen Leitfaden zur Umsetzung von Kontrollen, um Organisationsziele zu erreichen und Risiken von KI-Systemen zu beherrschen, einschließlich des KI-(Entwicklungs-)Lebenszyklus [10, S. 21–45]. Aus diesem Anhang B können insbesondere die Kapitel B.6.2 „AI system life cycle" [10, S. 31–37] und B.7 „Data for AI systems" sowie die betreffenden Unterkapitel zusätzlich zur EN ISO 13485 angewendet werden, da sie im Bereich des Datenmanagements zusätzliche Informationen bieten, die in der EN ISO 13485 nicht abgebildet sind [10, S. 37–39].

Die Analyse der ISO/IEC 42001 hat ergeben, dass diese Norm allein nicht dafür geeignet ist, unter dem EU AI Act harmonisiert zu werden und damit die Rubrik des QMS im Standardisation Request auszufüllen [7]. Dennoch besteht die Möglichkeit, dass die Einrichtung eines KI-Managementsystems, wie es die ISO/IEC 42001 vorsieht, Anforderungen im Zusammenhang mit medizinischer Software nach EN ISO 13485 unterstützen kann [10, S. 50]. Als solches, optionales Unterstützungssystem sollte die ISO/IEC 42001 daher auch betrachtet werden.

4 Anforderungen an ein RMS für KI-basierte Medizinprodukte

In diesem Kapitel werden die Anforderungen an ein RMS für KI-basierte Medizinprodukte detailliert beschrieben, wobei der Fokus auf die MDR, die IVDR, den EU AI Act, die EN ISO 14971 sowie die BS/AAMI 34971 gelegt wird.

4.1 Vergleich der MDR und IVDR zum EU AI Act

Der EU AI Act enthält dieselbe Definition eines Risikos wie die MDR und die IVDR [4, Art. 3 (2.)] [5, Art. 2 (23.)] [6, Art. 2 (16.)]. Alle drei Verordnungen stellen Anforderungen an das RMS, die von KI-basierten Medizinprodukten zukünftig eingehalten werden müssen. Das RMS ist gemäß dem EU AI Act – analog zur MDR und IVDR – Bestandteil des QMS [4, Art. 17 (1. (g))] [5, Art. 10 (9. (e))] [5, Art. 10 (8. (e))] und der technischen Dokumentation des Produktes [4, Anh. IV (5.)] [5, Anh. II (5.)] [6, Anh. II (5.)].

Der EU AI Act enthält die Aussage, dass die Anforderungen an das RMS des EU AI Acts in ein bestehendes RMS nach einer europäischen Rechtsvorschrift integriert oder mit diesem kombiniert werden sollen [4, Art. 9 (10.)]. Dies schließt auch das

RMS gemäß MDR und IVDR ein. Die Anforderungen an das RMS für Hochrisiko-KI-Systeme werden im Art. 9 des EU AI Acts beschrieben [4, Art. 9].

Im Wesentlichen ähneln sich die Anforderungen des RMS gemäß der MDR, der IVDR und dem EU AI Act. Alle drei Rechtsvorschriften fordern den Aufbau, die Implementierung, Dokumentation und Aufrechterhaltung eines RMS für den gesamten Lebenszyklus des Produkts [4, Art. 9 (1.–2.)] [5, Anh. I (3.)] [6, Anh. I (3.)]. Dieser kontinuierlicher Risikomanagementprozess umfasst die Identifizierung und Analyse der bekannten und voraussagbaren Gefährdungen bzw. Risiken, die Risikobewertung und -einschätzung sowie die Umsetzung von Risikominderungsmaßnahmen [5, Art. 9 (2.–5.)] [5, Anh. I (3.–4.)] [6, Anh. I (3.–4.)]. Ziel der Risikokontrollmaßnahmen ist es, das Restrisiko jeder Gefährdung und das Gesamtrisiko auf ein akzeptables Niveau zu reduzieren [4, Art. 9 (5.)] [5, Anh. I (4.)] [6, Anh. I (4.)].

Die MDR, die IVDR und der EU AI Act unterscheiden drei Arten der Risikominderungsmaßnahmen [4, Art. 9 (5.)] [5, Anh. I (4.)] [6, Anh. I (4.)]:

1. Sicherheit durch Auslegung, Herstellung (MDR/IVDR) und Entwicklung (EU AI Act).
2. Schutzmaßnahmen (MDR/IVDR) bzw. Minderungs- und Kontrollmaßnahmen (EU AI Act).
3. Informationen zur Sicherheit (MDR/IVDR) bzw. Informationen gemäß Art. 13 des EU AI Acts.

Die MDR und die IVDR verfolgen den Ansatz der Risikominimierung „as far as possible“ [5, Anh. I (4. (a))] [6, Anh. I (4. (a))], während der EU AI Act „as far as technically feasible“ fordert [4, Art. 9 (5. (a))]. In der MDR und IVDR wird im Gegensatz zum EU AI Act präzisiert, dass Risiken so weit reduziert werden sollen, wie es ohne negative Auswirkungen auf das Nutzen-Risiko-Verhältnis möglich ist (engl. „as far/low as possible“ (ALAP)) [5, Anh. I (2.)] [6, Anh. I (2.)]. Zudem betonen die MDR und IVDR, dass die reduzierten Risiken im Verhältnis zu dem Nutzen vertretbar sein müssen [5, Anh. I (8.)] [6, Anh. I (8.)]. Nach MDR und IVDR müssen Restrisiken gegenüber den Anwendern mitgeteilt werden [5, Anh. I (4.)] [6, Anh. I (4.)].

Ein weiterer Unterschied besteht darin, dass die Medizinproduktevorschriften die Erstellung eines Risikomanagementplans verlangen [5, Anh. I (3. (a))] [6, Anh. I (3. (a))], während der EU AI Act betont, dass Risiken hinsichtlich der Grundrechte identifiziert und analysiert werden sollen [4, Art. 9 (2. (a))]. Alle drei Verordnungen fordern die Bewertung von Informationen aus dem System der Beobachtung bzw. Überwachung nach dem Inverkehrbringen [4, Art. 9 (2. (c))] [5, Anh. I (3. (e))] [6, Anh. I (3. (e))]. Die MDR und IVDR enthalten detailliertere Vorgaben zum Inhalt dieser Bewertungen, einschließlich des Gesamtrisikos, des Nutzen-Risiko-Verhältnisses und der Risikoakzeptanz [5, Anh. I (3. (e))] [6, Anh. I (3. (e))]. Darüber hinaus wird in der MDR und IVDR angegeben, dass – auf Basis dieser Bewertung – Risikokontrollmaßnahmen überarbeitet werden müssen [5, Anh. I (3. (f))] [6, Anh. I (3. (f))]. Der EU AI Act schränkt die Betrachtung von Risiken jedoch auf solche ein, „which may be reasonably mitigated or eliminated through the development or design of the high-risk AI system, or the provision of adequate technical information“ [4, Art. 9 (3.)].

Gemäß dem EU AI Act sollen die Auswirkungen und Wechselbeziehungen von Risikokontrollmaßnahmen in Bezug auf weitere Anforderungen an Hochrisiko-KI-Systeme gemäß Kapitel III Abschnitt 2 berücksichtigt werden [4, Art. 9 (4.)]. Die MDR und IVDR beinhalten zusätzlich die Anforderung Risiken im Zusammenhang mit ergonomischen Merkmalen zu mindern und die „gesundheitlichen und körperlichen Verfassung der vorgesehenen Anwender" einzubeziehen [5, Anh. I (5.)] [6, Anh. I (5.)].

Alle drei Verordnungen verlangen die Auswahl der geeignetsten Risikominderungsmaßnahme [4, Art. 9 (5.)] [5, Anh. I (4.)] [6, Anh. I (4.)]. Nur in der MDR und IVDR wird explizit die Rangfolge der Maßnahmen von inhärenter Sicherheit durch Design über Schutzmaßnahmen zu Sicherheit durch Information vorgegeben [5, Anh. I (4.)] [6, Anh. I (4.)].

Die größten Unterschiede bestehen in den Anforderungen des EU AI Acts an eine Testung im Rahmen des RMS, die zur Bestimmung der am besten geeigneten Risikomanagementmaßnahmen dienen soll. Diese Testung soll zudem die Funktion im Rahmen der Zweckbestimmung und der Anforderungen an Hochrisiko-KI-Systeme gemäß Kapitel III Abschnitt 2 sicherstellen [4, Art. 9 (6.)]. Ein Test unter Realbedingungen kann laut EU AI Act Bestandteil der Testung sein [4, Art. 9 (7.)]. Das Testen soll vor dem Inverkehrbringen bzw. der Inbetriebnahme unter Einsatz festgelegter Metriken und probabilistischer Schwellenwerte durchgeführt werden [4, Art. 9 (8.)]. In der MDR und IVDR wird keine explizite Testung der Risikokontrollmaßnahmen gefordert, sondern lediglich darauf verwiesen, dass die Risikokontrollmaßnahmen den Sicherheitsgrundsätzen entsprechen und dem Stand der Technik folgen sollen [5, Anh. I (4.)] [6, Anh. I (4.)]. Die nach MDR und IVDR harmonisierte Norm EN ISO 14971 enthält jedoch die Vorgabe einer Verifizierung der Implementierung und der Wirksamkeit [11, S. 30] der Risikokontrollmaßnahmen.

Der EU AI Act verlangt darüber hinaus, dass im RMS mutmaßlich nachteilige Auswirkungen auf Personen unter 18 Jahren sowie ggf. andere schutzbedürftige/vulnerable Gruppen berücksichtigt werden [4, Art. 9 (9.)].

Die Gegenüberstellung der Anforderungen an ein RMS der MDR/IVDR und des EU AI Acts ergab, dass viele der Vorgaben sich im Wesentlichen ähneln, der EU AI Act aber auch widersprüchliche und zusätzliche Anforderungen enthält. Zu den Widersprüchen gehören die Formulierung der Risikominderung ohne die Erwähnung eines Nutzen-Risiko-Verhältnisses [4, Art. 9] [5, Anh. I (2.–8.)] [6, Anh. I (2.–8.)] sowie die Forderung einer Testung zur Bestimmung der geeigneten Risikominderungsmaßnahme im Gegensatz zu einer vorgegebenen Rangfolge in MDR/IVDR [4, Art. 9 (6.–8.)] [5, Anh. I (4.)] [6, Anh. I (4.)]. Neben dem Umgang mit diesen Widersprüchen müssen Hersteller von KI-basierten Medizinprodukten zusätzlich Risiken in Bezug auf die Verletzung von Grundrechten und schutzbedürftigen/vulnerablen Gruppen in die Dokumentation ihres RMS aufnehmen [4, Art.9 (2.(a))] [4, Art. 9 (9.)].

Beispiele für spezifische Gefährdungen, die mit KI einhergehen, und damit im RMS von KI-basierten Medizinprodukten zu betrachten sind, werden im EU AI Act nicht aufgeführt. Eine Konkretisierung dieser im RMS zu betrachtenden Gefährdungen obliegt zukünftig (harmonisierten) Normen.

4.2 EN ISO 14971

Die EN ISO 14971 ist sowohl nach der MDR als auch IVDR harmonisiert. In dieser Norm werden in ihrem Anhang ZA und ZB die Anforderungen der Abschnitte 3–5 und 8 des Anhangs I der beiden Verordnungen verglichen, inwieweit diese abgedeckt sind [11, Anh. ZA, S. 6–8] [11, Anh. ZB, S. 9–11]. Hierbei ist eine Vielzahl der Anforderungen nur hinsichtlich der Anforderungen an den Prozess, nicht aber für die Umsetzung des Prozesses für ein spezifisches Produkt abgedeckt [11, Anh. ZA, S. 6–8] [11, Anh. ZB, S. 9–11].

Dies betrifft auch die Anforderungen an das RMS des EU AI Acts, die den Vorgaben der MDR und IVDR ähneln.

Durch die EN ISO 14971 nicht abgedeckt sind die Identifikation und Analyse von Gefährdungen in Bezug auf die Grundrechte [4, Art. 9 (2 (a))]. Die EN ISO 14971 enthält zudem auch keine Anforderung an eine spezifische Betrachtung von Personen unter 18 Jahren oder schutzbedürftigen/vulnerablen Gruppen [4, Art. 9 (9.)].

Eine Testung zur Identifizierung der geeignetsten Risikominderungsmaßnahme mit Bezug auf die Sicherstellung der Erfüllung der Zweckbestimmung [4, Art. 9 (6.–8.)] und die im EU AI Act verwendete Formulierung der Risikominderung [4, Art. 9 (5. (a))] ist durch die EN ISO 14971 ebenfalls nicht abgedeckt.

4.3 BS/AAMI 34971

Bei der BS/AAMI 34971 handelt es sich um eine Handlungsempfehlung für die Anwendung eines RMS nach EN ISO 14971 speziell für ML-basierte Medizinprodukte [12]. Sie ist weder nach MDR noch IVDR harmonisiert [8]. Die Norm wird aber aktuell dahingehend überprüft, ob sie möglicherweise in Zukunft als Europäische Norm anerkannt bzw. veröffentlicht werden könnte (aktuell liegt sie als ISO/CD TS 24971-2 vor und befindet sich damit in der Entwicklung) [13]. Im Weiteren wird untersucht, welche Vorgaben die BS/AAMI 34971 enthält und ob diese Norm die zusätzlichen Anforderungen des EU AI Acts erfüllt.

Die BS/AAMI 34971 fällt zunächst dadurch auf, dass die Struktur hinsichtlich der Kapitel und Überschriften mit der EN ISO 14971 übereinstimmt [11, 12]. Die Analyse der wesentlichen, zusätzlich zur EN ISO 14971 anzuwendenden Anforderungen zeigt, dass die Risikoakzeptanzkriterien unter Beachtung der Funktionen und Fähigkeiten des ML-Systems bestimmt werden sollen. Zudem wird die Notwendigkeit des Einbezugs von im Hinblick auf maschinelles Lernen kompetenten Personals in den RM-Prozess und die Anwendung von sog. „Good Machine Learning Practices" (GMLP) in der Norm betont [12, S. 4].

In Bezug auf den Risikomanagementplan steht die Betrachtung von Risiken in Bezug auf Interoperabilität mit anderen Produkten oder IT-Systemen [12, S. 5] sowie „criteria used to trigger an update, risk management of the update process itself, and provisions for returning the product to a previous version if necessary" [12, S. 5] im Vordergrund.

Ein Hauptaugenmerk der Norm liegt auf der „Identification of characteristics related to safety" [12, S. 6] im Zusammenhang mit dem „Data management[,] [...] Bias[,] [...] Data storage/security/privacy[,] [...] Overtrust[,] [...] Adaptive systems

[und] Other safety considerations“ [12, S. 6–12]. Im Hinblick auf die „Identification of hazards and hazardous situations“ [12, S. 12] sind Anwendungsfehler, eine fehlerhafte Einstellung des Trade-offs, die Überprüfung des User Interfaces hinsichtlich Verzerrung (engl. „Bias“) bzw. Beeinflussung des Anwenders sowie Risiken in Bezug auf die Autonomie und die Zweckbestimmung zu beachten [12, S. 12–13].

Bezogen auf die Risikoeinschätzung wird in der Norm auf die Schwierigkeit bzw. die Unmöglichkeit der Einschätzung von Auftretenswahrscheinlichkeiten von (unerwarteten) ML-Verhalten verwiesen, die eine Abschätzung nur auf Grundlage der Schadensschwere erfordert bzw. dasselbe Verfahren wie bei Software-Fehlern verwendet [12, S. 13].

Die Risikominderungsmaßnahmen in Bezug auf ML liegen nach der BS/AAMI 34971 schwerpunktmäßig in der Beherrschung der Datenqualität und des betriebsbedingten Risikos [12, S. 14]. Bildet die Beurteilung durch den Anwender eine Risikominderungsmaßnahme, ist dieser über seine damit einhergehende Verantwortung in Bezug auf die Anwendung des ML-Systems zu informieren [12, S. 14]. Dies kann u. a. durch Sicherheitsinformationen umgesetzt werden [12, S. 14]. Für autonome Systeme wird in der Norm vorgeschlagen, wenn notwendig, Verfahren für die Übertragung der Kontrolle über das ML-System an den Anwender zu etablieren [12, S. 14].

Im Zuge der Bewertung des Gesamt-Restrisikos soll nach BS/AAMI 34971 eine Dokumentation und Begründung des „review of algorithmic outcomes; and the decisions about setting decision/prediction thresholds, choice of fairness tests and performance metrics“ [12, S. 14] erfolgen. Zudem sollte eine Bewertung des „degree of human-in-the-loop decision-making“ [12, S. 15] durchgeführt werden. ML-bezogene Restrisiken sind offenzulegen [12, S. 15].

Bezüglich der „Production and post-production activities“ [12, S. 15] steht die Leistungsüberwachung von autonomen sowie kontinuierlich lernenden Systemen im Fokus der Norm. Insbesondere der sogenannte Data Drift oder Use Drift sollte für ML-Systeme mitberücksichtigt werden [12, S. 15].

Insgesamt legt die BS/AAMI 34971 einen Schwerpunkt auf Risiken, die in Zusammenhang mit ML-basierten Medizinprodukten auftreten, sowie deren Beherrschung [11, S. 2].

Die Untersuchung zeigt, dass die BS/AAMI 34971 viele zusätzliche Kriterien speziell für ML-basierte Medizinprodukte enthält, die über die in der EN ISO 14971 abgedeckten Anforderungen hinausgehen. Sie bietet daher ein gutes Werkzeug, um den Nachweis zur Umsetzung risikomanagementrelevanter Aspekte an ein solches System darstellen zu können. Dennoch bleiben bestimmte Anforderungen des EU AI Acts, die weder durch die EN ISO 14971 noch durch die BS/AAMI 34971 abgedeckt sind, weiterhin unberücksichtigt. Es ist daher wichtig, zukünftige weitere Normen und Spezifikationen in Betracht zu ziehen, um eine vollständige Konformität mit den Vorgaben des EU AI Acts sicherzustellen.

5 Entwicklung und Umsetzung eines regulatorischen Konzepts für ein QMS und RMS im Zusammenspiel der MDR/IVDR und des EU AI Acts

Durch die Datenanalyse und -auswertung konnten die identifizierten Dokumente, wie in Abb. 1 dargestellt, anhand ihrer Anforderungen zueinander in Beziehung gesetzt werden.

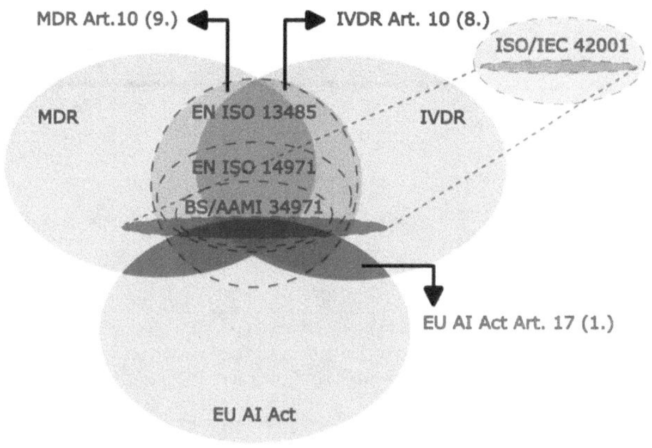

Abb. 1. Illustration der Schnittstellen zwischen den Verordnungen MDR, IVDR und EU AI Act mit den korrespondierenden Normen EN ISO 13485, ISO/IEC 42001, EN ISO 14971 und BS/AAMI 34971

Auf dieser Basis wurde ein mehrstufiges, integratives regulatorisches Konzept entwickelt, das die Anforderungen der MDR bzw. IVDR und des EU AI Acts hinsichtlich der Anforderungen an das QMS und RMS vereint.

Ein Auszug aus diesem regulatorischen Konzept zeigt Abb. 2.

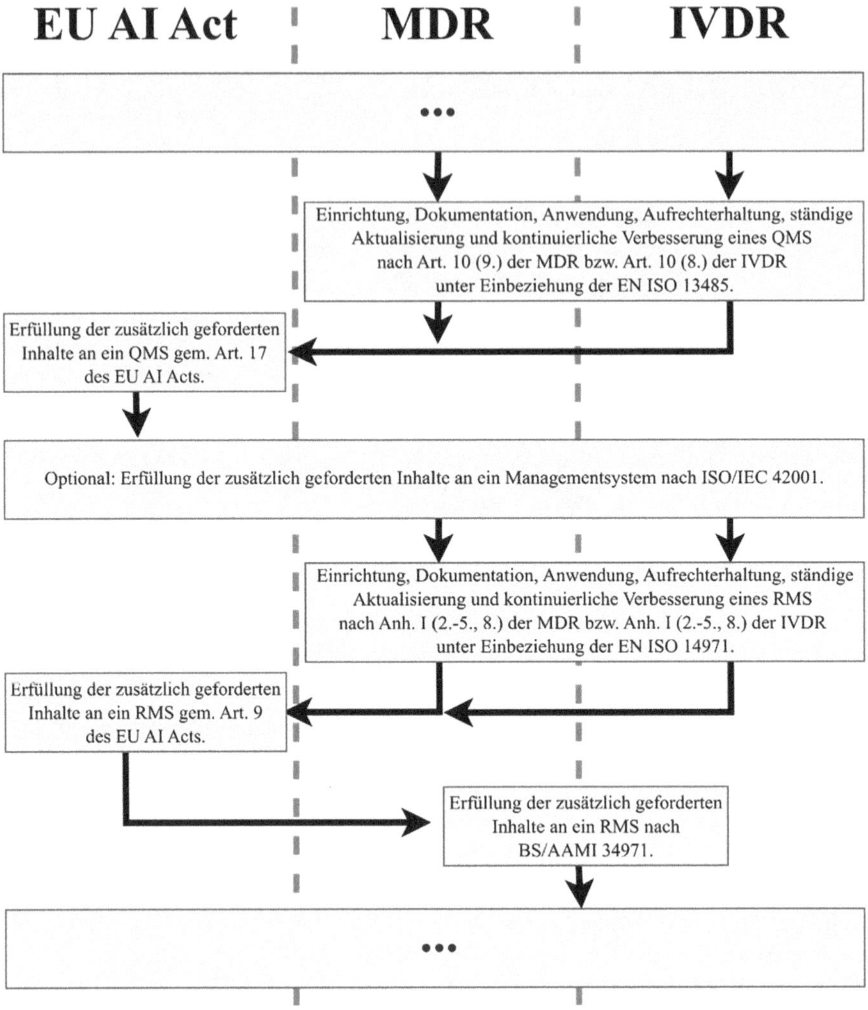

Abb. 2. Auszug des regulatorischen Konzepts hinsichtlich der Anforderungen an das QMS und RMS für KI-basierte Medizinprodukte

Die detaillierten Anforderungen an das QMS und RMS des EU AI Acts und der MDR/IVDR wurden – unter Bezugnahme auf die Berücksichtigung dieser Vorgaben durch betreffende Normen – in einem Anforderungskatalog zusammengefasst.

Ein Auszug dieser Mindestanforderungen für das QMS wird in Tab. 1 gezeigt.

Tab. 1. Auszug aus der im Rahmen des Konzepts enthaltenen Anforderungskatalogs an das QMS eines Herstellers für ein KI-basiertes Medizinprodukt

MDR Art. 10	IVDR Art. 10	EU AI Act Art. 17	EN ISO 13485	ISO/IEC 42001
9. (g) product realisation, including planning, design, development, production and service provision	8. (g) product realisation, including planning, design, development, production and service provision	–	**MDR/IVDR:** Durch die Abschn. 7.1, 7.3.2, 7.3.8, 7.5.1 und 7.5.4 abgedeckt **EU AI Act:** –	–
–	–	1. (b) techniques, procedures and systematic actions to be used for the design, design control and design verification of the high-risk AI system	**MDR/IVDR:** – **EU AI Act:** Durch die Abschn. 7.3, 7.3.5 und 7.3.6 abgedeckt	**MDR/IVDR:** – **EU AI Act:** Teilweise abgedeckt. Design Control ist nicht abgedeckt
–	–	1. (c) techniques, procedures and systematic actions to be used for the development, quality control and quality assurance of the high-risk AI system	**MDR/IVDR:** – **EU AI Act:** Teilweise durch die Abschn. 7.3, 8.2.5 und 8.2.6 abgedeckt. Die Begriffe „quality control" und „quality assurance" werden nicht verwendet	**MDR/IVDR:** – **EU AI Act:** Teilweise abgedeckt. Die Begriffe „quality control" and „quality assurance" werden nicht verwendet
–	–	1. (f) systems and procedures for data management, including data acquisition, data collection, data analysis, data labelling, data storage, data filtration, data mining, data aggregation, data retention and any other operation regarding the data that is performed before and for the purposes of the placing on the market or putting into service of high-risk AI systems	**MDR/IVDR:** – **EU AI Act:** Nicht abgedeckt. Abschn. 8.4 Datenanalyse bezieht sich nur auf Eignung des QMS, nicht auf das Produkt	**MDR/IVDR:** – **EU AI Act:** Teilweise abgedeckt, nicht alle Unterpunkte sind in der ISO/IEC 42001 enthalten

Es wurden Vorlagen für das QMS/RMS entworfen, um den Herstellern von KI-basierten Medizinprodukten entsprechende Werkzeuge zur Verfügung zu stellen. Diese Vorlagen enthalten die integrierten Anforderungen der MDR/IVDR und des EU AI Acts sowie der betreffenden Normen.

Dieses Konzept einschließlich der entwickelten Vorlagen wurde anhand eines neuartigen KI-basierten Diagnosesystems für die Notfallmedizin als Produktbeispiel auf seine Tauglichkeit geprüft. Dieses tragbare Diagnosesystem kombiniert optische Messtechnik mit ML-Algorithmen, um lebenswichtige Blutparameter direkt am Einsatzort zu analysieren. Es ermöglicht Rettungskräften schnelle und präzise Messungen von Blutgasen, CO-Oximetrie und weiteren Werten, selbst unter schwierigen Bedingungen. Dank der KI-basierten Analyse liefert es Ergebnisse in weniger als 30 s und benötigt dabei nur eine geringe Blutmenge. Mit seiner Mobilität und erweiterten Messmöglichkeiten übertrifft es herkömmliche Point-of-Care-Lösungen und optimiert kritische Entscheidungen in der Notfallmedizin.

Bei diesem IVD-Medizinprodukt wurden die Anforderungen der IVDR sowie des EU AI Acts gemeinsam mit denen der bewerteten Normen in das QMS und RMS integriert und umgesetzt.

Die erstellten Vorlagen als potenzieller Bestandteil des QMS für die Risikomanagementakte einschließlich des Risikomanagementplans, der Gefährdungsanalyse, der Risikoanalyse und des Risikomanagementberichts wurden für das Praxisbeispiel gefüllt.

Einen Auszug einer ML-bezogenen Gefährdung aus der Risikoanalyse des Praxisbeispiels zeigt Tab. 2.

Die gemäß EN ISO 14971 obligatorische Verifizierung der Implementierung und Wirksamkeit der RCMs ist in Tab. 2 nicht dargestellt [11].

Tab. 2. Auszug einer ML-bezogenen Gefährdung aus der Risikoanalyse des Praxisbeispiels. Es werden folgende Abkürzungen verwendet: ALAP = As low as possible; RCM = Risk Control Measure; ID = Identification Number

Risk analysis	ID	1.0
	Headline/short description of origin	Data quality: incorrect data
	Hazardous situation	Device user reports the incorrect result to the clinician. Clinician does not identify the result as incorrect. Incorrect result misleads clinician to a misdiagnosis; clinician inappropriately intervenes/does not intervene
	Cause	Incorrect data: spectrum is disturbed, e. g., by air bubbles or blood clots. AI system of the device generates a clinically incorrect examination result
	Harm	Progression of the patient's condition as it remains undetected; harm to the patient due to unnecessary treatment
	Probability	Remote
	Severity	Serious
	Risk	ALAP
Risk mitigation	RCMs: **D** = inherent safety by design **M** =protective measures in the medical device itself or in the manufacturing process **I** = information for safety	**RCM-M001:** The input data (transmission spectrum) for the AI system shall undergo a plausibility check **RCM-M002:** Only input data (transmission spectra) that pass the plausibility check shall be entered into the AI system **RCM-M003:** If the plausibility check of the input data is not passed, an error message shall be displayed
	New risk due to RCMs	No
	Influence on risks of other hazardous situations	No
	Residual harm	As before
	Residual probability	Improbable
	Residual severity	Serious
	Residual risk	ALAP

6 Zusammenfassung und Ausblick

Die Ergebnisse zeigen, dass die Integration der Anforderungen der MDR/IVDR und des EU AI Acts zu einem robusten und praxisnahen regulatorischen Konzept führt. Im Rahmen der Umsetzung wurden in Zusammenarbeit mit dem Hersteller des Praxisbeispiels diverse Projekte durchgeführt, die einer regulatorisch-wissenschaftlichen Überprüfung mitunter im Rahmen von wissenschaftlichen Arbeiten unterzogen wurden.

Darüber hinaus erfolgte innerhalb dieser Projekte eine regelmäßige Überprüfung nach der Implementierung, einschließlich der Befragung der Mitarbeiter, um die Effektivität und Praxistauglichkeit des Konzeptes kontinuierlich zu gewährleisten und etwaige Optimierungspotenziale frühzeitig zu identifizieren

Das entwickelte Konzept ermöglicht es, die spezifischen Herausforderungen von KI-basierten Medizinprodukten effektiv zu bewältigen und die Sicherheit und Leistung der Produkte innerhalb des QMS und RMS zu gewährleisten.

Durch die Kombination der allgemeinen Anforderungen der MDR/IVDR mit den spezifischen Vorgaben der EN ISO 14971, BS/AAMI 34971 sowie des EU AI Acts entsteht ein umfassendes RMS, das sowohl allgemeine als auch KI-spezifische Risiken berücksichtigt. Dagegen kann die Anwendung der bisher verfügbaren Normen die integrierte Umsetzung der Anforderungen der MDR/IVDR und des EU AI Acts im Bereich des Qualitätsmanagements allenfalls unterstützen.

Das Umsetzungskonzept wurde anhand eines konkreten Produktbeispiels eines KI-basierten diagnostischen Medizinprodukts initial geprüft. Die Erstellung der Dokumente basierend auf den entworfenen Vorlagen, wie die für das RMS, und die Integration dieser Werkzeuge in das QMS gewährleisten nicht nur die Erfüllung aller regulatorischen Anforderungen, sondern gestatten auch einen Nachweis über die Sicherheit und Leistung des KI-basierten Medizinprodukts über den gesamten Produktlebenszyklus.

7 Abkürzungen

AAMI	Association for the Advancement of Medical Instrumentation
BS	British Standards
DIN	Deutsches Institut für Normung
EN	Europäische Norm
EU	Europäische Union
EU AI Act	Verordnung (EU) 2024/1689 über künstliche Intelligenz
IEC	International Electrotechnical Commission
ISO	International Standards Organization
IVD	In-vitro-Diagnostikum
IVDR	Verordnung (EU) 2017/746 über In-vitro-Diagnostika
MDR	Verordnung (EU) 2017/745 über Medizinprodukte
ML	Maschinelles Lernen
QMS	Qualitätsmanagementsystem
RMS	Risikomanagementsystem

Literatur

1. IMDRF/AIMD WG/N67 – Machine Learning-enabled Medical Devices: Key Terms and Definitions (06.05.2022)
2. AAMI/BSI, Machine Learning AI in Medical Devices Adapting Regulatory Frameworks and Standards to Ensure Safety and Performance. https://www.medical-device-regulation.eu/wp-content/uploads/2020/09/machine_learning_ai_in_medical_devices.pdf (2020)
3. ISO/IEC 22989:2022-07 – Informationstechnik – Künstliche Intelligenz – Konzepte und Terminologie der Künstlichen Intelligenz
4. Verordnung (EU) 2024/1689 des europäischen Parlaments und des Rates vom 13. Juni 2017 zur Festlegung harmonisierter Vorschriften für künstliche Intelligenz und zur Änderung der Verordnungen (EG) Nr. 300/2008, (EU) Nr. 167/2013, (EU) Nr. 168/2013, (EU) 2018/858, (EU) 2018/1139 und (EU) 2019/2144 sowie der Richtlinien 2014/90/EU, (EU) 2016/797 und (EU) 2020/1828
5. Verordnung (EU) 2017/745 des Europäischen Parlaments und des Rates vom 5. April 2017 über Medizinprodukte, zur Änderung der Richtlinie 2001/83/EG, der Verordnung (EG) Nr. 178/2002 und der Verordnung (EG) Nr. 1223/2009 und zur Aufhebung der Richtlinien 90/385/EWG und 93/42/EWG des Rates (Konsolidierte Version vom 5. April 2017 inklusive Änderungen vom 23.04.2020. 01.12.2022, 15.03.2023, 13.06.2024 und Corrigenda vom 03.05.2019, 27.12.2019 und 08.07.2021)
6. Verordnung (EU) 2017/746 des europäischen Parlaments des Rates vom 5. April 2017 inklusive der Berichtigungen vom 05.05.2017, 27.12.2019 und 01.07.2021 über In-vitro-Diagnostika und zur Aufhebung der Richtlinie 98/79/EG und des Beschlusses 2010/227/EU der Kommission (Konsolidierte Version vom 5. April 2017 inklusive Änderungen vom 25.01.2022, 01.12.2022, 15.03.2023, 13.06.2024 und Corrigenda vom 03.05.2019, 27.12.2019 und 01.07.2021)
7. European Commission, Draft standardisation request to the European Standardisation Organisations in support of safe and trustworthy artificial intelligence (05.12.2022)
8. European Commission, References of harmonised standards and of other European standards published in the OJEU. https://single-market-economy.ec.europa.eu/single-market/european-standards/harmonised-standards_en (2024)
9. DIN EN ISO 13485:2021-12 Medizinprodukte – Qualitätsmanagementsysteme – Anforderungen für regulatorische Zwecke (ISO 13485:2016); Deutsche Fassung EN ISO 13485:2016 + AC:2018 + A11:2021
10. ISO/IEC 42001:2023-12 – Informationstechnik – Künstliche Intelligenz – Managementsystem
11. DIN EN ISO 14971:2022-04 Medizinprodukte – Anwendung des Risikomanagements auf Medizinprodukte (ISO 14971:2019); Deutsche Fassung EN ISO 14971:2019 + A11:2021
12. BS/AAMI 34971:2023 – Application of BS EN ISO 14971 to machine learning in artificial intelligence – Guide
13. ISO/CD TS 24971–2 – Medical devices – Guidance on the application of ISO 14971 – Part 2: Machine learning in artificial intelligence. https://www.iso.org/standard/87600.html (2024)

Einflussbasierte Klassifizierung technischer Risiken in der frühen Phase der Produktentwicklung

Ghislain Davy Nganso Yanghu[1](✉), Konrad Wälder[2], und Ralf Woll[3]

[1] Supplier Quality Management, BMW Group, München, Deutschland
Davy.Nganso@bmw.de, Fam.Nganso@outlook.com
[2] Fachgebiet Qualitätssicherung und quantitative Methoden, Brandenburgische Technische Universität, Cottbus-Senftenberg, Cottbus, Deutschland
Waelder@b-tu.de
[3] Lehrstuhl Qualitätsmanagement, Brandenburgische Technische Universität, Cottbus-Senftenberg, Cottbus, Deutschland
Woll@b-tu.de

Zusammenfassung. Um technische Risiken in der Produktentwicklung (PE) handhaben zu können, existieren gängige Methoden in der Industrie wie die FMEA oder die FTA. Die Anwendung dieser Methoden setzt i. d. R. Randbedingungen wie die Verfügbarkeit des detaillierten Wissens über das Produktkonzept oder viele Ressourcen voraus. Beide liegen in der frühen Phase der PE nicht oder nur eingeschränkt vor. Deswegen sind diese Methoden für die frühe Phase der PE nicht vollumfänglich geeignet [1]. In diesem Beitrag wird ein Ansatz am Beispiel der Automobilbranche vorgeschlagen, der die Identifikation, Analyse, Bewertung und Klassifizierung technischer Risiken unter Berücksichtigung der Randbedingungen der frühen Phase der PE ermöglicht. Zu diesem Zweck werden technische Risiken unmittelbar aus den Produktanforderungen systematisch abgeleitet. Im Anschluss werden Werkzeuge aus dem vernetzten Denken nach Vester und den verteilungsfreien Methoden der Statistik eingesetzt, um einerseits den Einfluss der Einzelrisiken innerhalb des Produktes zu bewerten und andererseits die Robustheit der Bewertungen zu steigern sowie mögliche Szenarien zum Umgang mit den Risiken abzuleiten. Der Ansatz stellt eine nachvollziehbare und objektive Grundlage zur Priorisierung in der Maßnahmenplanung für die Behandlung technischer Risiken bereits in der frühen Phase der PE zur Verfügung. Hierdurch wird der Entscheidungsprozess der frühen Phase der PE im Hinblick auf die technischen Risiken unterstützt.

Schlüsselwörter: Technisches Risikomanagement · Qualitätsmanagement · Frühe Phase der Produktentwicklung

R. Jochem und M. Meyer (Hrsg.), *Rethinking Quality – Wandel des Qualitätsmanagements durch Digitalisierung und Künstliche Intelligenz*, https://doi.org/10.1007/978-3-658-47213-9_15

1 Einleitung

Die Produktentwicklung, als Bestanteil des Produktentstehungsprozesses (PEP), kann gemäß VDI 2221 als ein interdisziplinärer Prozess zur Realisierung marktfähiger Produkte, basierend auf initial vorliegende Anforderungen an das Produkt, verstanden werden [2]. In der Literatur wird die PE in Phasen untergliedert [3–6]. Insbesondere die frühe Phase der PE ist von entscheidender Bedeutung für den späteren Produkterfolg. Die Entscheidungen, die hierbei getroffen werden, beeinflussen maßgeblich die Folgeentwicklungsphasen sowie die Serie hinsichtlich Kosten, Terminschiene und Qualität. Um Qualitätsabweichungen vermeiden zu können, müssen technische Risiken rechtzeitig identifiziert und zweckmäßig behandelt werden. Hierfür existieren gängige Methoden der technischen Risikoanalyse in der Industrie wie die FMEA oder FTA. Die Anwendung dieser Methoden setzt klassischerweise Prämissen voraus, die i. d. R. nicht oder nur eingeschränkt in der frühen Phase der PE vorliegen. Beispielsweise wird sowohl das Wissen über das Produktkonzept als auch eine große Ressourcenverfügbarkeit angenommen. Diese widersprechen den Randbedingungen der frühen Phase der PE. Folglich sind diese gängigen Methoden nur bedingt für die frühe Phase de PE geeignet, wie von Nganso et al. bewertet [1].

Entsprechend wird die folgende **Forschungsfrage** in diesem Beitrag adressiert: Wie können technische Risiken trotz Unkenntnisse über das Produktkonzept ressourcenschonend identifiziert, analysiert, bewertet und klassifiziert werden, um den Entscheidungsprozess der frühen Phase der PE zu unterstützen?

Der vorgeschlagene Ansatz basiert auf dem Wissen der frühen Phase der PE, welches sich aus den Produktanforderungen und Experten des relevanten Technologiebereiches zusammensetzt. Diese werden eingesetzt, um technische Risiken abzuleiten und erste wertvolle Analysen durchzuführen. Zuerst werden Anforderungen an den Ansatz im Abschn. 2 formuliert. Diese werden aus den Merkmalen der frühen Phase der PE in Anlehnung an Nganso et al. und zusätzlichen Erwartungen aus der Praxis abgeleitet [1]. Im Abschn. 3 erfolgt die Vorstellung der allgemeinen Vorgehensweise des Ansatzes. Zur Ableitung der Einzelrisiken werden grundlegende Definitionen aus dem Anforderungsmanagement sowie Experten eingesetzt. Anschließend werden die Einfluss- und Beeinflussbarkeitspotentiale der Einzelrisiken mithilfe der Werkzeuge aus dem **vernetzten Denken** und den **verteilungsfreien Methoden** der Statistik ermittelt. Das Ziel hierbei ist ein frühzeitiges Screening technischer Risiken, die den größten Hebel aufweisen, um Qualitätsabweichungen möglichst zielgerichtet vorbeugen zu können. Darauf aufbauend können Prioritäten durchdekliniert werden, die den Rahmen zur Planung der Risikobehandlung skizzieren. Um alle möglichen Risikoeinstellungen der Entscheidungsträger für die spätere Planung der Risikobehandlung abbilden zu können, werden statistische **Simulationsverfahren mithilfe des Bootstrap-Verfahrens** eingesetzt. Hierdurch lassen sich verschiedene Szenarien (Worst-/Best-Case, und Most-Likely) je Risiko rechnerisch ermitteln. Im vierten Kapitel wird ein Ausschnitt der Anwendung des Ansatzes an einem anonymisierten Beispiel aus der Praxis vorgestellt. Das Abschn. 5 schließt den Beitrag mit einer Zusammenfassung der Ergebnisse und dem Ausblick ab.

Zum besseren Verständnis und als Grundlage des Ansatzes werden wichtige Begrifflichkeiten folgend definiert:

- **Frühe Phase der PE:** In diesem Beitrag beginnt die frühe Phase der PE mit dem Vorliegen des ersten Entwurfes der Produktanforderungen und endet mit der Festlegung der Lösung des **Produktkonzepts** [1]. Hierbei ist die Entscheidung zur Freigabe der erforderlichen Ressourcen und zur Konzeptrealisierung noch nicht erfolgt [6, 7].
- **Funktionale Anforderungen:** Beschreibung der Funktionen welche, das System einer nutzenden Person oder einem Nachbarsystem unter gewissen Bedingungen zur Verfügung stellt [8].
- **Nicht-funktionale Anforderungen:** Alle restlichen Anforderungen, die nicht funktional sind [8].
- **Produktkonzept:** Skizzierung der prinzipiellen Struktur und Wirkungsweise des Produkts [9].
- **Risikoeinstellung:** Bereitschaft eines Entscheidungsträgers Risiken einzugehen. Hierbei wird zwischen risikoscheuer, -freudiger und -neutraler Einstellung unterschieden [10].
- **Szenario:** Allgemeinverständliche Beschreibung einer möglichen Situation in der Zukunft, die auf einem komplexen Netz beruht, sowie die Darstellung einer Entwicklung, die aus der Gegenwart zu dieser Situation führen kann [11].
- **Technische Risiken:** Mögliche Nichtkonformitäten oder Fehler, die eine Beeinträchtigung der Produkt- oder Produktionsqualität sowie dessen Zuverlässigkeit hervorrufen [1, 12].
- **Technisches Risikomanagement:** Abgestimmte Tätigkeiten zur zielgerichteten Lenkung und Kontrolle einer Organisation, in Hinblick auf mögliche Nichtkonformitäten oder Fehler, die eine Beeinträchtigung der Produkt- oder Produktionsqualität sowie Zuverlässigkeit hervorrufen [12].
- **Unsicherheit:** In diesem Beitrag wird die Unsicherheit als die Diskrepanz zwischen benötigten und existierenden Informationen definiert [13, 14].
- **Wissen:** Verfügbare Informationen, welche durch ihre Vernetzungen wertvolle Vergleiche, Rückschlüsse und Entscheidungen ermöglichen [15–17].

2 Anforderungen an den Ansatz

Die frühe Phase der PE wird durch Merkmale inkl. Spezifikationen charakterisiert, die deren Randbedingungen bestimmen [6]. Aus einer Auswahl dieser Merkmale wurden im ersten Schritt Anforderungen an den neuen zu entwickelnden Ansatz in Anlehnung an Nganso et al. definiert [1]. Diese werden um zusätzliche Erwartungen aus der Praxis erweitert und hier näher vorgestellt und erläutert:

- **Anwendbarkeit bei großer Unsicherheit:** Diese erste Anforderung leitet sich aus der großen Unsicherheit der frühen Phase der PE ab [6]. Hierbei muss der neue Ansatz mit dem Wissen der frühen Phase durchführbar sein. Damit wird sichergestellt, dass das Vorgehen an den generellen verfügbaren Wissensstand der frühen

Phase der PE angepasst ist. Insbesondere wird das Wissen über das Produktkonzept nicht vorausgesetzt [1].

- **Einschätzung der Risikowechselwirkung:** Als Zweites muss der neue Ansatz die Wechselwirkungen zwischen den Einzelrisiken ermitteln sowie ihre Intensitäten einschätzen können. Dadurch können die Auswirkungen zwischen den Risiken der gleichen Systemebene analysiert und Klassifizierungskriterien zur Unterstützung des Entscheidungsprozesses in der frühen Phase abgeleitet werden. Darauf basierend lässt sich die Auswirkung technischer Risiken aus der frühen Phase auf den Folgeentwicklungsprozess beurteilen [1, 6].
- **Berücksichtigung der geringen Ressourcenverfügbarkeit:** Der neue Ansatz muss mit wenig Ressourcen durchführbar sein und einen Hinweis auf Risiken liefern, die den größten Hebel zur Lenkung des Produktes versprechen. Hierdurch können die geringen Ressourcen der frühen Phase der PE gezielt eingesetzt werden, um mit minimalem Aufwand die Erreichung der Produktqualität wirkungsvoll zu steuern. Durch diese dritte Anforderung wird die geringe Ressourcenverfügbarkeit der frühen Phase berücksichtigt [1, 6].
- **Vorleistung für die FMEA:** Die FMEA ist nicht nur die gängigste Methode der technischen Risikoanalyse bei produzierenden Unternehmen, wie bspw. aus der Studie von Zentis et al. oder Graner zu entnehmen, sondern sie ist auch die Methode, die am ehesten in der frühen Phase der PE eingesetzt werden kann [1, 18–20]. Ferner gilt die FMEA als Pflichtmethode im Rahmen der PE in der Automobilbranche aufgrund der IATF-Anforderung [21]. Daher muss der neue Ansatz mit der FMEA kompatibel sein. Das bedeutet insbesondere, dass der Output aus dem neuen Ansatz als Input für die spätere FMEA nutzbar sein muss.
- **Praxistauglichkeit:** Außerdem muss der neue Ansatz die Praxistauglichkeit gewährleisten. D. h., die Vorgehensweise muss nicht nur nachvollziehbar sein, aber auch im Allgemeinen in den gängigsten Entwicklungsmethoden und -tools leicht integrierbar sein.

3 Vorgehensweise des Ansatzes

Der erarbeitete Ansatz unterteilt sich in vier Hauptschritte bestehend aus der Identifikation technischer Risiken inkl. deren Bedeutung, Analyse der Einflussnahme sowie Beeinflussbarkeit je Risiko, Ableitung möglicher Szenarien je Risiko und Risikoklassifizierung zur späteren Planung der Risikobehandlung. Diese bilden die generelle Vorgehensweise des Ansatzes ab (s. Abb. 1). Die Durchführung der Einzelschritte erfolgt durch Experten des relevanten Technologiebereichs unter der Führung eines Moderators.

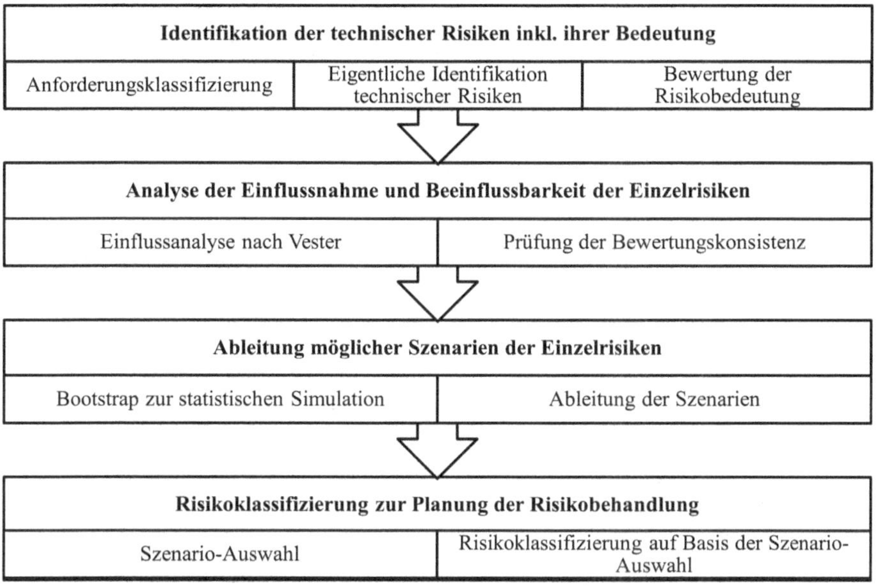

Abb. 1. Generelle Vorgehensweise des Ansatzes

3.1 Identifikation technischer Risiken inkl. ihrer Bedeutungen

Um eine ressourcenschonende Risikoidentifikation auf Basis des vorliegenden Wissens der frühen Phase der PE zu ermöglichen, wird ein standardisiertes Vorgehen erarbeitet, der sich aus der Anforderungsklassifizierung, der eigentlichen Risikoidentifikation und der Bewertung der Risikobedeutung untergliedert.

- **Anforderungsklassifizierung:** Nach den Vorgehensmodellen zur PE gehören die Anforderungen zu den ersten verfügbaren Informationen über das zu entwickelndes Produkt [2, 22]. Diese werden in der Regel in einem Lastenheft zusammengefasst, um die technische Zielsetzung des Entwicklungsvorhabens zu vereinbaren. In der Automobilindustrie entsteht die erste Version des Lastenheftes nach der Produktplanung [23, 24]. Insbesondere bei komplexen Produkten gibt es zahlreiche Anforderungen. Eine Vielzahl davon ist allerdings wenig bis gar nicht relevant in der frühen Phase bei der Konzepterstellung [25, 26]. Daher hat die Anforderungsstrukturierung und -hierarchisierung eine große Relevanz in der Praxis für die Entscheidungsfähigkeit [27]. Die Anforderungsklassifizierung soll dazu dienen, das Wesentliche vom Unwesentlichen für die frühe Phase herauszufiltern. Hierzu werden die Soll-Funktionen des Produktes und ihre relevanten technischen Randbedingungen erfasst und transparent zusammengestellt. Darauf basierend lassen sich potenzielle Abweichungen, im weiteren Vorgehen effizienter identifizieren. Zur Klassifizierung der Anforderungen werden die reinen technischen Anforderungen nach Ehrlenspiel et al. in erster Linie identifiziert [28]. Hierdurch wird der Fokus auf die technischen Risiken gerichtet. Diese werden anschließend in funktionale und nicht-funktionale Anforderungen nach ISO/IEC/IEEE 29.148 sowie Rupp & Sophisten unterteilt [8, 29]. Hierbei beschreiben die funktionalen Anforderungen die nutzbaren Funktionen des Produkts [30, 31]. Die nicht-funktionalen Anforderungen beinhalten die weiteren relevanten Anforderungen oder Einschränkungen an die Soll-Funktion.

- **Risikoidentifikation:** Nach der Anforderungsklassifizierung erfolgt die eigentliche Risikoidentifikation. Um eine schnelle, aber auch wirkungsvolle Identifikation der technischen Risiken zu erreichen, werden die Leitworte aus der HAZOP-Methode systematisch eingesetzt. Die HAZOP-Methode befasst sich mit der Analyse möglicher Abweichungen in technischen Systemen [32–34]. Die Leitworte aus der HAZOP-Methode unterstützen die Experten bei der effizienten Ableitung der technischen Risiken. Diese wird durch intuitive Fragestellungen bezüglich möglicher technischer Abweichungen gefördert (s. Tab. 1).

Tab. 1. Leitworte der HAZOP-Methode [33, 34]

Leitwort	Erläuterung	Fragestellung
Nein oder nicht	Verneinung der Sollfunktion	Was ist die Verneinung der Sollfunktion?
Mehr	Quantitativer Anstieg	Stellt eine Überschreitung ein Risiko dar?
Weniger	Quantitative Verringerung	Stellt eine Unterschreitung ein Risiko dar?
Sowohl als auch	Zusätzliche Effekte zum gewünschten Soll-Ablauf, insb. schädlicher Nebeneffekt	Welche schädlichen Nebeneffekte können durch die Ausführung der Sollfunktion verursacht werden?
Teilweise	Partielle Ausführung der Sollfunktion	Kann die Sollfunktion nur partiell ausgeführt werden?
Umkehrung	Ausführung in konträrer Richtung	Kann die Sollfunktion in umgekehrter Richtung ausgeführt werden?
Anders als	Vollständiger Austausch	Kann die Sollfunktion während ihrer Ausführung fälschlicherweise durch etwas anderes ersetzt oder verwechselt werden?

- **Bewertung der Risikobedeutung:** Jedem Risiko wird eine Bedeutung aus Produktsicht durch die Experten zugeordnet. Dies erfolgt in Anlehnung an die Kriterien zur Bewertung der Risikobedeutung (B) aus dem FMEA-Handbuch von AIAG/VDA [35].

Das Ergebnis der Risikoidentifikation ist das technische Risikoinventar des Produktes, bestehend aus den identifizierten Risiken und ihren Bedeutungen.

3.2 Analyse der Einflussnahme und Beeinflussbarkeit der Einzelrisiken

Die Analyse der Einflussnahme und Beeinflussbarkeit der Einzelrisiken stellt sowohl die Erfassung der Wechselwirkungen zwischen den Einzelrisiken als auch die Bewertung ihrer Intensitäten sicher. Zu diesem Zweck wird die Einflussmatrix nach Vester aus den Werkzeugen des vernetzten Denkens angewendet [36, 37]. Darüber hinaus werden verteilungsfreie statistische Tests eingesetzt, um die Konsistenz der Bewertungen zu prüfen und dadurch ihre Aussagekraft zu steigern.

Bewertung der Einflussnahme und Beeinflussbarkeit der Einzelrisiken. Aus dem technischen Risikoinventar ergeben sich die technischen Risiken des Produktes.

Einfluss Von → Auf	A	B	C	D	E	Einflussnahme (Aktivsumme)
A	-	2	1	2	3	8
B	0	-	1	0	2	3
C	3	3	-	1	1	8
D	2	1	0	-	3	6
E	1	0	2	1	-	4
Beeinflussbarkeit (Passivsumme)	6	6	4	4	9	

Bewertungsskala:

0 = keine Wirkung
1 = geringe Wirkung
2 = starke Wirkung
3 = sehr starke Wirkung

Abb. 2. Einflussanalyse nach Vester [37]

Diese werden der Einflussanalyse nach Vester unterzogen [36, 37]. Hierzu werden die Einzelrisiken in die Einflussmatrix sowohl auf der horizontalen als auch der vertikalen Achse übertragen und die Analyse sowie Bewertung der gegenseitigen Beeinflussung der Risiken durch die Experten durchgeführt. Um die Subjektivität der Einzelexperten zu reduzieren, werden diese in mindestens zwei Teams á mindestens zwei Experten unterteilt. Die Bewertungen ergeben die Aktiv- und Passivsummen jedes Einzelrisikos aus den horizontalen und vertikalen Summen (s. Beispiel Abb. 2). Diese bilden den ersten Input zur Ermittlung der Einflussnahme sowie Beeinflussbarkeit der Einzelrisiken. Der zweite Input besteht aus der Bedeutung des jeweiligen Risikos aus der Risikoidentifikation (s. Abschn. 3.1). Diese werden als Gewichtungsfaktor eingesetzt. Aus den beiden Inputs werden Einfluss- und Beeinflussbarkeitsindikatoren je Risiko (EI respektive BI) bestimmt, die wie folgt berechnet und definiert werden:

$$\boldsymbol{EI} = \textit{Aktivsumme des Risikos} \times \textit{Risikobedeutung}. \tag{1}$$

Dieser gibt an, wie die Einflussnahme eines Risikos innerhalb des Produktes bewertet wird.

$$\boldsymbol{BI} = \textit{Passivsumme des Risikos} \times \textit{Risikobedeutung}. \tag{2}$$

Dieser gibt an, wie die Beeinflussbarkeit eines Risikos innerhalb des Produktes bewertet wird.

Gemeinsam bilden beide Kennzahlen die Grundlage der einflussbasierten Klassifizierung der technischen Risiken. Diese ermöglichen ein neuartiges Klassifizierungskriterium bei der Handhabung technischer Risiken. Die technischen Risiken werden auf Basis ihrer Bedeutung, Einflussnahme und Beeinflussbarkeit priorisiert.

Prüfung der Bewertungskonsistenz. Es liegen üblicherweise wenige Informationen über das Produkt in der frühen Phase der PE vor. Daher basieren die Bewertungen in diesem Ansatz auf Expertenschätzungen, die der Subjektivität unterliegen können. Um diese zu reduzieren und somit die Robustheit der Bewertungen zu steigern, werden die Bewertungen auf Konsistenz geprüft. Hierzu stellen statistische Tests wirksame Werkzeuge dar, die jedoch sorgfältig ausgewählt werden müssen, um die Aussagekraft der Ergebnisse zu gewährleisten. Die spezifische Fragestellung bei der Prüfung der Bewertungskonsistenz in diesem Ansatz lautet:

- Unterscheiden sich die Bewertungen der Expertenteams bezüglich der Einfluss- und Beeinflussbarkeitsindikatoren statistisch signifikant?

Aufgrund der Datenmenge und -art aus den vorherigen Bewertungen, kommen nur verteilungsfreie statistische Tests in Frage. Bei der Prüfung von zwei Expertenteams empfiehlt sich der Mann-Withney-Test. Sind mehr als zwei Expertenteams zu prüfen, dann wird der Kruskal-Wallis-Test als Verallgemeinerung des Mann-Withney-Tests angewendet [38]. Sollten sich die Bewertungen der Expertenteams statistisch signifikant unterscheiden, dann erfolgt zuerst eine Verbesserung des Bewertungsvorgangs. Es muss das gleiche Verständnis bzgl. der Definition der technischen Risiken bei den Expertenteams geschaffen werden, denn Unterschiede hierbei entstehen erfahrungsgemäß selten aus der eigentlichen Bewertung, sondern eher aus der Definition der Variablen [36]. Außerdem werden weitere Experten einbezogen, falls die Ressourcenverfügbarkeit dies zulässt. Danach wird der Bewertungsvorgang erneut durchgeführt. Bei erneuten signifikanten Unterschieden sind die Einzelbewertungen zu untersuchen, um die betroffenen Risiken aufzudecken. Für diese sind Maßnahmen wie bspw. technische Simulationen zur Aufklärung der Unterschiede in den Bewertungen der Wechselwirkungen zu definieren.

3.3 Ableitung möglicher Szenarien für die Einzelrisiken

Szenarioanalysen richten sich primär an zukunftsorientierte Fragenstellungen unter der Annahme, dass unterschiedliche zukünftige Entwicklungsoptionen möglich sind [39]. Sie können aber auch für bevorstehende Entscheidungen zielführend eingesetzt werden [31]. Letzteres entspricht dem Vorhaben in diesem Beitrag, denn das Ergebnis soll den Entscheidungsprozess hinsichtlich der Priorisierung bei der anstehenden Planung der risikobehandelnden Aktivitäten unterstützen. Es ist ausreichend sich auf aussagekräftige und unterscheidbare Szenarien zu fokussieren, die den Szenario-Raum möglichst repräsentativ abdecken können [40]. Es hat sich in der Praxis bewährt, drei Szenarien abzuleiten: das sogenannte Grundszenario oder wahrscheinlichste Szenario (Most-Likely Szenario), das pessimistische Szenario (Worst-Case Szenario) und das optimistische Szenario (Best-Case Szenario) [37]. Die drei Szenario-Ausprägungen stellen die Berücksichtigung der verschiedenen relevanten Risikoeinstellungen der Entscheidungsträger sicher.

Aufgrund der Unsicherheit der frühen Phase der PE sowie der schweren prognostizierbaren Veränderungen technischer komplexer Systeme, wird dieser Grundgedanke der Szenarioanalyse aufgegriffen. Für die konkrete Umsetzung werden drei Anhaltspunkte zur Abbildung der Szenarien aus den bisherigen Daten rechnerisch geschätzt. Aus den kleinen Stichprobenumfängen der Expertenschätzungen aus dem Abschn. 3.2 können jedoch keine robusten Schätzer generiert werden. In solchen Fällen ermöglichen statistische Simulationsverfahren einen Lösungsweg. Hierbei werden alle drei Szenarien rechnerisch aus adäquaten statistischen Simulationsverfahren bereitgestellt. Für jedes Risiko erfolgen statistische Simulationen für die Einfluss- und Beeinflussbarkeitsindikatoren aus der ursprünglichen Stichprobe, bestehend aus den zugehörigen Bewertungen der Expertenteams. Hierbei gibt es üblicherweise zwei gängige Arten von Verfahren, das Bootstrap-Verfahren auch Bootstrapping genannt und die Permutationstests. Permutationstests eignen sich typischerweise zum Quantifizieren und Testen von Verteilungshypothesen, während das Bootstrap-Verfahren üblicherweise zum Quantifizieren und Analysieren der Güteeigenschaften von Schätzern oder zur Ermittlung brauchbarer Schätzungen angewendet wird [41, 42]. Daher eignet sich das Bootstrap-Verfahren für die Zielsetzung in diesem Beitrag. Insbesondere auch Vertrauensbereiche von klassischen Punktschätzern aus der Simulation lassen sich aus dem Bootstrap-Verfahren bestimmen. Im Risikomanagement sind Unter- und Obergrenzen unbekannter Risikoparameter oft notwendig, daher werden Vertrauensbereiche nicht lediglich zur Ergänzung von Punktschätzern betrachtet, sondern auch als eingeständiges Hilfswerkzeug zur Risikoquantifizierung verwendet [43].

Statistische Simulation mittels des Bootstrap-Verfahrens. Es gibt parametrische und nicht-parametrische Bootstrap-Verfahren, wobei das nicht-parametrische Bootstrap-Verfahren, aufgrund der Verteilungsfreiheit der Daten und dem Vorliegen einer ursprünglichen Stichprobe, für diesem Beitrag relevant ist. Die generelle Idee dieses Verfahrens besteht in der Erzeugung weiterer Stichproben aus der ursprünglich empirischen Stichprobe. Diese Stichprobenerzeugung wird durch zufälliges Ziehen mit Zurücklegen realisiert. Sei eine ursprüngliche Stichprobe $x = (x_1,\ldots,x_n)$ von n Realisierungen. Die Anzahl möglicher Stichproben aus dieser ursprünglichen Stichprobe ist wie folgt definiert [44]:

$$\binom{2n-1}{n} = \frac{(2n-1)!}{(n-1)! \cdot n!} \tag{3}$$

Bei einer Stichprobengröße $n = 10$ existieren 92.378 mögliche Bootstrap-Stichproben, wenn alle Elemente der ursprünglichen Stichprobe unterschiedlich sind [38, 45]. Dies impliziert einen enormen Rechneraufwand. Deshalb wird in der Praxis nur eine ausgewählte Anzahl an Wiederholungen durchgeführt [46]. Je größer die Anzahl der Wiederholungen, desto besser. Bei m Wiederholungen werden die simulierten Stichproben $x^{*1},\ldots,\ x^{*m}$ Bootstrap-Stichproben genannt. Die gehörigen Verteilungen werden Bootstrap-Verteilungen bezeichnet. Für jede Stichprobe wird ein Schätzwert $\widehat{\theta}$ der gesuchten Parameter berechnet, welche Bootstrap-Schätzung bezeichnet wird.

Aus den Bootstrap-Schätzungen wird der Vertrauensbereich für den wahren und unbekannten Wert abgeleitet [41]. Dieser wird mit drei Werten gekennzeichnet: unterer, mittlerer und oberer Wert.

Die ursprüngliche Stichprobe muss nicht groß sein, um stabile Ergebnisse zu erhalten, aber in der Literatur gibt es keine Vorgabe zur Festlegung ihrer Mindestgröße, sondern nur Empfehlungen [38, 44, 47, 48]. Hierbei gilt ebenfalls je größer die ursprüngliche Stichprobe, desto besser.

Im Rahmen der Analyse der Einflussnahme und Beeinflussbarkeit aus dem Abschn. 3.2 ergibt sich zusammenfassend für jedes technische Risiko eine ursprüngliche Stichprobe der Indikatoren aus den Bewertungen der Expertenteams. Diese werden im nicht-parametrischen Bootstrap-Verfahren genutzt, um weitere Stichproben zu generieren, woraus die Punktschätzer der Bewertungen und deren Vertrauensbereiche erzeugt werden. Hierbei läuft das nicht-parametrische Bootstrap-Verfahren wie folgt:

1. Ziehen von m unabhängigen Bootstrap-Stichproben $x^{*1},\ldots, x^{*m}$, mit Zurücklegen, aus der ursprünglichen Stichprobe x.
2. Auswerten des Punktschätzers $\widehat{\theta}$ für jede Bootstrap-Stichprobe.
3. Schätzen des $1-\alpha$-Vertrauensbereichs [49, 50].

Für ausführlichere Erläuterungen über das Bootstrap-Verfahren wird auf die relevanten Referenzen im Literaturverzeichnis [38, 41, 42, 44–46, 49] verwiesen.

Ableitung der Szenarien je Risiko mithilfe des Vertrauensbereichs. Aus der Durchführung des Bootstrap-Verfahrens liegen die Vertrauensbereiche der Einfluss- und Beeinflussbarkeitsindikatoren der jeweiligen Risiken vor. Darauf basierend werden die Worst-, Best- und Most-Likely-Ausprägungen abgeleitet. Während die Obergrenze des Vertrauensbereichs die Worst-Ausprägung in diesem Ansatz bezeichnet, wird die Best-Ausprägung aus der Untergrenze abgelesen. Die Most-Likely-Ausprägung bildet der mittlere Wert ab. Die Szenarien lassen sich im Anschluss wie folgt zusammenfassen:

- **Worst-Case-Szenario:** Alle Indikatoren erhalten ihren jeweils maximalen Wert aus dem Vertrauensbereich. Diese entspricht der oberen Grenze des Vertrauensbereichs.
- **Best-Case-Szenario:** Alle Indikatoren erhalten ihren jeweils minimalen Wert aus dem Vertrauensbereich. Diese entspricht der unteren Grenze des Vertrauensbereichs.
- **Most-Likely-Case-Szenario:** Alle Indikatoren erhalten ihren jeweils mittleren Wert aus dem Vertrauensbereich. Diese entspricht dem mittleren Wert des Vertrauensbereichs.

Darauf basierend können die Risiken je nach ausgewähltem Szenario im nächsten Schritt klassifiziert werden.

3.4 Risikoklassifizierung zur Planung der Risikobehandlung

Die Klassifizierung der Risiken erfolgt in Anlehnung an die Matrix zur Rollenverteilung nach Vester (s. Abb. 3) und pro Szenario. Jedes Risiko wird durch seinen Einfluss- und Beeinflussbarkeitsindikator auf der vertikalen respektiv horizontalen Achse der Matrix vertreten. Hierdurch werden die Risikoklassen abgebildet. Abweichend von der Rollenverteilung nach Vester (s. [36, 37]) werden zwei Bezeichnungen der Felder angepasst. Risiken, die dem kritischen Feld angehören, werden aufgrund ihrer Beschaffenheiten und Vernetzung als komplexe Risiken bezeichnet. Risiken, die dem trägen Feld zugeordnet werden, sind isolierte Risiken und stellen das Gegenteil von komplexen Risiken dar. Dies soll eine Irreführung vermeiden, denn im Zusammenhang mit Risiken sind kritische Risiken i. d. R. sofort zu bearbeiten. Demgegenüber müssen komplexe Risiken in diesem Ansatz mit Bedacht behandelt werden. Die Risikoklassen unterteilen sich in aktiven, passiven, komplexen und isolierten Risiken.

Aktive Risiken haben einen starken Einfluss auf andere innerhalb des Produktes und werden selbst von anderen wenig beeinflusst. Diese eigen sich als wirksame Hebel zur Lenkung der Produktqualität und -zuverlässigkeit [36, 37].

Passive Risiken haben wenig Einfluss auf andere Risiken innerhalb des Produktes, aber werden selbst von anderen stark beeinflusst. Eine Bearbeitung derartiger Risiken dient nur der Symptombehandlung. Sie stellen viel mehr adäquate Frühwarnungen über die Gesundheit des Produktes dar [36, 37].

Komplexe Risiken haben einen starken Einfluss auf andere Risiken innerhalb des Produktes und werden selbst von anderen Risiken stark beeinflusst. Aufgrund der hohen Vernetzungsintensität handelt es sich hierbei um sehr sensitive Risiken. Ihre Veränderung kann zwar eine initiale schnelle Wirkung zeigen, aber unerwartete Konsequenzen oder gar Komplikationen lassen sich aufgrund ihrer Beeinflussbarkeit nicht vollumfänglich hervorsehen und kontrollieren. Diese sind mit Bedacht zu bearbeiten [36, 37].

Isolierte Risiken haben wenig Einfluss auf andere innerhalb des Produktes und werden selbst wenig beeinflusst. Diese werden in erster Linie vernachlässigt, jedoch sollten sie unter Beobachtung stehen, um bei möglichen Grenzwertüberschreitungen schnell reagieren zu können [36, 37].

Außerdem werden die Risiken in drei Bereiche klassifiziert, die Auskunft über die Prioritätsrangfolge bei der Maßnahmenplanung für die weitere Handhabung geben (s. Abb. 3).

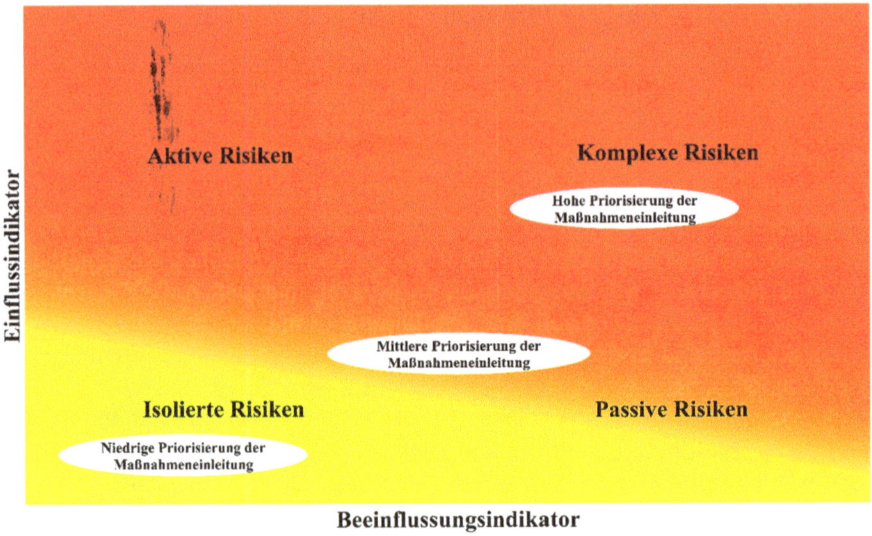

Abb. 3. Matrix zur Klassifizierung technischer Risiken

- **Roter Bereich:** Maßnahmen zur Behandlung der Risiken im Bereich „hohe Priorisierung" erhalten die höchste Priorität. So werden diese Risiken bspw. im Rahmen der späteren FMEA-Durchführung als erstes analysiert.
- **Oranger Bereich:** Maßnahmen zur Behandlung der Risiken im Bereich „mittlere Priorisierung" werden erst im zweiten Schritt bearbeitet.
- **Gelber Bereich:** Die Maßnahmen zur Behandlung der Risiken des Bereiches „niedrige Priorisierung" haben die niedrigste Priorität und werden als Letztes durchgeführt.

Die Grenzlinien der Bereiche können unternehmens- oder projektspezifisch ausgewählt werden. Für Risiken, die grenzwertig zum anderen Bereich liegen, ist vom Management zu entscheiden, welchem Bereich diese zuzuordnen sind. Analog zu der FMEA dient die Klassifizierung in dieser Arbeit nicht der Priorisierung der Risiken im Sinne von kritisch oder weniger kritisch, sondern lediglich der Priorisierung der Maßnahmen [35]. Aus diesem Grund, in Kombination mit der großen Unsicherheit in der frühen Phase, ist kein grüner Bereich im Rahmen der vorgeschlagenen Risikoklassifizierung vorgesehen.

4 Praktische Anwendung

Das Fallbeispiel erfolgt anhand eines anonymisierten Teilsystems des elektrischen Antriebs. Die Bewertungen werden durch Experten im Bereich der Entwicklung elektrischer Antriebe durchgeführt. Für die Einflussanalyse wurden die Experten in drei Teams je zwei Experten unterteilt. Die Daten werden anonymisiert und bei Bedarf verfälscht, um Rückschlüsse über die reellen technischen Realisierungen zu vermeiden. Des Weiteren wird nur ein Ausschnitt der Anforderungen an das Teilsystem beispielhaft dargestellt.

4.1 Identifizierung der technischen Risiken inkl. ihrer Bedeutung

Es wird auf die reinen technischen Anforderungen der Betrachtungseinheit fokussiert, die in funktionale und nicht-funktionale Anforderungen unterteilt werden. Anhand der anschließenden Anwendung der Leitworte der HAZOP-Methode sowie der Kriterien zur Bewertung der Risikobedeutung nach dem FMEA-Handbuch AIAG/VDA ergibt sich das technische Risikoinventar aus der Tab. 2 mit insgesamt sechszehn Risiken.

Tab. 2. Technisches Risikoinventar der Betrachtungseinheit

Technisches Risikoinventar		
Funktion	Technisches Risiko	Risiko-bedeutung (B)
Reihenschaltung der Zellen sicherstellen	1. Ausfall der Reihenschaltung der Zellen	10
Parallelschaltung der Zellen sicherstellen	2. Kompletter Ausfall der Parallelschaltungen der Zellen	10
	3. Partieller Ausfall der Parallelschaltungen der Zellen	8
Elektrische Leistung transportieren	4. Zu wenig elektrische Leistung transportiert	8
	5. Zu viele Wärme beim Transport der elektrischen Leistung erzeugen	10
Spannung im System messen	6. Kompletter Ausfall der Spannungsmessung	8
	7. Partieller Ausfall der Spannungsmessung	8
	8. Gemessene Spannung fälschlicherweise zu gering	10
	9. Gemessene Spannung fälschlicherweise zu hoch	8
Temperatur im System messen	10. Kompletter Ausfall der Temperaturmessung	8
	11. Partieller Ausfall der Temperaturmessung	8
	12. Gemessene Temperatur fälschlicherweise zu gering	10
	13. Gemessene Temperatur fälschlicherweise zu hoch	8
Kurzschlüsse im Fehlerfall trennen	14. Keine Trennung von Kurzschlüssen trotz Fehlerfall	10
	15. Trennung, obwohl kein Fehlerfall vorhanden	10
Berührschutz an notwendigen Stellen sicherstellen	16. Kein Berührschutz an notwendigen Stellen	10

4.2 Einflussanalyse der Einzelrisiken inkl. Konsistenzprüfung

Ausgehend vom technischen Risikoinventar (s. Tab. 2) lässt sich die Einflussanalyse durch die Expertenteams durchführen. Hierbei wurde die Einflussmatrix nach Vester eingesetzt. Um die ursprüngliche Stichprobe des späteren Bootstraps zu erhöhen, führte jedes Team zwei Bewertungsvorgänge durch. Die Zusammenfassung der Indikatoren aus den Bewertungen bilden die ursprünglichen Stichproben für die spätere Durchführung des Bootstraps zur Ableitung der Entscheidungsszenarien ab. Mit P-Werten von 0,9 und 0,7 ergibt die Konsistenzprüfung der Bewertungen keinen statistisch relevanten Unterschied zwischen den verschiedenen Bewertungen der Expertenteams bei den Einfluss- und Beeinflussbarkeitsindikatoren, s. Abb. 4.

WORKSHEET 1

Kruskal-Wallis Test: Einflussindikator versus Expertenteam

Descriptive Statistics

Expertenteam	N	Median	Mean Rank	Z-Value
Team_1	32	192	49,8	0,33
Team_2	32	192	46,9	-0,39
Team_3	32	213	48,7	0,06
Overall	96		48,5	

Test

Null hypothesis H_0: All medians are equal
Alternative hypothesis H_1: At least one median is different

Method	DF	H-Value	P-Value
Not adjusted for ties	2	0,18	0,916
Adjusted for ties	2	0,18	0,915

WORKSHEET 1

Kruskal-Wallis Test: Beeinflussbarkeitssindikator versus Expertenteam

Descriptive Statistics

Expertenteam	N	Median	Mean Rank	Z-Value
Team_1	32	216	51,3	0,71
Team_2	32	192	45,9	-0,66
Team_3	32	210	48,3	-0,05
Overall	96		48,5	

Test

Null hypothesis H_0: All medians are equal
Alternative hypothesis H_1: At least one median is different

Method	DF	H-Value	P-Value
Not adjusted for ties	2	0,62	0,732
Adjusted for ties	2	0,62	0,732

Abb. 4. Prüfung der Bewertungskonsistenz

4.3 Ermittlung möglicher Szenarien

Aus den ursprünglichen Stichproben der Einfluss- und Beeinflussbarkeitsindikatoren je Risiko werden Worst-, Best-, und Most-Likely-Ausprägungen rechnerisch mittels des Bootstrap-Verfahrens ermittelt. In diesem Beitrag erfolgt diese Berechnungen mittels Minitab als verbreitetes Tool zu statistischen Auswertungen in der Automobilindustrie. Die Abb. 5 und 6 stellen exemplarisch die Ergebnisse aus der Bootstrap-Simulation der Einfluss- und Beeinflussbarkeitsindikatoren für das Risiko Nr. 7 „partieller Ausfall der Spannungsmessung“ dar, wobei 10.000 Wiederholungen durchgeführt werden. Diese Wiederholungsanzahl ist die maximal mögliche in Minitab und stärkt die Robustheit der Simulationsergebnisse. Der 95 %-Vertrauensbereich wurde ausgewählt, weil dieser in der Industrie gängig ist, was das Verständnis erleichtert. Die oberen Grenzen der errechneten Vertrauensbereiche aus den Simulationen kennzeichnen jeweils die Worst-Case-Ausprägung und die unteren Grenzen der Best-Case-Ausprägung der Indikatoren. Der mittlere Wert bezeichnet die Most-Likely-Ausprägung siehe Abb. 5.

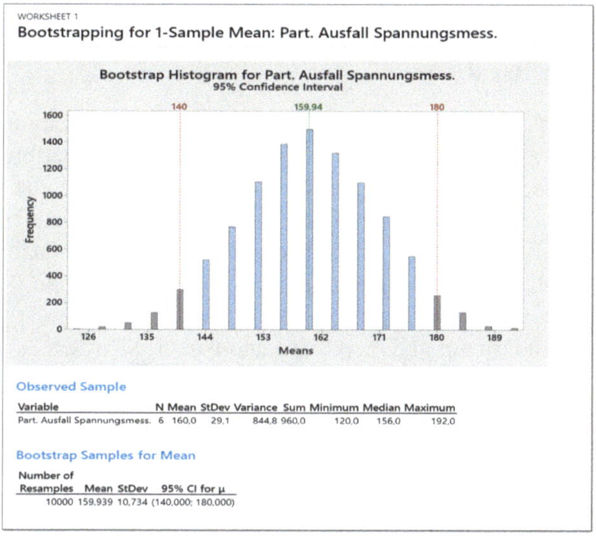

Abb. 5. Bootstrap Einflussindikator für „part. Ausfall der Spannungsmessung“

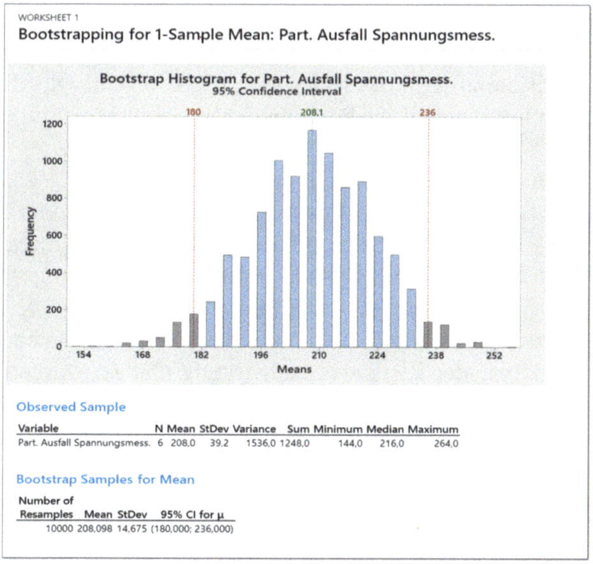

Abb. 6. Bootstrap Beeinflussbarkeitsindikator für „part. Ausfall der Spannungsmessung“

Die Worst-Ausprägung des Einflussindikators für das Risiko mit der Nummer sieben („partieller Ausfall der Spannungsmessung“) beträgt 180, die Best-Ausprägung 140 und die Most-Likely 159,94 (s. Abb. 6). Bei dem Beeinflussbarkeitsindikator ist es jeweils 236 für die Worst-, 180 für die Best- und 208,1 für die Most-Likely-Ausprägung (s. Abb. 7).

Aus den vollständigen Bootstrap-Simulationen resultieren die Szenarien-Werte für Einfluss- und Beeinflussbarkeitsindikatoren je Risiko in der Tab. 3 respektive 4.

4.4 Klassifizierung der Risiken

Aus den errechneten Szenario-Werten erfolgt die Risikoklassifizierung je nach ausgewähltem Szenario. In diesem Beispiel wird die Risikoklassifizierung für das Worst- sowie Best-Case Szenario vorgenommen. Die Abb. 7 und 8 stellen die entsprechenden Risikoklassifizierungen dar. Über die Szenarien sind Unterschiede insbesondere in Bezug auf die Anzahl der Risiken im Bereich der niedrigen Maßnahmenpriorität zu erkennen. Im Worst-Case fallen nur fünf Risiken in diesen Bereich (s. Abb. 7), während es neun Risiken im Best-Case sind (s. Abb. 8). Es ist insgesamt kein komplexes Risiko vorhanden, sondern nur aktive, passive und isolierte Risiken.

5 Zusammenfassung

In diesem Beitrag wird ein Ansatz zur Identifizierung und Klassifizierung technischer Risiken vorgestellt, der den Randbedingungen der frühen Phase der PE angepasst wird. Die Voraussetzung zur Anwendung des Ansatzes ist das Vorliegen der Anforderungen an das Produkt, im Gegensatz zu den gängigen Methoden wie FMEA oder FTA, die das Wissen über das Produktkonzept zugrunde legen.

Anforderungen an das Produkt liegen i. d. R. in der frühen Phase der PE als Lastenheft vor und bilden u. a. die technische Zielsetzung des Entwicklungsvorhabens ab. Darauf basierend wird das technische Risikoinventar des Produktes zuerst ermittelt, welches vollumfänglich im Rahmen der späteren Durchführung der FMEA nutzbar ist.

Der zweite Schritt des Ansatzes besteht in der Wechselwirkungsanalyse der identifizierten Risiken. Das Ziel ist einerseits das transparente Verständnis der Auswirkung technischer Risiken bereits in der frühen Phase der PE zu ermöglichen. Andererseits werden technische Risiken mit dem größten Potential zur wirkungsvollen Steuerung des Produktes aufgezeigt. Hierzu wird die Einflussmatrix aus dem vernetzten Denken nach Vester genutzt, um die Aktivität und Passivität der Einzelrisiken abzuleiten. Aus dem Ergebnis der Analyse der Risikowechselwirkung und der vorherigen Bewertung der Risikobedeutung werden Indikatoren berechnet, die sowohl die Einflussnahme als auch die Beeinflussbarkeit der Einzelrisiken bewerten. Da sämtliche Bewertungen anhand Expertenschätzungen erfolgen, werden statistische Tests zur Reduzierung der Subjektivität angewendet.

Nach der Einflussanalyse der Einzelrisiken werden Szenarien für den Entscheidungsprozess der frühen Phase der PE mittels des Bootstrap-Verfahrens aus der

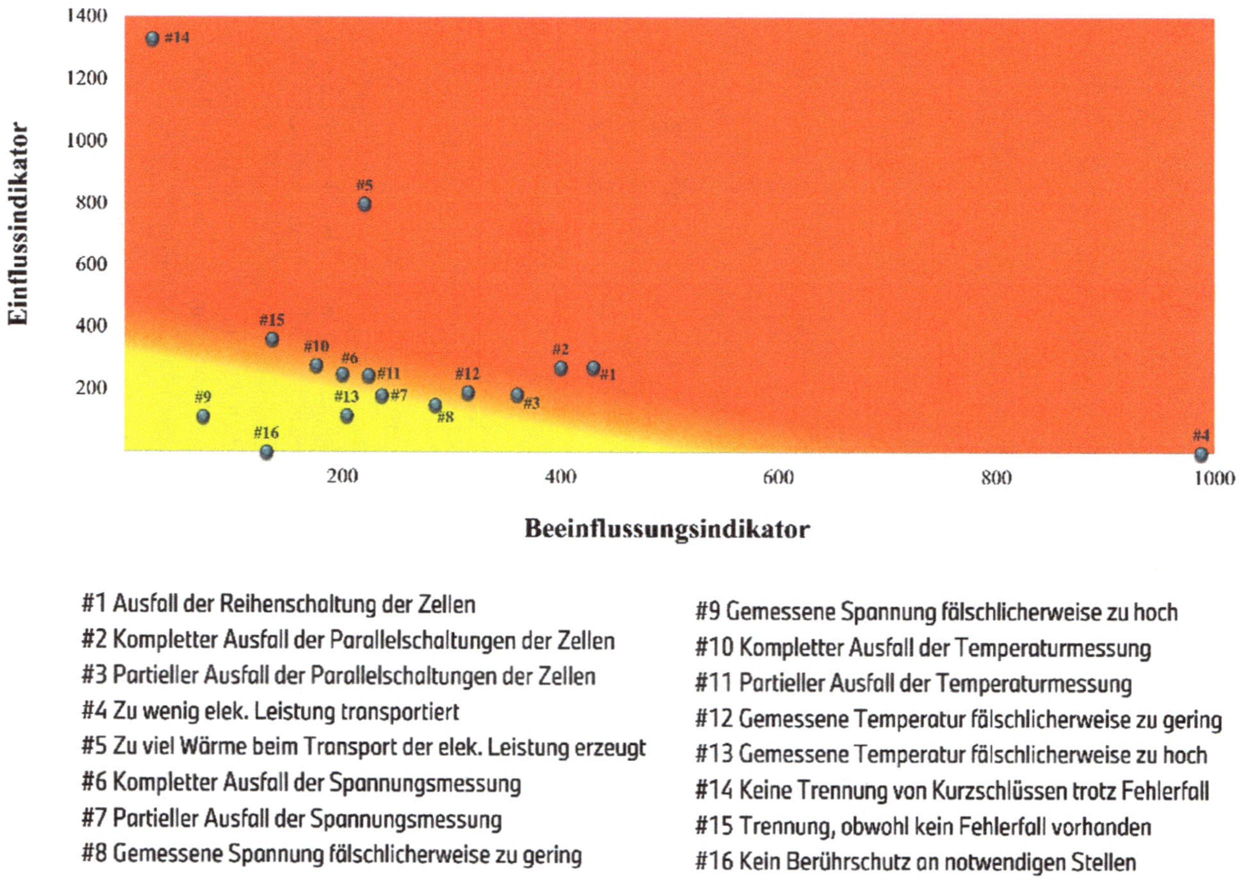

Abb. 7. Worst-Case Risikoklassifizierung der Betrachtungseinheit

Tab. 3. Szenario-Werte der Einflussindikatoren

Szenarien-Werte für Einflussindikatoren je technisches Risiko				
Nr.	Technisches Risiko	Worst-Case	Most-Likely	Best-Case
1	Ausfall der Reihenschaltung der Zellen	270	260,04	250
2	Kompletter Ausfall der Parallelschaltungen der Zellen	270	260,00	250
3	Partieller Ausfall der Parallelschaltungen der Zellen	184	172,02	160
4	Zu wenig elektrische Leistung transportiert	0	0	0
5	Zu viele Wärme beim Transport der elektrischen Leistung erzeugen	800	659,40	505
6	Kompletter Ausfall der Spannungsmessung	248	235,92	224
7	Partieller Ausfall der Spannungsmessung	180	159,94	140
8	Gemessene Spannung fälschlicherweise zu gering	150	124,93	100
9	Gemessene Spannung fälschlicherweise zu hoch	112	95,95	80
10	Kompletter Ausfall der Temperaturmessung	276	255,88	236
11	Partieller Ausfall der Temperaturmessung	244	219,94	192
12	Gemessene Temperatur fälschlicherweise zu gering	190	164,96	140
13	Gemessene Temperatur fälschlicherweise zu hoch	116	99,99	84
14	Keine Trennung von Kurzschlüssen trotz Fehlerfall	1330	1290,10	1250
15	Trennung, obwohl kein Fehlerfall vorhanden	360	360,00	360
16	Kein Berührschutz an notwendigen Stellen	0	0	0

Statistik rechnerisch ermittelt. Die Szenarien vertreten die verschiedenen Risikoeinstellungen der möglichen Entscheidungsträger.

Ausgehend von einem ausgewählten Szenario wird eine Risikoklassifizierung vorgenommen, die als Grundlage für die Priorisierung der weiteren Aktivitäten zur Risikobehandlung eingesetzt wird.

Zur Bestätigung der praktischen Anwendbarkeit des Ansatzes wird ein Fallbeispiel im Abschn. 4 durchgeführt. Aus der praktischen Anwendung ergeben sich folgende Erkenntnisse bezüglich der gestellten Anforderungen an den Ansatz:

- **Anwendbarkeit bei großer Unsicherheit:** Die Anwendung des Ansatzes erfordert weder Kenntnisse über das Produktkonzept noch über die Komponenten des Produktes. Daher ist der Ansatz robuster als gängige Methoden wie die FMEA gegenüber der großen Unsicherheit hinsichtlich des Produktkonzepts. Außerdem werden statistische Methoden eingesetzt. Diese stellen ein bewährtes Werkzeug zum bewussten Umgang mit der Unsicherheit dar. Jedoch wird die Unsicherheit bezüglich der fehlenden oder fehlerhaften Anforderungen nicht betrachtet.

Tab. 4. Szenarien-Werte der Beeinflussbarkeitsindikatoren

Szenarien-Werte für Beeinflussbarkeitsindikatoren je technisches Risiko				
Nr.	Technisches Risiko	Worst-Case	Most-Likely	Best-Case
1	Ausfall der Reihenschaltung der Zellen	430	404,81	380
2	Kompletter Ausfall der Parallelschaltungen der Zellen	400	384,86	370
3	Partieller Ausfall der Parallelschaltungen der Zellen	360	352,00	344
4	Zu wenig elektrische Leistung transportiert	988	964,11	940
5	Zu viele Wärme beim Transport der elektrischen Leistung erzeugen	220	200,01	185
6	Kompletter Ausfall der Spannungsmessung	200	175,99	152
7	Partieller Ausfall der Spannungsmessung	236	208,10	180
8	Gemessene Spannung fälschlicherweise zu gering	285	274,94	270
9	Gemessene Spannung fälschlicherweise zu hoch	72	72,00	72
10	Kompletter Ausfall der Temperaturmessung	176	152,22	124
11	Partieller Ausfall der Temperaturmessung	224	203,95	176
12	Gemessene Temperatur fälschlicherweise zu gering	315	297,70	250
13	Gemessene Temperatur fälschlicherweise zu hoch	204	192,02	180
14	Keine Trennung von Kurzschlüssen trotz Fehlerfall	25	15,01	5
15	Trennung, obwohl kein Fehlerfall vorhanden	135	109,97	85
16	Kein Berührschutz an notwendigen Stellen	130	104,95	80

- **Einschätzung der Risikowechselwirkung:** Die Einflussanalyse ermöglicht die Untersuchung der Auswirkung der Einzelrisiken zueinander sowie ihrer Intensitäten. Hierdurch wird die Wechselwirkungsanalyse über alle Risiken der gleichen Systemebene möglich, im Gegensatz zu den gängigen Methoden wie FMEA, FTA oder ETA.
- **Berücksichtigung der geringen Ressourcenverfügbarkeit:** Nur kleine Teams werden zur Durchführung des Ansatzes benötigt. Durch den standardisierten Ablauf der Risikoidentifikation wird diese ressourcenschonend realisiert. Basierend auf der Risikoklassifizierung können Ressourcen für die weiteren Aktivitäten effizient eingeplant werden. Jedoch ist die ursprüngliche Stichprobe in dem Fallbeispiel klein. Größere Stichproben sind anzustreben, um die Aussagekraft der Berechnungen zu optimieren. Dies steht im Konflikt mit der geringen Ressourcenverfügbarkeit der frühen Phase der PE. Daher ist die Erhöhung der ursprünglichen Stichprobe stets unter Berücksichtigung der verfügbaren Ressourcen zu planen. Er-

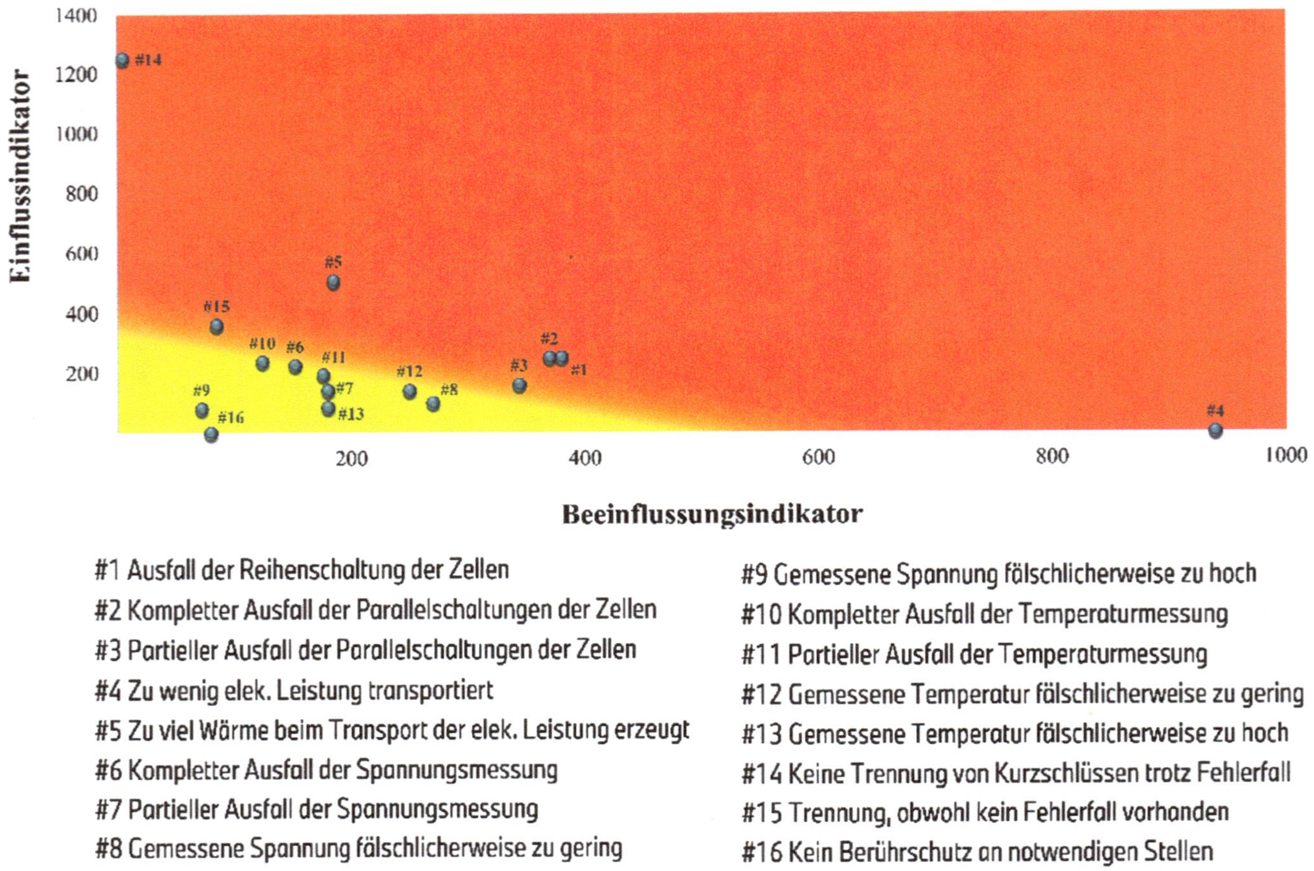

Abb. 8. Best-Case Risikoklassifizierung der Betrachtungseinheit

kenntnisse aus dem Fallbeispiel zeigen einen geringeren Ressourcenbedarf zur Erlangung erster wertvoller Ergebnisse als bei der FMEA auf.

- **Vorleistung für die FMEA:** Die Ergebnisse des Risikoinventars können vollumfänglich in die spätere FMEA überführt werden. Zudem stellt die Analyse der Wechselwirkung zwischen den Risiken der gleichen Systemebene eine wertvolle Ergänzung zu der FMEA, welche diese als Defizit hat.
- **Praxistauglichkeit:** Der strukturierte Gesamtablauf gewährleistet die Transparenz und die Nachvollziehbarkeit der Einzelschritte sowie ihre Verbindung zueinander. Die gezielte Einbindung Werkzeuge aus anderen bekannten Ansätzen des technischen Risikomanagements sowie der Einsatz ausschließlich existierender IT-Tools der Automobilindustrie erleichtert die Integration des Ansatzes in die Praxis.

Es bedarf einen ergänzenden Schritt, um Entwicklungsteams bei der Festlegung geeigneter Maßnahmen zur Risikominimierung für die weiteren Entwicklungsaktivitäten zu unterstützen. Bspw. würde die Entwicklung einer generischen Handlungsempfehlung, als Leitfaden im Umgang mit den klassifizierten Risiken, den Ansatz abrunden. Hinsichtlich der Unsicherheit der frühen Phase der PE wird nur auf das Produktkonzept eingegangen. Weitere Ansätze hinsichtlich der Berücksichtigung der fehlenden oder fehlerhaften Anforderungen wären von Interesse.

Literatur

1. Nganso, D., Wälder, K., Woll, R.: Eine Bewertung der Eignung gängiger Methoden zur technischen Risikoanalyse für die frühe Phase der Produktentwicklung. In: Bericht zur GQW-Jahrestagung 2023 in Wuppertal. Wiesbaden (2024)
2. VDI, Entwicklung technischer Produkte und Systeme: Modell der Produktentwicklung, Bd. Blatt 1. Beuth Verlag GmbH, Berlin (2019)
3. Bender, B.: Erfolgreiche individuelle Vorgehensstrategie in frühen Phasen der Produktentwicklung. VDI Verlag, Düsseldorf (2004)
4. Dehen, F.: Bayes-Netzwerke für die Kostenprognose in der frühen Phase der Produktentwicklung. Shaker, Aachen (2012)
5. Muschik, S.: Development of Systems of Objectives in Early Product Engineering. IPEK Institut für Produktentwicklung Karlsruher Institut für Technologie (KIT) Universität des Landes Baden-Württemberg und nationales Forschungszentrum in der Helmholtz-Gemeinschaft, Karlsruhe (2011)
6. Verworn, B.: Die Frühe Phasen der Produktentwicklung: Eine empirische Analyse in der Mess-, Steuer- und Regelungstechnik. Deutscher Universitäts-Verlag/GWV Fachverlage GmbH, Wiesbaden (2004)
7. Herzberg, S.: Quality Intelligence: IT-basierte Entscheidungsunterstützung für die präventive Qualitätsabsicherung in den frü hen Phasen des Fahrzeugentwicklungsprozesses. Springer, Wiesbaden (2023)
8. Rupp, C., Sophisten, D.: Requirements-Engineering und -Management, 7 Hrsg. Hanser, München (2021)
9. Gausemeier, J., Lanza, G.: Produkte und Produktionssysteme integrativ konzipieren: Modellbildung und Analyse in der frühen Phase der Produktentstehung. In: Lindemann, U. (Hrsg.) Hanser, München (2012)

10. Kupsch, P.: Das Risiko im Entscheidungsprozess. In: Heinen, E. (Hrsg.) Bd. 14. Springer Fachmedien, Wiesbaden (1973)
11. Gausemeier, J., et al.: Innovationen für die Märkte von morgen. Hanser, München (2019)
12. Zentis, T.: Modell zur Bewertung und Kontrolle technischer Risiken. Apprimus, Aachen (2013)
13. Galbraith, J.R.: Designing Complex Organizations. Addison-Wesley, Mass. (1973)
14. Bursac, N.: Model Based Systems Engineering zur Unterstützung der Baukastenentwicklung im Kontext der Frühen Phase der Produktgenerationsentwicklung. Karlsruher Institut für Technologie (KIT), Karlsruhe (2016)
15. VDI, VDI 5610: Wissensmanagement im Ingenieurwesen, Grundlagen, Konzepte, Vorgehen. Beuth, Berlin (2009)
16. I. I. f. Produktentwicklung, „IPEK-Institut für Produktentwicklung," Karlsruher Institut für Technologie. https://www.ipek.kit.edu/11022.php. Zugegriffen: 25. Aug. 2024
17. Karthaus, C.A.: Methode zur Rückführung von Erprobungswissen in die Produktentwicklung am Beispiel Fahrzeugtriebstrang. Stuttgart (2020)
18. Zentis, T., Czech, A., Prefi, T., Schmitt, R.: Technisches Risikomanagement in produzierenden Unternehmen. Apprimus, Aachen (2011)
19. Graner, M.: Der Einsatz von Methoden in Produktentwicklungsprojekten: Eine empirische Untersuchung der Rahmenbedingungen und Auswrikungen. Springer Gabler, Wiesbaden (2013)
20. Pickshaus, T., et al.: A holistic approach to risk oriented lifecycle engineering: assessing lifecycle risks in early phases. In: 23rd CIRP Conference on Life Cycle Engineering. Amsterdam (2016)
21. VDA/QMC, IATF 16949: Qualitätsmanagement-System-Standard der Automobilindustrie. Berlin (2016)
22. VDI, VDI 2206: Entwicklungsmethodik für mechatronische Systeme. Beuth Verlag GmbH, Berlin (2004)
23. Heumesser, N., Houdek, F.: Experiences in Managing an Automotive Requirements Engineering (2004). https://www.researchgate.net/publication/4091730_Experiences_in_managing_an_automotive_requirements_engineering_process. Zugegriffen: 22. Jan. 2024
24. Scherer, H.: Modellbasierte Methoden zur Modellierung des Zielsystems und des Funktions-Gestalt-Zusammenhangs zur Unterstützung der Serienentwicklung von Baukästen am Beispiel von Hybrid-Triebstrangsystemen. In: Albers, A. (Hrsg.) Karlsruher Institut für Technologie (KIT), Karlsruhe (2016)
25. Hansen, C.T., A.M.M.: Specifications in early conceptual design work. In: International Conference on Engineering Design, ICED'07, Paris, France (2007)
26. Schwankl, L.: Analyse und Dokumentation in den frühen Phasen der Produktentwicklung. Dr. Hut, München (2002)
27. Jantzer, M., et al.: Die Kunst, eine Produktentwicklung zu führen: Erfolgreiche Konzepte aus der Praxis. Springer Vieweg, Deutschland (2019)
28. K. e. a. Ehrlenspiel, Kostengünstig Entwickeln und Konstruieren: Kostenmanagement bei der integrierten Produktentwicklung. Springer-Verlag GmbH, Deutschland (2020)
29. ISO/IEC/IEEE, ISO/IEC/IEEE 29148: Systems and software engineering – life cycle processes – requirements engineering. ISO/IEC/IEEE, Geneva; New York (2018)
30. Broy, M., Kuhrmann, M.: Einführung in die Softwaretechnik. Springer-Verlag GmbH, Deutschland (2021)
31. Michels, J.: Vom Kunden zum Lastenheft – Systems Engineering in den frühen Phasen der Entwicklung intelligenter technischer Systeme. In: Abele, T. (Hrsg.) Die frühe Phase des Innovationsprozesses: Neue, praxiserprobte Methoden und Ansätze, S. 163–189. Springer Gabler, Wiesbaden (2016)

32. ISO/IEC, 31010: Risk management – Risk Assessment Techniques (2019)
33. Romeike, F., Hager, P.: Erfolgsfaktor Risiko-Management 4.0, 4 Hrsg. Springer Gabler, Wiesbaden (2020)
34. Preiss, R.: Methoden der Risikoanalyse in der Technik: Systematische Analyse komplexer Systeme. GRASL FairPrint. Grasl Druck & Neue Medien GmbH, Wien (2017)
35. AIAG/VDA, FMEA Handbuch, Southfield. AIAG & VDA QMC, Michigan (2019)
36. Vester, F.: Die Kunst vernetzt zu denken. Verlagsgruppe Random House GmbH, München (2019)
37. Probst, G.J.B., Gomez, P.: Vernetzes Denken: Ganzheitliches Führen in der Praxis, 2 Hrsg. Gabler, Wiesbaden (1991)
38. Hedderich, J., Sachs, L.: Angewandte Statistik: Methodensammlung mit R, 17 Hrsg. Springer, Deutschland (2020)
39. Weimer-Jehle, W.: Einführung in die Cross-Impact-Bilanzanalyse (CIB): Wege zur qualitativen System- und Szenarioanalyse. Springer Fachmedien GmbH, Wiesbaden (2023)
40. Mißler-Behr, M.: Methoden der Szenarioanalyse. Springer Fachmedien, Wiesbaden (1993)
41. Cottin, C., Döhler, S.: Risikoanalyse: Modellierung, Beurteilung und Mangement von Risiken mit Praxisbeispielen, 2 Hrsg. In: Luderer, B. (Hrsg.) Springer Fachmedien, Wiesbaden (2013)
42. Urban, D., Mayerl, J.: Angwandte Regressionsanlyse: Theorie, Technik und Praxis, 5 Hrsg. In: Sahner, H., Bayer, M., Sackmann, R. (Hrsg.) Springer Fachmedien, Wiesbaden (2018)
43. Höse, S., Huschens, S.: Ereignisrisiko: Statistische Verfahren und Konzepte zur Risikoquantifizierung. Springer-Verlag GmbH, Berlin (2022)
44. Bittman, F.: Bootstrapping: An Integrated Approach with Python and Stata. Walter de Gruyter GmbH, Boston (2021)
45. Timischl, W.: Angewandte Statistik: Einführung für Biologen und Mediziner, 3 Hrsg. Spinger, Wien (2013)
46. Wollschläger, D.: Grundlagen der Datenanalyse mit R: Eine anwendungsorientierte Einführung, 3 Hrsg. Springer, Berlin (2014)
47. Albers, S., et al.: Methodik der empirischen Forschung, 2 Hrsg. In: Wolf, J. (Hrsg.) Betriebswirtschaftlicher Verlag Dr. Th. Gabler/GWV Fachverlage GmbH, Wiesbaden (2007)
48. Lunneborg, C.E.: Data Analysis by Resampling: Concepts and Application. Pacific Grove (2000)
49. Efron, B., Tibshirani, R.J.: An Introduction to the Bootstrap. Chapman & Hall (1998)
50. Heberle, J.: Verteilungsfreie Verfahren in der Schadenreservierung. Hamburg (2014)

Virtuelle Produktentwicklung von Bekleidung – Potentiale und Herausforderungen

Ulrike Reinhardt(✉)

Berlin School of Culture and Design, Hochschule für Technik und Wirtschaft Berlin, Berlin, Deutschland
ulrike.reinhardt@HTW-Berlin.de

Zusammenfassung. Der Produktentwicklungsprozess (PEP) der Bekleidungswirtschaft ist von kurzen Entwicklungszyklen und zahlreichen designbasierten Arbeitsgängen und Entscheidungen geprägt, die eine Etablierung sowohl konventioneller als auch moderner Qualitätsmanagementmaßnahmen erschweren.

Ein Ziel des PEP ist die Erfüllung der Kundenanforderung Passform, die als wichtigstes Kaufkriterium für Kunden gilt. Somit steht die Passformanalyse und -optimierung im Mittelpunkt des PEP. Die Qualität des Produktes, insbesondere hinsichtlich der Passform, entscheidet sich bereits in den frühen Design- und Konstruktionsphasen. Die Möglichkeiten zur Passformoptimierung nehmen im weiteren Verlauf des PEP deutlich ab, während der Aufwand und die Kosten jedoch steigen. Häufig werden Produkte mit mangelhafter Passform als unverkäuflich eingestuft oder von den Kunden reklamiert. Ein möglichst früh einsetzendes und präventives Qualitätsmanagement ist zur Vermeidung des beschriebenen Szenarios unerlässlich. Die Anwendung von 2D- und 3D-Technologien ermöglicht auch in der Bekleidungswirtschaft die Entwicklung notwendiger datenbasierter Qualitätsmanagementmaßnahmen. Damit wird die Vergleichbarkeit, Reproduzierbarkeit und Standardisierung im Produktentwicklungsprozess möglich. Mit der 3D-Simulation als digitales Instrument für Passformanalyse und -optimierung können Passformmerkmale operationalisiert und messbar werden und somit das Qualitätsmanagement verbessern. Voraussetzung sind u. a. zuverlässige Simulationsalgorithmen, die das Verformungsverhalten textiler Materialien möglichst präzise wiedergeben.

Vorliegender Beitrag zeigt den Status Quo des Qualitätsmanagements im Prozess der Passformanalyse und -optimierung, die Potentiale und Herausforderungen der 3D-Simulation in diesem Bereich und die Notwendigkeit der materialkundlichen Forschung zur zuverlässigen Darstellung des textilphysikalischen Materialverhaltens textiler Flächengebilde.

Schlüsselwörter: Bekleidung · Produktentwicklung · Qualitätsmanagement · 3D-Simulation

R. Jochem und M. Meyer (Hrsg.), *Rethinking Quality – Wandel des Qualitätsmanagements durch Digitalisierung und Künstliche Intelligenz*,
https://doi.org/10.1007/978-3-658-47213-9_16

1 Einleitung

Laut Aussage des Europäischen Parlaments ist die Produktion textiler Fasern von 58 Mill. Tonnen im Jahr 2000 auf 109 Mill. Tonnen im Jahr 2020 gestiegen. Bereits 2030 sollen es 145 Mill. Tonnen sein [1, 2]. Der größte Teil der produzierten Fasern wird zu Bekleidung verarbeitet [2]. So hat sich die globale Bekleidungsproduktion seit dem Jahr 2000 verdoppelt. Jeder Mensch in Deutschland kauft durchschnittlich 60 Kleidungsstücke im Jahr, ein Fünftel davon wird kaum getragen [3]. Studien prognostizieren ein weiteres Wachstum in diesem Bereich. Verstärkt wird der Trend durch den rasant steigenden Anteil des e-Commerce [3]. 2020 ist die Branche drittgrößter Verursacher von Wasserverschmutzung und Landverbrauch. Das Europäische Parlament gibt auf seiner Website an, dass in diesem Jahr durchschnittlich 9 m^3 Wasser, 400 m^2 Land und 391 kg Rohstoffe nötig waren, um jeden EU-Bürger mit Kleidung und Schuhen zu versorgen [4].

Die 2022 vorgestellte EU-Strategie für nachhaltige und zirkuläre Textilien fordert die Unternehmen auf, Verantwortung zu übernehmen und Maßnahmen zu ergreifen, um ihren CO_2- und ökologischen Fußabdruck zu minimieren. Im Juni 2023 wurden Vorschläge für strengere EU-Maßnahmen vorgelegt, um die übermäßige Produktion und den übermäßigen Verbrauch von Textilien zu stoppen. Diese Maßnahmen konzentrieren sich v. a. auf die EU-Ecolabel-Zertifizierung und transparentere Informationen durch die Einführung des digitalen Produktpasses für Bekleidung und Maßnahmen zur Vermeidung von Textilabfall. Darüber hinaus soll zu Innovationen innerhalb der Branche angeregt werden [1].

Der Bericht *Perspektiven 2035* des Gesamtverbands textil + mode [5] prognostiziert für die Jahre 2020–2025 weiterhin beschleunigte Entwicklungszyklen, die durch nahezu vollständig digitalisierte Simulationen textiler Komponenten und Systeme möglich werden. Mittelfristig (2025–2030) wird von einer durchgehend digitalisierten Prozesskette und Automatisierung der textilen Produktion ausgegangen.

Die aktuelle Situation in der Bekleidungswirtschaft ist von global verteilten Entwicklungsprozessen gekennzeichnet. Seit den 1970er Jahren erfolgt die Auslagerung der Produktion ins Ausland, vornehmlich nach Asien. Mittlerweile erfolgt die Produktumsetzung überwiegend im Vollimport (Ready Made Garment – RMG), und auch Teile des Designs, die Konstruktion und die Prototypenherstellung werden an die ausländischen Unternehmen abgegeben [6]. Zusätzlich zu diesen strukturellen Veränderungen sind immer kürzer werdende Entwicklungszeiten bei gleichzeitig zunehmender Komplexität und Vielfalt der Produkte festzustellen. Dadurch steigt der internationale Wettbewerbsdruck und mit ihm die Gefahr einer mangelnden Qualität der Endprodukte [7].

Um am Markt unter Berücksichtigung der genannten Veränderungen und Anforderungen wettbewerbsfähig bleiben zu können, sind für Unternehmen geeignete Strategieanpassungen notwendig. Folgende Maßnahmen werden als relevant eingestuft:

- der umfassende Einsatz von Informations- und Kommunikationstechnologien [6, 8]
- ein Wechsel zu einem nachfrageorientierten Ansatz in der Produktentwicklung [9].
- das prädiktive Qualitätsmanagement [7]

Zur Umsetzung der genannten Maßnahmen sind Innovationen nötig, die sich auf die Realisierung eines durchgehend digitalen Produktentwicklungsprozesses beziehen, da die Digitalisierung der Wertschöpfungskette die Möglichkeit bietet, die Bekleidungsbranche transparent, effizient und nachhaltig zu gestalten [10]. Der vorliegende Beitrag fokussiert auf die Anwendung der 3D-Simulation im digitalen Produktentwicklungsprozess von Bekleidung als Instrument für ein prädiktives Qualitätsmanagement.

2 Produktentwicklungsprozess in der Bekleidungswirtschaft

Zur Einordnung des Produktentwicklungsprozesses von Bekleidung werden zunächst die Begriffe Produktentwicklung und Qualität im Allgemeinen erläutert und anschließend in Bezug zur Bekleidungswirtschaft gesetzt.

Der Prozess der Produkterstellung umfasst branchenübergreifend alle Prozesse der Erzeugung eines Produktes von der ersten Idee bis zur Auslieferung an den Kunden [11]. In [12] wird der Produktentstehungsprozess als Teil des Produktlebenszyklus definiert und gilt als informationsverarbeitender Entscheidungsprozess. Abb. 1 zeigt die Produktentwicklung als einen wesentlichen Bestandteil der Produktentstehung und Grundlage des Produktlebenszyklus [8].

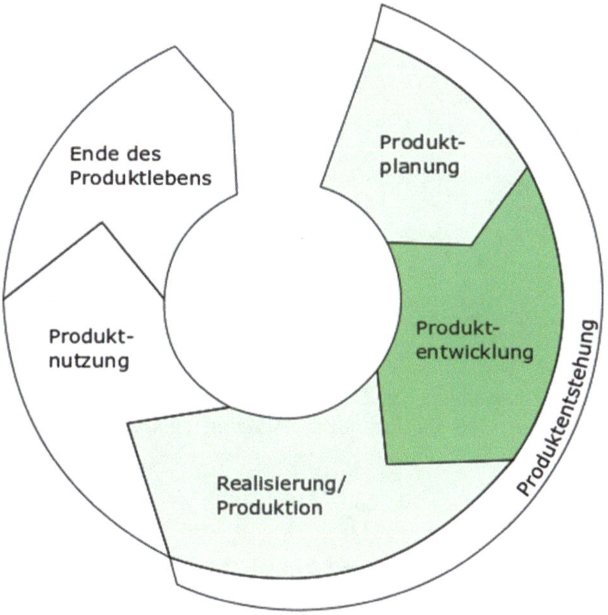

Abb. 1. Produktlebenszyklus. (Eigene Darstellung nach [8])

Der Produktentwicklung und -konstruktion kommt innerhalb des Produktentstehungsprozesses insofern eine bedeutende Rolle für den Unternehmenserfolg zu, als das durch sie über die Erfüllung von Kriterien entschieden wird, die sich aus dem Spannungsdreieck von Qualität, Zeit und Kosten [13] ergeben. Dabei sind sowohl marktspezifische als auch herstellerspezifische Ziele zu berücksichtigen. Aufgabe ist, ein Produkt in hoher Qualität zu einem angemessenen Preis und mit möglichst kurzen Lieferzeiten zu entwickeln. Gleichzeitig sind unternehmensinterne Kosten zu berücksichtigen, die durch Aufwandsminimierung für Konstruktionsprozesse, Versuche und Prototypenherstellung möglichst geringgehalten werden sollen [11]. Mit der Entwicklung neuer oder der Weiterentwicklung bereits vorhandener Produkte leistet die Produktentwicklung innerhalb eines Unternehmens somit einen entscheidenden Beitrag, am Markt wettbewerbsfähig zu bleiben [14]. Der Wille zur Lösung von Kundenproblemen gilt als essenziell für eine erfolgreiche Entwicklung qualitativ hochwertiger Produkte. Auf Grundlage der Definition für Qualität, nach der Qualität den Grad bezeichnet, zu dem Anforderungen erfüllt werden [15], ergibt sich als Voraussetzung für den Produktentwicklungsprozess die Notwendigkeit, Kundenprobleme zu identifizieren, als Kundenanforderungen zu formulieren und in Produktmerkmale zu transformieren.

Aufgrund der Tatsache, dass 75 % der Fehler in den frühen Phasen der Entwicklung entstehen, ist es angebracht, auf die Fehler zum Zeitpunkt des Entstehens zu reagieren. Zu dieser Zeit ist die Einflussnahme auf das Produkt und seine Qualität leichter und der Aufwand zur Verbesserung geringer als in den späteren Produktentstehungsphasen (Abb. 2) [16].

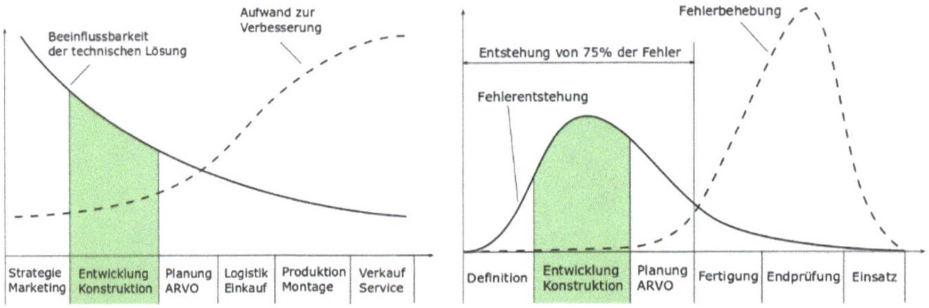

Abb. 2. Übliche Fehlerentstehung und -behebung in den Produktphasen (links) und Beeinflussbarkeit und Aufwand für technische Änderungen (rechts). (Eigene Darstellungen nach [16])

Das prädiktive Qualitätsmanagement gilt als Maßnahme zur Bewältigung dieser Aufgabe. Voraussetzung ist die Digitalisierung des Produktentwicklungsprozesses, um notwendige Daten effizienter erfassen und verarbeiten und datenbasierte Entscheidungen ableiten zu können. Ziel ist die kosteneffiziente Produktion qualitativ hochwertiger Produkte durch die Gestaltung schlanker Prozesse (Lean Production) entlang der gesamten Wertschöpfungskette [17].

In zahlreichen Branchen sind diese Maßnahmen umgesetzt und zum Standard erhoben worden. Für den Produktentwicklungsprozess der Bekleidungsbranche kann dies nicht durchgängig festgestellt werden [7, 18], ist aber notwendig, um im globalen Wettbewerb bestehen zu können.

Der Produktentwicklungsprozess in der Bekleidungswirtschaft, auch Kollektionsentwicklung genannt, lässt sich wie in Abb. 3 darstellen und in die angegebenen Teilprozesse differenzieren [6].

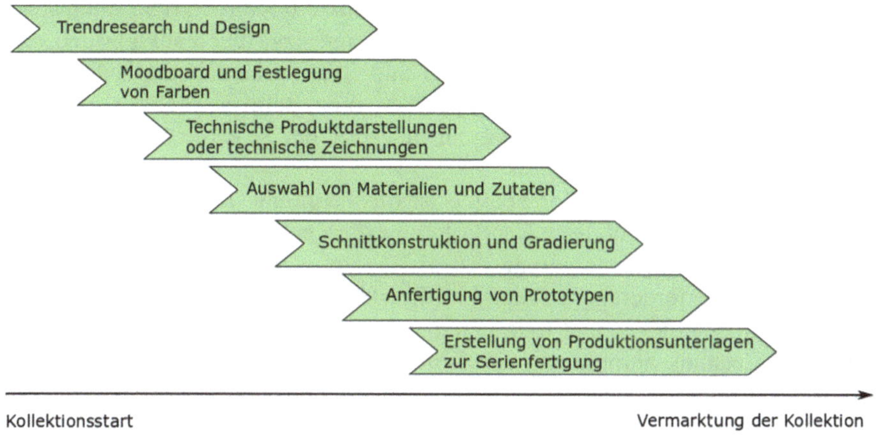

Abb. 3. Produktentwicklungsprozess für Bekleidungsprodukte. (Eigene Darstellung nach [6])

Im Gegensatz zu dem PEP anderer Branchen ist der Produktentwicklungsprozess für Bekleidung von kurzen Entwicklungszyklen gekennzeichnet, die im Zusammenhang mit der kurzen Lebensdauer der Bekleidungsprodukte stehen. Gleichzeitig ist die Kollektionsentwicklung mit einem extrem hohen Zeit- und Kostenaufwand verbunden. 70 % bis 80 % der Kosten des Endproduktes resultieren aus der Gestaltung des Produktentwicklungsprozesses [19]. Von einem durchschnittlichen KMU im mittleren Preissegment werden 2 bis 3 Kollektionen pro Marke und Saison auf den Markt gebracht, was 12 oder mehr Kollektionen innerhalb eines Jahres bedeutet. Dabei umfasst eine Kollektion mehrere Produkte (Modelle) unterschiedlicher Produktgruppen. Die Entwicklungszeit pro Kollektion wird mit bis zu 9 Monaten angegeben. Innerhalb dieser Zeit werden bis zu 7000 physische Muster angefertigt, für deren Entwicklung und Produktion sechsstellige Summen bereitgestellt werden müssen [20]. Die Produkte werden nicht grundsätzlich neu entwickelt. Wird die Differenzierung der Produktentwicklung nach [14] angewandt, handelt es sich überwiegend um Produktmodifikationen oder Produktadaptionen. Die Basis bilden Grundformen oder Modelle aus vorangegangenen Kollektionen. Pro Modell werden in der Entwicklungsphase ca. 3 Prototypen angefertigt, die in der Anprobe bzw. dem Fitting hinsichtlich der Anforderungserfüllung überprüft werden. Weitere Prototypen werden für die Größensatzprüfung benötigt, wofür jedes Modell in jeder Größe vorliegen muss. Die Prototypenanzahl ist abhängig von der Komplexität der Modelle. Außerdem von der

Fehlerart und -anzahl, die in den Anproben auftreten und Passform, Design, Verarbeitung und Material betreffen können. Im weiteren Produktentstehungsprozess werden zudem Verkaufs-, Präsentations- und Produktionsmuster verwendet, die zu Kommunikationszwecken zwischen Auftraggebern, Lieferanten und Händlern dienen [6].

Der Ablauf innerhalb der in Abb. 3 gezeigten Teilprozesse ist sparten- und unternehmensspezifisch [7]. Die Produktmerkmale, die sich aus den Stakeholderanforderungen ergeben, variieren je nach Sparte. Während im hochmodischen Bereich eine weitgehend vorgabenfreie Gestaltung der Produkte im Vordergrund steht, spielen bei der Funktions- und Berufsbekleidung das Design bzgl. der Funktion und damit verbundene definierte Vorgaben zu Material und Realisierbarkeit die übergeordnete Rolle. Bei Persönlicher Schutzausrüstung (PSA) oder Baby- und Kinderbekleidung sind darüber hinaus normenbasierte Vorschriften bzgl. der Sicherheit zwingend zu berücksichtigen.

Übereinstimmendes Ziel aller Sparten ist die Erfüllung der Kundenanforderung *Passform*. Sie stellt das wichtigste Kaufkriterium für Kunden dar [21–23]. Als subjektiv wahrgenommenes Produktmerkmal ist die Passform jedoch schwer messbar. Die Überprüfung der Anforderungserfüllung im Passformanalyseprozess basiert ebenfalls auf subjektiven Eindrücken und Entscheidungen. Anhand des KANO-Modells ist die Passform als Leistungsanforderung einzustufen: ihre Erfüllung hat das Potential, die Kundenzufriedenheit zu steigern [24]. Die Analyse und Optimierung der Passform steht somit im Mittelpunkt des PEP und wird iterativ-inkrementell zur Absicherung der Anforderungserfüllung als Soll-Ist-Vergleich in den drei Prozessstufen Grundschnitterstellung, Modellschnitterstellung und Gradierung durchgeführt. Die Passformanalyse und -optimierung ist den Teilprozessen Schnitterstellung/Konstruktion/Gradierung und Prototypenanfertigung zuzuordnen (vgl. Abb. 3) und beeinflusst bei notwendigen Korrekturen alle anderen Teilprozesse.

Der Begriff *Passform* wird von Schierbaum definiert als

> *„... Qualitätsmerkmal in der Bekleidungs- und Wäscheindustrie, mit dem beurteilt wird, wie Schnitt, Linienführung und Funktion eines Bekleidungsstückes mit den anatomischen Belangen des Trägers übereinstimmen, ...“* [25]

Gupta bezeichnet in [26] die Passform als Beziehung zwischen einer Person und ihrer Kleidung, die den Komfort, die Ästhetik und die Funktion des Bekleidungsstückes und das Selbstwertgefühl des Benutzers beeinflusst, und erweitert den Passformbegriff somit um die ihm innewohnende Subjektivität. Weiterhin führt sie aus, dass gute Passform durch eine Kombination aus präzisen Messungen am menschlichen Körper und guter Schnittkonstruktion unter Berücksichtigung der physikalischen und mechanischen Eigenschaften des Materials entsteht. Eine gute Passform ist erreicht, wenn die genannten Einflussfaktoren entsprechend des Einsatzzweckes der Bekleidung aufeinander abgestimmt sind. Dafür wird der Prozess der Passformanalyse und -optimierung mehrmals durchlaufen; die Anzahl der Durchläufe ist abhängig von der Komplexität der Bekleidungsmodelle. In Abb. 4 ist der Bereich des Produktentwicklungsprozesses mit Fokus auf die Passformanalyse und -optimierung dargestellt.

Des Weiteren ist zu erwähnen, dass im derzeitigen PEP der Endverbraucher als Individuum kaum eine Rolle spielt, weder bei der Gestaltung des Kleidungsstückes, noch bzgl. seiner Maße oder der Materialauswahl. Experten entwickeln Bekleidung, die einer definierten Zielgruppe und deren Körpermaßen entspricht. Zudem liegt bei ihnen die Verantwortung, die Bedürfnisse des Kunden in gestalterischer und funktionaler Hinsicht zum Zeitpunkt des Kaufs vorherzusehen. Daraus resultiert das bisherige Vorgehen, den Bedarf an Kleidung weit vor Verkauf abzuschätzen und auf Grundlage dessen auf Vorrat zu produzieren. Differenzen zwischen Expertenmeinung und Kundenmeinung durch subjektive Wahrnehmung von Passform und Komfort, Optik und Funktion haben nicht abverkaufte Modelle und/oder Retouren zur Folge. Durch diese Entkopplung des Kunden vom Entwicklungsprozess ist eine verlässliche Abschätzung der Nachfrage nicht möglich. Die Kalkulation der Produktionsmengen erfolgt daher durch Analyse der Verkaufszahlen. Aus dieser Situation ergeben sich Überproduktion und Fehlmengen [20]. Das Produzieren ohne konkrete Kundenbedarfsermittlung und die daraus folgende Überproduktion als nicht-wertschöpfende Tätigkeiten bedeuten Verschwendung im Sinne des Lean-Production-Prinzips [17]. Auch die damit einhergehende Erfassung unnötiger Daten steht der Gestaltung eines effizienten digitalen Produktentwicklungsprozesses entgegen.

Die Parallelität im Ablauf der Teilprozesse (Abb. 3) und die einem Entwicklungsprozess inhärenten Iterationsschleifen (Abb. 4) kennzeichnen die Produktentwicklung von Bekleidung als einen der komplexesten Prozesse innerhalb eines Unternehmens. Ihre Rolle als Schlüssel zur Prozessoptimierung und damit zur Entwicklung erfolgreicher Produkte wird in der Bekleidungswirtschaft jedoch bislang unterschätzt [7]. Die durchgehende Digitalisierung dieses komplexen, kostenintensiven und gleichzeitig kurzfristigen Produktentwicklungsprozesses bietet die Möglichkeit, Abläufe zu verschlanken, Kosten einzusparen und gleichzeitig Produkte in hoher Qualität und kunden- und nachfrageorientiert bereitstellen zu können. Die traditionell besondere Rolle des Modedesigners zu Beginn des PEP von Bekleidung führt hingegen zu zahlreichen designbasierten Arbeitsgängen, aus denen überwiegend subjektive Beurteilungen und Entscheidungen resultieren [7]. Daraus folgend können Qualitätsmerkmale z. T. nicht numerisch erfasst und verarbeitet werden. Dies erschwert nicht nur die Verschlankung des Produktentwicklungsprozesses, sondern auch die Einführung von Qualitätsmanagementmethoden. Es gilt, das Domänenwissen, das sich als Fachwissen aus dem traditionellen Handwerk, der Konstruktion und dem textiltechnologischen Wissen abbilden lässt, in Daten umzuwandeln und für einen durchgehend digitalen Produktentwicklungsprozess nutzbar zu machen.

3 Digitaler Produktentwicklungsprozess und virtuelle Passformanalyse mittels 3D-Simulation

Innovative und digitale Technologien werden als Schlüssel bei der Bewältigung der aufgezeigten Herausforderungen genannt [18, 20, 27]. Das Ergebnis einer Umfrage im Rahmen eines Forschungsprojektes zum Qualitätsmanagement innerhalb des Produktentwicklungsprozesses bestätigt bereits 2014 die Nutzung solcher Technologien (Abb. 5) [7].

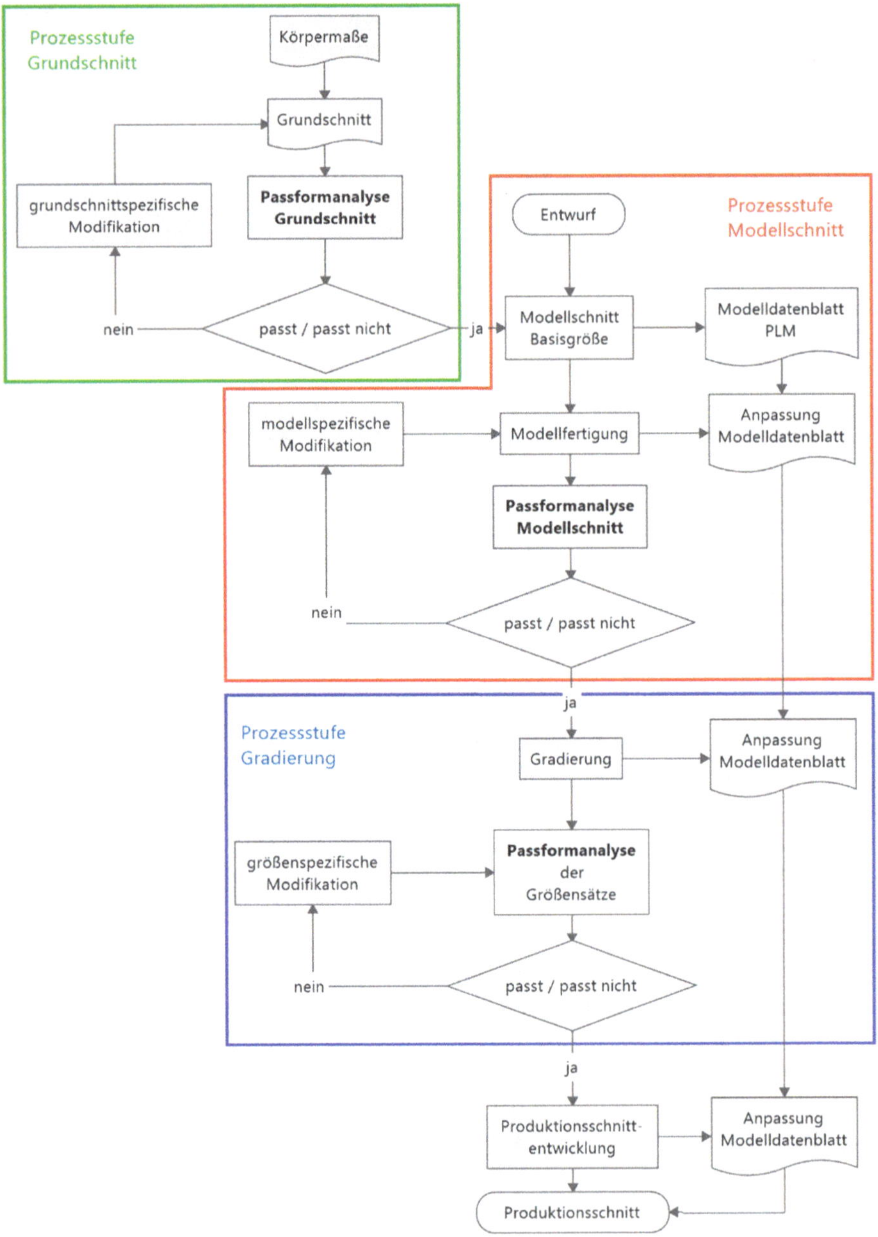

Abb. 4. Prozessdiagramm zur Produktentwicklung mit Fokus Schnittkonstruktion und Passformanalyse. (Eigene Darstellung)

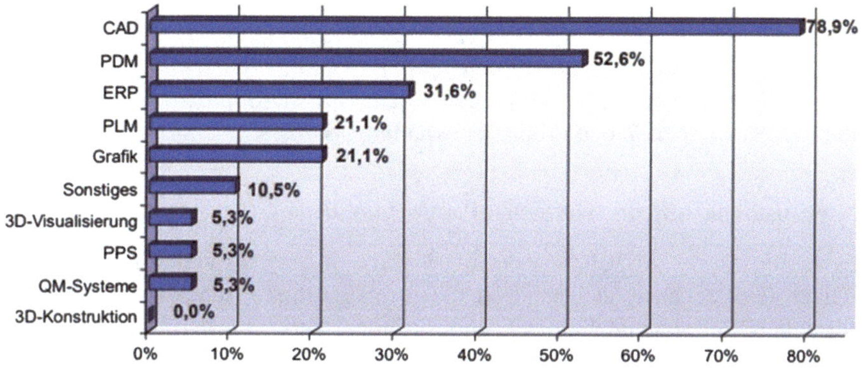

Abb. 5. Einsatz digitaler Technologien im Produktentwicklungsprozess [7]

Von den genannten Technologien werden vor allem CAD- und Grafik-, PLM- und ERP-Systeme bereits seit Ende der 80er Jahre genutzt. Als Herausforderung werden noch 2020 unterschiedliche und deshalb inkompatible IT-Systeme in den an der Wertschöpfungskette beteiligten Unternehmen genannt [29]. Die stetig voranschreitende Technologieentwicklung und die Digitalisierung eröffnen jedoch Chancen, innovative Technologien, wie 3D-Simulationsprogramme einzusetzen und die Einsparung von Prototypen und Ressourcen und die Verkürzung von Produktentwicklungszeiten zu erreichen [28]. Eine Studie zum aktuellen Gebrauch digitaler Technologien liegt nicht vor, jedoch ist davon auszugehen, dass der Einsatz von 3D-Systemen weiter zugenommen hat. Gleichzeitig wird festgestellt, dass v. a. KMU der Branche nicht über die nötige IT-Infrastruktur und das technische Know How verfügen, um ihren PEP zu digitalisieren [20]. Zudem wird eine allgemeine Skepsis gegenüber 3D-Technologien beobachtet. Mangelndes Vertrauen in die Zuverlässigkeit der Technologie, hohe Vorlaufkosten und der Schulungsbedarf werden als Hauptbarrieren für die Implementierung in den Produktentwicklungsprozess identifiziert [29].

3D-Simulationsprogramme finden hauptsächlich Anwendung bei der Variantenentwicklung im Designprozess bzgl. Farben, Formen und Dessins und zur Visualisierung von Designideen und Produktbildern. Letztere dienen der verbesserten Kommunikation im Produktentwicklungs- und Produktionsprozess. Außerdem werden idealisierte Darstellungen mit verkaufsfördernder Wirkung auf den Endverbraucher im Marketing eingesetzt. Bei diesem Anwendungsfeld liegt der Fokus auf optischen Materialparametern, wie Textur, Farbe und Struktur. Die Beeinflussung des virtuellen Materialverhaltens bzgl. seiner Verformungseigenschaften wird zugunsten einer ansprechenden Abbildung toleriert.

Für ein innovatives und in den frühen Phasen der Produktentwicklung einsetzendes Qualitätsmanagements ist die Anwendung der 3D-Simulation für die Passformanalyse und -optimierung zukunftsweisend. Virtuelles Prototyping ermöglicht Passformvorhersagen und Designeinschätzungen vor der physischen Produktion [19]. Zudem ist die 3D-Simulation von Bekleidung Hilfsmittel zur vollständigen Beschreibung der Arbeitsergebnisse und dient der Verkürzung von Konstruktionszeiten und Verminderung von Konstruktionsfehlern [27]. Die während des Simulationsprozesses generierten Daten sind geeignet, Qualitätsmerkmale eines Produktes zu objektivieren, Daten zu erheben und datenbasierte Entscheidungen hinsichtlich einer Qualitätsverbesserung zu treffen. Außerdem erlaubt die 3D-Simulation die frühzeitige Einbindung des Kunden in den Produktentwicklungsprozess.

3.1 Herausforderung der virtuellen Passformanalyse

Voraussetzung für die Anwendung der 3D-Simulation zum virtuellen Prototyping ist eine fundierte Datenbasis in Form von passformgeprüften Grundschnittbibliotheken und virtuellen Menschmodellen mit zielgruppenentsprechenden Körpermaßen. Des Weiteren ist die möglichst realistische und zuverlässige Darstellung des Fallverhaltens von Bekleidung am menschlichen Körper notwendig und damit verbunden die Bestimmung der textilphysikalischen Materialparameter und ihre Implementierung in die Simulationsalgorithmen. Zur korrekten Anwendung der Simulationsprogramme und fachlich richtigen Bewertung der Simulationsergebnisse ist darüber hinaus textiles Expertenwissen erforderlich [7, 19, 30, 31], das vor allem als implizites (analoges) Wissen vorliegt und in explizites (digitales) Wissen transferiert werden muss. Datenbasierte Entscheidungen setzen operationalisierte Passformmerkmale voraus, um sie messbar zu machen. Werden Anproben physisch durchgeführt, liegen die subjektiven Bewertungen der Passform als nominale Merkmale vor, deren Ausprägungen verbal beschrieben und denen anschließend erfahrungsbasierte Werte zugeordnet werden. In der Simulation hingegen ist die Visualisierung der Passform hinsichtlich der Spannung innerhalb des Textils und/oder des Drucks des Textils auf den Körper in Verbindung mit der Ausgabe numerischer Daten und darauf basierend die Operationalisierung von Passformmerkmalen möglich. Dass die 3D-Simulation noch nicht umfänglich für die Passformanalyse und -optimierung genutzt wird, hat seine Ursachen in der Komplexität des Prozesses und der damit zusammenhängenden nötigen Erarbeitung von Richtlinien in den Unternehmen [28, 31], zum anderen jedoch in der noch nicht ausreichenden Zuverlässigkeit der Simulation.

3.2 Entwicklungsbedarf für die virtuelle Passformanalyse

Folgende Versuche[1] unterstreichen den Entwicklungsbedarf in der Simulation textiler Flächen. Mittels Vergleich realer und virtueller Modelle wird der Simulationsalgorithmus visuell beurteilt. Es wird geprüft, ob die Simulation das gleiche Ergebnis hinsichtlich der Materialdarstellung bzw. der Passform liefert. Hauptaugenmerk liegt auf dem in der Simulation darzustellenden Verformungsverhalten textilen Materials, das sich bei Bekleidung in der Passform äußert. Parameter wie Bequemlichkeit oder Bewegungsfreiheit, die sich in der Spannung im Material oder Druck auf dem Avatar äußern, werden nicht berücksichtigt.

---

[1] Die Versuche wurden in Studierendenprojekten an der HTW Berlin im Studiengang Bekleidungstechnik/Konfektion durchgeführt.

Im ersten Versuch wird ein komplexes Outfit aus Jacke und Hose inkl. Verarbeitung umgesetzt. Versuch 2 zeigt den Grundschnitt eines Kleides bei der ersten Anprobe und ohne vollständige Verarbeitung. Anschließend erfolgt in Versuch 3 der Vergleich des physischen und virtuellen Materialverhaltens für eine einfache geometrische Fläche. Das beschriebene Versuchsdesign ermöglicht die Reduzierung anfänglich komplexer Problemstellungen auf einfache Sachverhalte, um Ursachen für auftretende Probleme oder Phänomene lokalisieren und spezifizieren zu können. So wird es möglich, Prozesse unabhängig von weniger relevanten Einflussgrößen zu betrachten.

Für die physisch vorliegenden Modelle werden in Versuch 1[2] (Abb. 6) die Schnitte nach individuellen Maßen manuell konstruiert, anschließend wird das Outfit in einem ausgewählten Material verarbeitungstechnisch umgesetzt und an der Probandin getestet. Die Abbildung links zeigt den Soll-Zustand für die Simulation, die im Anschluss durchgeführt wird. Sie umfasst die Digitalisierung der Schnitte, die Materialauswahl innerhalb der programminternen Materialbibliothek auf Grundlage des physisch vorliegenden Materials und die Modifikation eines vorhandenen Avatars entsprechend der individuellen Maße der Probandin.

Es ist ein deutlicher Unterschied zwischen der physischen und virtuellen Passform festzustellen. Es zeigt sich, dass in der Simulation die Jacke kürzer ist, die Hose tiefer sitzt, die Falten in der Hose nicht sichtbar sind und die Silhouette der Hose schmaler ausfällt. Diese Unterschiede sind aufgrund der zahlreichen Einflussgrößen jedoch nicht ausschließlich auf eine mangelnde Darstellung des Materialverhaltens zurückzuführen. Entsprechend der drei Säulen der Bekleidungssimulation nach Morlock [28] ergeben sich folgende Kritikpunkte an dieser Methode. Zum einen ist der Avatar kein digitaler Zwilling der physischen Person, sondern ein auf die Körpermaße der Person angepasster Systemavatar. Ideal wäre, einen individuellen Scan zu erstellen, aus dem ein individueller Avatar generiert wird. Zum anderen ist der Schnitt durch manuelles Digitalisieren in das Simulationsprogramm implementiert worden. Personelle Fehler durch diese Vorgehensweise sind nicht auszuschließen. Zielführender wäre, den Schnitt in einem mit dem Simulationsprogramm kompatiblen 2D-CAD-Programm zu erstellen und verlustfrei zu übertragen. Des Weiteren ist das Material selbst zu betrachten. Aus der in der Simulationssoftware verfügbaren Materialbibliothek wird ein ähnliches Material, wie das real vorliegende, ausgewählt. Um die Ähnlichkeit zu optimieren, wird das digitale Material hinsichtlich seiner textilphysikalischen und optischen Eigenschaften modifiziert. In der vorliegenden Studie wird entsprechend dieser, in der Praxis vorherrschenden Methode, vorgegangen. Die Auswahl des Materials aus der Materialbibliothek und dessen Modifikation erfolgt aufgrund von Erfahrungswerten und optischer Beurteilung. Ziel muss jedoch sein, das physische Material auf seine textilphysikalischen Eigenschaften zu testen und diese Parameter in das Simulationsprogramm zu übertragen. Dazu sind programmspezifische Verfahren anzuwenden. Unter Beachtung des Soll-Zustandes, wie ihn das physische Mo-

[2] Versuchsdurchführung durch Tina Verena Buck, Modul CAD-Anwendung/Interaktive Schnittentwicklung, Masterstudiengang, WS 2023.

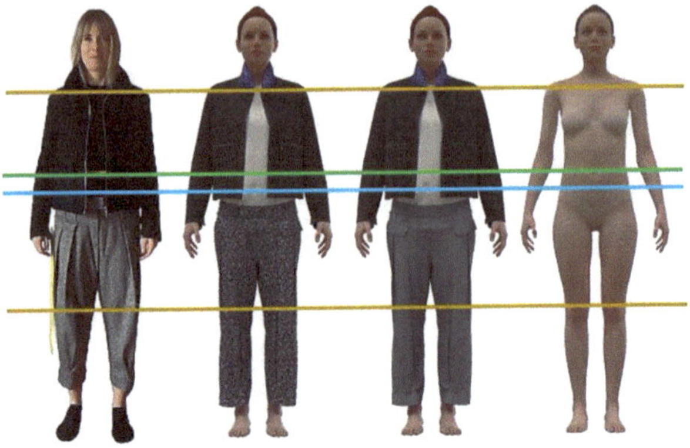

Abb. 6. Vergleich reales Outfit vs. simuliertes Modell Outfit. (Darstellung Tina Verena Buck[2])

dell darstellt, ist festzustellen, dass aus der alleinigen Bewertung der Simulation unter genannten Randbedingungen Schlussfolgerungen für die Optimierung des Schnittes gezogen werden würden, die ungewollte Änderungen der Modelle und damit einen Qualitätsverlust für die Produkte zur Folge hätten.

Die Methode für Versuch 2[3] (Abb. 7) ist aus den Erkenntnissen aus Versuch 1 abgeleitet worden. Hier ist der Avatar der digitale Zwilling der physisch vorhandenen Büste, der Schnitt ist digital erstellt worden und das Material ist mit einem softwarekompatiblen Verfahren getestet und digitalisiert worden. Zudem sind Schnitt und Verarbeitung weniger komplex gestaltet worden. Dennoch sind auch hier deutliche Unterschiede in der Passform und im Materialverhalten festzustellen. Das Kleid erscheint in der Simulation kürzer, die Ärmel ebenso, die Faltenbildung im Brustbereich und an den Ärmeln ist deutlich ausgeprägter als am physischen Modell. Besonders auffällig ist der unterschiedliche Eindruck des Materials – in der Simulation wirkt dieses optisch beeinträchtigt. Wie in Versuch 1 würde auch hier die Simulation als alleinige Grundlage für eine korrekte Passformanalyse und -optimierung nicht ausreichen.

Um sich in der weiteren Analyse des Simulationsalgorithmus auf das Materialverhalten zu fokussieren, wird in Versuch 3[4] (Abb. 8) das Untersuchungsdesign zusätzlich reduziert. Dafür wird der Drapetest nach DIN EN ISO 9073-9:2008-06 [32] durchgeführt, in dem der textile Fall bzw. die Faltenbildung textilen Materials untersucht wird, sowohl physisch als auch virtuell. Der textile Fall beschreibt das mechanische Verformungsverhalten textiler Materialien [33]. Die simulationsrelevanten Einflussparameter *menschlicher Körper* und *Schnitt* werden durch die Verwendung

[3] Versuchsdurchführung im Modul Virtuelle Produktentwicklung, Bachelorstudiengang, WS 2021, Projekttitel: *Vergleichende Studie zur realen und virtuellen Passformanalyse eines Hemdblusenkleides und eines Etuikleides.*

[4] Versuchsdurchführung im Modul Angewandte Werkstoffprüfungen, Bachelorstudiengang, WS 2022, Projekttitel: *Comparison of the Effects of Material Parameters on Drapability Using the Simulation Program VStitcher.*

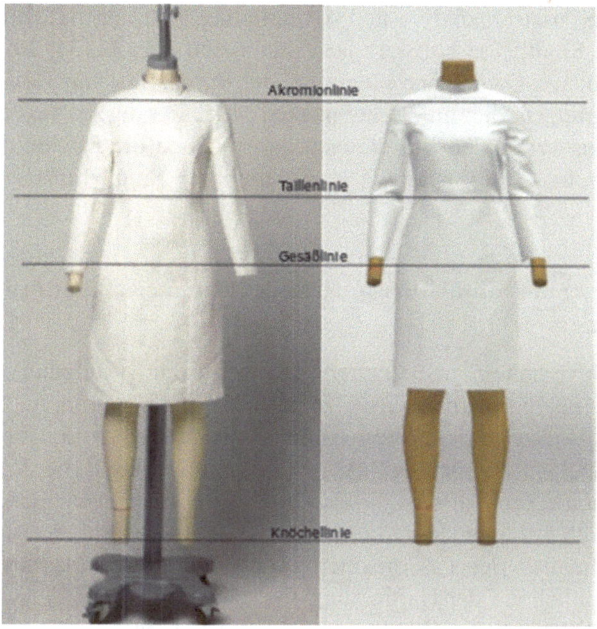

Abb. 7. Vergleich eines realen Grundschnittes mit einem simulierten Grundschnitt. (Eigene Darstellung aus Versuch 2[3])

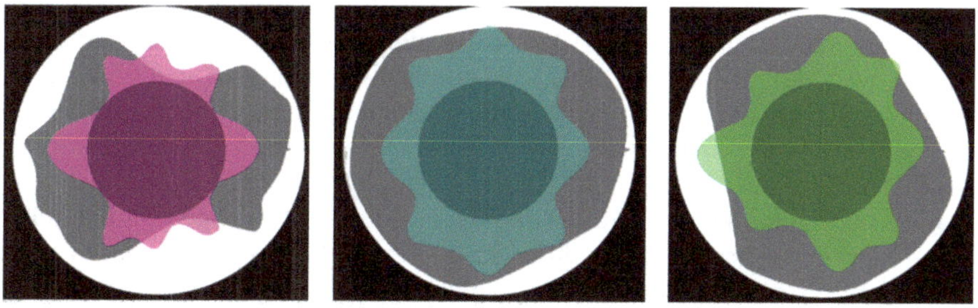

Abb. 8. Vergleich des physischen und des virtuellen Drapetests (grau – realer Faltenwurf, farbig – simuliertes Fallverhalten). (Eigene Darstellung aus Versuch 3[4])

eines normierten geometrischen Prüfkörpers und einer einfachen Probengeometrie in Form eines Kreises auf ein Mindestmaß reduziert. Außerdem erfolgt die programmkonforme Digitalisierung und Implementierung des Materials. Auch in dieser Versuchsanordnung sind deutliche Unterschiede in dem Materialverhalten zu erkennen, insbesondere wird sichtbar, wie wenig die Anisotropie textilen Materials in der Simulation berücksichtigt wird.

Zu berücksichtigen ist, dass die beschriebenen Analysen in dem Simulationsprogramm VStitcher® von Browzwear Solutions Pte Ltd. durchgeführt werden. Aktuelle Literatur lässt den Schluss zu, dass die hier beschriebenen Herausforderungen in Bezug auf die Passformanalyse und -optimierung nicht nur auf die in diesen Studien verwendete Simulationssoftware beschränkt sind [21, 31, 34–36]. Eine Ursache für die beschriebenen Qualitätsprobleme bei der Simulation von Bekleidung liegt in den Herausforderungen, die mit der komplexen Modellierung des textilphysikalischen Materialverhaltens verbunden sind. Gleichzeitig müssen die Modellierungen die bekleidungsspezifischen Anforderungen hinsichtlich der Simulationszeit und -qualität erfüllen.

3.3 Optimierung der Simulationsqualität durch materialkundliche Forschung

Für das Materialverhalten, insbesondere das Verformungsverhalten, ist die textile Fläche in ihrer gesamten Konstruktion zu betrachten. Anders als bei Kompaktwerkstoffen, die durch ihren molekularen Aufbau gekennzeichnet sind, bestehen textile Flächen aus einzelnen Segmenten. Abb. 9 zeigt mikroskopische Aufnahmen eines Gewebes. Deutlich erkennbar sind die Fasern, die zu Garnen versponnen werden. Die Garne bilden durch orthogonale Verkreuzungen im Webprozess die textile Fläche.

Der Zusammenhalt der Fasern innerhalb der Garn- und Flächenkonstruktionen be-ruht ausschließlich auf der Haftreibung zwischen den Fasern. Außerdem reicht die Faserpressung, die durch die Garndrehung beim Verspinnen und durch die Verkreuzungen beim Weben auftritt, nicht zum Schließen der Lufteinschlüsse zwischen den Fasern und Garnen aus, sodass textile Flächen nicht als kompakt und homogen bezeichnet werden können. Aufgrund dessen ist ihr Verformungsverhalten abhängig von den Werkstoffeigenschaften der Fasern und den Konstruktionseigenschaften der Garne und Flächen. Es weicht deutlich vom Verformungsverhalten von Festkörpern ab. Kompakte Werkstoffe, wie z. B. Stahl, sind mechanisch biegesteif und besitzen eine kontinuumsmechanisch zusammenhängende Struktur, deren Bindungsverhältnisse auf der atomar-molekularen Ebene definierbar sind. Sie weisen überwiegend linear-elastisches Verformungsverhalten auf, das aus den physikalischen Eigenschaften des Werkstoffs ohne signifikanten Einfluss der Werkstückgeometrie abgeleitet und mittels Werkstoffkonstanten beschrieben werden kann. Textile Materialien hingegen stellen komplexe, anisotrope und biegeschlaffe Strukturen aus einzelnen Elementen dar, die

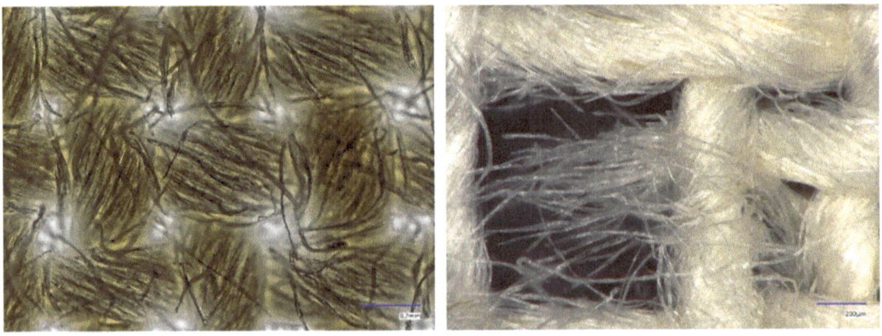

Abb. 9. Mikroskopische Darstellungen einer textilen Fläche. (Eigene Darstellung)

kaum linear-elastisches Verformungsverhalten zeigen (Abb. 10). Bei Belastung deformieren sich Textilien dreidimensional, was sich in der Faltenbildung äußert. Das Verformungsverhalten wird durch die mechanischen Parameter Dehnung, Biegesteifigkeit, Schersteifigkeit beschrieben. Aufgrund des nichtlinearen Verformungsverhaltens reichen hier Werkstoffkonstanten alleine zur Beschreibung des mechanischen Verhaltens unter Last nicht aus.

Der Unterschied zwischen Kompaktwerkstoffen und textilen Flächen bzgl. der Konstruktion und des Verformungsverhaltens ist eine Ursache, warum eine Übertragung bekannter Simulationsmethoden, wie z. B. der FEM, auf die Bekleidungssimulation nicht ohne weiteres möglich ist. Ein zweiter Grund sind die Anforderungen an Bekleidungssimulationen, gleichzeitig schnell, robust und präzise zu sein [39]. Seit den 1990er Jahren werden Partikelsystemmodelle (auch Masse-Feder-Modelle) entwickelt, bei denen die Objektoberfläche und -form mittels polygonaler Netze aus Drei- oder Rechtecken diskretisiert wird. Jeder Kreuzungspunkt des Netzes entspricht einem Kreuzungspunkt der Fäden innerhalb der textilen Fläche und wird als Partikel oder Massepunkt bezeichnet. Die Verbindungen zwischen den Massepunkten repräsentieren die Interaktions- und Verformungskräfte zwischen den Partikeln. Sie werden als Masse-Feder-Beziehungen betrachtet, die durch die Dehnung, die Biegesteifigkeit und die Schersteifigkeit definiert werden. Partikelsysteme erfüllen die o. g. Kriterien an die Bekleidungssimulation. Neben der Entwicklung und Optimierung dieser Simulationsmethode ist die eingehende Analyse der Materialeigenschaften notwendig. Die bisherige Materialforschung hat sich v. a. mit dem Einfluss mechanischer Eigenschaften textiler Flächen auf den textilen Fall und den Drapierungskoeffizienten beschäftigt. Darüber hinaus liegen Forschungen vor, die den Einfluss der Struktureigenschaften von Garn- und Flächenkonstruktion auf das Verformungsverhalten thematisieren.

Aus Sicht der Autorin liegt in der tiefergehenden Betrachtung der Zusammenhänge und Wechselwirkungen von Werkstoff- und Konstruktionseigenschaften textiler Flächen erhebliches Potential, die Bekleidungssimulation zu optimieren.

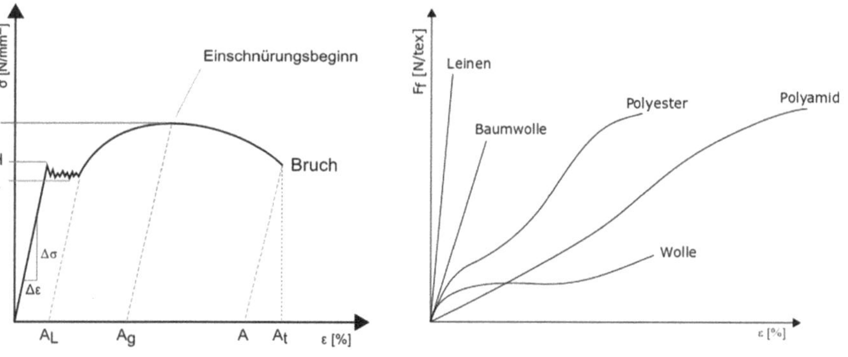

Abb. 10. Vergleich des zugelastischen Verhaltens von Kompaktwerkstoffen (links) und von textilen Faserstoffen (rechts). (Eigene Darstellungen: rechts nach [37], links nach [38])

4 Fazit und Ausblick

Der Produktentwicklungsprozess in der Bekleidungswirtschaft ist komplex. Aufgrund des Kundenwunsches nach Modellreichtum innerhalb der Kollektionen und wegen der kurzen Lebensdauer von Bekleidung müssen mehrere Produkte gleichzeitig in kurzen Prozesszyklen entwickelt werden. Aus den künstlerisch-kreativen Arbeitsgängen während der Entwurfsphase werden überwiegend subjektive Entscheidungen abgeleitet. Die unzureichende Bedarfsermittlung und die wenig ausgeprägte Einbeziehung der Kunden in den PEP hat Überproduktion, Fehlmengen und Retouren zur Folge. Das bedeutet hohe Kosten und Verschwendung von Ressourcen und Zeit. Angesichts des steigenden globalen Wettbewerbsdrucks besteht unter den genannten Bedingungen die Gefahr sinkender Qualität. Ziel muss jedoch sein, qualitativ hochwertige Produkte in angemessener Zeit zu einem akzeptablen Preis zu produzieren.

Zur Erreichung dieses Ziels ist der durchgängig digitalisierte Produktentwicklungsprozess in Verbindung mit einem modernen und prädiktiven Qualitätsmanagement anzustreben. Hier stehen die Objektivierung von Anforderungen, die daraus folgende Operationalisierung von Merkmalen, datenbasierte Entscheidungen und Anwendung geeigneter Qualitätswerkzeuge im Vordergrund. Als innovative Technologie für den digitalen PEP und Instrument für ein prädiktives Qualitätsmanagement gilt die 3D-Simulation von Bekleidung. Besonders für die aufwändigen Prozesse der Passformanalyse und -optimierung bietet sich die 3D-Simulation an. Voraussetzung ist die Optimierung der Simulationsqualität bezogen auf die realistische Darstellung des Materialverhaltens von Textilien. Neben der Weiterentwicklung von Simulationsalgorithmen ist die Betrachtung des textilphysikalischen Verformungsverhaltens bezogen auf die Komponenten, aus denen textile Flächen bestehen, ein vielversprechender Ansatz.

Gelingt es, die Zuverlässigkeit der Bekleidungssimulation zu steigern, steigt auch das Vertrauen der Anwender in diese Technologie. Mit ihr wird die Umsetzung des digitalisierten Produktentwicklungsprozesses möglich. Unternehmen, die die 3D-Simulation in ihren Produktentwicklungsprozess integrieren, sichern sich Wettbewerbsvorteile gegenüber ihren Konkurrenten. Diese beziehen sich auf die Verschlankung der Prozesse, die Verringerung der Durchlaufzeiten und die reduzierte Prototypenanzahl. Schnellere Entwicklungszeiten, Ressourcenschonung und Kosteneinsparungen sind die Folge. Aus der frühen Partizipation des Kunden am PEP resultiert eine optimierte Bedarfsermittlung, eine frühzeitige Qualitätsverbesserung und eine stärkere Kundenbindung.

Über die Passformsimulation hinaus ist zudem eine Vorhersage des Materialverhaltens noch nicht physisch vorliegenden Materials denkbar und damit die Ausweitung dieser Technologie auf technische Textilien, die nicht zu Bekleidung verarbeitet werden, sondern z. B. in der Medizintechnik, dem Automobilbau oder der Architektur verwendet werden.

Literatur

1. European Environment Agency Hompage: Textiles and the environment: the role of design in Europe's circular economy. https://www.eea.europa.eu/publications/textiles-and-the-environment-the/. Zugegriffen: 16. Juni 2024
2. Textile Exchange Homepage: Materials dashboard – textile exchange. https://textileexchange.org/materials-dashboard/. Zugegriffen: 15. Juni 2024
3. BMUV Homepage: Mode und Textilien. https://www.bmuv.de/themen/nachhaltigkeit/konsum-und-produkte/produktbereiche/mode-und-textilien. Zugegriffen: 8. Juni 2024
4. European Parliament Homepage: The impact of textile production and waste on the environment. https://www.europarl.europa.eu/topics/en/article/20201208STO93327/the-impact-of-textile-production-and-waste-on-the-environment-infographics. Zugegriffen: 8. Juni 2024
5. Diebel, J.: Perspektiven 2035 – Die Zukunft ist Textil. Forschungskuratorium Textil e. V. (Hrsg.) (2020). https://textil-mode.de/de/forschung/zukunftsstrategie-perspektiven-2035/. Zugegriffen: 15. Juni 2024
6. Fuchs, M.: Die Zusammenarbeit in der globalen Supply Chain der Bekleidungswirtschaft. Eine Fallstudie: Organisation, Management, Näharbeitsplätze. Berliner Wissenschafts, Berlin (2020)
7. Morlock, S., Hansen, V., Schenk, A.: Entwicklung eines Verfahrens zur Sicherung der Kompatibilität zwischen Material, Schnittführung und Einsatzbereich bei der Produktentwicklung. Schlussbericht zum IGF-Forschungsvorhaben. AiF-Vorhaben 17154 N (2014)
8. VDI 2221 Blatt 1: Methodik zum Entwickeln und Konstruieren technischer Systeme und Produkte. Beuth Verlag GmbH, Berlin (2019)
9. The State Of Fashion 2021: BQF – Mc Kinsey & Company. https://www.mckinsey.com/~/media/McKinsey/Industries/Retail/Our%20Insights/State%20of%20fashion/2021/The-State-of-Fashion-2021-vF.pdf. Zugegriffen: 10. Juni 2024
10. Sayem, A.S.M., Chakraborty, S., Hoque, S.M.A., Saha, K., Tasnim Mica, M., Ahsan, M.: Defining digital fashion and tracking the developments in relevant technologies. In: Sayem, A.S.M. (Hrsg.) Digital Fashion Innovations, S. 3–14. CRC Press, Boca Raton (2023). https://doi.org/10.1201/9781003264958-2
11. Ehrlenspiel, K., Meerkamm, H.: Integrierte Produktentwicklung. Denkabläufe, Methodeneinsatz, Zusammenarbeit, 5., überarb. und erw. Aufl. [elektronische Ressource]. Hanser (Hanser eLibrary), München (2013)
12. Anderl, R.: Virtuelle Produktentstehung. In: Bender, B., Göhlich, D. (Hrsg.) Dubbel Taschenbuch für den Maschinenbau 2: Anwendungen, S. 117–141. Springer, Berlin (2020)
13. Atkinson, R.: Project management: cost, time and quality, two best guesses and a phenomenon, its time to accept other success criteria. Int. J. Proj. Manag. **17**(6), 337–342 (1999). https://doi.org/10.1016/S0263-7863(98)00069-6
14. Scholz, U., Pastoors, S., Becker, J.H., Hofmann, D., van Dun, R.: Praxishandbuch Nachhaltige Produktentwicklung. Ein Leitfaden mit Tipps zur Entwicklung und Vermarktung nachhaltiger Produkte, 1. Aufl. Springer, Berlin (2018)
15. DIN EN ISO 9000:2015-11: Qualitätsmanagementsysteme – Grundlagen und Begriffe
16. Brunner, F.J., Wagner, K.W.: Qualitätsmanagement. Leitfaden für Studium und Praxis, 6. überarbeitete Aufl. Hanser (Praxisreihe Qualitätswissen), München (2016)
17. Schmihing, F., Jochem, R.: Steigerung von Daten- und Prozessqualität mit Hilfe von Visual Analytics in der Produktion. In: Schmitt, R.H. (Hrsg.) Datengetriebenes Qualitätsmanagement. Bericht zur GQW-Jahrestagung 2019 in Aachen, 1. Aufl., S. 1–19. Springer, Berlin (2020)

18. Sayem, A.S.M.: Virtual Prototyping for Fashion 4.0. In: da Silva Bartolo, P.J., da Silva, F.M., Jaradat, S., Bartolo, H. (Hrsg.) Industry 4.0 – Shaping The Future of The Digital World, S. 193–196. CRC Press, Boca Raton (2020)
19. Kirchdörfer, E.: Grundlagen für die 3D-Konstruktion und Paßformsimulation körperferner Kleidungsstücke. Abschlußbericht zum Forschungsvorhaben: Erarbeitung von Grundlagen für die 3D-Konstruktion und Paßformsimulation körperferner Kleidungsstücke zur Realisierung einer virtuellen Produktentwicklung in der Bekleidungsindustrie. Bekleidungstechnische Schriftenreihe, 144. Eigenverlag der Forschungsgemeinschaft Bekleidungsindustrie e. V., Köln (2001)
20. Winkler, M., Moltenbrey, F., Tilebein, M.: Business Model Scenarios for Digital Textile Microfactories. publish-Ing, Hannover (2022)
21. Jevšnik, S.: 3D virtual prototyping of garments: approaches. developments and challenges. JFBI **10**(1), 51–63 (2017). https://doi.org/10.3993/jfbim00253
22. GermanFashion Modeverband: Welche der folgenden Kriterien sind Ihnen persönlich bei der Auswahl Ihrer Bekleidung wichtig? https://de.statista.com/statistik/daten/studie/1183356/umfrage/umfrage-auswahlkriterien-beim-modekonsum-corona-pandemie/. Zugegriffen: 15. Juni 2024
23. Spiegel: Wie wichtig ist Ihnen, wenn Sie Kleidung kaufen, eine gute Passform? https://de.statista.com/statistik/daten/studie/437466/umfrage/umfrage-zur-wichtigkeit-einer-guten-passform-als-kaufkriterium-fuer-kleidung/. Zugegriffen: 15. Juni 2024
24. Kamiske, G.F., Brauer, J.-P.: ABC des Qualitätsmanagements, 5. Aufl. Hanser, Hannover (2021)
25. Schierbaum, W.: Bekleidungs-Lexikon, 3., erw. Aufl. Schiele und Schön, Berlin (1993)
26. Gupta, D.: New directions in the field of anthropometry, sizing and clothing fit. In: Zakaria, N., Gupta, D. (Hrsg.) Anthropometry, Apparel Sizing and Design, 2. Aufl. Woodhead Publishing; The Textile Institute (The Textile Institute book series), S. 3–27. Duxford, Cambridge, Kidlington, Manchester (2020)
27. Krzywinski, S.: Digital process chain from the product idea to production. Keynote. In: Sayem, A.S.M. (Hrsg.) Digital Fashion Innovation (DFI) e-Symposium. Book of Abstracts, S. 6 (2020)
28. Morlock, S., Pirch, C., Klepser, A.: The virtual fitting process-how precisely does 3D simulation represent physical reality? In: Digital Fashion Innovations, S. 39–61. CRC Press, Boca Raton (2023). https://doi.org/10.1201/9781003264958-5
29. Sayem, A.S.M.: Virtual fashion ID: a reality check, IFFTI Conference, 8–11 April 2019. Manchester Fashion Institute, Manchester (2019)
30. Morlock, S., Pirch, C., Klepser, A., Keinath J.: The transformation of fit and pattern with 3D towards the future. In: Sayem, A.S.M. (Hrsg.) Digital Fashion Innovation (DFI) e-Symposium. Book of Abstracts, S. 13 (2020)
31. Zangue, F., Pirch, C., Klepser, A., Morlock, S.: Virtual fit vs. physical fit – how well does 3d simulation represent the physical reality. In: D'Apuzzo, N. (Hrsg.) Proceedings of 3DBODY.TECH 2020 – 11th International Conference and Exhibition on 3D Body Scanning and Processing Technologies, Online/Virtual, 17–18 November 2020. Ascona, Switzerland (2020)
32. DIN EN ISO 9073-9:2008-06, Textilien_-Prüfverfahren für Vliesstoffe_-Teil_9: Bewertung des textilen Falls einschließlich des Fallkoeffizienten (ISO_9073-9:2008); Deutsche Fassung EN_ISO_9073-9:2008
33. Krzywinksi, S., Finnimore, E.: Komplexe Prüfung von textilem Verhalten und Qualität. In: Reumann, R.-D. (Hrsg.) Prüfverfahren in der Textil- und Bekleidungstechnik, S. 605–636. Springer, Berlin (2000)

34. Buyukaslan, E., Jevsnik, S., Kalaoglu, F.: Comparative analysis of drape characteristics of actually and virtually draped fabrics. IJCST **30**(3), 286–301 (2018). https://doi.org/10.1108/IJCST-06-2017-0085
35. Lapkovska, E., Dabolina, I.: An investigation on the virtual prototyping validity – simulation of garment drape. SIE **4**, 448–458 (2018). https://doi.org/10.17770/sie2018vol1.3187
36. Hailu Nechno, T., Kyosev, Y., Alubel, M., Krzywinski, S.: Investigation of the visual appearance of different skirt styles and materials during the fitting simulation with Lectra Modaris. cdatp **2**(2), 141–150 (2021). https://doi.org/10.25367/cdatp.2021.2
37. Spannungs-Dehnungs-Diagramm. https://www.maschinenbau-wissen.de/bilder/skripte/werkstofftechnik/spannungs-dehnungs-diagramm-06.png. Zugegriffen: 16. Juni 2024
38. Bobeth, W.: Textile Faserstoffe. Beschaffenheit und Eigenschaften. Springer, Berlin (1993)
39. Magnenat-Thalmann, N.: Modeling and Simulating Bodies and Garments. Springer, London (2010)

Remote-Workshops vs. klassische Workshops – Ein Konzept zur Ermittlung und Steigerung des Qualitätsgrades und der Kreativität

Alina Marquet[1,2(✉)], Sumona Sen[1,2], Christoph Szedlak[1,2], Patrick Pötters[1,2], und Bert Leyendecker[1,2]

[1] Fachbereich Wirtschaftswissenschaften, Interdisziplinäres Institut für Digitalisierung, Hochschule Koblenz, Koblenz, Deutschland
marquet@hs-koblenz.de
[2] Fachbereich Wirtschaftsingenieurwesen, Labor für Human Factors Engineering & Produktionsmanagement, Hochschule Niederrhein, Krefeld, Deutschland

Zusammenfassung. Mit dem Beginn der COVID-19-Pandemie 2020 standen Mitarbeitende vor neuen Herausforderungen. Gruppenworkshops, die zur gemeinsamen Lösungsfindung dienten, wurden nun remote durchgeführt, und der soziale Austausch beschränkte sich auf virtuelle Meetings und Bildschirme. Die zunehmende Verbreitung von Remote-Arbeit verändert das Arbeitsumfeld grundlegend und stellt Organisationen vor die Aufgabe, die Qualität der Arbeitsprozesse aufrechtzuerhalten. Zwischen Remote-Workshops und konventionellen Workshops besteht eine Wahrnehmungsdifferenz bezüglich der Kreativitätsentfaltung, wobei konventionelle Workshops als produktiver betrachtet werden. Studien zeigen, dass Teilnehmende Präsenzarbeitsgruppen der virtuellen Teamarbeit vorziehen, hauptsächlich aufgrund von wahrgenommenen Unterschieden in der Kommunikationseffizienz und der Vorgehensweise bei der Problemlösung. Der Forschungsansatz beinhaltet ein umfassendes Analysekonzept, das die Beziehungen zwischen Kreativität, Problemlösungsmethoden, Technikakzeptanz und Arbeitsqualität in Remote-Teams untersucht. Es werden Problemlösungsmethoden für Remote-Workshops entwickelt, um die Produktivität und Zusammenarbeit zu steigern und auf verschiedene Anwendungsbereiche zu übertragen. Das Konzept überprüft, ob der Einsatz verschiedener Problemlösungsmethoden die Produktivität, Zusammenarbeit und den Kommunikationsfluss in Remote-Workshops verbessert.

Schlüsselwörter: Kreativität · Problemlösungsmethoden · Technikakzeptanz · Interaktion · Remote-Workshops · Effizienz- und Qualitätssteigerung

R. Jochem und M. Meyer (Hrsg.), *Rethinking Quality – Wandel des Qualitätsmanagements durch Digitalisierung und Künstliche Intelligenz*,
https://doi.org/10.1007/978-3-658-47213-9_17

1 Einleitung und Hintergrund

Die COVID-19-Pandemie führte zu erheblichen Veränderungen in der Arbeitswelt. Im Jahr 2022 arbeitete ein Viertel der Arbeitnehmer gelegentlich von zu Hause aus, was nahezu einer Verdoppelung im Vergleich zur Zeit vor der Pandemie 2019 entspricht (Statistisches Bundesamt 2024). Die Pandemie hat dazu geführt, dass eine zunehmende Anzahl von Arbeitsprozessen in den virtuellen Raum verlagert wurde (Bachmann et al., 2022). Infolgedessen ist Remote-Arbeit, also die orts- und zeitunabhängige Ausführung von Aufgaben mithilfe moderner Informations- und Kommunikationstechnologien, zur neuen Norm geworden (Bernardy et al., 2021; Gerstbach, 2020). Remote-Arbeit bedeutet, von einem beliebigen Ort aus zu arbeiten, der nicht der traditionelle Firmensitz ist (Cambridge University Press & Assessment, 2023).

Olson (1983) definierte Remote-Arbeit ursprünglich als eine Form der Arbeit, die außerhalb der üblichen räumlichen und zeitlichen Einschränkungen stattfindet und vorwiegend von Künstlern und Schriftstellern ausgeübt wurde. Hertwig (2022) erweitert diese Definition und unterstreicht, dass Remote-Arbeit an jedem Ort durchgeführt werden kann, sei es von zu Hause, von einer abgelegenen Insel oder aus einem Coworking Space.

Mitarbeiter mussten sich plötzlich an Remote-Arbeitsumgebungen anpassen, wodurch Gruppenbesprechungen und Workshops, die traditionell als Präsenzveranstaltungen stattfanden, in den virtuellen Raum verlagert wurden. Diese Umstellung brachte sowohl Herausforderungen als auch Chancen mit sich, da Workshops seit langem ein wichtiger Bestandteil der kollaborativen Problemlösung und der Kreativitätsförderung in Unternehmen sind. Kreativität, definiert als die Fähigkeit, neue und nützliche Ideen, Lösungen oder Konzepte zu entwickeln, spielt eine zentrale Rolle in diesen Workshops. Sie manifestiert sich durch originelles Denken, Innovation und Problemlösungsfähigkeit, die über konventionelle Denkmuster hinausgehen. Kreative Menschen zeichnen sich oft durch die Fähigkeit aus, außerhalb der Box zu denken und Assoziationen zwischen scheinbar unzusammenhängenden Themen herzustellen. Workshops, die als zeitlich begrenzte Ereignisse organisiert werden, bei denen kleine Gruppen gemeinsam an einer Aufgabe arbeiten, fördern diese kreativen Fähigkeiten und tragen zur Entwicklung innovativer Lösungen bei (Lipp & Will, 2008; Amabile, 1983; Sternberg & Lubart, 1999; Runco & Jaeger, 2012). Das Bundesministerium des Innern und für Heimat hebt hervor, dass diese Workshops sich durch ihren Fokus auf gemeinsamer Problemlösung klar von Lehrgängen oder Routinebesprechungen unterscheiden. Die Offenheit für Erfahrungen, Toleranz gegenüber Unsicherheit, Risikobereitschaft und mentale Flexibilität sind wesentliche Merkmale, die in solchen kollaborativen Umgebungen gefördert werden.

Der Wandel in der Arbeitswelt beeinflusst die Methoden der Zusammenarbeit, die Nutzung neuer Technologien und die Entwicklung von Kompetenzen zur Bewältigung neuer Aufgaben. Zusammenarbeit bezeichnet das kooperative und bewusste Zusammenwirken von Individuen oder Gruppen, um ein gemeinsames Ziel zu erreichen. Diese kann in verschiedenen Formen auftreten, von der einfachen Interaktion zwischen zwei Personen bis hin zu komplexen Projekten, die mehrere Teams und Abteilungen umfassen. Flexible Organisationsstrukturen und neue Anforderungen müssen an das veränderte Arbeitsumfeld angepasst werden (Paulsen et al., 2020), um eine effektive Zusammenarbeit zu gewährleisten. Trotz der Verlagerung in virtuelle Räume bleibt die Prozessqualität ein zentraler Aspekt, der gewahrt werden muss (Bachmann et al., 2022). In Unternehmen ist die Zusammenarbeit besonders wichtig, da Gruppenarbeit oft effektiver ist als die Arbeit von Einzelpersonen, insbesondere bei der Bewältigung komplexer Aufgaben (Wiek, 2015).

Die Notwendigkeit, Workshops remote durchzuführen, wirft wichtige Fragen zur Auswirkung auf Arbeitsqualität, Produktivität und Kreativität der Mitarbeiter auf. Arbeitsqualität umfasst die Effektivität und Effizienz bei der Erledigung von Aufgaben sowie die Zufriedenheit der Mitarbeiter mit ihren Arbeitsprozessen und Ergebnissen. Dazu zählen Aspekte wie Präzision, Zuverlässigkeit, Innovationsfähigkeit und das Erreichen von Zielen innerhalb des vorgegebenen Zeitrahmens (Hackman & Oldham, 1976). Eine hohe Arbeitsqualität ist entscheidend für die Leistungsfähigkeit und Wettbewerbsfähigkeit eines Unternehmens.

Parallel dazu ist Produktivität ein zentraler Indikator für den wirtschaftlichen Erfolg und die Wettbewerbsfähigkeit eines Unternehmens. Sie beschreibt das Verhältnis von Output, also der erbrachten Leistung oder dem produzierten Ergebnis, zu Input, wie den eingesetzten Ressourcen (Tangen, 2005). Hohe Produktivität bedeutet, dass mit den gleichen oder weniger Ressourcen ein höherer Output erzielt wird.

Um die Qualität und Effizienz virtueller Meetings zu verbessern, ist es entscheidend, sowohl die Fähigkeiten der Teammitglieder zu fördern als auch innovative Methoden und Technologien wie künstliche Intelligenz zu nutzen. Ein zentrales Element dabei ist die Technikakzeptanz, die beschreibt, wie bereit Individuen oder Organisationen sind, neue Technologien anzunehmen und zu nutzen. Diese Akzeptanz wird stark von der wahrgenommenen Nützlichkeit und Benutzerfreundlichkeit der Technologie beeinflusst. Ein hoher Grad an Technikakzeptanz trägt dazu bei, dass neue Technologien effektiver genutzt werden, was zu besseren Ergebnissen in virtuellen Meetings führt (Davis, 1989).

Zusätzlich spielen Problemlösungsmethoden eine wesentliche Rolle. Diese systematischen Ansätze und Techniken helfen dabei, Probleme zu identifizieren, zu analysieren und zu lösen, indem sie strukturierte und effiziente Lösungsprozesse ermöglichen (Brassard & Ritter, 1994). Eine umfassende Analyse der Zusammenhänge zwischen Kreativität, Problemlösungsmethoden, Technikakzeptanz und Arbeitsqualität kann dabei helfen, die Produktivität und die Zusammenarbeit in virtuellen Teams zu optimieren. Die zunehmende Digitalisierung und die Entwicklung moderner Kommunikationsinfrastrukturen haben die Voraussetzungen für virtuelle Teamarbeit geschaffen. Mitarbeitende arbeiten nun oft an unterschiedlichen geografischen Orten und nutzen IT-gestützte Kommunikationsmedien (Latniak et al., 2020). Dies bietet zwar Flexibilität und Standortunabhängigkeit (Bernardy et al., 2020), bringt jedoch auch Herausforderungen mit sich, die die Produktivität, Arbeitsqualität und Kreativität beeinflussen.

2 Literaturanalyse und Stand der Forschung

Aufbauend auf den Begriffsdefinitionen erfolgt eine umfassende Literaturanalyse mit dem Ziel, die größten Herausforderungen der virtuellen Zusammenarbeit sowie deren Auswirkungen auf die Qualität der Arbeitsprozesse und die Kreativität der Mitarbeiter zu identifizieren. Die Literaturrecherche wurde systematisch durchgeführt und umfasst etwa 40 Quellen, die sich wie folgt aufteilen: wissenschaftliche Zeitschriften (40 %), Bücher (39 %), Forschungsinstitute (12 %) und Statistikdienstleister (9 %). Diese Quellen wurden gezielt ausgewählt, um relevante und aktuelle Informationen zur virtuellen Zusammenarbeit zu gewährleisten.

Die Datenbankrecherche wurde gezielt auf die wissenschaftlichen Datenbanken Google Scholar und JSTOR fokussiert. Die verwendeten Suchbegriffe umfassten „virtuelle Zusammenarbeit", „Remote-Workshops", „Kreativität in virtuellen Teams", „Technikakzeptanz", „Kommunikationsherausforderungen" und „Problemlösungsmethoden". Der Untersuchungszeitraum erstreckte sich über die letzten vierzehn Jahre (2010–2023), um relevante und aktuelle Entwicklungen sowie Trends in der virtuellen Zusammenarbeit zu erfassen. Für spezifische Definitionen und Begrifflichkeiten wurden auch ältere Quellen berücksichtigt, die bis ins Jahr 1976 zurückreichen.

Herausforderungen der Kommunikation
Eine der größten Herausforderungen in der virtuellen Zusammenarbeit ist die Kommunikation. Die reduzierte Kommunikationsfrequenz erschwert die Entwicklung geteilter mentaler Modelle, die entscheidend für die Teamleistung sind. Oft ist die Kommunikation in virtuellen Teams aufgabenbezogen und vernachlässigt die Beziehungsebene, was zu einem weniger offenen Wissensaustausch und einer schwächeren Vertrauensbildung führt. Asynchrone Kommunikation und wenig reichhaltige Medien erhöhen das Risiko von Missverständnissen und erschweren den Aufbau von Vertrauen (Bernardy et al., 2020).

Soziale Isolation
Mitarbeitende im Homeoffice können sich von Kollegen und Vorgesetzten isoliert fühlen, was die Motivation und das Vertrauen beeinträchtigt (Efimov et al., 2020). Direkte Kontakte fehlen, und der Aufbau von Vertrauen erfordert zusätzliche Anstrengungen, wie ergänzende Telefonate oder reale Treffen, die jedoch einen erhöhten Aufwand bedeuten (DGUV, 2021; Latniak et al., 2020). Soziale Unterstützung durch die Führungskraft und regelmäßiger Informationsaustausch sind daher entscheidend (Lengen et al., 2020).

Ungleiche Einbindung
In hybriden Teams, in denen einige Mitglieder vor Ort und andere virtuell arbeiten, kann es zu Ungleichgewichten im Informationsfluss und in der Eingebundenheit kommen (Bernardy et al., 2020). Dies kann Subgruppenbildungen fördern und den Teamzusammenhalt beeinträchtigen. Führungskräfte müssen aktiv auf alle Teammitglieder zugehen, um Informationsdefizite zu beheben und den Zusammenhalt zu stärken (Bernardy et al., 2020).

Effizienz von Online-Meetings
Online-Meetings können ineffizient sein und bei den Mitarbeitenden Frustration, Langeweile oder das Gefühl von Zeitverschwendung hervorrufen (Gerstbach, 2020). Videokonferenzen werden oft als anstrengend und ermüdend empfunden (Bachmann et al., 2022). Zudem führt die Arbeit von zu Hause zu einer Entkoppelung zwischen Organisation und Mitarbeitenden, was die Identifikation mit dem Unternehmen und dem Team verringert (Bachmann et al., 2022).

Akzeptanz neuer Technologien
Die Akzeptanz neuer Technologien ist ein zentraler Faktor für den Erfolg virtueller Teams. Die Verwendung von Technologien wie E-Mail, Videokonferenzen und Kollaborationsplattformen ermöglicht es, räumliche und zeitliche Barrieren zu überwinden und eine effektivere Zusammenarbeit zu fördern (Nydegger et al., 2010). Wichtig ist, dass diese Technologien von den Teammitgliedern akzeptiert und effektiv genutzt werden, um die gewünschten Ergebnisse zu erzielen (Majumdar et al., 2011).

Ein wesentlicher Aspekt der Technikakzeptanz ist das Gefühl der psychologischen Sicherheit innerhalb des Teams. Studien haben gezeigt, dass ein Umfeld, in dem sich die Mitglieder sicher fühlen, ihre Meinungen und Ideen frei zu äußern, die Akzeptanz und Nutzung von Technologien fördert. Wenn Teammitglieder Vertrauen in die verwendeten Technologien haben und wissen, dass ihre Daten sicher sind und die Kommunikation geschützt erfolgt, sind sie eher bereit, sich aktiv an der Nutzung dieser Technologien zu beteiligen (Cardon et al., 2022).

Neben der psychologischen Sicherheit spielen auch die technischen Merkmale der verwendeten Plattformen eine entscheidende Rolle bei der Akzeptanz. Unterschiedliche Plattformen bieten verschiedene Funktionen, die den Arbeitsprozess erleichtern oder erschweren können. Zum Beispiel bieten Plattformen wie Slack und Microsoft Teams unterschiedliche Ansätze für die Zusammenarbeit, die je nach den Bedürfnissen des Teams mehr oder weniger geeignet sein können (Cardon et al., 2022).

Technische Ausstattung und Methodische Unterstützung
Eine unzureichende technische Ausstattung kann die virtuelle Zusammenarbeit erschweren. Unterschiedliche Kenntnisse und Vertrautheit der Mitarbeitenden mit Softwarelösungen beeinflussen den Wohlfühlfaktor und die Effizienz der Kommunikation (Franke et al., 2018). Ohne visuelle Tools leiden Aufmerksamkeitsspanne und kreative Zusammenarbeit, was die Produktivität und den Erfolg des Teams mindert (Csar et al., 2023). Methodische Unterstützung durch Moderation und geeignete Werkzeuge kann die Kommunikation und Entscheidungsprozesse verbessern (Bachmann et al., 2022).

Produktivität und Kreativität
Die direkte Zusammenarbeit wird oft als effektiver und produktiver wahrgenommen. Studien zeigen, dass virtuelle Meetings oft zu längeren Diskussionszeiten und suboptimalen Ergebnissen führen können (Bachmann et al., 2022). Die Entscheidungsergebnisse sind in virtuellen Teams häufig weniger zielgerichtet, und die Kommunikation ist weniger intensiv (Pircher, 2021). Führungskräfte spielen eine entscheidende Rolle bei der Förderung von Wahrnehmung, Empfindung und Motivation in virtuellen Teams (Bernardy et al., 2020). Fortschritte in der Informations- und Kommunikationstechnologie verbessern die Koordination, doch Präsenzteams werden weiterhin als produktiver angesehen

(Stratone et al., 2022). Virtuelle Tools können jedoch Aufgaben erleichtern, Motivation und Kreativität steigern sowie Kosten und Zeit sparen (Bachmann et al., 2022). Viele Beschäftigte bevorzugen daher eine hybride Arbeitsweise (Appinio, 2022; Arbeitswelt, o. J.).

Zusammenfassend zeigt sich, dass virtuelle Zusammenarbeit sowohl Chancen als auch Herausforderungen mit sich bringt. Um die Produktivität, Arbeitsqualität und Kreativität in virtuellen Teams zu fördern, sind methodische Unterstützung, geeignete Tools und eine aktive Führung erforderlich. Unternehmen müssen diese Aspekte berücksichtigen, um die Vorteile der virtuellen Zusammenarbeit optimal zu nutzen.

3 Konzept und Vorgehensweise

Um die Zusammenarbeit in Remote-Gruppenarbeiten nachhaltig zu verbessern, wird in diesem Kapitel ein umfassendes Konzept vorgestellt, das auf bewährten Problemlösungsmethoden und innovativen Technologien basiert. Ziel ist es, die Produktivität, Zusammenarbeit und den Kommunikationsfluss in Remote-Workshops signifikant zu steigern und die Qualität virtueller Meetings an die Standards von Präsenzveranstaltungen anzunähern.

Remote-Arbeit birgt spezifische Herausforderungen, die oft zu Qualitätsunterschieden zwischen virtuellen und physischen Meetings führen. Diese Unterschiede sollen analysiert, identifiziert und durch gezielte Maßnahmen minimiert werden. Das übergeordnete Ziel ist es, die Transition zum mobilen Arbeiten zu fördern und nachhaltig zu verbessern.

Im spezifischen Kontext des Projekts fokussiert sich die Untersuchung auf die Optimierung bestehender Geschäftsprozesses in kleinen und mittelständischen Unternehmen. Der Prozess weist wiederkehrende Effizienzprobleme und Qualitätsmängel auf, die sowohl die Produktivität als auch die Kundenzufriedenheit beeinträchtigen. Ziel ist es, den Prozess zu analysieren, die Hauptursachen der Probleme zu identifizieren und Lösungen zu entwickeln, die sowohl die Effizienz steigern als auch die Technikakzeptanz bei den Mitarbeitern fördern.

3.1 Problemlösung

Basierend auf den theoretischen Grundlagen und vorherigen Forschungsergebnissen werden in diesem Projekt die identifizierten Verbesserungspotenziale genutzt, um eine umfassende Problemlösung zu ermöglichen. Besondere Beachtung finden dabei die Wechselwirkungen zwischen Kreativität, Problemlösungsmethoden, Technikakzeptanz und Arbeitsqualität in Remote-Teams.

Problemlösungsmethoden

Die Auswahl der Methoden für dieses Projekt basiert auf ihrer bewährten Eignung zur systematischen Problemanalyse und Prozessverbesserung und basieren auf validierten Studien (Runco & Jaeger, 2012). Die folgenden Methoden wurden gezielt auf Grundlage einer quantitativen Inhaltsanalyse ausgewählt, um ein strukturiertes, iteratives und evidenzbasiertes Vorgehen sicherzustellen. Des Weiteren wurde darauf geachtet, dass die gewählten Methoden innerhalt solcher Workshops problemlos angewandt werden können sowie die Ergebnisse sich gegenseitig bestärken können in ihrer Aussage.

PDCA-Zyklus
Der PDCA-Zyklus (Plan, Do, Check, Act) stellt einen kontinuierlichen Verbesserungsprozess dar, der durch iterative Schritte zur Problemlösung führt. Er fördert die systematische Analyse von Problemen, die Entwicklung und Umsetzung von Lösungen sowie die kontinuierliche Überprüfung und Anpassung (Hummel & Malorny, 2012). Es muss gezeigt werden, wie geeignet diese Methode ist besonders geeignet, um Prozesse in Remote-Teams zu optimieren und kontinuierliche Verbesserungen zu ermöglichen

A3-Report
Der A3-Report basiert auf dem PDCA-Zyklus und bietet eine strukturierte Methode zur Ursachenermittlung und Lösungsentwicklung. Er fördert eine klare Darstellung der Probleme und Lösungsansätze was die Effektivität der Problemlösung in Remote-Teams erhöhen sollte (Zollondz, 2016).

Ursache-Wirkungs-Diagramm
Diese Methode visualisiert komplexe Ursache-Wirkungs-Zusammenhänge eines Problems. Durch die gemeinsame Erarbeitung im Team werden Haupt- und Nebenursachen identifiziert und visualisiert, was eine gezielte Ursachenanalyse ermöglicht (Theden, 2012). Auch hier wird geprüft, ob die effiziente Problemlösung gefördert und die Teamarbeit in Remote-Umgebungen verbessert wird.

5-W-Fragetechnik
Bei dieser einfachen Methode wird die Frage „Warum?“ wiederholt gestellt, um die tieferliegenden Ursachen eines Problems zu identifizieren. Diese Technik unterstützt die Entwicklung wirksamer Lösungsansätze, indem sie das Verständnis für komplexe Probleme vertieft (Pötters, 2022). Auch hier wird überprüft, ob diese Methode die Problemlösungskompetenz in Remote-Teams stärken kann.

Technikakzeptanz (UTAUT-Modell). Neben dem Einsatz verschiedener Problemlösungsmethoden wird in diesem Forschungsansatz ebenfalls ein Schwerpunkt auf die Technikakzeptanz der Technologie gelegt. Die Anwendung der Unified Theory of Acceptance and Use of Technology (UTAUT) erfolgte bereits in einer Vielzahl von empirischen Studien und dient in diesem Forschungsvorhaben der Analyse der Akzeptanz neuer Technologien und Arbeitsmodelle. Ziel dieses Modells ist es, die Erfolgsaussichten des Einsatzes neuer Technologien abzuschätzen und ein besseres Verständnis der Nutzerakzeptanz zu entwickeln, indem verschiedene Faktoren, die das Nutzerverhalten und die Verhaltensabsicht beeinflussen, betrachtet werden. Dabei stellen die Verhaltensabsicht und das tatsächliche Nutzungsverhalten die abhängigen Variablen des Modells dar. UTAUT ermittelt vier Schlüsselfaktoren, die Einfluss auf die Nutzerakzeptanz und das Nutzerverhalten ausüben. Es handelt sich dabei um die Leistungserwartung, die Aufwandserwartung, den sozialen Einfluss und die erleichternden Bedingungen (Kohlert, 2023). Außerdem werden im Modell die vier Moderatorvariablen Geschlecht, Alter, Erfahrung und freiwillige Nutzung definiert, die ebenfalls einen Einfluss auf das Nutzerverhalten ausüben

(Fazel, 2014). Leistungserwartung bezieht sich auf das Ausmaß, in dem Menschen erwarten, dass die Verwendung von Technologie ihre Arbeitsleistung steigert. Sie wird von Geschlecht und Alter beeinflusst und gilt als wichtigster Prädiktor für die Verhaltensabsicht (Kohlert, 2023). Die Aufwandserwartung beschreibt die Benutzerfreundlichkeit der Technologie. Das Alter, das Geschlecht und die Erfahrung des Nutzers beeinflussen diese Erwartung und wirken sich auch auf die Verhaltensabsicht aus. Der soziale Einfluss gibt an, inwieweit eine Person den Eindruck hat, dass eine oder mehrere für sie relevante Personen der Auffassung sind, dass sie die neue Technologie nutzen sollte. Es wird davon ausgegangen, dass der soziale Einfluss durch das Geschlecht, das Alter, die Erfahrung und die Freiwilligkeit der Nutzung bestimmt wird (Kohlert, 2023). Erleichternde Bedingungen beschreiben, ob eine Person denkt, dass sie über die notwendigen Fähigkeiten und Ressourcen verfügt, die Technologie zu nutzen. Diese erleichternden Bedingungen beeinflussen das tatsächliche Nutzungsverhalten, aber nicht die Verhaltensabsicht. Es wird erwartet, dass sie durch Alter und Erfahrung verstärkt werden (Kohlert, 2023).

UTAUT geht daher davon aus, dass Verhaltensabsichten bezüglich Technologien durch die Leistungserwartung, die Aufwandserwartung und den sozialen Einfluss beeinflusst werden können. Es wird auch eine Veränderung des Nutzungsverhaltens vermutet, wenn erleichternde Bedingungen für die Nutzung neuer Technologien vorliegen (Fazel, 2014).

3.2 Methodik

Eine detaillierte Inhaltsanalyse bildet den Ausgangspunkt für die Entwicklung der Problemlösungsmethoden in Remote-Workshops. Hierbei werden durch quantitative Literatur- und Technologierecherche sowie Umfragen und Interviews die Einflussfaktoren auf die Qualität von Präsenz- und virtuellen Meetings identifiziert.

Aufbauend auf den identifizierten Verbesserungspotenzialen werden spezifische Lösungen entwickelt. Dazu gehören individuelle Schulungsprogramme zur Förderung von Kreativität, Technikakzeptanz und Problemlösungskompetenz in Remote-Teams. Diese Programme werden mittels Design-Thinking-Methoden entworfen.

Zur Verbesserung der Interaktion und Problemlösungskompetenzen in virtuellen Teams werden dynamische Bewertungsmethoden entwickelt. Diese beinhalten die Integration digitaler Plattformen und kontinuierliche Evaluationsmechanismen, um die Wirksamkeit der Programme direkt in Echtzeit im Remote-Workshop zu überprüfen.

Darüber hinaus werden Maßnahmen zur kontinuierlichen Verbesserung implementiert, um sicherzustellen, dass die entwickelten Bewertungsmethoden nicht nur zur Messung, sondern vor allem zur Förderung der Teamleistung genutzt werden.

Best Practices werden abgeleitet und validiert, um übertragbare Lösungen für andere Teams zu schaffen. Die entwickelten Lösungen werden in einer Modellfabrik praxisnah getestet und an die Bedürfnisse kleiner und mittlerer Unternehmen angepasst. Durch quantitative Akzeptanz- und Wirkungserhebungen sowie Planspiele wird die Wirksamkeit der Maßnahmen überprüft und gegebenenfalls optimiert.

Ziel ist es, eine innovative Softwarelösung zu entwickeln, die die im Rahmen der vorgelagerten Arbeitspakete ermittelten Parameter, beispielsweise durch die Analyse der Redeanteile innerhalb einer Gruppe und Betonung der Worte, in Live-Feedback in Form von vorgeschlagenen Methodenwechseln übersetzt. Die Grundlage für eine solche Lösung kann eine umfassende Audiosignalverarbeitung bieten, die in Echtzeit die Redeanteile und Akzentuierung der Teilnehmer erfasst und analysiert. Es findet explizit keine Spracherkennung statt, wodurch eine Analyse verbaler Inhalte ausgeschlossen wird. Durch die Anwendung von fortschrittlichen Verfahren des Natural Language Processing (NLP) und der Emotionserkennung können unter anderem die emotionale Stimmung und mentale Beanspruchung der Gesprächsteilnehmer erfasst werden und als Basis für das Live-Feedback in Form von unterstützenden Maßnahmen zur Förderungen der Teamleistung dienen.

Es wird angestrebt, durch die systematische Anwendung der beschriebenen Methoden und Modelle eine signifikante Verbesserung der Remote-Arbeit zu erreichen. Die erwarteten Ergebnisse umfassen eine gesteigerte Produktivität, verbesserte Arbeitsqualität sowie eine erhöhte Technikakzeptanz und Kreativität in virtuellen Teams.

Die praktische Umsetzung der entwickelten Lösungen erfolgt durch praxisbezogene Leitfäden, Schulungen und kontinuierliche Begleitung. Ein Prototyp wird über einen definierten Zeitraum in einem Unternehmen getestet, um die Validierung abzuschließen. Die entwickelten Softwarelösungen werden als Open-Source zur Verfügung gestellt und in gängige Kommunikationstools integriert, um eine breite Anwendbarkeit sicherzustellen.

Durch die enge Einbindung von Unternehmen und Beschäftigten in den Forschungsprozess wird sichergestellt, dass die erarbeiteten Lösungen sowohl wissenschaftlich fundiert als auch praxisorientiert und realistisch sind. Dies ermöglicht es kleinen und mittleren Unternehmen, effiziente Remote-Arbeitsmodelle erfolgreich umzusetzen und einen nachhaltigen Wettbewerbsvorteil zu erlangen (Abb. 1).

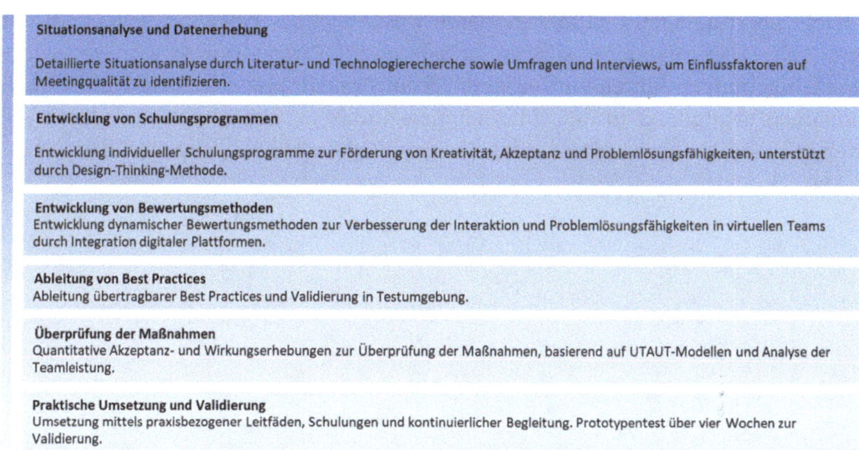

Abb. 1. Geplante methodische Vorgehensweise

4 Fazit und Ausblick

Die wesentlichen Komponenten und Abläufe zur Verbesserung der Arbeitsqualität, Effizienz sowie Produktivität und Kreativität in virtuellen Teams werden in Grafik 2 zum detaillierten Verständnis illustriert. Zu Beginn werden verschiedene Problemlösungsmethoden wie der PDCA-Zyklus, der A3-Report, die 5-W-Fragetechnik und Ursachen-Wirkungs-Analyse eingesetzt, um systematisch Lösungen zu entwickeln und die Zusammenhänge zu analysieren.

Des Weiteren werden zentrale Herausforderungen wie Kommunikation, Isolation, Einbindung und Technologieakzeptanz identifiziert, da diese Aspekte die Produktivität und Arbeitsqualität maßgeblich beeinflussen.

Durch die Entwicklung von Bewertungstechniken kann zum einen die Effizienz, Arbeitsqualität sowie Produktivität und Kreativität gemessen werden. Somit ist der Fokus klar gesetzt. Die Technikakzeptanz und Interaktion der Teams werden gezielt adressiert.

Ergänzend dazu soll ein spezielles Tool, dass sich noch in der Entwicklung befindet, die Zusammenarbeit in Remote-Teams unterstützen. Der Einsatz dieses Tools in Unternehmen soll sowohl die Interaktion zwischen Teammitgliedern als auch die Produktivität in der virtuellen Zusammenarbeit steigern.

Die Integration von KI-basierten Algorithmen könnte ein zukünftiger Ansatz zur Verbesserung des Echtzeit-Feedbacks zu Interaktion, Kreativität und Problemlösungsfähigkeiten sein. Grundlage der Algorithmen bildet Analyse von Teamkommunikation, Zusammenarbeit und Arbeitsleistung. Durch regelmäßige Feedbackschleifen und ein Live-Feedbacksystem ermöglichen diese dynamischen Bewertungsmethoden eine kontinuierliche Messung und Verbesserung der genannten Fähigkeiten.

Die Herausforderungen, die sich aus der Teamarbeit in einer virtuellen Umgebung ergeben, sollen durch die Implementierung von auf Unternehmen zugeschnittenen Schulungsprogrammen, dynamischen Bewertungsmethoden und die Identifizierung von leicht übertragbaren und anwendbaren Best Practices bewältigt werden. Es wird erwartet, dass dies zu einer positiven Veränderung der Arbeitsweise von Teams in virtuellen Umgebungen führen wird. Ziel der Praxistransferphase ist es, die entwickelten Maßnahmen erfolgreich in die Unternehmenspraxis zu überführen und damit einen Beitrag zur langfristigen Verbesserung des Arbeitsumfelds von Remote-Teams zu leisten (Abb. 2).

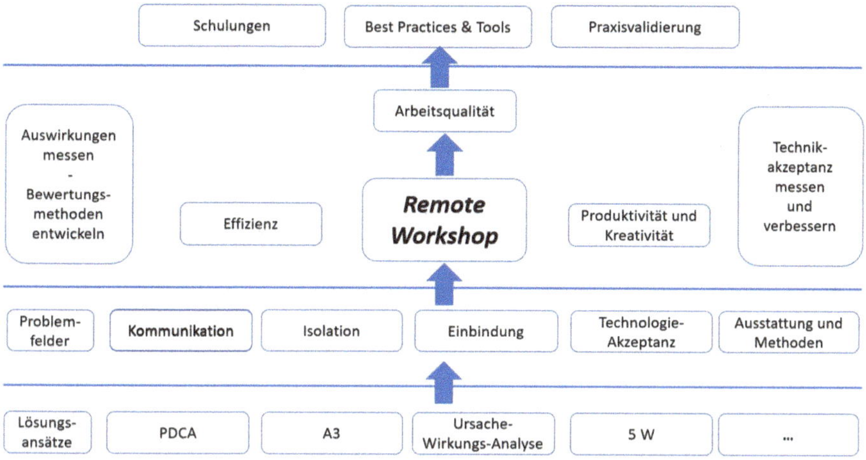

Abb. 2. Komponenten zur Steigerung des Qualitätsgrades und der Kreativität in Remote Workshops

Literatur

Amabile, T.M.: The social psychology of creativity: a componential conceptualization. J. Pers. Soc. Psychol. **45**(2), 357–376 (1983)

Appinio: Wie würdest du in Zukunft am liebsten arbeiten? Statista. Statista GmbH. https://de.statista.com/statistik/daten/studie/1296962/umfrage/umfrage-arbeitsplatz-der-zukunft/ (2022). Zugegriffen: 3. Juli 2024

Arbeitswelt: Neue Aspekte durch Corona-Pandemie. (o. J.). Statista. https://de-statista-com.printkr.hs-niederrhein.de:2443/statistik/daten/studie/1275255/umfrage/aspekte-die-fuer-bewerber-waehrend-corona-wichtiger-geworden-sind-in-deutschland/. Zugegriffen: 21. Juni 2024

Bachmann, T., Bloch, A., Bravo, K.Q.: Teamarbeit in Präsenz vs. Remote – Unterschiede im individuellen Erleben, der Kommunikation und der Teamleistung. Organisationsberatung Superv. Coach. **29**(4), 449–462 (2022). https://doi.org/10.1007/s11613-022-00787-y

Bernardy, et al.: Führung hybrider Formen virtueller Teams – Herausforderungen und Implikationen auf Team- und Individualebene, S. 1 (2020). https://doi.org/10.1007/978-3-662-62231-5_6

Bernardy, et al.: Führung hybrider Formen virtueller Teams. In: Projekt- und Teamarbeit in der digitalisierten Arbeitswelt: Herausforderungen, Strategien und Empfehlungen, S. 115–138 (2021)

Brassard, M., Ritter, D.: The memory Jogger 2: tools for continuous improvement and effective planning. Goal/QPC (1994)

Cambridge University Press & Assessment: Cambrige Dictionary. Von Bedeutung von remote working auf Englisch. https://dictionary.cambridge.org/de/worterbuch/englisch/remoteworking (2023). Zugegriffen: 2. Juli 2024

Cardon, et al.: The Influence of Psychological Safety and Personality on Technology Acceptance of Team-Based Technology in Global Virtual Teams, S. 14 (2022). https://doi.org/10.24251/hicss.2022.076

Csar, M., Bachmann, T., Bravo, K., et al.: Wenn mehr Ganzheit gefordert wird – Agile Teams und ihre Personen. Gr. Interakt. Org. **54**, 521–531 (2023). https://doi.org/10.1007/s11612-023-00719-z

Davis, F.D.: Perceived usefulness, perceived ease of use, and user acceptance of information technology. MIS Q. **13**(3), 319–340 (1989)

DGUV: Welche dieser Aspekte empfinden Sie im Homeoffice als besonders belastend? Statista. Statista GmbH (2021). https://de.statista.com/statistik/daten/studie/1279392/umfrage/belastende-faktoren-im-homeoffice/. Zugegriffen: 3. Juli 2024

Efimov, et al.: Gesundheitsförderung in virtueller Teamarbeit durch gesundheitsorientierte Führung, S. 1 (2020). https://doi.org/10.1007/s11553-020-00819-4

Fazel, L.: Akzeptanz von Elektromobilität: Entwicklung und Validierung eines Modells unter Berücksichtigung der Nutzungsform des Carsharing. Springer Gabler (2014)

Franke, T., Attig, C., Wessel, D.: A personal resource for technology interaction: Development and validation of the Affinity for Technology Interaction (ATI) scale. International Journal of Human-Computer Interaction (2018). https://doi.org/10.1080/10447318.2018.1456150

Gerstbach, I.: Die Kunst der Online-Moderation. Tools, Ideen und Tipps für die erfolgreiche Umsetzung. Hanser, München (2020) (Ausgabe 2)

Hackman, J.R., Oldham, G.R.: Motivation through the design of work: test of a theory. Organ. Behav. Hum. Perform. **16**(2), 250–279 (1976)

Hertwig, T.: Produktivität braucht kein Büro: wie sich Unternehmen mit hybridem Arbeiten zukunftssicher aufstellen. GABAL Verlag GmbH, Offenbach (2022)

Hummel, T., Malorny, C.: Total quality management (TQM). In: Handbuch QM-Methoden, S. 39. De Gruyter, Berlin (2012)

Kohlert, C. (Hrsg.).: Die menschliche (Hoch)schule – Human(e) Education: Hilfe zur Selbsthilfe für gesunde Bildungseinrichtungen – Helping People to Healthy Educational Institutions. Springer Fachmedien, Wiesbaden (2023). https://doi.org/10.1007/978-3-658-39863-7

Latniak, et al.: Belastungs- und Ressourcensituation operativer Führungskräfte bei virtueller Teamarbeit. Herausforderungen für die Gestaltung der Arbeit, S. 1 (2020). https://doi.org/10.1007/978-3-662-62231-5_4

Lengen, et al.: Soziale Isolation im Homeoffice im Kontext der COVID-19-Pandemie, S. 5 (2020). https://doi.org/10.1007/s40664-020-00410-w

Lipp, U., Will, H.: Das große Workshop-Buch: Konzeption, Inszenierung und Moderation von Klausuren, Besprechungen und Seminaren. Beltz, Weinheim (2008)

Majumdar, et al.: Social Computing Implications for Technology Usage and Team Interactions in Virtual Teams, S. 3 (2011). https://doi.org/10.4108/icst.collaboratecom.2011.247143

Nydegger, et al.: Challenges in Managing Virtual Teams, S. 1. https://doi.org/10.19030/jber.v8i3.690

Olson, M.H.: Remote office work: changing work patterns in space and time. Commun. ACM **26**(3), 182–187 (1983). https://doi.org/10.1145/358061.358068

Paulsen, H., Zorn, V., Inkermann, D., Reining, N., Baschin, J., Vietor, T., Kauffeld, S.: Soziotechnische Analyse und Gestaltung von Virtualisierungsprozessen: Ein Fallbeispiel zur virtuellen Inbetriebnahme. Gruppe. Interaktion. Organisation. Z. Angew. Organisationspsychologie (GIO) **51**(1), 81–93 (2020)

Pircher, K.: Der Einfluss von Kommunikation in virtuellen Teams. Working Paper. WU Vienna University of Economics and Business, Wien (2021)

Pötters, P.: Problemlösungsmethoden. In: Leyendecker, B., Pötters, P. (Hrsg.) Werkzeuge für das Projekt- und Prozessmanagement. Springer Gabler, Wiesbaden (2022). https://doi.org/10.1007/978-3-658-34724-6_4

Runco, M.A., Jaeger, G.J.: The standard definition of creativity. Creat. Res. J. **24**(1), 92–96 (2012)

Statistisches Bundesamt: Knapp ein Viertel aller Erwerbstätigen arbeitete 2022 im Homeoffice (2024). https://www.destatis.de/DE/Presse/Pressemitteilungen/Zahl-der-Woche/2023/PD23_28_p002.html. Zugegriffen: 21. Juni 2024
Sternberg, R.J., Lubart, T.I.: The Concept of Creativity: Prospects and Paradigms. Handbook of Creativity. Cambridge University Press, Cambridge (1999)
Stratone, M.-E., Vătămănescu, E.-M., Treapăt, L.-M., Rusu, M., Vidu, C.-M.: Contrasting Traditional and Virtual Teams within the Context of COVID-19 Pandemic: From Team Culture towards Objectives Achievement. Sustainability, S. 1–19 (2022)
Tangen, S.: Demystifying productivity and performance. Int. J. Product. Perform. Manag. **54**(1), 34–46 (2005)
Theden, P.: Q7-Sieben Qualitätswerkzeuge. In: Handbuch QM-Methoden, S. 671 ff. De Gruyter, Berlin (2012)
Wiek, U.: Zusammenarbeit fördern Kooperation im Team – ein praxisorientierter Überblick für Führungskräfte. Springer Gabler, Berlin (2015)
Zollondz, H.-D.: A3-Report. In Lexikon Qualitätsmanagement. Hanser, München, (2016)

FSC
www.fsc.org
MIX
Papier | Fördert
gute Waldnutzung
FSC® C083411

Kolibri 360 GmbH
Ferdinand-Jühlke-Straße 7
99095 Erfurt, Deutschland
produktsicherheit@kolibri360.de